颠覆性技术・区块链译丛
丛书主编 **惠怀海** 丛书副主编 **张 斌 曾志强 马琳茹 张小苗**

区块链、物联网和人工智能

Blockchain, Internet of Things, and Artificial Intelligence

［印度］纳文・奇拉姆库蒂（Naveen Chilamkurti）
［印度］T. 普恩戈迪（T. Poongodi） 主编
［印度］巴拉穆鲁根・巴卢萨米（Balamurugan Balusamy）

张 斌 彭 龙 魏中锐 等译
张林东 孟英谦 王明旭 审校

国防工业出版社

・北京・

著作权合同登记　图字:01-2023-0636 号

图书在版编目(CIP)数据

区块链、物联网和人工智能/(印)纳文·奇拉姆库蒂(Naveen Chilamkurti),(印)T. 普恩戈迪(T. Poongodi),(印)巴拉穆鲁根·巴卢萨米(Balamurugan Balusamy)主编;张斌等译. —北京:国防工业出版社,2024.6.

(颠覆性技术·区块链译丛/惠怀海主编).

ISBN 978-7-118-13356-1

Ⅰ. TP311.135.9;TP393.4;TP18

中国国家版本馆 CIP 数据核字第 2024AW1013 号

Blockchain, Internet of Things, and Artificial Intelligence 1st Edition by Naveen Chilamkurti; T. Poongodi; Balamurugan Balusamy/ISBN:9780367724481

Copyright© 2021 by CRC Press.

Authorized translation from English language edition published by CRC Press, part of Taylor & Francis Group LLC; All rights reserved.

本书原版由 Taylor & Francis 出版集团旗下 CRC 出版公司出版,并经其授权翻译出版。版权所有,侵权必究。

National Defense Industry Press is authorized to publish and distribute exclusively the Chinese (Simplified Characters) language edition. This edition is authorized for sale throughout Mainland of China. No part of the publication may be reproduced or distributed by any means, or stored in a database or retrieval system, without the prior written permission of the publisher.

本书中文简体翻译版授权由国防工业出版社独家出版,并限在中国大陆地区销售。未经出版者书面许可,不得以任何方式复制或发行本书的任何部分。

Copies of this book sold without a Taylor & Francis sticker on the cover are unauthorized and illegal.

本书封面贴有 Taylor & Francis 公司防伪标签,无标签者不得销售。

※

国防工业出版社出版发行

(北京市海淀区紫竹院南路 23 号　邮政编码 100048)
雅迪云印(天津)科技有限公司印刷
新华书店经售

＊

开本 710×1000　1/16　印张 27¼　字数 460 千字
2024 年 6 月第 1 版第 1 次印刷　印数 1—2000 册　定价 158.00 元

(本书如有印装错误,我社负责调换)

国防书店:(010)88540777　　书店传真:(010)88540776
发行业务:(010)88540717　　发行传真:(010)88540762

丛书编译委员会

主　编　惠怀海
副主编　张　斌　曾志强　马琳茹　张小苗
编　委　（按姓氏笔画排序）
　　　　　王　晋　王　颖　王明旭　甘　翼
　　　　　丛迅超　庄跃迁　刘　敏　李艳梅
　　　　　杨靖琦　何嘉洪　沈宇婷　宋　衍
　　　　　宋　彪　宋城宇　张　龙　张玉明
　　　　　周　鑫　庞　垠　赵亚博　夏　琦
　　　　　高建彬　曹双僖　彭　龙　童　刚
　　　　　魏中锐

本书翻译组

张　斌	王少军	张林东	姜　丽
孟英谦	惠怀海	曾志强	马琳茹
彭　龙	魏中锐	王明旭	刘　敏
庞　垠	刘红蕾	杨　亮	鲁东民
宋　彪	胡明哲	秦　艺	李天雨
吕鹏辉			

《颠覆性技术·区块链译丛》
前　言

以不息为体，以日新为道，日新者日进也。随着新一轮科技革命和产业变革的兴起和演化，以人工智能、云计算、区块链、大数据等为代表的数字技术迅猛发展，对产业实现全方位、全链条、全周期的渗透和赋能，凝聚新质生产力，催生新业态、新模式，推动人类生产、生活和生态发生深刻变化。加强数字技术创新与应用是形成新质生产力的关键，作为颠覆性技术的代表之一，区块链综合运用共识机制、智能合约、对等网络、密码学原理等，构建了一种新型分布式计算和存储范式，有效促进多方协同与相互信任，成为全球备受瞩目的创新领域。

将国外优秀区块链科技著作介绍给国内读者，是我们深入研究区块链理论原理和应用场景，并推进其传播普及的一份初心。译丛各分册中既有对区块链技术底层机理与实现的分析，也有对区块链技术在数据安全与隐私保护领域应用的梳理，更有对融合使用区块链、人工智能、物联网等技术的多个应用案例的介绍，涵盖了区块链的基本原理、技术实现、应用场景、发展趋势等多个方面。期望译丛能够成为兼具理论学术价值和实践指导意义的知识性读物，让广大读者了解区块链技术的能力和潜力，为区块链从业者和爱好者提供帮助。

秉持严谨、准确、流畅原则，在翻译这套丛书的过程中，我们努力确保技术术语的准确性，努力在忠于原文的基础上使之更符合国内读者的阅读习惯，以便更好地传达原著作者的思想、观点和技术细节。鉴于丛书翻译团队语言表达和技术理解能力水平有限，不足之处，欢迎广大读者反馈与建议。

终日乾乾，与时偕行。抓住数字技术加速发展机遇，勇立数字化发展潮头,引领区块链核心技术自主创新,是我们这代人的使命。希望读者通过阅读译丛,不断探索、不断前进,感受到区块链技术的魅力和价值,共同推动这一领域的发展和创新。让我们携手共进,以区块链技术为纽带,"链接"世界,共创未来。

丛书编译委员会
2024 年 3 月于北京

译者序

随着区块链、物联网和人工智能等高新技术的发展，人、机、物融合的相关研究引起世界普遍关注，各种成果及应用大大拓展了时间、空间和人们认知的范围，人类正在进入一个人、机、物三元融合的万物智能互联时代。

物联网的理念在于利用网络将世界上各种事物连接起来，构建一个人、机、物之间信息实时动态交互的网络环境，使客观世界的事物以拟人化方式"主动上网"并提供智慧化服务，其核心是利用"泛在网络"和"计算资源"满足"泛在服务需求"。物联网领域需要构建物联信息传输的空天地一体化网络环境，并研究终端安全轻量化防护技术，以解决万物互联中全球无缝覆盖以及安全问题。工业物联网已经成为国家关键信息基础设施的重要组成部分，其面临的安全挑战日益严峻。

工业物联网平台连接了大量的设备和传感器，实时采集和传输生产数据、设备数据、工艺数据等海量数据，这些数据为人工智能算法提供了丰富的训练和学习素材，使人工智能模型能够更好地理解工业生产过程，辅助其做出更准确的预测和决策。

区块链是一种点对点网络，包括了密码学、共识机制、智能合约等多种技术的集成创新，为在不可信网络中进行信息与价值传递交换提供了一种可信通道。区块链通过建立信任、增强安全性、加速交易而提升供应链效率，可在工业物联网安全方面发挥重要作用。

人、机、物三元融合的智慧时代，数字经济将会蓬勃发展，同时也面临诸多挑战，如何打造适应这种发展的关键信息基础设施，需要认真思考、顶层设计。

作为《颠覆性技术·区块链译丛》之一，本书在深入分析研究区块链、物联网、人工智能相关技术基础上，介绍了解决现实需求的应用案例，有助于推动三大技术的融合发展，并催生更多新应用场景。

译　者
2024 年 3 月

前 言

  区块链、物联网和人工智能的集成,在推动提升现代世界生产生活质量的第四次工业革命中起到了重要作用,这种重要作用已得到认可。区块链中的去中心化账本、超安全的不变性、自主身份和共识机制以及人工智能(Artificial Intelligence,AI)算法,均有助于提升安全性。此外,互联网用户间可通过区块链中的智能合约进行互动,这一集成平台可能在诸多领域产生巨大影响,具有变革性意义。区块链在为物联网设备和 AI 算法提供安全平台方面发挥着重要作用。本书探讨了区块链、物联网及人工智能的概念和技术,以及应用区块链在各领域提供安全保障的可能性。书中重点介绍了集成后的技术在增强数据模型、提升见解和认识、智能预测、智慧金融、智慧零售、全球验证、透明治理和创新审计系统方面的应用。本书将激发 IT 从业人员、研究人员和学者对第四次工业革命的深入思考。

主编简介

纳文·奇拉姆库蒂（Naveen Chilamkurti）现为澳大利亚拉筹伯大学计算机科学与信息技术系的准教授、副教授，以及网络安全学科负责人。他于2005年获得拉筹伯大学博士学位。他还是2011年7月创办的《国际无线网络和宽带技术杂志》（*International Journal of Wireless Networks and Broadband Technologies*）的首任主编，撰写了多篇期刊论文和多部著作。奇拉姆库蒂博士于2014年4月至2016年担任计算机科学与信息技术系（邦多拉和本迪戈校区）主任。

T. 普恩戈迪（T. Poongodi）是印度德里加尔戈迪亚斯大学计算科学与工程学院的副教授，拥有印度泰米尔纳德邦安那大学信息技术（信息和通信工程）博士学位。她是大数据、无线 Ad-Hoc 网络、物联网、网络安全和区块链技术领域研究的先驱之一，在各类国际刊物、国内国际会议上发表逾50篇论文，在 CRC Press、IGI Global、Springer、Elsevier、Wiley 和 De-Gruyter 发表了多篇集刊论文，并在 CRC、IET、Wiley、Springer 和 Apple Academic Press 参编了多部专著。

巴拉穆鲁根·巴卢萨米（Balamurugan Balusamy）曾在韦洛尔理工学院担任了14年的副教授，并拥有顶级学府的学士、硕士和博士学位。他热爱教学，并在授课过程中运用不同的设计思维原则，先后撰写了30本各类技术专著，并赴逾15个国家和地区开展技术方面的演讲。他曾多次参加顶级会议，并发表了150多篇期刊会议论文和多篇集刊论文。他是多家初创企业和多个论坛咨询委员会的成员，并为工业物联网行业提供咨询服务。他在各类活动和研讨会上发表了逾175次演讲，现为加尔戈迪亚斯大学的教授，在开展教学的同时从事区块链和物联网方面的研究工作。

供稿者简介

拉希·阿加瓦尔(Rashi Agarwal)
印度德里大诺伊达加尔戈迪亚斯工程技术学院计算机应用系(硕士)

D. I. 乔治·阿马拉雷希南(D. I. George Amalarethinam)
印度蒂鲁奇拉帕利贾马尔·穆罕默德学院计算机科学系

K. P. 阿尔琼(K. P. Arjun)
印度德里大诺伊达加尔戈迪亚斯大学计算科学与工程学院

基万南瑟姆·阿鲁姆甘(Jeevanantham Arumugam)
印度埃罗德勒鲁工程学院信息技术系

B. 巴拉穆鲁根(B. Balamurugan)
印度德里大诺伊达加尔戈迪亚斯大学计算机科学与工程学院

T. 露西娅·阿格尼丝·比娜(T. Lucia Agnes Beena)
印度蒂鲁奇拉帕利圣约瑟夫学院信息技术系

吉瑟·玛丽·乔治(Geethu Mary George)
印度哥印拜陀皮拉门杜 PSG 技术学院计算机科学与工程系

达纳列克什米·戈皮纳坦(Dhanalekshmi Gopinathan)
印度诺伊达杰佩信息技术学院计算机科学系

乔伊·古普塔(Joy Gupta)
印度德里大诺伊达加尔戈迪亚斯大学计算机科学与工程学院

A. 伊拉文丹(A. Ilavendhan)
印度德里大诺伊达加尔戈迪亚斯大学计算机科学与工程学院

R. 因德拉库马里(R. Indrakumari)
印度德里大诺伊达加尔戈迪亚斯大学计算机科学与工程学院

L. S. 贾亚施丽(L. S. Jayashree)
印度哥印拜陀皮拉门杜 PSG 技术学院计算机科学与工程系

S. 卡尔蒂基扬（S. Karthikeyan）
印度德里大诺伊达加尔戈迪亚斯大学计算科学与工程学院

塞博利亚·海坦（Supriya Khaitan）
印度德里大诺伊达加尔戈迪亚斯大学计算科学与工程学院

M. 基鲁西卡（M. Kiruthika）
印度哥印拜陀 Jansons 理工学院计算机科学与工程系

T. 科基拉瓦尼（T. Kokilavani）
印度蒂鲁奇拉帕利圣约瑟夫学院计算机科学系

拉贾拉克什米·克里希纳穆尔蒂（Rajalakshmi Krishnamurthi）
印度诺伊达杰佩信息技术学院计算机科学系

T. 克里希纳普拉萨（T. Krishnaprasath）
印度哥印拜陀尼赫鲁工程技术学院（安那大学附属学院）计算机科学与工程系

D. 拉杰什·库马尔（D. Rajesh Kumar）
印度德里大诺伊达加尔戈迪亚斯大学计算科学与工程学院

塔帕斯·库马尔（Tapas Kumar）
印度德里大诺伊达加尔戈迪亚斯大学计算科学与工程学院

K. 拉利塔（K. Lalitha）
印度佩伦杜赖 Kongu 工程学院信息技术系

Ch. V. N. U. 巴拉蒂·穆尔西（Ch. V. N. U. Bharathi Murthy）
印度韦洛尔韦洛尔科技大学信息技术与工程学院

S. 庞曼尼拉（S. Ponmaniraj）
印度德里大诺伊达加尔戈迪亚斯大学计算科学与工程学院

P. 普里亚·庞努斯瓦米（P. Priya Ponnuswamy）
印度哥印拜陀 PSG 技术与应用研究院计算机科学与工程

C. 普恩戈迪（C. Poongodi）
印度佩伦杜赖 Kongu 工程学院信息技术系

T. 普恩戈迪（T. Poongodi）
印度德里大诺伊达加尔戈迪亚斯大学计算科学与工程学院

V. 戈库尔·拉詹（V. Gokul Rajan）
印度德里大诺伊达加尔戈迪亚斯大学计算科学与工程学院

S. R. 拉米亚（S. R. Ramya）
印度哥印拜陀 PPG 技术学院（安那大学附属学院）计算机科学与工程系

R. 兰泽那（R. Ranjana）
印度金奈 Sri Sairam 工程学院信息技术系

A. 雷亚纳（A. Reyana）
印度哥印拜陀印度斯坦工程技术学院计算机科学与工程系

桑杰·夏尔马（Sanjay Sharma）
印度德里大诺伊达加尔戈迪亚斯大学计算科学与工程学院

约格什·夏尔马（Yogesh Sharma）
印度德里古鲁·戈宾德·辛格·因德拉·普拉萨大学马哈拉贾·阿格拉森理工学院计算机科学与工程系

T. 希拉（T. Sheela）
印度金奈斯里塞拉工程学院信息技术系

M. 拉瓦尼亚什·锡吕（M. Lawanya Shri）
印度韦洛尔韦洛尔科技大学信息技术与工程学院

伊希塔·辛格（Ishita Singh）
印度德里大诺伊达加尔戈迪亚斯大学计算科学与工程学院

P. 西瓦普拉卡什（P. Sivaprakash）
印度哥印拜陀 PPG 技术学院（安那大学附属学院）计算机科学与工程系

尼迪·斯内加（Nidhi Snegar）
印度德里古鲁·戈宾德·辛格·因德拉·普拉萨大学马哈拉贾·阿格拉森理工学院信息技术系

T. 苏巴（T. Subha）
印度金奈斯里塞拉工程学院信息技术系

S. 苏甘地（S. Suganthi）
印度蒂鲁奇拉帕利考夫利女子学院计算机科学研究系（研究生）

R. 苏嘉达（R. Sujatha）
印度韦洛尔韦洛尔科技大学信息技术与工程学院

D. 苏马蒂（D. Sumathi）
印度阿马拉瓦蒂 VIT – AP 大学计算机科学与工程学院

目 录

第 1 章 区块链 / 1

1.1 前言 / 2
    1.1.1 区块链发展历程 / 3
    1.1.2 区块链技术特点 / 4
1.2 区块链构成要素 / 5
    1.2.1 加密哈希函数 / 5
    1.2.2 非对称密钥加密 / 5
    1.2.3 交易 / 6
    1.2.4 账本 / 6
    1.2.5 区块 / 6
    1.2.6 共识算法 / 8
1.3 区块链类型 / 10
    1.3.1 公有链 / 10
    1.3.2 私有链 / 11
    1.3.3 联盟链 / 11
    1.3.4 混合链 / 12
    1.3.5 非许可链 / 13
    1.3.6 许可链 / 13
    1.3.7 无状态区块链 / 13
    1.3.8 有状态区块链 / 14
1.4 区块链用例 / 14
    1.4.1 供应链管理领域区块链应用 / 14
    1.4.2 物流领域区块链应用 / 15

　　　　1.4.3　银行领域区块链应用　　/ 16
　　　　1.4.4　教育领域区块链应用　　/ 17
　　　　1.4.5　废品管理应用　　/ 18
　　1.5　区块链的挑战与机遇　　/ 18
　　1.6　本章小结　　/ 21
　　参考文献　　/ 21

第2章　物联网　　/ 25
　　2.1　物联网概述　　/ 26
　　　　2.1.1　前言　　/ 26
　　　　2.1.2　物联网的发展历史　　/ 26
　　　　2.1.3　物联网的特点　　/ 26
　　　　2.1.4　物联网的优势　　/ 27
　　　　2.1.5　物联网的挑战　　/ 27
　　2.2　物联网的架构　　/ 28
　　　　2.2.1　物联网设备　　/ 28
　　　　2.2.2　物联网协议　　/ 31
　　　　2.2.3　物联网应用　　/ 34
　　2.3　区块链在物联网中的意义　　/ 35
　　　　2.3.1　区块链技术　　/ 35
　　　　2.3.2　区块链组件　　/ 36
　　　　2.3.3　区块链的优势　　/ 36
　　　　2.3.4　区块链的应用　　/ 36
　　2.4　物联网安全框架　　/ 37
　　　　2.4.1　物联网层次结构　　/ 38
　　　　2.4.2　物联网安全攻击　　/ 39
　　2.5　本章小结　　/ 41
　　参考文献　　/ 41

第3章　人工智能　　/ 45
　　3.1　前言　　/ 46

3.2 人工智能综述 / 47
    3.2.1 搜索算法问题求解 / 47
    3.2.2 人工智能的任务域 / 57

3.3 人工智能前沿 / 58
    3.3.1 知识表示 / 58
    3.3.2 计算逻辑 / 62

3.4 人工智能算法和方法 / 63
    3.4.1 机器学习 / 64
    3.4.2 人工智能算法 / 65
    3.4.3 人工智能算法问题求解类型 / 65

3.5 区块链与人工智能融合面临的挑战 / 66
    3.5.1 区块链与人工智能的技术融合 / 66
    3.5.2 区块链与人工智能融合的影响 / 67

3.6 本章小结 / 68

参考文献 / 68

第4章 区块链赋能物联网 / 71

4.1 前言 / 72
    4.1.1 概述 / 72
    4.1.2 物联网应用 / 73
    4.1.3 物联网架构中的区块链 / 77
    4.1.4 使用区块链的安全框架 / 79

4.2 区块链物联网范式 / 79
    4.2.1 区块链增强物联网安全 / 79
    4.2.2 区块链物联网面临的挑战 / 80

4.3 物联网环境中的区块链技术 / 82
    4.3.1 通用数字账本 / 82
    4.3.2 物联网中的分布式账本 / 83
    4.3.3 先进分布式账本 / 83
    4.3.4 共识机制 / 84

4.3.5 去中心化　　/ 85
4.3.6 自主身份　　/ 85
4.3.7 智能合约与合规　　/ 88

4.4 本章小结　　/ 89

参考文献　　/ 89

第5章 区块链驱动的物联网应用概述　　/ 93

5.1 前言　　/ 94

5.2 区块链概述　　/ 96
  5.2.1 区块链技术的关键组成部分　　/ 97
  5.2.2 区块链中的共识机制　　/ 100

5.3 IT 协议栈　　/ 102
  5.3.1 物联网应用的安全问题　　/ 103
  5.3.2 区块链驱动的物联网应用　　/ 105

5.4 超越加密货币和比特币　　/ 108
  5.4.1 公有链　　/ 109
  5.4.2 私有链　　/ 109
  5.4.3 以太坊　　/ 109
  5.4.4 超级账本　　/ 110
  5.4.5 超级账本 Fabric　　/ 110
  5.4.6 R3 Corda　　/ 110

5.5 医疗系统去中心化区块链方法的案例研究　　/ 111
  5.5.1 场景1:初级患者护理　　/ 111
  5.5.2 场景2:用于学习和研究的医疗数据聚合　　/ 112
  5.5.3 医疗系统应用场景　　/ 112
  5.5.4 区块链驱动的医疗系统拟定框架　　/ 112

5.6 区块链驱动的物联网应用性能挑战　　/ 113
  5.6.1 完整性　　/ 113
  5.6.2 匿名性　　/ 114
  5.6.3 可扩展性　　/ 114

5.7　本章小结　/ 114

参考文献　/ 115

第6章　区块链赋能人工智能（Ⅰ）　/ 121

6.1　前言　/ 122

　　6.1.1　区块链的优点　/ 123

　　6.1.2　区块链的缺点　/ 123

　　6.1.3　人工智能：模拟人类智能　/ 124

　　6.1.4　人工智能与区块链的融合　/ 125

6.2　基于人工智能的区块链账本数据决策　/ 125

　　6.2.1　分布式账本　/ 126

　　6.2.2　系统概述　/ 126

6.3　利用人工智能提高区块链效率　/ 128

　　6.3.1　人工智能与区块链协同的意义　/ 129

　　6.3.2　区块链的效率　/ 129

　　6.3.3　人工智能与区块链融合的优势　/ 130

　　6.3.4　人工智能与区块链融合的挑战　/ 132

6.4　基于区块链的去中心化人工智能　/ 132

　　6.4.1　中心化网络　/ 133

　　6.4.2　去中心化网络　/ 134

　　6.4.3　分布式网络　/ 134

　　6.4.4　去中心化人工智能　/ 135

　　6.4.5　人工智能+区块链：完美结合　/ 136

　　6.4.6　中心化人工智能与去中心化人工智能　/ 136

　　6.4.7　数据中心化问题　/ 137

　　6.4.8　模型中心化问题　/ 137

　　6.4.9　部分其他中心化问题　/ 138

　　6.4.10　中心化大数据的信任问题　/ 139

　　6.4.11　区块链与人工智能的协同　/ 139

　　6.4.12　基于区块链的人工智能平台　/ 140

6.4.13 区块链在去中心化方面的贡献 / 141
6.4.14 人工智能设计概述 / 142
6.5 谨慎利用人工智能进行区块链备份 / 145
6.5.1 人工智能类型 / 146
6.5.2 人工智能工作方式 / 146
6.5.3 人工智能与虚拟机备份 / 147
6.6 融合区块链与人工智能的数据货币化 / 147
6.6.1 数据货币化 / 148
6.6.2 利用区块链技术实现数据货币化 / 149
6.6.3 基于人工智能的数据货币化 / 150
6.7 区块链可信环境中的人工智能决策 / 150
6.7.1 发展现状 / 152
6.7.2 基于区块链的可信人工智能框架 / 154
6.8 本章小结 / 154
参考文献 / 155

第7章 区块链赋能人工智能（Ⅱ） / 159

7.1 前言 / 160
7.2 基于区块链与人工智能融合的数据分析与信息交流 / 161
7.2.1 人工智能与区块链在心血管医学领域的应用 / 161
7.2.2 心血管医学领域区块链与人工智能的融合 / 162
7.2.3 挑战 / 162
7.3 融合智能合约（区块链）与人工智能在医疗健康领域的应用 / 162
7.3.1 人工智能为区块链带来的机遇 / 163
7.3.2 人工智能接入区块链的应用场景 / 164
7.3.3 智能合约与人工智能的融合 / 164
7.3.4 心血管医学领域区块链与人工智能融合的用例 / 165

7.3.5 智能合约在人工智能领域的未来前景　／166

7.4 基于区块链与人工智能融合的生物医学研究和
医疗领域的去中心化及效率提升　／166

　7.4.1 医疗健康领域人工智能的发展　／166

　7.4.2 高度分布式存储系统介绍　／167

　7.4.3 区块链框架-Exonum　／168

　7.4.4 区块链上的健康数据　／170

　7.4.5 使用深度学习方法确保数据质量和一致性　／171

7.5 基于人工智能和区块链的治疗计划和诊断的个性化　／171

　7.5.1 Patient Sphere 定制病患治疗计划　／172

　7.5.2 区块链和人工智能助力自检工作　／172

7.6 本章小结　／173

参考文献　／173

第8章 融合物联网、区块链和人工智能，助力发展智慧城市　／177

8.1 前言　／178

8.2 物联网生态系统中基于区块链和人工智能的
一体化管理　／181

　8.2.1 一体化管理组件　／182

　8.2.2 一体化公证组件　／182

　8.2.3 智能组件　／184

8.3 区块链确保物联网安全　／184

8.4 人工智能在物联网智慧城市中的应用　／188

8.5 利用区块链降低智慧城市风险　／190

　8.5.1 区块链的使用风险　／190

　8.5.2 利用区块链降低智慧能源风险　／192

　8.5.3 利用区块链降低智能交通风险　／194

　8.5.4 利用区块链降低电子政务风险　／196

　8.5.5 利用区块链降低智慧农业风险　／197

8.6 利用区块链技术保障智慧城市安全　／199

8.6.1 数字签名 / 199
8.6.2 同态加密 / 200
8.7 本章小结 / 200
参考文献 / 200

第 9 章 人工智能、区块链和物联网对智慧城市的影响 / 205

9.1 前言 / 206
9.2 区块链工作原理 / 208
 9.2.1 区块链结构 / 209
 9.2.2 哈希函数和加密 / 212
 9.2.3 交易和挖矿 / 213
9.3 区块链安全 / 215
 9.3.1 标准网络安全与区块链安全的对比 / 216
 9.3.2 区块链的安全和隐私属性 / 218
 9.3.3 区块链解决机器学习、云计算及物联网的挑战 / 221
9.4 物联网与区块链的融合 / 223
 9.4.1 利用区块链来保护物联网安全 / 226
 9.4.2 物联网与以太坊区块链相融合的优势 / 228
9.5 自私挖矿 / 230
9.6 本章小结 / 231
参考文献 / 232

第 10 章 人工智能、区块链和物联网对智慧城市医疗健康的影响（Ⅰ） / 235

10.1 医疗健康行业发展简介 / 236
 10.1.1 医疗健康行业 / 236
 10.1.2 健康信息管理 / 237
 10.1.3 电子健康记录 / 238
 10.1.4 电子医疗记录 / 238

10.2 智能医疗 / 238

  10.2.1 医疗健康行业中的人工智能 / 240

  10.2.2 医疗健康行业中的物联网 / 242

  10.2.3 医疗健康行业中的区块链 / 243

10.3 个性化医疗健康 / 244

10.4 老年人医疗健康 / 244

10.5 患者管理 / 245

10.6 本章小结 / 246

参考文献 / 246

第 11 章 人工智能、区块链和物联网对智慧城市医疗健康的影响（Ⅱ） / 251

11.1 前言 / 252

  11.1.1 电子健康记录概述 / 252

  11.1.2 使用电子健康记录的医疗健康系统的一般架构 / 253

  11.1.3 电子健康记录的优势 / 254

  11.1.4 电子健康记录的实施 / 255

  11.1.5 电子健康记录的问题 / 255

11.2 机器学习技术在电子健康记录维护中的应用 / 255

11.3 物联网在医疗健康行业中的应用 / 256

11.4 区块链在医疗健康行业中的应用：案例研究 / 256

11.5 检测欺诈行为 / 258

11.6 使用加密货币付款 / 259

  11.6.1 医疗健康行业中的加密货币平台 / 259

  11.6.2 加密货币平台在医疗健康行业中的优势 / 262

  11.6.3 电子健康记录 / 262

11.7 机器人牙医 / 263

11.8 本章小结 / 265

参考文献 / 265

第12章 物联网、人工智能和区块链将如何推动商业变革 / 269

12.1 前言 / 270
12.2 物联网 / 270
12.3 人工智能 / 273
12.4 区块链 / 274
12.5 基于物联网、人工智能和区块链融合的商业模式 / 276
    12.5.1 供应链 / 276
    12.5.2 农业 / 278
    12.5.3 医疗健康 / 279
    12.5.4 金融业与银行业 / 281
    12.5.5 社交网络 / 283
12.6 金融服务的新趋势 / 284
12.7 数字化转型的推动因素 / 286
12.8 本章小结 / 287
参考文献 / 288

第13章 大数据物联网的存储、系统安全和访问控制 / 295

13.1 前言 / 296
13.2 大数据与物联网的融合 / 297
    13.2.1 物联网中大数据分析的关键要求 / 298
    13.2.2 大数据分析解决方案 / 298
13.3 存储技术 / 299
    13.3.1 键值数据库 / 300
    13.3.2 面向列的数据库 / 300
    13.3.3 面向文档的数据库 / 301
    13.3.4 图数据库 / 301
    13.3.5 基于云的物联网平台 / 302
13.4 物联网分层架构的安全攻击与安全机制保护 / 304
    13.4.1 感知层 / 305

- 13.4.2 传输层 / 306
- 13.4.3 处理层 / 307
- 13.4.4 应用层 / 308
- 13.4.5 业务层 / 309
- 13.5 访问控制机制 / 309
  - 13.5.1 平台相关方法 / 310
  - 13.5.2 平台无关方法 / 313
  - 13.5.3 特定领域方法 / 315
- 13.6 关键挑战和未来方向 / 315
- 13.7 本章小结 / 317
- 参考文献 / 317

第14章 智慧城市的安全挑战和应对策略 / 321

- 14.1 前言 / 322
  - 14.1.1 智慧城市发展 / 323
  - 14.1.2 物联网设备及其配置 / 325
  - 14.1.3 物联网中的大数据 / 327
- 14.2 数据库授权工作流程和管理结构 / 329
  - 14.2.1 交易故障 / 330
  - 14.2.2 数据库控制管理及协议 / 331
- 14.3 数据库安全系统 / 332
  - 14.3.1 内部攻击 / 332
  - 14.3.2 外部攻击 / 333
  - 14.3.3 针对数据库攻击的预防措施 / 334
- 14.4 智慧城市基础设施 / 334
- 14.5 挑战和安全问题 / 335
- 14.6 安全机制与应对措施 / 337
  - 14.6.1 基于帧长的协议开销 / 337
  - 14.6.2 认证管理 / 338
  - 14.6.3 访问控制管理 / 338

14.6.4 网络数字签名管理 / 338
14.6.5 对抗拒绝服务攻击/分布式
拒绝服务攻击 / 339
14.6.6 数据库认证的安全性 / 340
14.6.7 动态分布式密钥管理系统 / 341
14.7 基于网络层的安全管理系统 / 343
14.7.1 协议分析 / 344
14.7.2 协议安全机制 / 345
14.7.3 轻量级加密机制 / 346
14.7.4 渗透测试分析 / 347
14.8 未来方向 / 348
14.9 本章小结 / 349
参考文献 / 349

第15章 医疗健康领域的物联网安全性 / 353

15.1 前言 / 354
　　15.1.1 物联网的优点 / 355
　　15.1.2 物联网的缺点 / 355
15.2 物联网的关键特点 / 356
15.3 物联网的应用范畴 / 357
15.4 物联网的设备类型 / 358
15.5 物联网集成医疗健康设备 / 359
15.6 物联网安全 / 364
15.7 物联网设备面临的安全挑战 / 365
15.8 安全架构 / 365
15.9 物联网设备的漏洞 / 367
　　15.9.1 低强度密码 / 368
　　15.9.2 不安全信道 / 368
　　15.9.3 设备管理措施欠缺 / 368
　　15.9.4 无法修改默认设置 / 369
　　15.9.5 不确定的接口 / 369

15.10　针对物联网和无线传感网的安全攻击　　/ 370

15.11　物联网中针对射频识别的安全攻击　　/ 374

　　15.11.1　射频识别技术的局限性　　/ 375

　　15.11.2　射频识别技术的安全问题　　/ 375

15.12　本章小结　　/ 375

参考文献　　/ 376

第 16 章　医疗健康物联网——通信工具及技术的作用　　/ 381

16.1　前言　　/ 382

16.2　物联网工具与技术　　/ 383

16.3　低功耗嵌入式系统　　/ 387

16.4　通信协议选择　　/ 388

　　16.4.1　ZigBee　　/ 388

　　16.4.2　LoRa　　/ 389

　　16.4.3　Wi-Fi　　/ 389

　　16.4.4　低功耗短距离物联网　　/ 390

16.5　物联网设备管理　　/ 390

　　16.5.1　室内空气质量检测仪　　/ 391

　　16.5.2　可穿戴设备　　/ 391

　　16.5.3　传感器　　/ 392

　　16.5.4　物联网的存储　　/ 394

16.6　物联网分析技术　　/ 396

16.7　本章小结　　/ 398

参考文献　　/ 399

《颠覆性技术·区块链译丛》后记　　/ 401

第 1 章

区块链

S. 苏甘地
T. 露西娅·阿格尼丝·比娜
D. 苏马蒂
T. 普恩戈迪

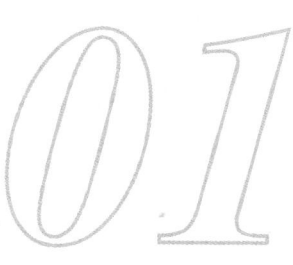

1.1 前言

区块链作为一种新兴技术,可以改变人类的交易方式,它是一种用于安全存储数据的去中心化分布式账本技术(Distributed Ledger Technology,DLT),分布在对等网络(Peer-to-Peer,P2P)中连接的所有节点上。区块链系统由几种现有技术(如共享账本、分布式网络和加密技术等)融合而成,这些技术可增强信任、提升数据安全性和透明度,从而影响系统功能。分布式数据库包含一个区块清单,这个清单上的区块会不断扩充,用于存储通过数学计算过程链接在一起的公开交易。这些区块记录了被验证过的全球用户之间发生的交易,并记入分布式共享账本;因此,如组内其他用户未达成共识,录入的记录便不可更改。去中心化无须通过中心化服务器来存储数据,使网络即使在节点故障的情况下也能正常工作。用户可信任区块链系统,而无须依赖可能不可信的第三方。加密函数加上不可变的共享账本系统,使区块链技术能够以可靠和安全的方式传输数据。由于数据对网络中的所有用户开放,数据的透明度及其功能使数据的验证和跟踪更加简便。用户确认结算的不一致性会受到共识协议的显著影响,并且需要处理网络中不可信的节点。因此,目前已对共识算法进行了多次改进,以确保应用的正常运行。

区块链最初用于在共享账本中记录交易,因此,数据一经发布便无法更改。2008 年,区块链与加密等技术和其他计算概念相结合,用于生产电子现金(加密货币)。比特币是首个采用基于区块链的加密货币的应用[1]。尽管区块链主要用于金融服务领域,尤其是比特币应用[2],但区块链的先进技术还能够应用于物联网(Internet of Thing,IoT)、信誉系统、公共服务和社会服务、隐私和安全等多个领域[3]。其部分应用包括智能合约、反欺诈、身份验证[4]、供应链管理、在线支付和数字资产等。根据 Gartner 的报告,到 2025 年,区块链的商业价值将增加逾 1760 亿美元,到 2030 年将增至 3.1 万亿美元[5]。尽管区块链有可能大规模落地,但它本身还存在一些固有的问题。区块链的流程效率较低、成本较高,此外,它还有一些其他问题,如可扩展性、安全性、自私挖矿、隐私泄露和共识算法的性能问题等[6]。区块链的基本工作机制如图 1.1 所示。

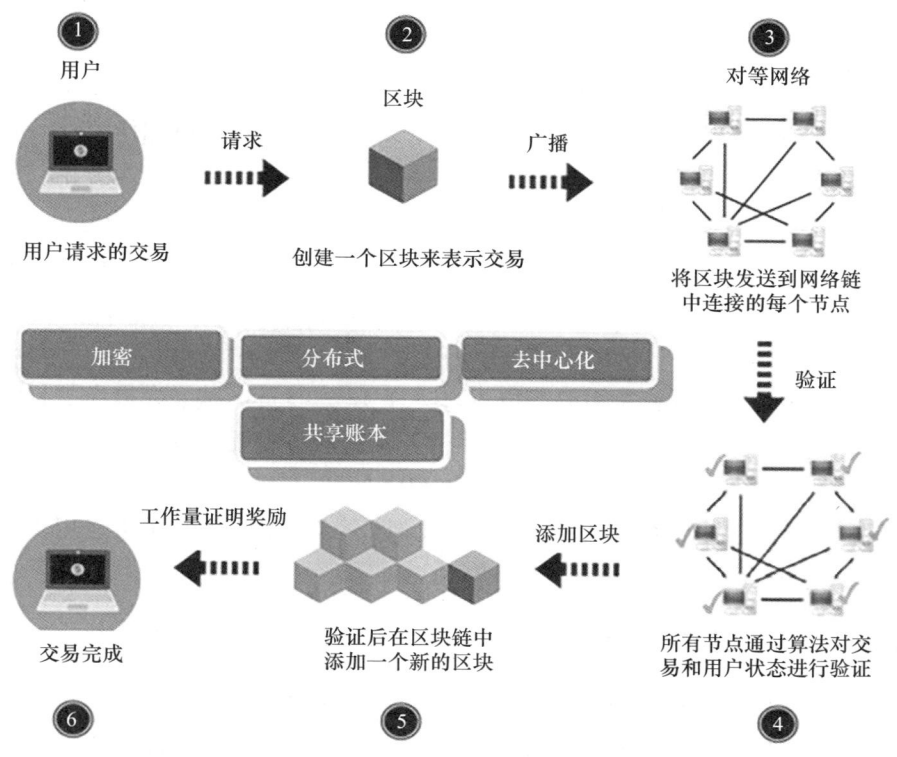

图1.1 区块链的工作机制

1.1.1 区块链发展历程

1991年,科研人员斯图尔特·哈勃(Stuart Haber)和W.斯科特·斯托内塔(W. Scott Stornetta)提出用区块链来存储加密保护的时间戳文档。1992年,默克尔树纳入该系统,其特点是单个区块中可包含多个文档,使系统变得更加高效,遗憾的是当时并未在实际中使用。2004年,计算机科学家、密码学家哈尔·芬尼(Hal Finney)推出了一个名为可重复使用的工作量证明(Reusable Proof of Work,RPoW)系统,为加密货币的发展奠定了基础。2008年,有人化名中本聪(Satoshi Nakamoto)在加密邮件列表里发表了一份白皮书,该白皮书中建立了区块链的模型。这个人可能是从事未知区块链工作的某个人,也可能是一群开发人员。白皮书中描述了一个对等网络、去中心化的现金系统,称为比特币。2009 年,发布了比特币源代码,这是一个开源软件代码。2009 年 1 月 3 日,中本聪挖出了第一个比特币区块——创世区块。2009 年 1 月 12 日,哈尔·芬尼从中本聪那里收到了 10 个比特币,成为比特币交易的第一位接收者。2013 年,俄裔加拿大程序员、加密货币研究人员和作家维塔利克·布特林(Vilatik Buterin)推出了以太坊(区块链 2.0)。他强调需要用一种比特币脚本语言来构建去中心化应用(Decentralized Applications,DApp),于是他创建了一个基于区块链的新计算平台,称为"以太坊"(Ethereum),这意味着,智能合约不仅可以记录货币,还可以记录其他资产。以太坊于 2015 年 7 月 30 日正式推出,是仅次于比特币的第二大公有链平台。以太币(Ether)是以太坊中使用的加密货币的名称。2015 年 12 月,Linux 基金会推出了超级账本项目(Hyperledger Project),旨在通过开发区块链和提高分布式账本的可靠性和性能,实现跨行业合作。随后,自 2018 年起,陆续发布了许多超级账本框架。区块链技术仍在不断发展和进步中,这一极具潜力的技术可应用于多个领域,并将获得主流认可。

1.1.2 区块链技术特点

区块链技术能够高效运作,是因为它具有以下固有特点:

(1)去中心化——公有链具有去中心化的特点,其内连接的用户可访问数据库,并通过该数据库监控、修改和更新数据。无须对可信的第三方或中心节点进行交易验证,从而降低了成本,减少了性能问题。通过使用共识算法,可确保一致性和完整性,但联盟链属于部分中心化的区块链,而私有链则属于完全中心化的区块链。尽管根据区块链的类型和所采用的策略,提供了不同程度的去中心化,但区块链信息由所有节点来维护,因此没有任何节点拥有对网络的完全控制权。

(2)持久化——区块链内的数据可持久存储,由网络中的所有节点来分布和维护。交易须经其他节点验证后,方可添加到区块之中,因此鉴于公有链的不可变性,删除或更改数据几乎不可能。联盟链和私有链的更改可通过大多数节点更改来进行。

(3)透明度——数据对网络中的所有用户开放,每条记录均有时间戳,使验证和跟踪变得极其简易和透明。

(4)溯源——区块链账本中每笔交易的来源均可轻松追踪。

(5)匿名性——用户使用网络中生成的地址参与交易,因此用户的真实身份不会被公开。而在某些系统中身份是公开的,但公开程度视系统类型和区块链所采取的政策而定。

(6)自治——区块链网络中的各节点相互独立,互不干涉。

1.2 区块链构成要素

区块链中发挥重要作用的构成要素包括加密哈希函数、非对称密钥加密、交易、账本、区块和共识算法等。下面对这些要素进行简要介绍。

1.2.1 加密哈希函数

加密哈希函数与其他哈希函数的不同之处在于更适用于安全或隐私相关的应用,可用于加密、密码安全维护、电子商务协议中使用的数字签名和比特币生成等多种应用场合。加密哈希函数是一种数学函数,接受任意输入(如文件、文本或图像等),并针对特定输入生成一个固定长度的输出。因此,针对输入数据进行一系列数学转换后,会产生一个压缩后的输出位串,称为摘要(digest)、哈希、标签(tag)或散列值。该输出值是针对特定输入而生成的唯一值,如果对输入数据进行了修改,则会产生完全不同的输出摘要。两个不同的输入不会产生相同的哈希值,这一属性称为抗碰撞性。并且,生成的摘要输出是随机的,与输入数据无关。抗碰撞性导致很难通过摘要预测有关输入数据的相关信息。在区块链中,导出地址、创建唯一标识符、数字签名、验证区块数据和区块头都是通过哈希函数来完成的。此外,加密哈希函数具有较高的计算效率,能对输出进行快速计算。

1.2.2 非对称密钥加密

非对称密钥加密是一种基于非对称密钥和加密哈希函数的区块链加密机制。这一机制是不对称的,因为每个用户都拥有两个不同的密钥,即公钥和私钥,用于在区块链中进行加密和解密。该机制与加密哈希函数相结合,共同用于签名交易中的数字签名和不信任环境。数字签名是手写签名的一种数字化替代方案,具有数据完整性、数据源认证和不可否认性的特点。数字签名采用的是椭圆曲线数字签名算法(Elliptic Curve Digital Signature Algorithm,ECDSA)[7]。数字签名分为签名和验证两个阶段。在区块链交易中,当某个用户想要开始交易时,该用户的私钥是保密的,而真正公钥的副本则是对网络上所有用户公开的。在传输消息之前,会对该消息进行一系列数学转换,并采用基于加密哈希函数的私钥进行加密,最终产生的消息摘要合并为一个数列,用于进行数字签名。在验证阶段,接收消息的用户使用提供给他们的公钥对该消息进行解密,并通过比较哈希值来验证消息。

1.2.3 交易

当双方通过在不同节点间传输数据进行沟通时,即表示发生了交易。交易时数据会通过网络传输,该过程涉及发送者的标识符、数字签名、公钥、交易输入和输出等信息。待传输的数据称为输入,而接收该数字资产的接收者账户则称为输出。该过程还包括接收者的标识符以及应传输的数据量等详细信息。特定时间段内接收到的交易均并入一个交易区块中。交易规模和区块容量决定了区块中所存储交易的数量。对交易成对地进行哈希运算,以获得单个摘要值。当某用户发出交易请求时,网络中的所有节点均将收到该消息,也会收到其他交易消息。网络中的其他用户通过摘要值对各交易进行验证,验证通过后录入账本。交易会对数据源有所引用,这种引用可以是对过去事件的引用,也可以是对新交易源事件的应用。交易不会加密,因此用户可以公开查看所有的技术细节。

1.2.4 账本

区块链采用分布式账本数据库,其中包含多个用户在不同位置共享和同步的一系列交易。加密和数字签名以去中心化方式准确地存储各种交易和合约,因此无须由中心机构对交易进行验证。区块链能够抵御网络攻击,因为记录一旦存储便无法更改。另外,记录的分布性和副本分布在多台计算机上,因此,要修改单个记录则需对该记录的所有其他副本进行修改,这是不可能做到的。账本还增强了信息的流动性,便于会计人员进行审计跟踪。

1.2.5 区块

区块记录有交易相关数字信息,这些数字信息不可更改,各区块共同构成了区块链。这些区块就像账本的页面,有的还未记录交易,有的已记录了多笔。区块通过节点发布进行创建,再向其中添加交易。

从逻辑上讲,区块链是以区块的形式存储特定数字信息的链,任何新区块均可添加到区块的链中。每个区块由一个区块头和区块数据组成,其中区块头包含该区块的元数据,而区块数据则包含一组交易和其他相关数据。除了第一个区块,每个区块头均包含一个指向前一个区块头的链接。该链接通常是一个引用,是前一个区块或父区块的哈希值。因此,如果某区块中的数据发生改变,该区块的哈希值也会改变,并体现在后续区块中。区块链的第一个区块称为创世区块,其没有父区块。一旦某个区块中的授权交易达到一定数量,就会形成一个新的区块。区块头和区块数据可能因区块链的实施情况而有所不同。

区块头由以下内容组成:

(1)区块版本——指示需遵循哪一组区块验证规则。

(2)时间戳——包含特定区块的当前批准时间,用自1970年1月1日以来的秒数(协调世界时(UTC))表示。

(3)父区块哈希值——指向前一个区块的256位哈希值。

(4)默克尔树根哈希值——区块中所有交易的哈希值。

(5)nBits——表示有效区块哈希值挖矿难度或区块创建难度的目标阈值。

(6)随机数——一个4字节字段,起始数通常为零,每进行一次哈希计算该值就会增加,可改变区块内容的哈希输出。

区块数据由以下内容组成:

(1)交易数量——记录了顺利完成的交易总数。

(2)交易数据——取决于所开展交易的目的,以及存储在业务数据、医疗健康数据或与比特币相关数据等字段中的数据。

默克尔树

默克尔二叉树是用于存储大型数据集中不同区块哈希值的一种数据结构,其支持对数据集中可用的完整数据进行有效验证。各区块中的所有交易均通过数字指纹进行汇总。无论默克尔树是否属于某个特定区块,参与者均可用其来验证交易。默克尔树层次结构的形成过程如下:对各子节点对进行哈希运算,并不断重复该过程,直至获得根节点(即默克尔树根)。各交易中的节点对自下而上地进行哈希运算。叶节点包含每个交易数据的哈希值,而非叶节点则包含上一次哈希运算的哈希值。根节点汇总了交易数据相关的完整信息,以确保数据完整性。由于各区块是相通的,如果交易数据中的任何细节发生改变,则会干扰根节点。如果哈希对中的任何交易发生改变,则根节点也会随之进行修改。如果任何攻击者或黑客扰乱了某个区块中的任何交易,则通过重新计算区块的哈希值,可以更容易地跟踪或识别未经授权的访问。

1.2.6 共识算法

共识是节点间达成数据一致性的认可,它在定义所实施系统的效率和可扩展性方面发挥着主要作用。区块链中的节点是去中心化的,并无单独的节点来检查账本的一致性,因此需要某些协议来确保这一点。而且,如果一组分布式节点中可能还存在不可信的节点,则很难就谁来发布下一个区块达成一致。这一情形类似于经典的拜占庭将军(Byzantine Generals,BG)问题。下面将对不同的共识方法进行介绍。

1.2.6.1 工作量证明

工作量证明(Proof of Work,PoW)是一种共识算法,其主要策略是从一组相互竞争的分布式节点中选择一个节点,来发布交易区块。所有节点均通过大量运算相互竞争,该算法可证明节点的合法性,但由用户来完成的工作量较大。节点运算是通过改变随机数,再频繁计算区块头的哈希值来进行的。如果某节点求出的哈希值小于等于某个目标值,则选取该节点。选定的节点可发布区块,并获得相应的奖励。其余所有节点会对选定的区块进行验证,一旦验证通过,则将交易区块加入链中。

1.2.6.2 权益证明

权益证明(Proof of Stake,PoS)共识算法会考虑单个用户节点所持有的权益或加密货币的数量。用户将存入一定量的加密货币,对发布区块的提案进行竞价。持有更多股份或加密货币的人被认为更合法,并有机会发布区块。其余所有节点对交易进行验证。当其余节点的认证数量达到目标值时,则将该区块添加到区块链中。该过程中,发布区块的节点以及验证交易的节点将获得奖励。该共识算法的主要缺点是,持有更多股份的人会凌驾于其他用户之上，但这一点可以通过变换策略方式来改变，如将股份大小与用户年龄相结合。

1.2.6.3 实用拜占庭容错

拜占庭容错(Practical Byzantine Fault Tolerance,PBFT)，是指即使在网络节点无法响应或响应错误的情况下，分布式网络仍能运行并达成共识的能力。该术语源于"拜占庭将军问题"(Benzantine Generals Problem)。拜占庭容错可以处理一组节点中多达1/3的恶意用户节点，并在一轮中选取负责发布的节点。根据某些规则，在每轮中选取一个主节点来进行交易，所有其他节点均为从节点。该过程分为预准备(pre-prepared)、准备(prepared)和确认(commit)三个阶段。如果一个节点在每个阶段获得其余所有节点2/3的投票，那么该节点便可以通过后续阶段。

1.2.6.4 委托权益

在权益证明中，根据持有的权益来选取区块生产者。但与权益证明的不同之处在于，委托权益(Delegated Proof of Stake,DPoS)由权益持有者选出受托人或代表来创建或验证区块。在委托权益中，系统只有几个节点需要验证，因此很容易确认区块。节点会因其工作而获得奖励，并被授予发布节点的身份，它们不能恶意行事，因为可能会落选。

1.2.6.5 轮询调度共识模式

轮询调度共识模式可用于许可链中，该模式下只有轮到节点时，节点才会发布区块。一个节点必须等待数个区块创建周期才能轮到。如果某个节点在其时限内无法发布，则允许其他节点发布。

1.2.6.6 权威(身份)证明模式

权威(身份)证明模式可用于许可链中，该模式下会对发布用户身份进行验证，再纳入区块链中。用户的声誉基于其行为，并决定是否有机会发布区块。

1.2.6.7 消逝时间证明共识机制

在消逝时间证明共识机制(Proof of Elapsed Consensus Model,PoET)作用下，当节点发出发布区块的请求时会被分配一个随机等待时间。节点在等待一定时间后，再开始发布区块。签名证书根据随机分配时间颁发，且由用户连同其区块一起发布。这个过程非常透明,可让其他用户知道恶意用户何时空闲,何时提前发布其区块。

1.3 区块链类型

研究人员[8]根据数据可访问性、参与区块链的授权需求和核心功能以及是否支持智能合约,对区块链进行了分类。区块链的分类如表1.1所列。

表1.1 区块链的分类

分类依据	区块链类型
数据可访问性	• 公有链 • 私有链 • 社区链/协作区块链 • 联盟链 • 混合链
区块链参与授权	• 非许可链 • 许可链 • 混合链
核心功能和支持智能合约	• 无状态区块链 • 有状态区块链

1.3.1 公有链

公有链是开源的。在公有链中,任何用户、开发人员、矿工或社区成员均可参与该过程。公有链中进行的所有交易都是完全透明的,这意味着任何人均可检查和验证交易。交易以区块的形式记录,各区块相互连接构成了一条链。每个新建区块均须有时间戳,所有联网计算机(称为节点)必须先对区块进行验证,才能将其录入区块链。公有链是分布式、去中心化和不可变的。比特币、以太坊、门罗币、大零币、斯蒂姆应用平台(Steemit)、达世币、莱特币和恒星币均是公有链的应用例子[9]。公有链如图1.2所示。

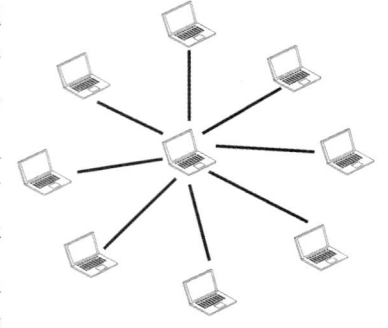

图1.2 公有链

在公有链中,任何用户均可进行以下活动,而不必征求任何中心化实体的许可:

(1)用户从互联网下载代码后,可使用其本地设备运行全节点,并在网络中验证交易。

(2)通过在设备上安装应用,用户即可挖掘交易区块,然后将数据写入区块链,参与共识进程,并在该进程中接收网络令牌。

(3)用户可通过公有区块链浏览器,查看区块链上发生的所有交易,或对存储在全节点上的数据进行链分析。

1.3.2 私有链

私有链适用于组织。参与者只能通过单个机构在区块链中进行读写操作,该机构可根据参与者在组织中的角色,对其发放选择性许可。私有链中的信息通过加密算法进行保护。与公有链相比,私有链速度快、能力强,也更为商业化。私有链如图1.3所示。

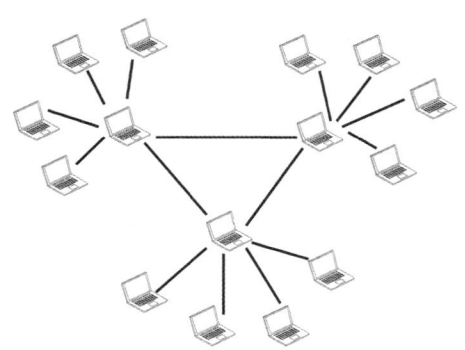

图1.3 私有链

瑞波币(XRP)和超级账本(Hyperledger)均是私有链的例子。瑞波币是一种非专有协议,它通过RippleNet连接支付提供商和银行,以方便海外资金转移,而超级账本则属于非专有性项目,涉及银行、供应链、金融和技术领域的全球领导者[10]。

1.3.3 联盟链

联盟链是一种特殊类型的私有链,称为社区链/协作区块链。在该类型的区块链中,机构并非单一的实体,而是由一群企业组成的联盟。参与该类型区块链的企业也会因其行业的一些特点而受益[11]。联盟链的例子有 Corda 和 Quorum 等[12]。联盟链如图 1.4 所示。

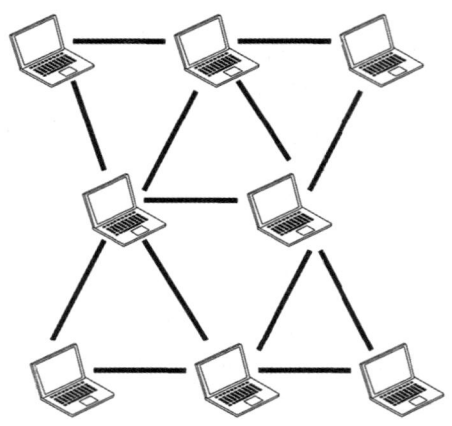

图 1.4　联盟链

Corda 是一个致力于公司间合作的非专有区块链风险项目。参与 Corda 的公司利用区块链,实现智能合约隐私保护和企业间操作。Quorum 是在以太坊上建立的分布式账本,支持以太坊的许可实现,能够为行业协作者提供智能合约隐私和企业间操作提供帮助。

1.3.4　混合链

混合链由公有链和私有链组合而成,更便于业务操作。公司无须担心信息泄露,因为业务操作是在受控环境下进行的。因此,混合链通过结合公有链和私有链,促进组织与其利益相关者的良好沟通。混合链参与者可决定哪些成员可参与区块链,哪些交易将被公开。由于区块链具有防篡改性,这在一定程度上保护了交易的安全,使其免受黑客攻击。混合链的交易成本低,因为信息仅需由少数高效节点进行验证。

混合链适用于物联网(IoT)应用。物联网中涉及的设备可通过私有链进行保护,数据共享可通过公有链实现。混合链的另一个重要应用是金融领域。全球贸易和金融组织新芬(XinFin)完成了将以太坊作为公共模块、将 Quorum 作为私有模块[13]的目标,并将权益授权证明(DPoS)作为共识机制。

此外，混合链还可用于银行、供应链、政府和企业服务等其他部门。

1.3.5 非许可链

在去中心化账本平台上，任何人均可发布新的区块，因为访问权限不受任何机构控制[14]。非许可链是一款非专有软件，任何人都可以下载和使用。非许可链中的所有用户均可读写账本。非许可链又称为公有链，因为它允许任何人链接到网络中并进行交易。该区块链上的信息可公开访问，账本副本可在全球范围内获得，这使得黑客可引入新的区块，从而对系统造成威胁。为避免入侵者，可使用工作量证明和风险证明等共识机制。由于该区块链对所有人开放，因此其在特性、速度和可扩展性之间存在冲突。非许可链的著名例子有以太坊、比特币、达世币、门罗币、莱特币等。

1.3.6 许可链

许可链又称私有链，它是一个封闭的环境，在该环境中，任何想要发布、读取和验证区块的人均须获得某个中心化机构的授权。该类型区块链适用于银行、公司和企业，可预先定义许可成员及其访问权限，以顺利进行商业操作。

许可链也适用于社区层面。达成共识的企业可鼓励其业务伙伴在公共分布式账本上记录交易，并应用共识模块来维护彼此之间的信任。这种透明度可有助于他们做出更好的公司决策。定期且明确的审查很容易进行，以便在业务伙伴间形成更好的认知。许可链的最好例子有 Corda、瑞波币、Hyberledger Fabric 和 Quorum。

1.3.7 无状态区块链

区块中任一时刻的值称为状态。虚拟机的状态会随着交易的发展和处理而变化。为了优化交易并在顺序处理中运用哈希算法验证交易，采用了无状态区块链系统。比特币、IOTA、瑞波币、新经币(NEM)、多链(MultiChain)、巨链数据库(BigChainDB)和开放联盟链(OpenChain)均是无状态区块链的例子。无状态会导致形成轻节点，这些节点只保存区块头的序列，不执行任何交易或相关状态。无状态节点在联机时不携带任何有关状态的信息，这些新的节点对磁盘、I/O 和内存使用要求较低。

无状态客户端和无状态矿工在以太坊 2.0 中采用分片解决方案[15]。所有节点都是无状态的,使得区块链处理的速度更快,可扩展性更高。因此,以太坊采用的是线性的构建方式。这种方式的一大缺点是流量拥堵,可能导致数据处理效率低下。由于以太坊系统划分为多个集群(称为分片),因此采用了分片解决方案来避免这种情况。每个分片都有独立的状态。交易被分配到各分片中,以并行的方式执行处理,从而提高了效率。分片技术还通过定期在分片间重新排列客户端,提高区块链的安全性。

1.3.8 有状态区块链

有状态区块链支持智能合约和交易处理设施,并可对多业务公司的逻辑状态进行优化和保护。以太坊还有一个有状态的区块链系统,其中每个节点都保存着区块链的副本。用户可使用该副本验证其当前版本的状态,其初始状态为公认的创世区块。有状态客户端在 I/O、内存和磁盘上的负载更高,而使用的带宽更少。有状态区块链的部分例子有 Corda、Hyperledger Fabric、Kadena、Tezos、Sawlooth、Hydrachain 和 Quorum。

1.4 区块链用例

1.4.1 供应链管理领域区块链应用

供应链管理涉及内聚性设计、部门之间的信息流动、材料流、金融性资本流动和货物管理等特定活动。不同部门的利益相关者之间的合作是复杂的。随着区块链的部署,供应链在透明度方面取得了巨大进步,从存储管理到交付过程均影响重大。数据的互操作性使不同权益持有者之间更方便地共享信息。区块链的绝对性可避免篡改,从而使各方保持信任。接下来将讨论区块链可实现的诸多领域。

1.4.1.1 溯源追踪

对大型组织而言,对记录进行追踪并非易事。有关产品的信息,可通过部署在产品中的传感器以及射频识别(Radio Frequency Identification,RFID)标签访问。区块链可帮助从最初到当前时间追踪产品,有助于检测供应链管理中的欺诈行为。通过追踪过程,可通过消费者和零售商的位置,对购买的产品进行详细分析,从而妥善处理危机。产品确认后,一旦确定了污染原因,便能很容易地对审计日志进行验证。例如,沃尔玛在中国试点部署了区块链,可在数秒内完成芒果从农场到商店的追踪。其特点之一是,所有权益持有者均可通过可信网络迅速、自主地共享信息[16]。欧洲最大的零售商家乐福已将这种区块链技术用于追踪法国中部奥弗涅(Auvergne)地区放养鸡的生产,可通用智能手机扫描包装上的代码,了解有关鸡饲料、生长过程及鸡肉加工等详细信息。通过上述两个例子可知,在供应链的各个阶段采用区块链可减少某些点的故障,增强信任,并提高安全性和透明度。采用分布式账本技术(DLT)可使交易量提高15%。此外,区块链还有助于发展合乎伦理的产品生产和摄取。

1.4.1.2 透明度

除了获得认证和声明,数据的开放访问也是公开的。注册是在以太坊区块链上完成的,因此第三方可查看身份认证。

Coupit 是基于区块链的电子商务市场的例子之一,其可查看买卖双方的状态。交易一经确认,就会列出声明。在交易过程开始时,Coupit 会对信息进行哈希运算,并更新区块链,以便参与交易的授权用户可访问所需信息。

1.4.2 物流领域区块链应用

在物流领域采用区块链有助于:

(1)除了生成安全、易纠错的流程,还可实现自动化,以节省成本。

(2)加强权益持有者之间的数据交换,从而建立物流过程的预测和透明度。

(3)区块链与物联网的结合,为防止假冒和监控运输条件提供了更多视角。

1.4.2.1 DexFreight

DexFreight 是一个基于区块链的货运交易平台,托运人和承运人可通过该平台沟通,并直接进行洽谈。DexFreight 为用户提供了一个开放平台,并支持与合作伙伴沟通,还可以存储汽车货运公司的相关信息,以便快速完成分包商的上链。因此,托运人可以专注于货运任务方面的洽谈。正如 2018 年在

freightwaves. com 上的一篇文章所述,货运承包的整个过程是基于区块链完成的[17]。在 2019 年 freightwaves. com 上的另一篇文章中,作者表示,DexFreight 与 CargoX 联合提供合约文件,将完整的原始运输流程迁移至一个平台中[18]。

1.4.2.2　GS1

货运迁移需对托盘节点进行数字化处理。托盘共享计划有助于灵活地进行货物运输,其中需要关于物主、托盘流和托盘状态等信息。区块链可用于存储信息,以及在各权益持有者之间传输信息。在 gs1 – germany. de 上发表的一篇文章指出,该程序经过了数字化处理[19]。一旦试行期结束,项目取得了成功,系统也就完成了开发[20]。

1.4.3　银行领域区块链应用

除了高效、透明度和安全性,速度也是区块链的一大优点,使其在银行领域发挥了重要作用。下面将对区块链在银行领域的几种用途进行介绍:

1.4.3.1　数字身份认证

在区块链上进行一次身份登记,将该信息保存在区块链上,可确保信息的安全。这一增强的验证过程使客户和公司都获益良多。

1.4.3.2　审计与会计

区块链可简化传统的复式记账制度及合规手续。联合账本中的条目将以分布式的方式进行,以确保透明度和安全性。所有交易的验证均类似于数字公证。

1.4.3.3　加速支付

在银行领域采用区块链,不必进行第三方验证,加快了传统的银行转账过程。区块链会启动一个去中心化的支付渠道,便于银行部门使用最先进的技术进行支付,从而提高支付速度,降低处理费用。此后,还可通过推出新产品和开拓初创企业,进一步提升服务水平。

1.4.3.4　清结算系统

使用区块链无须依赖监管机构,与传统的中心化环球银行金融电信协议(Society of Worldwide Interbank Finacial Telecommunication,SWIFT)相比,在资金转移过程中没有中介机构的参与,同样可以对交易进行跟踪,且更为公开透明。

1.4.3.5 资产管理

去中心化数字资产可为金融市场提供便利。资产的权利可通过表示链下资产的加密令牌进行转移;纯数字资产通过以太坊和比特币等货币获得,可减少资产置换费用,加快流程。

1.4.4 教育领域区块链应用

区块链的实施仍处于初级阶段。区块链使学历证书的验证和共享成为可能[21]。下面将从证书管理、学习成果管理、协同教学环境、费用与学分转移等多个领域进行讨论:

1.4.4.1 证书管理

证书管理涉及各种形式的证件,如成绩单、学历证书、成绩记录和学生证件等。通过采用区块链,可向学生提供数字证书。在《教育学、文化与社会》(*Pedagogy,Culture & Society*)上发表的一篇关于网络学校的文章中,学校被作为弥补区块链认证平台的认证机构[22]。教育机构对提供给学生的证书进行授权和隐私保护,因此,学生在需要时可灵活地共享证书。根据去中心化原则,随着基于区块链的新型教育记录的发展,可对成绩单进行验证和发放[23]。个人将能够访问数据记录;但只有专业机构才能在有限约束的条件下,根据某些规则对存储在系统中的数据进行访问和修改。

1.4.4.2 学习成果管理

有些区块链应用的开发,旨在丰富学习目标、达成某些能力。如学生的成绩可以通过定性和定量指标进行评估,并通过区块链来记录。为了评估学生的成绩,开展了多重学习活动[24],提出了基于区块链的学习环境,该学习环境可以提供适当、可靠的支持和重要的反馈[25]。该应用的目标是以适当沟通和改进合作的方式,提升批判性思维和解决问题的能力。

1.4.4.3 协同教学环境

泛在学习(u-learning)系统以区块链技术[26]为基础,无论学生身处何地,均可随时为其提供协同学习环境。该系统由交互式多媒体系统支持,可使师生之间的交流更加有效。将区块链技术用于学校信息中心(School Information Hub,SIH)的开发工作中[27],可以对相关数据进行分析、收集和报告,从而为决策提供帮助。

1.4.4.4 费用与学分转移

区块链已经在许多高校、机构和组织中得到应用,以高效、可靠、安全的方式完成费用和证书记录的转移等工作。采用该技术可省去中介,因为系统通过令牌(课程、文凭和证书的形式)为转移过程提供了便利[28]。各教育机构只要拥有其个人 EduCTX 地址,便可进行安全的转移。

在教育领域采用区块链有多种优点,如提升透明度、数据共享和增进信任等。《应用科学》(Applied Sciences)期刊对区块链应用于教育领域的各种优点、存在的问题以及各种基于区块链的教育应用进行了详细的阐述[29]。

1.4.5 废品管理应用

废物管理活动方面也开始采用区块链,如加拿大通过全球回收业务减少塑料废物。将塑料垃圾带到回收中心的个人,将获得区块链保护的数字代币奖励。这些代币通过塑料银行应用,可以在商城购买手机充电器和食品等物品[30]。还可登录 swachhcoin.com,查看杂货连锁店所产生垃圾的分类和回收[31]。

1.5 区块链的挑战与机遇

尽管区块链在许多领域的应用都十分广泛,但仍存在一些问题需要认真思考。

1. 数据的安全和隐私

区块链采用去中心化系统,系统中的数据在不同业务和节点之间共享,因此存在数据泄露的可能性。链中的每个人均可通过中心化系统访问数据,该系统中由中间可信的第三方进行授权。需确保安全性的数据包括公司财务数据、个人身份信息、个人日常活动和病历等[32]。区块链极度依赖可能存在缺陷和漏洞的加密算法、智能合约和相关软件,导致许多组织和行业不愿采用区块链技术。

2. 存储

区块链具有基于去中心化和哈希结构的有限链上数据存储能力[33]。随着人们越来越了解该技术,用户数量不断增加,生成的数据量越来越大,在设计区块链应用时,应考虑可扩展性问题。

3. 标准化

区块链被用于不同基础设施和应用中,因此需高度标准化,在数据大小、格式和性质方面必须采用预先确定的通用标准。作为一项相对较新的技术,区块链的潜在优势以及相关的问题都是未知的,因此在许多国家面临着合法合规性的问题[4]。

4. 可扩展性

区块链技术应能处理越来越多的用户和设备,如传感器、智能设备和物联网等,而且这些设备在不久的将来会更加普及。在区块链技术中,比特币以每区块每 10min 1MB(兆字节)的速度增长,并且在节点中存储了数据副本[34]。

这些交易必须被记录和维护,以便进行验证。此外,目前的交易处理速度较慢,当用户数量增加时,这将成为一大主要挑战。所需的计算开销与用户和设备数量的增加成正比,这又会导致性能和同步方面的问题。

5. 互操作性

由于大多数区块链系统的设计不是为了与基于区块链的其他系统共同操作,因此互操作性是一个重要问题。如何在各类供应商和服务之间共享数据(这在医疗健康系统中非常重要),是区块链面对的主要挑战之一。因此区块链系统应被设计成可与不同系统进行相互操作。

6. 密钥管理

区块链技术中的数据是分布式的,区块中的所有用户均可访问数据。因此,需要通过加密的公钥和私钥,对数据进行加密和解密。目前,区块链对所有区块均使用一套密钥,该密钥一旦泄露就可能会使整个区块中的数据遭受攻击[4]。

7. 区块链漏洞

固有的区块链框架易遭受恶意攻击,如 51% 攻击(该情形下,一个用户支配其他用户的大部分计算资源)和双花攻击(该情形下,用户会在多笔交易中使用同一种加密货币)。

8. 监管与治理

任何新技术的出现都会给制定维护系统性和安全性的法规带来很多难题。区块链作为政府基础设施的一部分,需要制定适当的规则,并应阐明和落实其治理方式。

9. 社会挑战

区块链是一种不断发展的新技术,由于尚不清楚其优缺点,因此社会认可度和从传统技术的转变都是一大难题。

10. 人力资源匮乏

区块链技术是一种较新的技术,因此目前能够管理和解决相关问题的专家和开发人员仍较为匮乏。高技能专业人才的匮乏,使许多组织对这项新技术望而却步。

11. 可问责性

区块链中数据的透明、可共享和可验证特性,在数据问责方面发挥着有效作用。区块链通过去中心化、共识机制和哈希算法,提供了多层级的数据保护机制。数据一旦存储,如未获得网络其他用户的同意,便不可更改,同时在所有相关各方间都建立了信任和责任。

12. 精确性

区块链中的数据可由区块链中连接的所有各方共享和验证,并可直接更新。数据的提供方式可靠又及时,确保了数据的准确性。

13. 成本高效

用户可依靠区块链提供的准确且有据可查的,做出明智的财务决策,此外,还省去了由第三方服务提供商(Service Provider,SP)进行数据分析和分发的运营费用。

14. 防伪措施

欺诈行为可能是偶然的,也可能是恶意的,违者会受到相应的惩罚。区块链中的交易均带有时间戳,且以分布式去中心化的方式存储,使特定区块链网络的权益持有者可从最开始存储数据,并确认和验证信息的真实性。这种内在设计让网络中的所有用户都能识破欺诈行为[35]。

15. 改进研发

区块链中数据的匿名性,对于开展研究极为有用。此外,目前还存在一些影响研究质量的虚假数据。区块链允许从数据最初产生者到数据分析的最终用户对数据进行跟踪,因此在这方面具有透明性。区块链技术与人工智能、机器学习等其他技术相结合,可将许多领域的研究推向新的高度。

1.6 本章小结

区块链具有确保安全交易的潜在特性,有望给许多行业带来变革。尽管该技术广泛应用于诸多领域,但其在存储、可扩展性、标准化、互操作性和共识算法相关漏洞等方面仍存在一些问题,有待进一步研究。此外,区块链是一项新兴技术,我们仍需继续努力确保其隐私和安全性。本章首先对区块链的主要特点和组成部分进行了概述,并根据数据可访问性、授权和核心功能详细分析了区块链的类型;其次,通过图文对区块链的多个用例进行详细说明,以帮助读者了解区块链在各领域的潜力;最后,深入评估区块链面临的挑战和机遇,并展望了该技术的未来。

参考文献

[1] Yaga, D., P. Mell, N. Roby, and K. Scarfone. 2018. "Blockchain Technology Overview." *Natl Instit Stand Technol.* doi:10.6028/NIST.IR.8202.

[2] Nofer, M., P. Gomber, O. Hinz, and D. Schiereck. 2017. "Blockchain." *Business Informat Syst Eng* 59 (3): 183-187. doi:10.1007/s12599-017-0467-3.

[3] Zheng, Z., S. Xie, H.-N. Dai, X. Chen, and H. Wang. 2014. "Blockchain Challenges and Opportunities: A Survey." *Int J Web Grid Services* 14 (4): 352.

[4] McGhin, T., K.-K. R. Choo, C. Z. Liu, and D. He. 2019. "Blockchain in Healthcare Applications: Research Challenges and Opportunities." *J Network Comp Appl* 135: 62-75.

[5] https://www.gartner.com/en/newsroom/press-releases/2019-07-03-gartner-predicts-90-of-current-enterprise-blockchain.

[6] Zheng, Z., S. Xie, H. Dai, X. Chen, and H. Wang. 2017. "*An Overview of Blockchain Technology: Architecture, Consensus, and Future Trends.*" Paper presented at *IEEE 6th International Congress on Big Data*, Honolulu, Hawaii, US, June 25-30.

[7] Johnson, D., A. Menezes, and S. Vanstone. 2001. "The Elliptic Curve Digital Signature Algorithm (ECDSA)." *IJIS* 1: 36-63. doi:10.1007/s102070100002.

[8] Shrivas, M. K., and T. Yeboah. 2018. "The Disruptive Blockchain: Types, Platforms and Applications."

[9] https://blockchainhub.net/blockchains-and-distributed-ledger-technologies-in-

general/. Accessed June 1 2020.

[10] https://hedgetrade.com/what-is-a-private-blockchain/. Accessed June 1 2020.

[11] https://dragonchain.com/blog/differences-between-public-private-blockchains/. Accessed June 2 2020.

[12] https://www.mycryptopedia.com/consortium-blockchain-explained. Accessed June 2 2020.

[13] https://101blockchains.com/hybrid-blockchain. Accessed June 3 2020.

[14] Yaga, D., P. Mell, N. Roby, and K. Scarfone. 2019. "Blockchain Technology Overview." arXiv:1906.11078.

[15] https://docs.ethhub.io/ethereum-roadmap/ethereum-2.0/stateless-clients/. Accessed June 3 2020.

[16] Forbes. 2018. "3 Innovative Ways Blockchain Will Build Trust in the Food Industry." https://www.forbes.com/sites/samantharadocchia/2018/04/26/3-innovative-ways-blockchain-will-build-trust-in-the-food-industry/#839519f2afc8.

[17] Prevost, C. 2018. "DexFreight Completes First Truckload Shipment Using Blockchain." Accessed March 25 2019. https://www.freightwaves.com/news/blockchain/technology/dexfreight-completes-first-truckload-shipment-using-blockchain.

[18] Rajamanickam, V. 2019. "CargoX's Blockchain-Based Smart Bill of Lading Solution Is Now on DexFreight's Platform." March. Accessed May 13 2019. https://www.freightwaves.com/news/blockchain/cargoxs-blockchain-based-smart-bill-of-ladingsolution-is-now-on-dexfreights-platform.

[19] Uhde, T. 2018. "Blockchain-Technologie und Architekturim Pilot-Projekt." December. Accessed March 25 2019. https://www.gs1-germany.de/innovation/blockchainblog/das-passende-system-blockchain-technologie-und-architek/.

[20] Nallinger, C. 2018. "Hat der Palettenscheinausgedient?" December 17. Accessed April 3 2019. https://www.eurotransport.de/artikel/palettentausch-mithilfe-der-blockchain-hat-der-palettenschein-ausgedient-10634469.html.

[21] Chen, G. B. Xu, M. Lu, and N.-S. Chen. 2018. "Exploring Blockchain Technology and Its Potential Applications for Education." *Smart Learn Environ* (5)1.

[22] Nespor, J. 2018. "Cyber Schooling and the Accumulation of School Time." *Pedag Cult Soc*: 1-17.

[23] Han, M., Z. Li, J. S. He, D. Wu, Y. Xie, and A. Baba. 2018. "*A Novel Blockchain-Based Education Records Verification Solution.*" In *Proceedings of the 19th Annual SIG Conference on Information Technology Education*, Fort Lauderdale, FL, US, October 3-6.

[24] Farah, J. C., A. Vozniuk, M. J. Rodríguez – Triana, and D. Gillet. 2018. "*A Blueprint for a Blockchain – Based Architecture to Power a Distributed Network of Tamper – Evident Learning Trace Repositories.*" In *Proceedings of the IEEE 18th International Conference on Advanced Learning Technologies (ICALT)*, Mumbai, India, July 9 – 13.

[25] Williams, P. 2018. "Does Competency – Based Education with Blockchain Signal a New Mission for Universities." *J High Educ Policy Manag* 41: 104 – 117.

[26] Bdiwi, R., C. De Runz, S. Faiz, and A. A. Cherif. 2018. "*A Blockchain Based Decentralized Platform for Ubiquitous Learning Environment.*" In *Proceedings of the 2018 IEEE 18th International Conference on Advanced Learning Technologies (ICALT)*, Mumbai, India, July 9 – 13.

[27] Bore, N., S. Karumba., J. Mutahi, S. S. Darnell, C. Wayua, and K. Weldemariam. 2017. "*Towards Blockchain – Enabled School Information Hub.*" In *Proceedings of the 9th International Conference on Information and Communication Technologies and Development*, Lahore, Pakistan, November 16 – 19.

[28] Hölbl, M., A. Kamisali'c, M. Turkanovi'c, M. Kompara, B. Podgorelec, and M. Heri'cko. 2018. "*EduCTX: An Ecosystem for Managing Digital Micro – Credentials.*" In *Proceedings of the 28th EAEEIE Annual Conference (EAEEIE)*. Hafnarfjordur, Iceland, September 26 – 28.

[29] Alammary, A., S. Alhazmi, M. Almasri, and S. Gillani. 2019. "Blockchain – Based Applications in Education: A Systematic Review." *Appl Sci.* 9: 2400. doi:10.3390/app9122400.

[30] Steenmans, K., and P. Taylor. 2018. "A Rubbish Idea: How Blockchains Could Tackle the World's Waste Problem." https://theconversation.com/a – rubbish – idea – how – blockchains – couldtackle – the – worlds – waste – problem – 94457.

[31] Swachhcoin. 2018. Decentralized Waste Management System. https://swachhcoin.com.

[32] Phan The Duy, Do Thi Thu Hien, Do Hoang Hien, Van – Hau Pham. 2018. "A Survey on Opportunities and Challenges of Blockchain Technology Adoption for Revolutionary Innovation." *Assoc Comp Mach.* December. doi:10.1145/3287921.3287978.

[33] Onik, Md. M. H., S. Aich, J. Yang, C. – S. Kim, and H. – C. Kim. 2019. "Blockchain in Healthcare Challenges and Solutions." *Big Data Anal Intell Healthc Manag.* doi:10.1016/B978 – 0 – 12 – 818146 – 1.00008 – 8.

[34] Reyna, A., C. Martín, J. Chen, E. Soler, and M. Díaz. 2018. *On Blockchain and its Integration with IoT Challenges and Opportunities, Future Generation Computer Systems.* Vol. 88. Elsevier, pp. 173 – 190.

[35] Poongodi, T., R. Sujatha, D. Sumathi, P. Suresh, and B. Balamurugan. 2020. *Blockchain in Social Networking, Cryptocurrencies and Blockchain Technology Applications.* John Wiley & Sons, Inc, pp. 55 – 76.

第 2 章

物联网

S. 卡尔蒂基扬
B. 巴拉穆鲁根

2.1 物联网概述

2.1.1 前言

物联网的应用领域非常广泛,不仅限于智能家居、智能零售、智能交通系统、农业等领域,其中最重要的应用之一是医疗健康。物联网设备可在人们无法获得帮助的特定情况下派上用场,挽救生命,因此可用于医疗健康领域,如与可穿戴设备、实时定位服务和远程监控等配合使用。

2.1.2 物联网的发展历史

物联网由凯文·阿什顿(Kevin Ashton)于1999年提出,旨在减轻人类工作量。最初,射频识别(RFID)技术是实现物联网的基本要求。射频识别可嵌入任何物体进行位置跟踪。此后,随着物联网的发展,传感器、执行器和其他标准也相继出现[1]。

2.1.3 物联网的特点

物联网的主要特点如下。

2.1.3.1 互联性

在物联网中,任何类型的设备均可根据用户需要进行连接和通信[1]。

2.1.3.2 异构性

传感器、执行器、网关、无线网络、移动设备、个人计算机等设备均可用于物联网环境,使物联网环境成为一个异构平台[1]。

2.1.3.3 动态性

物联网环境的主要好处是,设备可根据用户所做的更改运行,使物联网环境具有动态性[1]。

2.1.3.4 高安全

物联网可确保对不同地理区域的个人用户提供防护,并通过消息传输加密来保障数据安全。

2.1.3.5 高智能

物联网由各种应用和嵌入式设备组成,因此可根据情况在特定环境下自动做出决策。

2.1.3.6 可感知

物联网通过观察环境,并在环境出现异常时发送通知,来执行输入操作[1]。

2.1.3.7 低能耗

大多数物联网设备由电池供电,因此无须经常充电,而且与其他方法相比,其能耗最小。

2.1.3.8 低成本

物联网的成本较低,可代替人工执行重复性日常工作。

2.1.4 物联网的优势

物联网在医疗健康、工业、教育、农业等各领域具有多项优势,其中包括[1]:

(1)成本较低。

(2)用户界面简洁。

(3)套件规格小。

(4)数据精准。

(5)对象跟踪。

(6)性能。

(7)减少工作量。

(8)生产力。

(9)自动化。

(10)节省时间。

(11)改善生活质量。

2.1.5 物联网的挑战

以下是实施物联网所面临的主要挑战[1]。

2.1.5.1 数据可扩展性

物联网中的数据量不是静态的,需要根据环境扩充存储空间和其他资源[1]。

2.1.5.2 海量数据存储

由于传感器需要连续记录数据,因此大量数据会存储在物联网云端,同时,旧数据经过若干年后变为大数据[2]。

2.1.5.3 带宽问题

物联网,顾名思义,需要依靠互联网运行,如果互联网不可靠、不稳固,就会出现数据传输延迟或故障等问题。

2.1.5.4 数据分析

物联网传感器的数据(如结构化、非结构化和半结构化数据等)处理量非常庞大,以致很难利用可用的数据分析方法做出任何商业决策。

2.1.5.5 隐私和安全

由于物联网上记录的每个数据都存储在物联网云端,因此攻击者很容易通过入侵集中式云来获取数据。

2.2 物联网的架构

物联网环境中,传感器、执行器或微控制器等元件或组件会先记录数据,然后通过物联网网关将记录的数据传输到云服务器上,用户将在云服务器上通过用户界面(移动设备或网络等)接收通知或告警。在需要进行数据分析时,会将相应工作放在大数据组件中进行[3]。

2.2.1 物联网设备

物联网主要包括以下组件:

(1)传感器。

(2)执行器。

(3)物联网网关。

(4)云。

(5)用户界面(User Interface,UI)。

图 2.1 显示了物联网各组件以及物联网环境中数据的记录、存储、解析和检索方式。

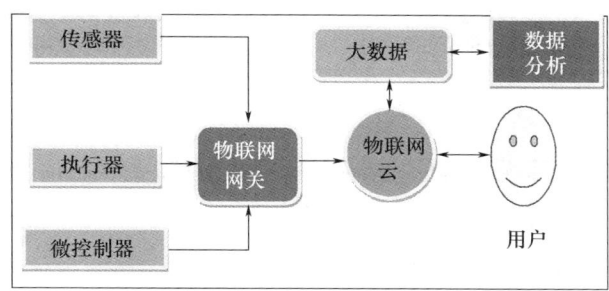

图 2.1　物联网的架构

2.2.1.1　传感器

传感器检测环境中的物理变化,并将信息发送至相应目标,它只能感知环境中的特定状况[4]。图 2.2 所示为传感器的分类。表 2.1 和表 2.2 对两种传感器进行了比较。

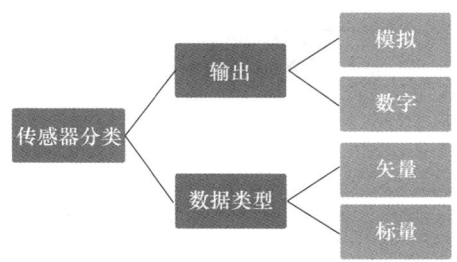

图 2.2　传感器的分类

表 2.1　模拟输出与数字输出对比

序号	模拟	数字
1	连续值	非连续值
2	输出可以是任何数值	输出只能是 0 或 1
3	可测量速度、温度、应变、压力和位移	可测量化学品和液体

表 2.2　标量数据与矢量数据对比

序号	标量	矢量
1	通过量的大小来衡量	通过量的大小、方向和定位来衡量
2	色彩传感器、压力传感器、温度传感器和应变传感器	加速度传感器、图像传感器、声音传感器和速度传感器

2.2.1.2　执行器

执行器是控制系统机构的机器部件。执行器需要控制信号和能量源,它在接受控制后会将能源转化为机械运动[5]。

2.2.1.3　物联网网关

记录后的数据不能直接从物联网环境传输至云端,而是需要通过网桥作为信息载体来传输数据,如图 2.3 所示。

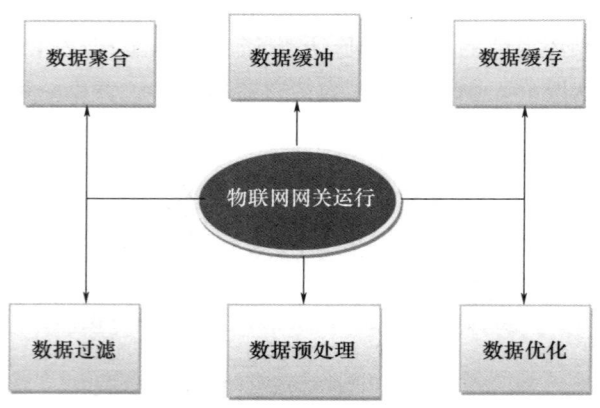

图 2.3　物联网网关运行

2.2.1.4　云

云是物联网的重要组成部分,因为传感器记录的数据通过物联网网关传输,再通过互联网存储在云服务器上。要用建筑物等资产构成的数据中心来存储数据是非常困难的,而云可帮助人们根据需求采用即付即用模式来租用服务器,这是云计算的最大优势。

物联网主要有以下优点:

(1)快速弹性。

(2)效用计算。

(3)资源池。

(4)低成本计算。

(5)高可用性。

(6)灾难恢复。

(7)可扩展性。

2.2.1.5 数据分析

数据分析是一种不考虑数据大小和结构的分析过程,最终将根据见解做出决策。在医疗健康领域,可根据类似患者数据的过往记录对患者进行诊断。许多企业基于过去的物联网数据提高了生产力和收入。

2.2.1.6 用户界面

用户会通过用户界面接收所有物联网数据和告警,用户界面可以是任何形式,如移动应用、Web 应用,以及人们可接收关于物联网环境通知的任何其他介质。针对物联网环境创建用户界面时,需对以下约束条件进行验证。

(1)联通性。

(2)物理用户界面。

(3)精确性。

(4)安全性。

(5)人性化设计。

2.2.2 物联网协议

物联网协议是管理物联网设备(如传感器、执行器、网关、集线器、移动设备、个人计算机和其他通过消息与用户通信的小工具等)之间通信的一组规则。设备之间的通信遵循特定的协议,这些协议指示物联网环境获取用户的准确位置和身份。

2.2.2.1 联通性

1. 基于 IPv6 的低功耗无线个人局域网

基于 IPv6 的低功耗无线个人局域网(IPV6 Low Power Personal Area Network,6LowPAN),允许处理潜力有限的小型设备通过利用基于互联网协议的无线网络传输数据,甚至可在低功耗设备和互联网之间建立连接[6]。

2. 低功耗有损网络路由协议

低功耗有损网络路由协议(Routing Protocol for Low Power and Lossy Network, RPL)是一种容易造成数据包丢失的主动式协议,其在多跳、多对一、一对一等数据传输过程中的功耗较低。

2.2.2.2 识别

1. uCode

uCode 是分配给单个对象的唯一标识号,既可应用于有形的实体内容,也可应用于无形的数字数据内容[6]。

2. 电子产品代码

电子产品代码(Electronic Product Code, EPC)可以通过射频识别技术打造全球范围的智能工业网络。EPC 中的四个类别分别是:标题、EPC 管理器、对象分类和序列号[6]。

3. 统一资源标识符

统一资源标识符(Uniform Resource Identifier, URI)是互联网上的一种标识资源,由一串字符组成,便于用户与万维网之间进行通信,如图 2.4 所示。

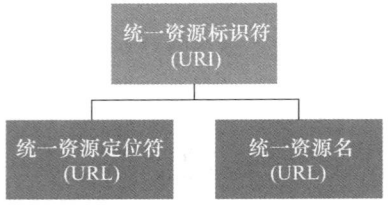

图 2.4 统一资源标识符的分类

2.2.2.3 数据协议

1. 受限制的应用协议

受限制的应用协议(Constrained Application Protocol, CoAP)执行机器对机器(Machine-to-Machine, M2M)应用(如智能交通和自动导航等)之间的通信,其工作原理为端点间的请求-响应模型。

2. 消息队列遥测传输

消息队列遥测传输(Message Queuing Telemetry Transport, MQTT)是一种 ISO 标准,它基于 TCP/IP 协议执行发布和订阅操作,其目的是建立一端应用程序与另一端网络之间的连接,如图 2.5 所示。

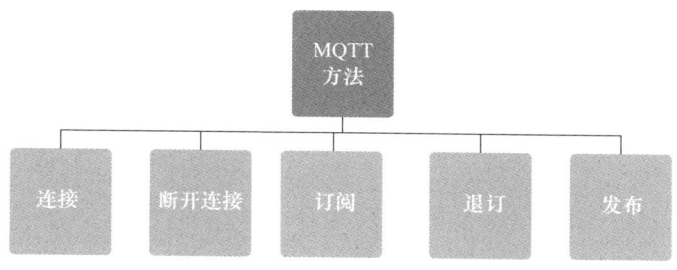

图 2.5　MQTT 方法

3. 高级消息队列协议

连接系统和组织流程的应用之间的业务消息,基于高级消息队列协议(Advanced Message Queuing Protocol,AMQP)进行传输。

AMQP 的优点如下:

(1)互操作性。

(2)安全性。

(3)可靠性。

(4)路由选择。

(5)队列。

4. 简单传感器接口协议

简单传感器接口协议(Simple Sensor Interface,SSI)用于计算机或用户终端与智能传感器之间的数据传输。

2.2.2.4　通信协议

以下的通信协议对消费者和工业物联网具有直接的重要意义。

1. IEEE 802.15.4

该协议是低数据速率无线个人局域网(Low Data-rate Wireless Personal Area Network,LR-WPAN)最熟悉、最可靠的标准。协议框架中规定了星形和网状拓扑结构,并支持信标和非信标两种网络模式。

2. ZigBee 协议

该协议的新附加层旨在通过有效凭据、加密、路由和数据转发来增强身份验证[2]。

3. 射频识别

射频识别将数据以数字方式存储在射频识别标签中,由集成电路和天线组成,其主要应用包括人员和物品追踪、受限区域访问监控等。

4. 近场通信

近场通信(Near Field Communication,NFC)是指设备之间的通信距离不超过4cm,像关灯、交易、传输数字内容一样,可实现近距无线传输,为个人生活带来便利。

近场通信分为有源近场通信(智能手机)和无源近场通信(NFC标签)两类。

5. 蓝牙

蓝牙通过采用 Ad–Hoc 技术代替有线连接(图2.6),从而实现设备之间的近距离通信。

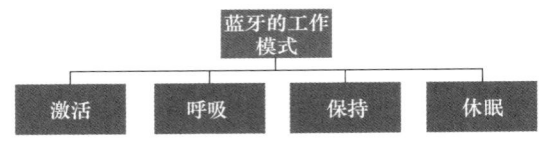

图2.6　蓝牙的工作模式

6. 无线高速可寻址远程传感器协议

无线高速可寻址远程传感器协议(Wireless Highway Addressable Remote Transducer Protocol,HART)是一种用于传输多种无线电波的技术,包括WLAN、蓝牙和ZigBee等。所有站点组成了一个网络,其工作频段为2.4GHz ISM,主要目标是构建网络化智能现场设备。

2.2.3　物联网应用

每一项新兴技术在实时环境中都有其独特的应用,如云计算、雾计算、人工智能等;而物联网的出现就是为了解决社会面临的各种问题。物联网使得解决实时问题变得更加容易,并使用户或个人减轻了保护实体的负担。

物联网的应用分为以下几类:

2.2.3.1　消费领域应用

(1)智能家居。

(2)可穿戴设备。

(3)互联网汽车。

(4)资产追踪。

2.2.3.2　教育领域应用

(1)考勤监控系统。

(2)学生安全功能。

(3)随时随地学习。

(4)嵌入物联网主板。

2.2.3.3　工业领域应用

(1)数字工厂。

(2)管理。

(3)生产监控。

(4)安全和安保。

(5)质量控制。

2.2.3.4　农业领域应用

(1)精准农业。

(2)智能温室。

(3)无人机监控。

(4)作物产量分析。

2.3　区块链在物联网中的意义

2.3.1　区块链技术

区块链技术就是将区块串连成一条链,其中,区块表示数字信息,链表示保存数据的数据库服务器。其主要区别在于,保存数字信息的数据本身是去中心化的[7-8]。区块链也称为基于对等网络的去中心化分布式账本技术,其通过加密功能保护数据,并且是透明的、不可更改的[9]。

$$区块 + 链 = 数字数据 + 数据库$$

2.3.2 区块链组件

区块链技术包括以下 4 个主要组件[10]:

1. 节点应用

节点应用专门针对互联网上连接用户的需求。

2. 共享账本

共享账本可在节点应用内部使用。应用程序激活后,便可看到共享账本[11]。

3. 共识算法

共识算法也属于节点应用,定义了生态系统的约束条件。

4. 虚拟机

虚拟机是区块链在节点应用中的最后一个逻辑组件,是真实物理系统的抽象机器。

2.3.3 区块链的优势

区块链的优点在全球范围内数不胜数。以下是在各行业中需指出的几个主要优点[12]。

(1) 更高透明度。

(2) 进程完整性。

(3) 安全性。

(4) 物流。

(5) 成本较低。

(6) 去中心化。

(7) 稳定性。

2.3.4 区块链的应用

在银行、医疗健康、物流和安全等不同领域,有许多面向区块链的应用[13]:

(1) 个人身份识别。

(2) 供应链监控。

(3) 数据共享。

(4)保险索赔处理。

(5)电子投票。

(6)区块链物联网。

(7)音乐版税跟踪。

(8)食品安全。

(9)防篡改数据备份。

(10)病历记录。

(11)武器跟踪。

(12)股票交易。

(13)跨境支付。

区块链与物联网的集成可提高可扩展性、可靠性和隐私性。区块链中的数据透明,且去中心化服务器有助于确保数据存储的安全[14]。这是一项极有前景的创新技术,能确保数据完整性、保密性和可用性[15]。

表2.3描述了物联网与区块链之间的主要区别[16]。

表2.3 物联网与区块链的区别

序号	绩效因素	物联网	区块链
1	数据存储	单一集中式云	去中心化数据库
2	安全性	挑战因素之一	安全性更高
3	互联网带宽	带宽消耗大	带宽消耗小
4	各类应用	加密货币	智能家居
5	设备可扩展性	可添加更多设备	如使用异构设备,性能可能会下降

2.4 物联网安全框架

在物联网云存储数据方面,安全保障是最具挑战性的因素之一,而物联网可以从应用层、网络层和感知层三个不同层提供防护[17]。

确保物联网设备安全性的主要问题在于物联网云中的数据存储,因为数据存储在集中云上时,很容易遭受入侵者的各种攻击[18]。

网络层与用户界面可通过区块链节点进行通信。区块链与物联网的融合示意图如图2.7所示[19]。

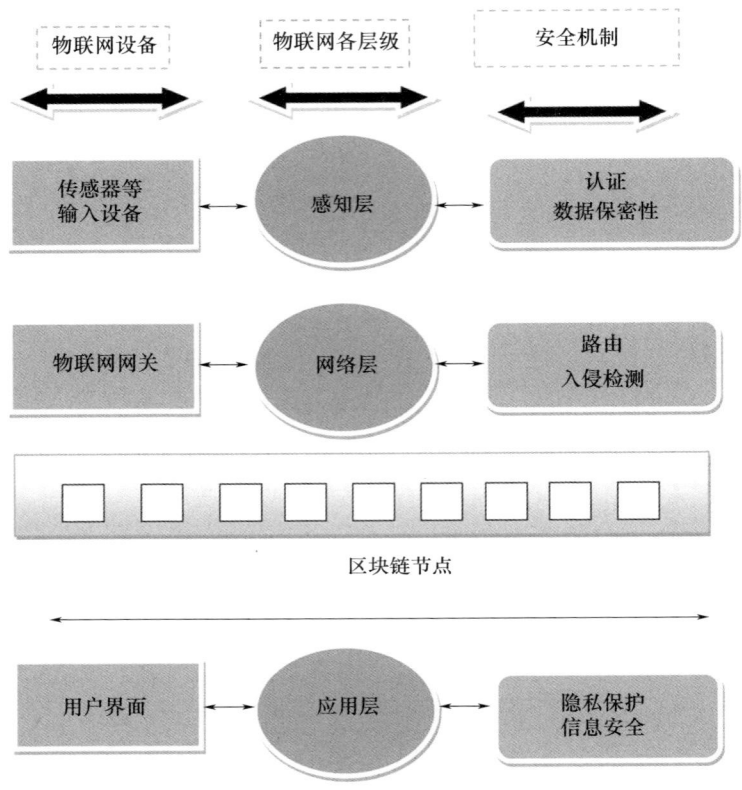

图 2.7　物联网安全网关 + 区块链

2.4.1　物联网层次结构

物联网数据传输从环境到用户界面可分为三个不同层级[20]。

2.4.1.1　应用层

应用层负责从物联网云中检索存储的数据,而区块链节点充当数据传输的载体。

2.4.1.2　网络层

记录数据由互联网服务提供商通过物联网网关发送至物联网云,最常见的用户协议是用户数据报协议(User Datagram Protocol,UDP)。

2.4.1.3 感知层

感知层是物联网从环境(如家庭、办公室或装有传感器的任何地方)进行数据记录的起点层。

2.4.2 物联网安全攻击

全球物联网环境时刻遭受着无数攻击[21]。

物联网安全攻击分为身份攻击和非身份攻击两种类型,如图 2.8 所示,可根据身份攻击和非身份攻击两种模式[22],对攻击做出进一步划分。

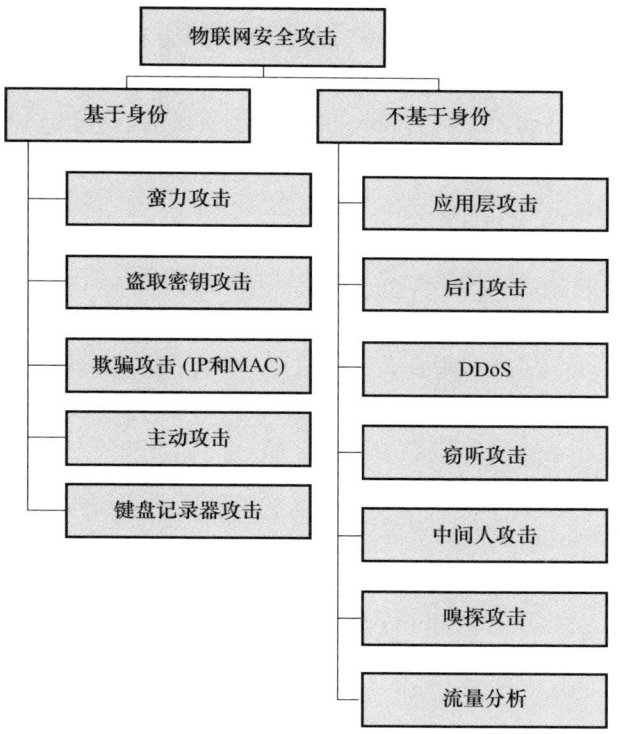

图 2.8 物联网安全攻击

2.4.2.1 身份攻击

入侵者在发起身份攻击时,会向服务器或环境提供虚假身份以获取数据。发送方或接收方无法确定用户是否真实存在。

1. 蛮力攻击

蛮力攻击通过暴力攻击来破坏安全,其会交替进行密码攻击或字典攻击,两者均属于蛮力攻击的方式[23]。

2. 欺骗攻击

欺骗攻击有 IP 欺骗和 MAC 欺骗两种攻击方式。在 IP 欺骗中,入侵者会使用某个物联网用户移动设备的 IP 地址[24]。同样,攻击者也会发起 MAC 欺骗。

3. 键盘记录器攻击

键盘记录器会对物联网用户在移动应用中键入的词进行监控,入侵者会利用该应用在不破坏安全性的情况下进入物联网服务器。

4. 主动攻击

入侵者发起的所有主动攻击(如伪装、信息篡改、抵赖和重放等)均属于身份攻击。

2.4.2.2 非身份攻击

入侵者的主要目标是阻止物联网用户访问网络或监控互联网流量。入侵者在发起非身份攻击时,不会向服务器或环境提供虚假身份以获取数据。由于入侵者的目标是窃取数据或拦截流量,发送方或接收方无法确认是否遭受了攻击。

1. 应用层攻击

应用层攻击会侵入移动或 Web 环境中的物联网应用程序,从而阻止物联网用户的访问。

2. 分布式拒绝服务攻击

分布式拒绝服务攻击(Distributed Denial of Service,DDoS)会使物联网用户无法登录到物联网环境,因为入侵者会用大规模流量淹没当前环境,从而阻止物联网用户进入系统。

3. 窃听攻击

窃听攻击是在用户不知情的情况下,监听物联网用户之间的交互,并获取数据的过程。

4. 中间人攻击

中间人攻击有拦截和解密两种攻击方式,拦截需要物理上的接近,通过可疑软件进行解密。

5. 嗅探攻击

入侵者会使用硬件和软件攻击物联网环境,还会通过在网络中安装数据包嗅探器来监控流量。嗅探攻击可分为主动嗅探和被动嗅探两种方式。

2.5 本章小结

全球几乎每天都在发生新的变化,而物联网通过减少各个方面的工作(如智能家居、智能交通等)改善了人们的生活质量。本章描述了物联网协议等物联网环境和传感器、网关等物联网组件,以及物联网的各类实时应用。本章结合区块链对物联网的一大主要挑战——安全性进行了讨论,区块链作为分布式网络,增强了物联网的安全性,并对身份攻击和非身份攻击分别进行了论述。

参考文献

[1] Williams, P. 2018. "Does Competency – Based Education with Blockchain Signal a New Mission for Universities." *J High Educ Policy Manag* (41): 104 – 117.

[2] Nofer, M., P. Gomber, O. Hinz, and D. Schiereck. 2017. "Blockchain." *Business Inf Syst Eng* 59 (3): 183 – 187. doi: 10.1007/s12599 – 017 – 0467 – 3.

[3] Rajamanickam, V. 2019. "CargoX's Blockchain – Based Smart Bill of Lading Solution Is Now on DexFreight's Platform." March. Accessed May 13 2019. https://www.freightwaves.com/news/blockchain/cargoxs – blockchain – based – smart – bill – of – ladingsolution – is – now – on – dexfreights – platform.

[4] Uhde, T. 2018. "Blockchain – Technologie und Architekturim Pilot – Projekt." December. Accessed March 25 2019. https://www.gs1 – germany.de/innovation/blockchainblog/das – passende – system – blockchain – technologie – und – architek/.

[5] Nallinger, C. 2018. "Hat der Palettenscheinausgedient?" December 17. Accessed April 3 2019. https://www.eurotransport.de/artikel/palettentausch – mithilfe – der – blockchainhat – der – palettenschein – ausgedient – 10634469.html.

[6] Prevost, C. 2018. "DexFreight Completes First Truckload Shipment Using Blockchain." Accessed March 25 2019. https://www.freightwaves.com/news/blockchain/technology/dex-

freight – completes – first – truckload – shipment – using – blockchain.

[7] Yaga, D., P. Mell, N. Roby, and K. Scarfone. 2018. "Blockchain Technology Overview." *Natl Instit StandTechnol*. doi: 10.6028/NIST.IR.8202.

[8] Zheng, Z., S. Xie, H. Dai, X. Chen, and H. Wang. 2017. "*An Overview of Blockchain Technology: Architecture, Consensus, and Future Trends.*" Paper presented at IEEE 6th International Congress on Big Data, Honolulu, Hawaii, US, June 25 – 30.

[9] Zheng, Z., S. Xie, H. – N. Dai, X. Chen, and H. Wang. 2014. "Blockchain Challenges and Opportunities: A Survey." *Int J Web and Grid Services* 14 (4).

[10] Johnson, D., A. Menezes, and S. Vanstone. 2001. "The Elliptic Curve Digital Signature Algorithm (ECDSA)." *IJIS* 1: 36 – 63. doi: 10.1007/s102070100002.

[11] https://hedgetrade.com/what – is – a – private – blockchain/. Accessed June 1 2020.

[12] McGhin, T., K. – K. R. Choo, C. Z. Liu, and D. He. 2019. "Blockchain in Healthcare Applications: Research Challenges and Opportunities." *J Netw Comp Appl* 135: 62 – 75.

[13] https://docs.ethhub.io/ethereum – roadmap/ethereum – 2.0/stateless – clients/. Accessed June 3 2020.

[14] Yaga, D., P. Mell, N. Roby, and K. Scarfone. 2019. "Blockchain Technology Overview." arXiv: 1906.11078.

[15] Forbes. 2018. "3 Innovative Ways Blockchain Will Build Trust in the Food Industry." "https://www.forbes.com/sites/samantharadocchia/2018/04/26/3 – innovative – ways – blockchain – will – build – trust – in – the – food – industry/#839519f2afc8.

[16] Shrivas, M. K., and T. Yeboah. 2018. "The Disruptive Blockchain: Types, Platforms and Applications."

[17] https://www.mycryptopedia.com/consortium – blockchain – explained. Accessed 2 June 2020.

[18] https://101blockchains.com/hybrid – blockchain. Accessed June 3 2020.

[19] https://dragonchain.com/blog/differences – between – public – private – blockchains/. Accessed June 2 2020.

[20] https://blockchainhub.net/blockchains – and – distributed – ledger – technologies – in – general/. Accessed June 1 2020.

[21] Chen, G. B. Xu, M. Lu, and N. – S. Chen. 2018. "Exploring Blockchain Technology and Its Potential Applications for Education." *Smart Learn Environ* (5): 1.

[22] Nespor, J. 2018. "Cyber Schooling and the Accumulation of School Time." *Pedag Cult Soc*, 1 – 17.

[23] Han, M., Z. Li, J. S. He, D. Wu, Y. Xie, and A. Baba. 2018. "*A Novel Blockchain – Based

Education Records Verification Solution." In *Proceedings of the 19th Annual SIG Conference on Information Technology Education*, Fort Lauderdale, FL, US, October 3 – 6.

[24] Farah, J. C., A. Vozniuk, M. J. Rodríguez – Triana, and D. Gillet. 2018. "*A Blueprint for a Blockchain – Based Architecture to Power a Distributed Network of Tamper – Evident Learning Trace Repositories.*" In *Proceedings of the IEEE 18th International Conference on Advanced Learning Technologies (ICALT)*, Mumbai, India, July 9 – 13.

/第 3 章/

人工智能

伊希塔·辛格
乔伊·古普塔
K. P. 阿尔琼

3.1 前言

人工智能是一种让机器决定人脑应如何明智地思考或执行任务的方法,其研究内容[1]为人类如何思考、学习、工作以及解决问题。此外,整个研究会以一个高度智能的软件系统作为输出。人工智能旨在丰富与人类知识相关的计算机功能,如推理、解决问题和学习等。在智能领域设定了多个长期目标。人工智能分析的目标包括知识表示、推理、规划、自然语言处理、理解、学习、训练、实现,以及改变和编辑对象的技能等。标准的人工智能领域包括分析方法、算术和统计智能,以及传统的组合人工智能等。计算机科学领域有助于提升各领域的人工智能水平。

人工智能[2]技术通过与合理的软件协作,可帮助世界各地的不同人群完成大量获取和归档工作。人工智能是人性化的技术,是自动化的技术,可从当今世界任何地方的海量可访问数据中获取知识,还能够理解我们的语言,以该语言做出反应,并按我们的方式解读世界。本章将探讨该技术的工作原理,以及人工智能如何彻底改变计算机和人类的合作方式,从而构建一个更美好、更安全的世界。借助人工智能的最新技术和摄像头,可在适当地点、适当时间采取不同措施,提升人们的幸福感和安全感。随着全球数字化进程不断推进,我们的技术能力也在逐渐数字化。例如,当任何工厂里发生危险品泄漏时,摄像机都会识别出来,并迅速将其分享给需要知道的人,对他们进行授权,使工人避免接触到危险液体。全球数字化努力将有助于提升人们生活的安全性和效率。

人工智能的范围[3]极为广泛。图3.1所示为人工智能领域公认的几个热门研究方向。人工智能广泛应用于日常生活中,为人们提供帮助。在现实世界的应用中,机器学习是最有效和最令人兴奋的技术之一。机器学习(Machine Learning,ML)技术极大地改变了计算机应用,通过神经网络模拟人类决策。机器学习是人工智能的一个领域,

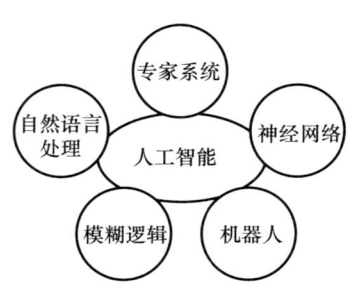

图3.1 人工智能领域

它通过学习输入数据将人工智能引入。机器学习是让机器对提供的数据进行学习的过程。设备经过海量的数据训练后,不仅能更准确地执行任务,还能更精确地预测结果。

机器学习技术[4]有助于开发具有自主决策能力的智能系统。通过统计分析和模式匹配,机器学习算法可根据过去出现的数据进行学习,然后根据所学数据为研究人员提供准确结果。数据是机器学习算法的核心。在历史数据的帮助下,可训练这种机器学习算法,从而产生更多数据。整体而言,机器学习结合了计算机科学、数学和统计学。

3.2 人工智能综述

3.2.1 搜索算法问题求解

本节将探讨特定问题求解的软件设计过程中应遵循的步骤[5]。首先,需要明确问题的定义,并界定起始节点和目标节点等操作符;其次,研究问题,确定问题的类别;再次,分析并表述任务所需的知识;最后,必须选择一种或多种问题求解方法,并运用这些方法解决相关问题。下面将讨论如何在问题求解程序中对任务域的相关知识进行编码,以及如何将问题求解的方法与知识相结合,以解决几大类重要问题。

3.2.1.1 特定问题和解

可通过以下要素分析问题:
(1)智能体开始运行的主节点。
(2)智能体可采取的所有潜在动作图示。
(3)对每项操作(即转移模型)的说明。
(4)目标节点(不同于其他节点的目标节点)。
(5)路径开销操作(为每条路径指定数字成本)。

3.2.1.2 搜索解

首先是确定目标节点,具体方式是将合法行动运用于当前状态,由此产生一组新状态。在此情况下,图3.2(a)显示了父节点(Shiv),其有三个子节点(Manish、Sanjay和Rajesh)。图中,父节点Shiv有三个分支,即Shiv的子节点。这三个子节点也称为叶节点或终点节点(终点节点在树上没有子节点),图 3.2(a)仅显示了部分内容,图(b)和图(c)中还显示了其他叶节点。

假设选择 Manish,查看其是否为目标节点(不是),然后由图 3.2(b)和图 3.2(c)可知,Manish 扩展为 Tanish 和 Anish。可任选其一,或者返回至上一级的 Sanjay 或 Rajesh。这一级的 Tanish 和 Anish 是叶节点。若无须继续扩展节点或者已求得问题解,则停止扩展节点。

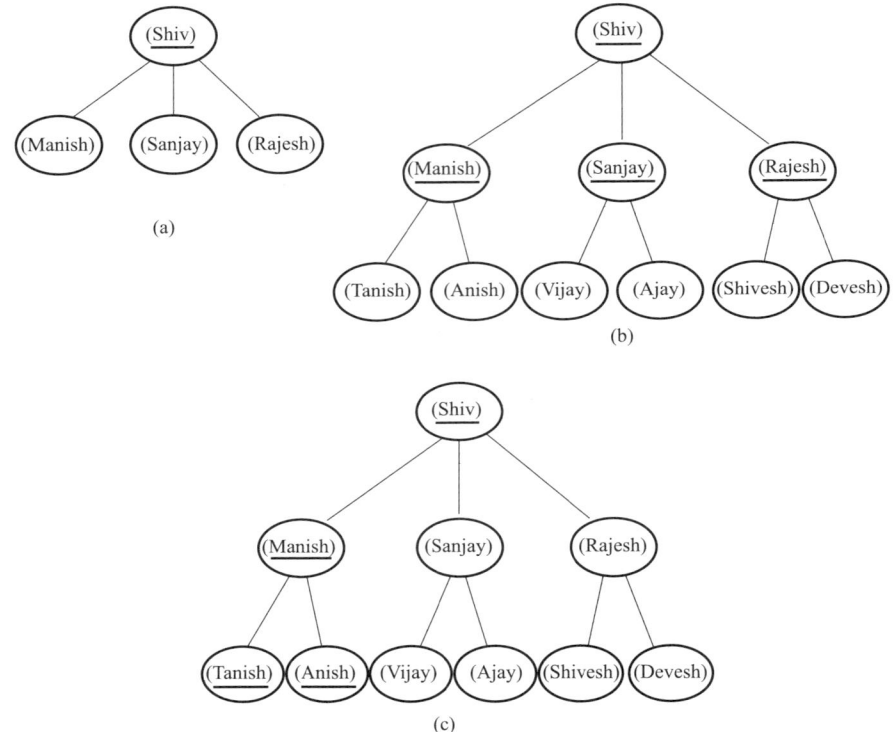

图 3.2 搜索解的示例

各种搜索算法均采用上述基本结构。最初这些结构会因下一个选定的节点不同而有所不同,以达到扩展搜索策略的目的。

由图 3.2(c)可知,在部分搜索树中从 Shiv 到 Anish 的最短路径。图中有下划线的节点是扩展的节点。

3.2.1.3 无信息搜索

由于无信息搜索[6]不具备任何关于节点的额外信息,所以也称为"盲目搜索"。这种搜索几乎没有遍历树步骤的相关信息。关于无信息搜索的类型,请参见图 3.3。

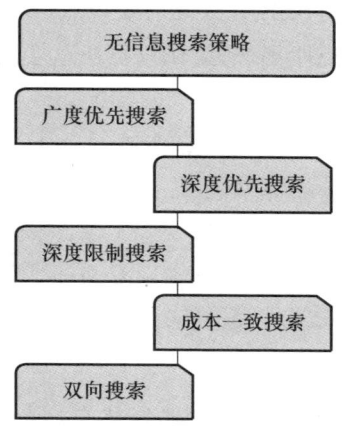

图 3.3　无信息搜索策略

1. 广度优先搜索

广度优先搜索(Breadth – First Search,BFS)可用于遍历树和图[7],是最常见的搜索算法。这种搜索是利用其算法,在树或图中进行宽度搜索。该算法从树的根节点开始搜索,然后扩展到当前一级的下一个节点。在完成第一级的搜索后,移动到下一级的节点。广度优先搜索是基于先进先出(First In First Out,FIFO)队列数据结构实现的。图 3.4 所示为广度优先搜索的示例。

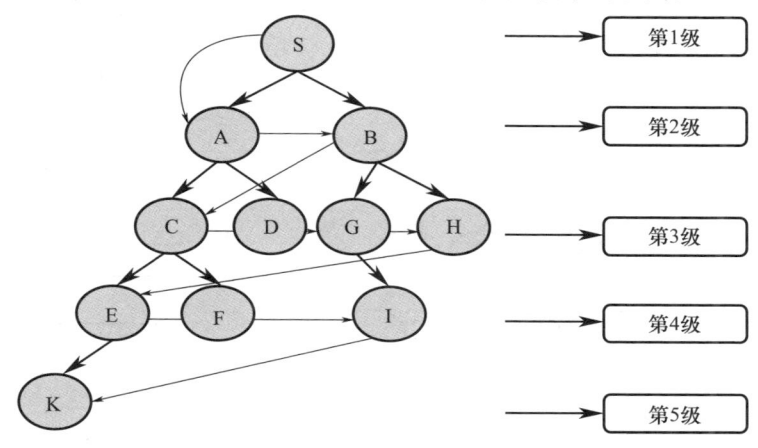

图 3.4　广度优先搜索的示例

广度优先搜索的优点是,如果存在任何问题解,则广度优先搜索就会求得问题解,如果问题有多个解,则广度优先搜索就会求得精确解。而缺点在于,该算法需要保存其所遍历的所有级别或节点,所以需要大量储存空间,还有一个缺点是,如果根节点距离较远,则该算法就会比较耗时。

广度优先搜索算法

第 1 步:G 中每个节点的初始设置是 FLAG = 1,标记为就绪状态。

第 2 步:在队列中插入初始节点 A,并将其 FLAG = 1 的状态改为 FLAG = 2,标记为等待状态。

第 3 步:重复第 4 步和第 5 步,直到队列为空。

第 4 步:删除队列中的节点 N。处理该节点,并将其设置为 FLAG = 3,标记为已处理状态。

第 5 步:将节点 N 附近所有处于就绪状态(FLAG = 1)的邻接点插入队列,并改为 FLAG = 2(等待状态)。

【循环结束】

第 6 步:退出。

2. 深度优先搜索

深度优先搜索通常利用递归函数实现,该函数会不断自行调用,以遍历数据结构中的树或图[8],这是因为,深度优先搜索算法从起始节点开始搜索,一直搜寻每条路径到其最重要的最后一个节点,然后再进入下一条路径。深度优先搜索是基于后进先出(Last In First Out,LIFO)堆栈数据结构实现的。图 3.5 所示为深度优先搜索的示例。

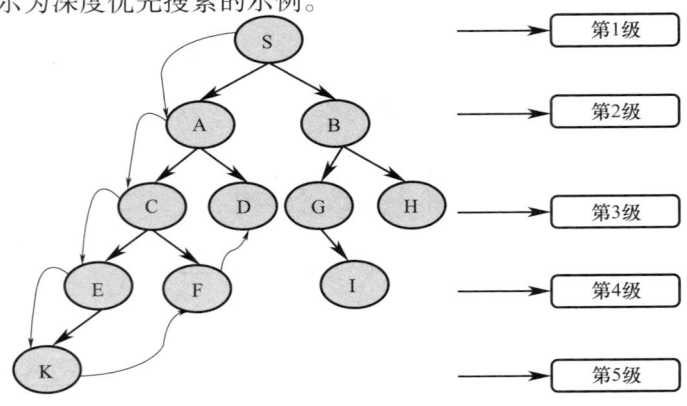

图 3.5 深度优先搜索的示例

深度优先搜索的优点是,相较于广度优先搜索,它占用的储存空间非常少,而且到达目标节点的时间较短,因此该算法的耗时也较少。深度优先搜索的缺点是无法保证求得问题解,因为许多状态不断重复,而且有时该算法向下深入搜索时可能会经历无限循环。

深度优先搜索算法

第1步:G中每个节点的初始设置是 FLAG = 1,标记为就绪状态。

第2步:将初始节点 A 加入堆栈,并将状态改为 FLAG = 2,标记为等待状态。

第3步:重复第4步和第5步,直到堆栈为空。

第4步:从堆栈中移除栈顶节点 N。处理该节点,并将其设置为 FLAG = 3,标记为已处理状态。

第5步:将节点 N 所有处于就绪状态(FLAG = 1)的定向连接节点加入堆栈,并将其设置为 FLAG = 2,标记为等待状态。

【循环结束】

第6步:退出。

3. 深度限制搜索

该算法与深度优先搜索算法非常相似,只是多了一个预先设定的检查点。深度优先搜索有一些可取的特性,如空间复杂度。在任何情况下,如果非基底分支延伸不设限,则会永不停止。因此,对待扩展的分支采用深度限制搜索,且分支深度设有上限。通常,只有在问题解的深度上限已知时,深度限制搜索才有用。图 3.6 所示为深度限制搜索算法的示例。

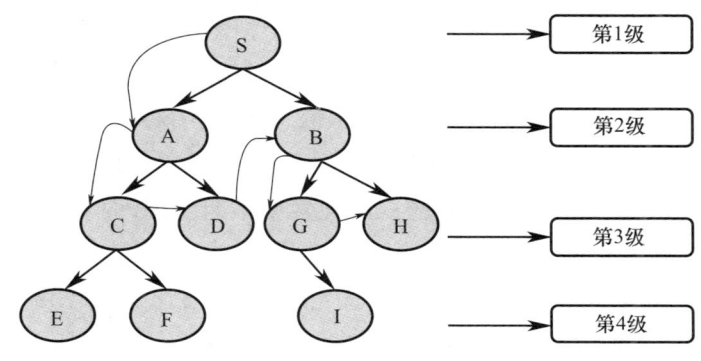

图 3.6 深度限制搜索算法的示例

深度限制搜索的优点在于其内存效率,而缺点则是,如果任意问题有多个解,则不建议使用深度限制搜索。

4. 成本一致搜索

该搜索算法用于加权图或树的遍历[9]。成本一致搜索需要在优先队列的帮助下才能完成。当每条路径的成本与所有边相同时,该算法与广度优先搜索相同。该算法的首要目标是找到目标节点。图 3.7 所示为成本一致搜索算法的示例。

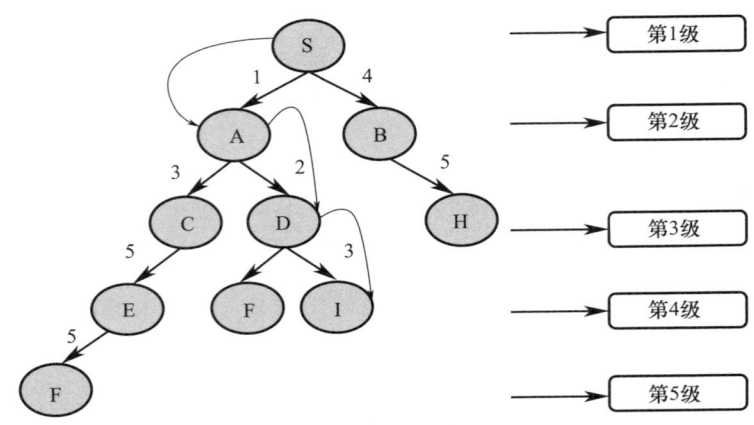

图 3.7　成本一致搜索算法的示例

成本一致搜索的最大优点是选择成本最低的路径,缺点是不关注搜索的步骤数,而是关注路径开销。因此,该搜索最终可能陷入无限循环。

5. 双向搜索

双向搜索[10]的目的是通过同时运行两个搜索:一个从初始状态正向搜索,另一个从目标状态反向搜索,以缩短搜索时间。如果两个外层搜索活动汇合,则规则可能化繁为简,即从起点开始,途经元中心,扩展到终点。使用双向搜索时,还有一个需注意的问题,即保证两点在同一地点汇合。例如,由于边缘点的功能不同,深度优先的双向搜索便不起作用,而双向的广度优先搜索肯定能满足需求。

在两个不同的方向上结合使用广度优先搜索和深度优先搜索,可确保两种搜索策略的必要交叉点,但很难找到这一方向的原因。做出该选择取决于坚持两种搜索策略满足其条件之一所产生的开销。图 3.8 所示为双向搜索算法的示例。

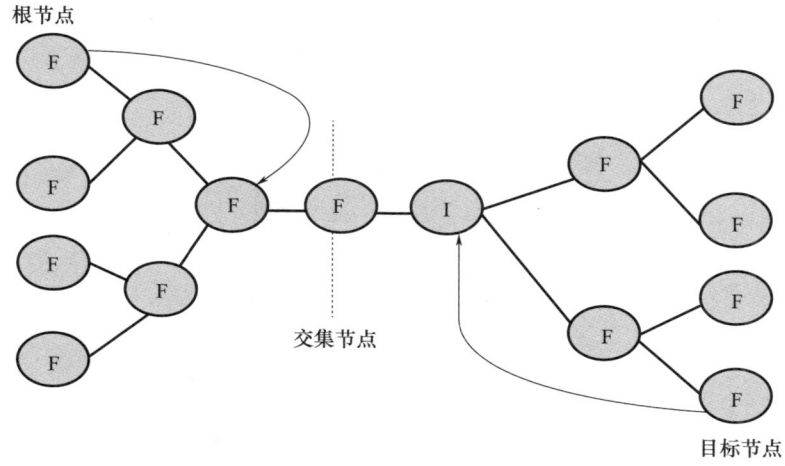

图3.8 双向搜索算法的示例

3.2.1.4 有信息搜索

采用有信息搜索时,通过在待扩展的每个指定节点做出明智选择,从而尽量减少搜索次数[11]。该搜索也是一种系统,该系统内有相关的额外信息,即从当前节点到目标节点的估计间隔。在大多数情况下,此类搜索均通过使用启发式函数完成。

启发式函数常用于有信息搜索[12]。利用该函数,可预估某一状态和目标状态之间的基本路径。将当前节点作为输入,该函数可估算出智能体与目标之间的距离。该搜索算法可能无法提供最佳解,但在每次搜索中,均能保证得到次佳解。该函数可表示为 $h(x)$,任意两个节点之间的优化路径开销均可利用该函数计算得出。利用启发式函数求解的示例表明,该函数的取值永远是非负数。

$$h(x) \leqslant h^*(x) \quad (3.1)$$

式中:$h(x)$ 为启发式成本;$h^*(n)$ 为待估成本。估算成本应不小于启发式成本。

3.2.1.5 纯启发式搜索

纯启发式搜索是最简单的有信息搜索算法,按照启发式值 $h(x)$ 扩展节点。该搜索创建两个列表,即"打开"(OPEN)列表和"关闭"(CLOSED)列表。在"打开"列表中放置尚未扩展的节点;在"关闭"列表中放置已扩展的节点。

关于纯启发式搜索算法的类型,请参见图3.9。

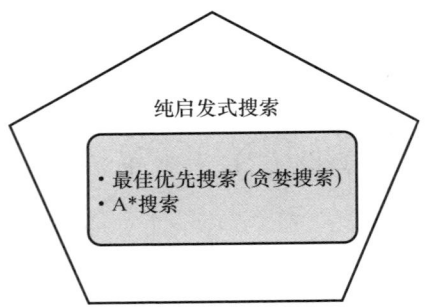

图3.9 纯启发式搜索的类型

1. 最佳优先搜索(贪婪搜索算法)

在该搜索策略中,需扩展直至目标节点。启发式函数 $h(x)$ 用于求得目的地的距离,$h(x)$ 取值减小,直至到达目的地。简单的做法是扩展状态,即 h 取最小值。

最佳优先搜索的优点是,可通过最短路径到达目标节点,而且对于信息搜索问题十分有效。其缺点是在最坏的情况下,最佳优先搜索可能变为无指导的深度优先搜索。

在图3.10中,贪婪搜索用于搜寻从 S 到 G 的路径[13]。关于某些节点的取值 $h(x)$,请参见图旁的表格。最终目的地从节点 S 开始,可通过遍历靠近 A($h=3$) 或 B($h=2$)。选择 B 的原因是其成本较低。在从 B 开始的状态下,

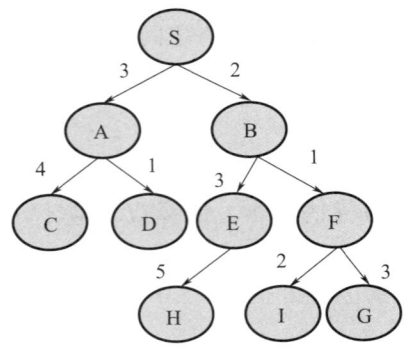

节点	$H(n)$
A	12
B	4
C	7
D	3
E	8
F	2
H	4
I	9
S	13
G	0

图3.10 最佳优先搜索的示例

可移至 E($h=3$) 或 F($h=1$)。同样，F 的启发式成本较低，所以选择 F。最终，F 可到达 G($h=0$)。整条路径的示意图如图 3.11 所示。

最终路径为：S→B→F→G。

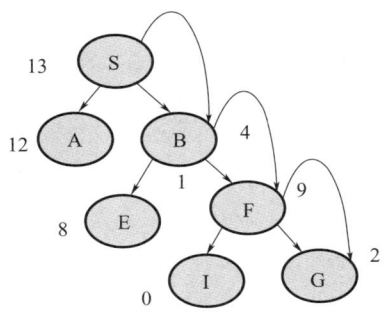

图 3.11　最佳优先算法的解

2. A^* 搜索算法

A^*（A 星）搜索算法结合了贪婪搜索算法和成本一致搜索的优点[14]。在 A^* 搜索中，"总成本"表示为 $f(x)$。启发式函数的定义是，成本一致搜索成本 $j(x)$ 和贪婪搜索成本 $h(x)$ 的总和，即

$$f(x) = j(x) + h(x) \tag{3.2}$$

$j(x)$ 是反向遍历成本，即来自根节点的综合成本。此外，$j(x)$ 也是下一个成本，即从目的点到当前点的近似值。基本方法是选出 $f(x)$ 值最小的节点。A^* 搜索策略的优化方式是指定节点 $h(x)$ 成本，低估 $h^*(x)$ 的原始成本。简单方法就是选出 $f(x)$ 最大减值的节点。只有当节点 $h(x)$ 的成本进行卷积计算，并低估 $h^*(x)$ 的原始成本，直至到达目标时，A^* 搜索策略才得以优化。A^* 搜索策略的上述属性称为不可采纳性，表达式如下：

$$0 \leqslant h(x) \leqslant h^*(x) \tag{3.3}$$

A^* 搜索算法的优点如下：首先，与其他任何搜索算法相比，A^* 搜索算法都是最佳算法。其次，A^* 搜索算法是经优化的完备算法。最后，该算法可用于非常复杂的问题求解。不过，A^* 搜索算法也有缺点：首先，该算法基于估值和启发式搜索，所以不能产生最短路径；其次，该算法存在一些复杂性问题。

图 3.12 所示为 A^* 搜索算法的示例。找出从节点 S 到节点 G 的最短路径。

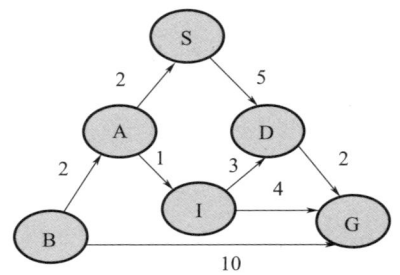

图 3.12　A*算法的示例

状态	$H(n)$
S	5
A	3
B	4
C	2
D	6
G	0

从节点 S 开始,该算法简化了每个节点的 $j(x)+h(x)$,选择总成本最小的节点(在表中打勾),其他节点忽略不计。整个运算过程如表 3.1 所列。

表 3.1　A*算法的路径计算

路径	$h(x)$	$j(x)$	$f(x)$	备注
S→A	3	1	4	勾选
S→G	0	10	10	忽略
S→A→B	4	1+2=3	7	忽略
S→A→C	2	1+1=2	4	勾选
S→A→C→D	6	1+1+3=5	11	忽略
S→A→C→G	0	1+1+4=6	6	勾选

关于该算法的完整路径,请参见图 3.13。

路径:S→A→C→G。

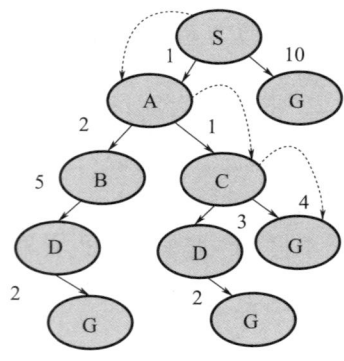

图 3.13　A*算法的解

需谨记的要点：该算法不会搜索所有剩余的部分，而是返回首先出现的路径，其效率取决于启发式搜索的标准。

3.2.2 人工智能的任务域

人工智能可分为不同的任务[15]类别（图3.14），如日常任务、形式任务和专业任务。

1. 日常任务

上述任务是人类的普通或日常任务，可以通过执行这些任务满足日常需求，其中包括自然语言、机器人控制、感知等。

2. 形式任务

形式任务侧重于形式逻辑的应用、学习、博弈（如跳棋和国际象棋）以及定理证明等形式任务，以几何学和逻辑学为形式的数学也属于此类任务。

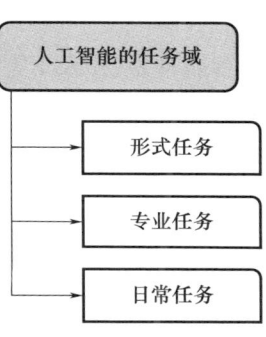

图 3.14 人工智能的任务域

3. 专业任务

专业任务是需获得专业知识来执行的特定任务，因而需要很强的分析和思考能力。此类任务均属于专业领域，其中包括工程设计、科学分析和医疗诊断。

图 3.15 简要概述了人工智能任务域的应用领域。

图 3.15 人工智能的任务域类别

3.3 人工智能前沿

3.3.1 知识表示

知识表示属于人工智能的范畴[16],致力于展示智能体的智能行为,并为创造能够解决复杂任务的人工智能提供基础。现实世界的知识可展示智能体的智能行为,在人工智能中起着至关重要的作用。只有当智能体对某项输入有一定的经验或知识时,才能准确地对该项输入采取行动。因此,知识表示在创造人工智能的过程中起着至关重要的作用。

知识是指对人或事的熟悉、确认或理解,也指对某一主题的理论理解或实践理解,如通过经验、学习或发现而获得的信息、描述或技能。通过执行推理过程,知识可用于解决现实世界中的复杂问题。

3.3.1.1 人工智能知识的类型

关于人工智能知识的分类,请参见图3.16。本节将讨论一些知识类型,主要包括:

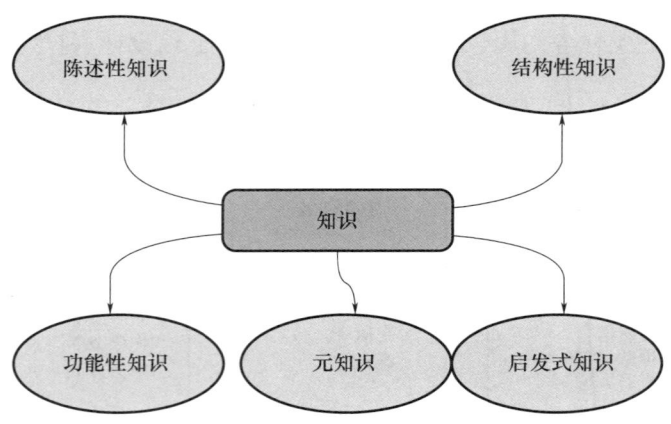

图3.16 人工智能知识的分类

1. 陈述性知识

陈述性知识用于描述事物、过程或事件,以及其属性之间的关系。

2. 功能性知识

功能性知识用于说明如何实践。此外,功能性知识还包括如何执行具体任务或技能。

3. 元知识

元知识包括关于其他类型知识的知识,用于描述模型或标签等。

4. 启发式知识

启发式知识用于表述某领域或学科中的一些专业知识,是基于以前经验和方法认识的经验法则,虽然很有效,但无法保证绝对有效。

3.3.1.2 知识与智力的关系

现实世界的知识在人工智能方面起着至关重要的作用,不仅能展示智能体的智能行为,还能用于创造人工智能。只有当智能体有适当的经验、知识或信息时,才能准确地采取行动。图 3.17 所示为在感知和知识帮助下进行智能决策。

假设必须用 Python 语言写代码,但却对 Python 一无所知。在此情况下,无法进行编码和采取相关行动。因此,这项工作便可由人工智能来执行。

由图 3.17 可知,一名决策者先从环境中感知某一特定事物,并结合相关知识信息,然后才能采取行动。如果没有知识,就无法展现出智能行为。

3.3.1.3 知识表示方法

使用人工智能的知识表示有 4 种主要类型[17-18],如图 3.18 所示,下面将围绕这几种类型展开讨论。

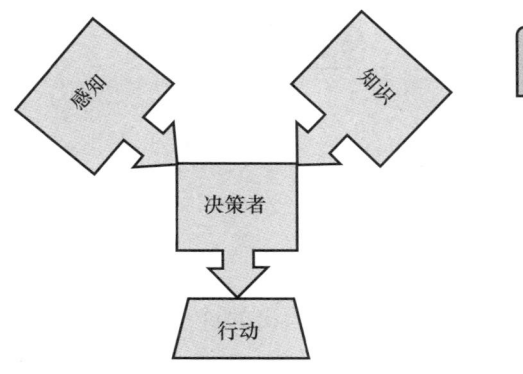

图 3.17 智能决策

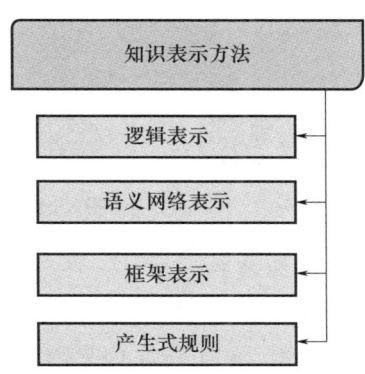

图 3.18 人工智能的知识表示方法

1. 逻辑表示

用逻辑表示知识库(Knowledge Base,KB)的基本方法是采用一阶谓词逻辑。在此策略中,知识库可视为逻辑公式的集合,由此得出对世界的特定描述。知识库的修改主要是对逻辑公式的删除或添加。

逻辑表示的示例主要有:

(1)瑞亚(Rhea)和伊莎(Isha)是姐妹: = 姐妹(瑞亚,伊莎)。

(2)有些女孩玩板球:这里谓词是"玩(x,y)",其中x = 女孩,y = 游戏。由于"有些"女孩用∃表示,所以可写为

$$\exists x \text{girls}(x) \rightarrow \text{play}(x, \text{cricket})$$

(3)每个学生都尊重自己的老师:这里谓词是"尊重(x,y)",其中x = 学生,y = 老师。由于"每个"学生用∀表示,所以可写为

$$\forall x \text{student}(x) \rightarrow \text{respects}(x, \text{teacher})$$

2. 语义网络表示

语义网络是一种描述概念、事件、对象、动作或情况的关系和属性的方法。上述内容构成网络,用图表示。语义网络由各种属性组成,图上各边都有标注,描述了属性之间的关系。凭借其简单性和自发性,语义网络在人工智能领域最受欢迎。这种表示简单易懂,易于扩展。

在图3.19中,有一只猫的名字叫汤姆(Tom),它的主人叫罗宾(Robin)。这只猫是灰色的。众所周知,猫是哺乳动物,哺乳动物属于动物的范畴。

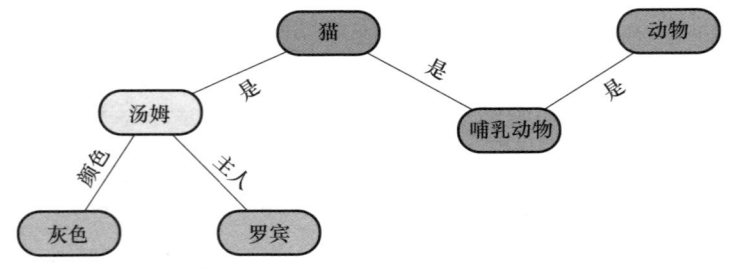

图3.19 语义网络表示的示例

3. 框架表示

框架是指一种知识表示体系,用于通过由关系连接的许多框架来表示知识。框架表示的工作原理是继承。框架是槽的集合体,其对象称为槽值,其中有人工智能介入。框架由槽及其记录值组成,可描述世界上可区分的对

象。这些属性的类型和大小均不相同。属性有多个侧面,即名称和值。这些侧面是框架的特点,也是框架的限制。

相较于单个框架,多个框架更高效。多个框架是许多互联框架的集合,其中每个框架都存储着对象或行动的相关信息,构成信息库,或纳入其中。在人工智能中,框架表示也称为槽滤式知识表示。若要为板球运动员制作框架表示,请参见表3.2。

表3.2 板球运动员的框架表示

属性	内容
运动	板球
角色	守门员击球手
击球风格	右手击球
投球风格	右臂中速
年龄	38
球龄	16 年
最高得分	183*

* 在板球运动中,该符号通常用来表示为"附加分"。——译者

4. 产生式规则

产生式规则系统由规则知识库、全局数据库(用于表示系统状态)和规则控制结构(即解释器,用于选择待执行的规则)组成。产生式规则由条件(即当前情境)和行动两部分组成,采用"如果(情境)那么(行动)"的形式。如果前提条件与当前情境相同,产生式规则就被触发,而当产生操作完成后,产生式规则就被启动。其可写为(情境,行动)。

示例:

(1) 如果(一个人努力学习并取得好成绩)那么行动(就能上好大学)。

(2) 如果(一个击球手打得很好并没有出局)那么行动(他将取得100跑)。

(3) 如果(吃冰淇淋和薯片)那么行动(就不会觉得饿)。

(4) 如果(淋浴时关水)那么行动(水就停了)。

产生式规则的主要组成部分包括:

(1) 全局数据库:人工智能产生式系统所用的中央数据结构。

(2) 产生式规则集:产生式规则作用于全局数据库。如前所述,该系统可被触发或启动。运用该规则,可取代数据库。

（3）控制系统：该系统随后选择应运用哪条应用规则。一旦数据库的终止条件得到满足，便可停止计算。

3.3.2 计算逻辑

通常需要开发一些计算机程序，来推断那些未被表示但由其他已被表示事实所指向的事实。聪明的机器人可能会使用由其他已被表示事实所暗示的逻辑事实。例如，如果该机器人想知道如何提前进入目标状态，或者推断出何时达到了目标状态，那么它就会这么做。数据库查询系统可能需要根据数据库的其他信息推断出适当的信息。计算逻辑已开发用于指导此类问题。相关的谓词演算表达式是人工智能程序知识表示的有效手段。因此，计算逻辑是人工智能的一个关键领域。

3.3.2.1 计算逻辑方法

构建定理证明的方法有两个。

（1）语义方法：该方法过分依赖于逻辑语句中符号的含义。在使用时，主要目的是考虑待证逻辑语句的所有可能阐释。

（2）语法方法：该方法需忽略符号。采用逻辑系统的正式符号处理规则，根据旧逻辑语句提出新逻辑语句。由于使用者可只运用规则，而忽略其含义，所以该方法使用较简便，尤其对于计算机来说。

3.3.2.2 计算逻辑类型

逻辑系统具体由系统的逻辑语句和规则集组成，两者都称为系统的推理规则。逻辑推理的计算方法，通常称为传统的计算逻辑，可分为复杂的"谓词逻辑"和较简单的"命题逻辑"两个部分。

1. 谓词逻辑

谓词逻辑涉及使用相关符号化的经典形式。最简单的句子也可用逻辑公式表示，在逻辑公式中，一个谓词对应一个或多个论元。谓词逻辑本身就是一种典型的人工智能形式。命题是对项目（个体词）的描述。

谓词是指命题中对个体词描述的部分。谓词逻辑还包括一套结构化程序，用于证明某些公式是否可以根据其他公式按逻辑获得。$P(x_1, x_2, \cdots, x_m)$ 称为 m 个变元或 m 个论元的谓词。

示例：她住在这个小镇。

$P(x,y):x$ 住在 y。

$P($迈拉,乔恩普尔$)$是命题:迈拉住在乔恩普尔。

2. 命题逻辑

命题逻辑是最简单的逻辑形式,所有语句都由命题构成。命题逻辑有局限性,即仅可判断完整语句的真(T)或假(F)。命题是真(T)或假(F)的指示性语句。命题逻辑是一种以逻辑和数学形式表示知识的方法。

论证形式是指一组规则,可用于根据已知命题推断新命题的真假。

关于论证形式的一些基本要点如下:

(1)由对象、功能或关系以及逻辑连接词组成。

(2)连接两个语句的逻辑运算符称为连接词。

(3)恒真命题公式称为同义反复。

(4)恒假命题公式称为矛盾。

3.3.2.3 计算逻辑连接词

关于典型的数学逻辑符号和连接词的含义,请参见表3.3。

表3.3 数学逻辑符号

连接词	符号	含义
与	∩	两者
或	∪	两者之一或两者都是
非	~	否定
等价	→	如果左边条件为真,则右边条件也为真
隐含	≅	具有相同的真值

在推理的帮助下,可对一些指定问题求解。推理是指通过一些系统性推理程序而求得问题解。推理可用称为"肯定前件"的论证形式来表示。另一种证明命题演算定理的方法是使用"真值表"。

3.4 人工智能算法和方法

如前面所述,人工智能[19]只是一门让机器像人类一样决策和思考的科学。通过制造可应用于广泛领域(如计数机器人、医疗健康、营销、农业、商业分析等)的机器人和机器,不断开发精密的人工智能算法。在加速发展之前,应先试着了解什么是机器学习,以及机器学习与人工智能的关系。

3.4.1 机器学习

在现实世界的应用中,机器学习是最强大、最令人振奋的技术之一[20]。机器学习技术彻底改变了计算机应用,开始利用神经网络模拟人类决策。

机器学习是人工智能的一个领域,在该领域中,通过学习输入数据,可将人工智能代入方程式。让机器通过所供数据进行学习的过程就是机器学习。经过海量数据训练的设备不仅能更准确地执行任务,还能更精确地预测结果。图3.20展示了机器学习的步骤。

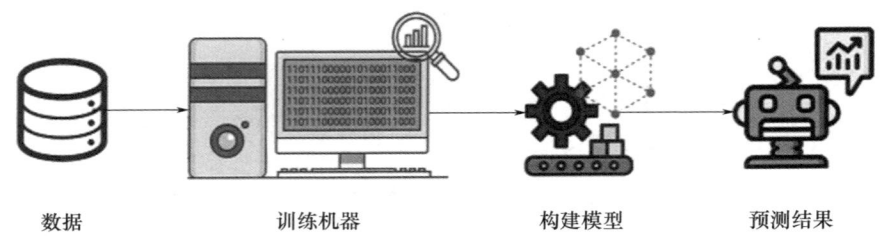

图 3.20 机器学习构建模型

在每个领域中,机器学习的性质都不尽相同,根据领域和应用的性质,机器学习可采用各种方法。机器学习有很多方法来处理大量数据。在现代的生活中,对于大多数领域而言,机器学习的特点是提供信息和协助未来预测。

机器学习的应用包括:

(1)推荐系统。

(2)欺诈检测。

(3)预测分析。

(4)过采样和过拟合的问题。

(5)家电。

(6)交通警报(地图)。

(7)搜索引擎结果提炼。

图3.21展示了智能系统(具有自主决策能力)的发展过程。通过统计分析和模式匹配,机器学习算法可根据过去出现的数据进行学习。然后,根据所学数据提供准确结果。数据是机器学习算法的核心,在历史数据的帮助

下,可训练这种机器学习算法,从而产生更多数据。整体而言,机器学习结合了计算机科学、数学和统计学。

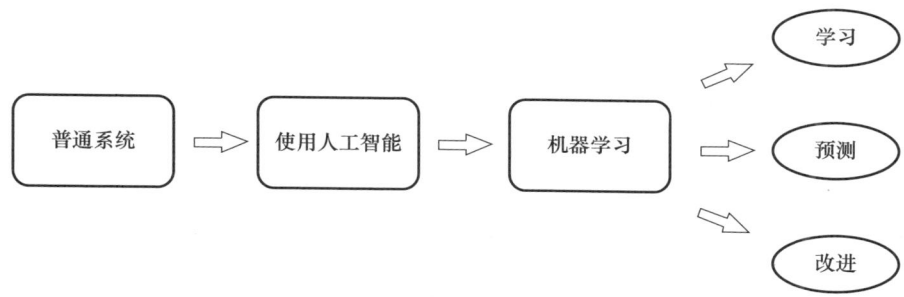

图 3.21　通过人工智能实现机器智能

3.4.2　人工智能算法

一般算法会使用一些数学和逻辑,并需要一些输入来产生输出,但人工智能算法[21]需要输入和输出的组合,以便学习和训练数据,并产生有益的输出。两种算法执行的任务是相同的,即根据指定未知输入进行输出预测。不过,在选择正确合适的算法时,数据是关键。

3.4.3　人工智能算法问题求解类型

由图 3.22 可知,利用人工智能算法求解的一般问题类型[22]是回归、分类和聚类。

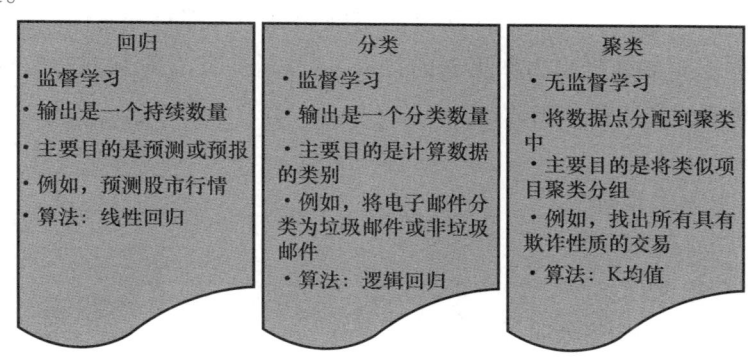

图 3.22　人工智能问题的类型

每类任务都要使用特定算法。算法可用于求解不同类型的问题。一些基本和常见的人工智能算法包括：

(1) 逻辑回归。

(2) 随机森林。

(3) 决策树。

(4) 聚类算法。

(5) K 均值聚类。

(6) 支持向量机(Support Vector Machine, SVM)。

(7) 回归算法。

(8) 朴素贝叶斯。

(9) 线性回归。

(10) K 最近邻(K Nearest Neighbour, KNN)。

因此，人工智能涵盖让计算机学习决策和如何求解问题的所有知识，该领域专注于智能实体的研究。人工智能技术在开发初期就已出现了许多令人印象深刻的产品，所以说人工智能是当前最重要的创新技术。

3.5 区块链与人工智能融合面临的挑战

3.5.1 区块链与人工智能的技术融合

通俗来说[23]，区块链是指定的报告，该报告以清晰和既定的方式记录了各节点的所有执行结果。区块链的机制让每个人都对开发区块链应用产生了兴趣。凭借其吸引力和生动的技术，区块链在各专业领域所向披靡。

区块链的主要特征包括：

(1) 不变性。

(2) 本地化数据库。

(3) 记录分布。

(4) 数据保存。

(5) 畅通无阻，清晰明了。

区块链一直是市场上值得投资的技术，但也有一些局限性。鉴于此，人工智能似乎是最有利于区块链发展和进化的解决方案，可通过以下方式实现

这一目标:
(1) 提高数据管理的精细程度。
(2) 改善能耗。
(3) 增强可衡量性。
(4) 加强效率。
(5) 提高安全性。
(6) 采用全新数据网关。

3.5.2　区块链与人工智能融合的影响

人工智能和区块链的应用[24]在商业方面几乎相同。当二者融合时,各种挑战就会出现。下面将对此进行简要阐述。

区块链技术的报告明确地记录了各节点的所有执行结果。区块链的机制大大提高了通过区块链应用进行开发的吸引力。区块链具有本地化特征,节点多种多样;而且区块链是共有开源技术,所以导致人工智能输出很难在一个点上实现。因此,融合这两种技术的想法仍处于起步阶段,二者都在按各自的节奏发展。探索人工智能和区块链,研究二者的相似之处,需要花费大量的资金和时间。

此外,区块链和人工智能的融合还面临一项挑战,即安全性。区块链是一个相互分配、安全加密、去中心化的数据库,可为人工智能提供渊博无尽的知识。该技术依赖于密码算法,这有助于确保数据安全。然而,如果有人试图使用人工智能来改变加密数据,则很难解密文件,这将导致数据被窃取[25]。

3.5.2.1　区块链与人工智能融合的挑战

(1) 区块链的基本特征是去中心化,这与人工智能截然不同。区块链节点是异构节点。因此,如果区块链是公有的,那么机器学习输出就不可能在一个点上实现。

(2) 人工智能需要大量的数据集,而区块链形成的数据库是不可扩展的,无法消耗如此大量的数据。这就说明,区块链在目前的状态下无法与人工智能融合。

(3) 有些事例表明,人工智能尚未展示出其最关键的潜力,如优步(Uber)

自动驾驶汽车在遇到红灯时就出现了问题。在此情况下，如果人工智能是去中心化的，则很难管控其造成的损害。

3.6 本章小结

人工智能是指能够执行通常由人类完成的智能任务的机器。换言之，人工智能是发动机或"大脑"，可进行调查研究，并根据所收集的信息动态发展。本章详细讨论了人工智能的技术和方法。区块链是一个去中心化的机器系统，可记录并存储信息，在简单的永久性记录框架上显示有序的场景排列。根据定义，区块链是一种分散的、去中心化的、无变化的记录，用于存储杂乱的信息。区块链和人工智能已发展成为前进的驱动力，为几乎所有行业的进步提供动力。人工智能和区块链最终会逐步走向融合，为各行各业服务。这种创新可以改变一切，包括食品供应链网络协调、医疗服务记录共享以及媒体巨头和金融安全。人工智能和区块链的融合将带来方方面面的影响，其中包括安全性，即二者将提供双重保护，以防止数字攻击。每项创新都必然有一定的复杂性，不过目前人工智能和区块链均处于互惠互利和互帮互助的阶段。

参考文献

[1] Dean, J.. 2020. "Google Research: Looking Back at 2019, and Forward to 2020 and Beyond."*Google AI*[Blog].

[2] Cioffi, R., et al. 2020. "Artificial Intelligence and Machine Learning Applications in Smart Production: Progress, Trends, and Directions." *MDPI*.

[3] Davenport, T., Guha, A., Grewal, D. et al. 2020. "How Artificial Intelligence Will Change the Future of Marketing." *Journal of the Academy of Marketing Science* 48: 24 – 42. doi: 10.1007/s11747 – 019 – 00696 – 0.

[4] Russell, S., and P. Norvig. 2003. "Artificial Intelligence – A Modern Approach."

[5] Poole, D. L., and A. K. Mackworth. 2020. "Python Code for Artificial Intelligence: Foundations of Computational Agents."

[6] Bullinaria, J. 2018. *Lecture Notes for Data Structures and Algorithms*. School of Computer Science, University of Birmingham, UK.

[7] Cormen, T. H., C. E. Leiserson, R. L. Rivest, and C. Stein. 2019. *Introduction to Algorithms*. Massachusetts Institute of Technology.

[8] Sanders, P., K. Mehlhorn, M. Dietzfelbinger, and R. Dementiev. 2019. *Sequential and Parallel Algorithms and Data Structures*. Springer.

[9] Manelli, L. 2020. *Data Structures. In: Introducing Algorithms in C*. Berkeley, CA: Apress.

[10] Cheng, S., and B. Wang. 2012. "*An Overview of Publications on Artificial Intelligence Research: A Quantitative Analysis on Recent Papers.*" 2012 Fifth International Joint Conference on Computational Sciences and Optimization. Harbin, 683–686. doi:10.1109/CSO.2012.156.

[11] Friggstad, Z., J.-R. Sack, and M. R. Salavatipour. 2019. *Algorithms and Data Structures*. Springer.

[12] Bohr, A., and K. Memarzadeh. 2020. *Artificial Intelligence in Healthcare*. Academic Press.

[13] "Artificial Intelligence Tutorial." *Javatpoint*.

[14] Gevarter, W. B. 1984. *An Overview of Artificial Intelligence and Robotics*. National Bureau of Standards.

[15] Cioffi, R., M. Travaglioni, G. Piscitelli, A. Petrillo, and F. De Felice. 2020. *Artificial Intelligence and Machine Learning Applications in Smart Production: Progress, Trends, and Directions. Sustainability – MDPI*.

[16] Araszkiewicz, M., and V. Rodríguez-Doncel. 2019. *Legal Knowledge and Information Systems*. IOS Press.

[17] Koenraad, De Smedt. 1988. *Knowledge Representation Techniques in Artificial Intelligence: An Overview*. Springer.

[18] Thomason, R. 2020. "Logic and Artificial Intelligence." *The Stanford Encyclopedia of Philosophy* (Summer Edition).

[19] Balas, V. E., R. Kumar, and R. Srivastava (Eds.). 2020. "Recent Trends and Advances in Artificial Intelligence and Internet of Things." *Intelligent Systems Reference Library*. doi: 10.1007/978-3-030-32644-9.

[20] Ramasubramanian, K., et al. 2019. *Machine Learning Using R*. Springer.

[21] de Mello, R. F., et al. 2018. *Machine Learning A Practical Approach on the Statistical Learning Theory*. Springer.

[22] Quan, Z., et al. 2019. *Advanced Machine Learning Techniques for Bioinformatics*. IEEE/ACM Transactions on Computational Biology and Bioinformatics (TCBB).

[23] Zhang, G., T. Li, Y. Li, et al. 2018. "Blockchain-Based Data Sharing System for AI-Powered Network Operations." *J Commun Inf Netw* 3, 1–8. doi:10.1007/s41650-018-0024-3.

[24] Casinoa, F., T. K. Dasaklis, and C. Patsakis. 2019. "ASystematic Literature Review of Blockchain – Based Applications: Current Status, Classification and Open Issues." *Telemat Inform* 36: 55 – 81.

[25] Salah, K., M. H. U. Rehman, N. Nizamuddin, and A. Al – Fuqaha. 2019. "Blockchain for AI: Review and Open Research Challenges." *IEEE Access* 7: 10127 – 10149.

第 4 章
区块链赋能物联网

A. 雷亚纳
S. R. 拉米亚
T. 克里希纳普拉萨
P. 西瓦普拉卡什

4.1 前言

虽然物联网在行业和研究领域发展迅速,但如今面临安全和隐私方面的漏洞,原因是用于分散式拓扑结构的大多数设备都存在资源有限的问题。物联网是一项颠覆性技术,促进嵌入式系统和信息物理系统不断发展,在互联传感器网络(从现实环境中收集信息)中,物联网可提供高颗粒度数据。区块链运用于物联网的方法[1-3]将提高效率,为主要应用领域提供先进的服务。此外,还有一些挑战,包括缺乏集中控制、环境感知风险以及其他需要解决的问题。

比特币是 2008 年推出的集中式数字货币,将比特币作为区块链的技术基础,解决了隐私性和匿名性问题。如今,区块链在云存储、数字资产、智慧城市等应用中得到了普及,而这些应用由账本(其中有区块链)组成。为了挖掘区块,对等网络节点可验证新交易的产生,并将其传播给整个网络。因此,所有节点都要验证集中式交易,确认签名,确保稳健性。不过,多个矿工使用同一资源进行单一交易会导致交易延迟,这可通过安全、匿名和去中心化等功能来解决。另外,在物联网中无法直接采用区块链,必须解决一些关键的挑战,其中包括:

(1)物联网设备的资源有限,导致密集挖矿。

(2)由于区块挖矿很耗时,所以有低延迟的要求。

(3)节点数量增加时,扩展性差。

(4)物联网设备的带宽有限,导致产生区块链协议的流量开销。

因此,物联网和区块链转换了概念,创造了新的可能性,探究区块链的去中心化特性为物联网带来的好处。目前,物联网连接 500 亿台设备,包括智能手机、笔记本电脑、冰箱、汽车等常规和异构设备。智慧健康、智能家居和智慧城市等应用更易于暴露在危及人身安全的隐私和安全威胁之下。通过落实解决方案,提供能够进行审计和环境控制的同等安全水平。区块链以去中心化的方式对数据进行认证和审计,消除了单点故障,在用户之间建立信任。如今,区块链用于许多应用,如物流和供应链、智能合约等。

4.1.1 概述

物联网包括数据处理和不同平台设备之间的通信,不涉及任何人工干预[4]。这种将不同对象进行连接的计算通过互联网完成,而如今的物联网可以说是互联网的延伸,可将智能对象作为服务进行访问。区块链使用加密技术[5-6],作为授权网络交互的一个关键特征。以智能合约为例,区块链上的脚本可准确执行自脚本,实现分布式工作流程。本章的目的是提供相关说明,以强调区块链和物联网可共同使用的一些方式。区块链具有分布式网络,由非可信成员组成,在没有任何可信中间方的情况下,成员之间可进行互动。最近,区块链技术吸引了金融领域的利益相关者,在没有可信中间机构的情况下,该技术加快了分布式信息的调和,使网络成员之间可复制和共享信息。

在图4.1中,每个区块都用加密哈希函数进行识别,根据前一区块(创建区块链)的哈希值,在区块之间建立联系。为了进一步理解区块链网络,考虑一组完整客户端在同一区块链上操作,可使用私钥和公钥。私钥用于私人交易,公钥用于网络交互[7-10]。相邻对等体可确保输入交易有效,并丢弃无效的交易。一旦交易完成,在该链上添加区块时就会更新整个视图。在其他情况下,该区块则会被丢弃。

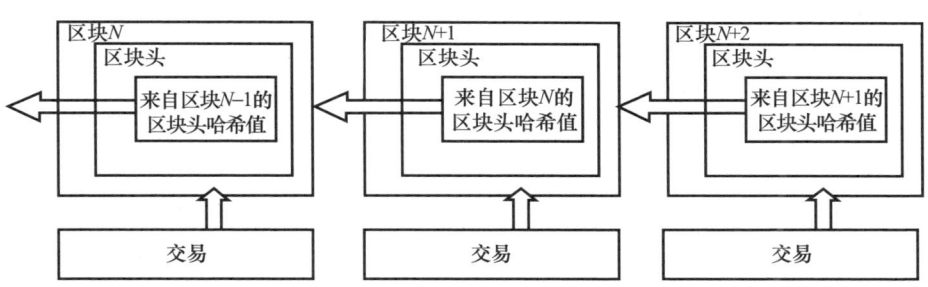

图4.1 区块链复制[5]

4.1.2 物联网应用

应用层的功能是提供客户服务,如智能家居、智能工业等。物联网[11-13]具有广泛的应用,人们可在商业和日常生活中使用物联网,将社会变得更加智能。智能产品包括智能手机、智能电视和可穿戴设备等。智慧健康可监测身体健康状况,控制心率,并根据需求监测病人在家和医院的治疗情况。如今,物联网(图4.2)在健康领域的运用(如诊断和长期维护治疗记录)已变得更有效率。智能交通可向交通信号灯发送通知,通过远程监控车辆和整合智能平台来控制路线。能源监测由智能电网实现,在该电网中可通过变电站和家用电表,对配电进行智能监测。库存管理通过智能电子商务实现,最后由智能工业完成货物跟踪、生产控制、库存管理、污染控制、节约能源等工作。

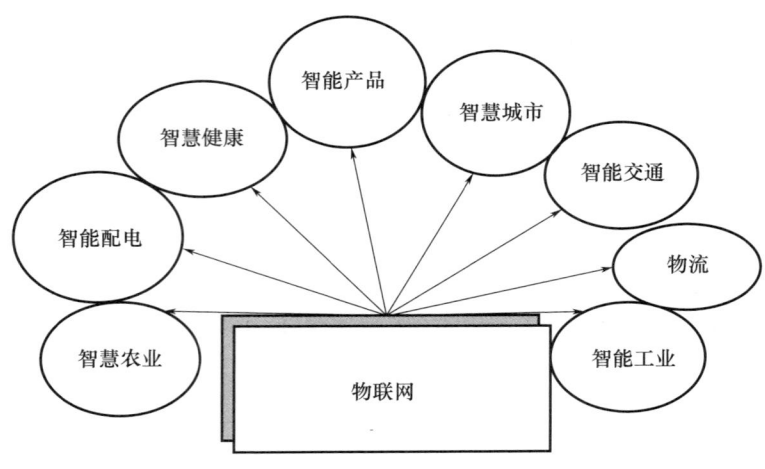

图4.2 物联网的应用

4.1.2.1 交通管理

在构建绿色智慧城市方面,物联网发挥着至关重要的作用。在城市交通中,堵车除了令人烦躁,还会导致尾气排放增加,导致全球变暖。例如,在城市地区,交通信号灯装有物联网传感器,在交通繁忙时会发出警报。通过提出替代路线的建议,可分析并处理大数据问题。另外,人们在需要临时停车时,可根据导向找到具体的停车位。采用物联网传感器对停车位进行监测,在人离开该区域时,已装应用程序中的数据会进行更新。以上场景可在智慧城市中实现。

4.1.2.2 废物管理

世界上每天大约会产生3000000t废物,而这个数字还在不断增加。通过回收利用,可最大限度地减少废物的产生,维持智慧城市的可持续发展。如可利用物联网传感器跟踪回收垃圾箱,如果垃圾箱已满,则发出警报[14]。该跟踪过程应持续进行,这样相关代表便可检查废物量是否增减,废物管理机构可对非法倾倒废物的行为采取适当措施。

4.1.2.3 智能家居与建筑

物联网中的设备可对供暖和供电等家电进行远程监测和管理。通过智能家居自动化,用户可通过智能手机的应用程序或任何其他连接设备来控制智能设备,如自动门、安全摄像头和电器等。空调温度可根据天气预报自动调节。智能家居还包括门锁、安全监控和其他安全方案。冰箱压缩机能够耐受功率波动,并在阈值水平下稳定运行。随着生活方式的改变,对冰箱、热水器和微波炉等家电的远程访问效率提高。家居移动固定自动化系统可接收语音命令,并与连接设备进行交互响应。智能家居配有各种物联网设备,可检查服务质量(Quality of Service,QoS),并制订渠道优化方案,可根据住户行为、天气状况等因素对家电进行静态或动态管理。家电的静态调度可界定用户活动,而服务的收费依据是已收到的供电量和电器的能量需求。在预测数据发生变化的情况下,用户可重新调度,以满足能量需求。这就是运行时调度。由于气候变化、碳排放、化石燃料等原因,人口增加以及自动化和现代生活方式的发展造成了能源危机。物联网的智能家居可降低能源需求,提供更加便捷舒适的生活。

4.1.2.4 智能电网

随着人口增长,电力资源控制必不可少。建筑物内的能耗需降低,应持续监控该地区内所供的电力设施,并将这些设施联网[15]。在升级后,可使用传输线在传感器设备之间进行双向通信。在家电中,建议使用智能电表和智能恒温器,以尽量减少水电费。

4.1.2.5 智能医疗

通过植入人体传感器,可增强医疗健康应用的性能。智能医疗可根据实时收集和分析数据,为病人提供适合的治疗。在医疗健康行业,先进的物联网传感器已发起了一场革命,在质量和成本方面做出改进。

4.1.2.6 智能工业与制造

为了减少人为干预,机器人设计用于自动跟踪,并以可控的方式处理制造任务。在较少或没有人为干预的情况下,相关工业可实现自动化运作。绿色物联网融合了一些制造系统,这些系统可远程访问,且间歇时间短。工业企业和工厂车间之间的数据共享非常高效,可提高设备效率、市场灵活性和劳动生产率。

4.1.2.7 智能物流与零售

射频识别和智能货架的出现,使人们对客户服务的关注度有所提高,如装在卡车上的托盘可发送产品的相关信息。在零售业,互联的物理设备可通过数字方式修改供应链,这不仅提高了成本效率,还提升了实时远程跟踪的端到端管理水平[16]。全球定位系统(Global Positioning System,GPS)配有传感器,可跟踪物流,根据气候变化进行预测性维护、优化路线等。此外,客户还可选择跟踪和利用物流数据。

4.1.2.8 智慧农业

智慧农业的设备均配有传感器,可进行有效的通信和感知。随着能源需求大幅增加,这引起了相关组织的高度关注。绿色物联网的重点在于,确保能耗满足智能世界的可持续发展要求。在该行业,采用物联网的算法有利于减少温室效应。联网后,智慧农业的设备会变得更加智能,根据基本理念,物联网的"物"可分为以下几类:

(1)根据已收数据采取行动的"物"。

(2)收集和发送信息的"物"。

(3)执行上述两种功能的"物"。

因此,物联网的有效性取决于在整个生命周期中受保护的数据是否可将区块链演变为物联网。大多数物联网设备依赖于集中式通信模型,这是最突出的缺点。在物联网中采用区块链,可预防整个网络因存储问题而形成单点故障。数十亿设备之间的计算以去中心化的方式进行,有助于物联网设备高效扩展。同时,区块链与物联网的融合减少了服务器的安装及管理成本,在物联网网络中采用密码算法,有助于确保保密性。区块链可保护物联网网络免受中间人攻击。区块链应用从最初的比特币发展为如今的智能合约,提高了协调应用的效率,在众筹、抵押贷款等投资方式中实现自主执行。以太坊是热门区块链平台,在分布式应用中执行智能合约,并与多个区块链交互。除了智能合约和加密货币,区块链在物联网中的应用还存在于涉及智能服务的各个领域。可穿戴设备、智能交通系统、物流和供应链、农业、安保和能源部门等应用均受益于区块链[14,17]。图4.3所示的医疗健康系统也使用了文献综述中的区块链物联网应用。

图 4.3 区块链物联网的应用

4.1.3 物联网架构中的区块链

图 4.4 展示了智能家居架构,其中用户爱丽丝(Alice)配备了许多物联网设备。这些设备分为本地、覆盖层和云存储三层。在交易中,通过创建类似交易,可将设备与账本链接。如不需要该交易,用户可通过删除账本来移除该设备。只有当授权用户使用共享密钥时,设备通信才会实现。本地区块链可对家里的交易执行所有控制访问。添加的指针用于将之前的区块策略复制到新的区块,并将其添加到链上。每个家庭均可增加备用存储空间,如图 4.4 所示。覆盖网络由组成节点、家中的智能设备、电话或个人电脑构成。为了增强互联网协议(Internet Protocol,IP)层的匿名性,网络中的节点连接到覆盖层。通过在覆盖网络中将节点分组为具有簇头的分簇,可减少延迟和开销。如果网络经历了过多延迟,那么节点可在网络中随时改变其簇头。在某些情况下,交易延迟更高。

拥有多套房屋的户主可统一管理所有房屋,如图4.4所示。因此,共享覆盖层由共同的矿工和共享资源组成。覆盖区块链中的所有交易都与起始交易链接。云存储的用户组中有相同的区块,这些区块都有唯一的区块编号,可成功定位数据和区块编号的哈希值,然后进行用户认证。利用共享密钥,可通过迪菲-赫尔曼(Diffie Hellman)算法对新区块编号进行加密。拥有共享密钥的人知道区块编号。由于只有真正的用户才拥有区块编号,所以现有账本得到了安全保障。创建许多账本是用户的偏好,本书介绍了相关政策。如有需要,授权用户可访问整个数据链,为此,矿工应发送已存数据的哈希值和区块编号。在另一种情况下,当收到矿工的基本数据时,请求者应使用安全应答等方法。分簇系统有区块链,可转发交易。另外,采用簇头记录已请求的交易和请求者。对于其他节点,存储数据的依据是这些节点参与交易通信的程度。通过查看智能恒温器的当前配置等方式,即可实时监控智能家居,户主也可获得所需信息。在物联网互联设备所用的框架中,可实现无缝通信。在信息处理方面,物联网的应用侧重于物联网架构的中间件层。架构中共有5层,即感知层、网络层、中间件层、应用层和业务层。

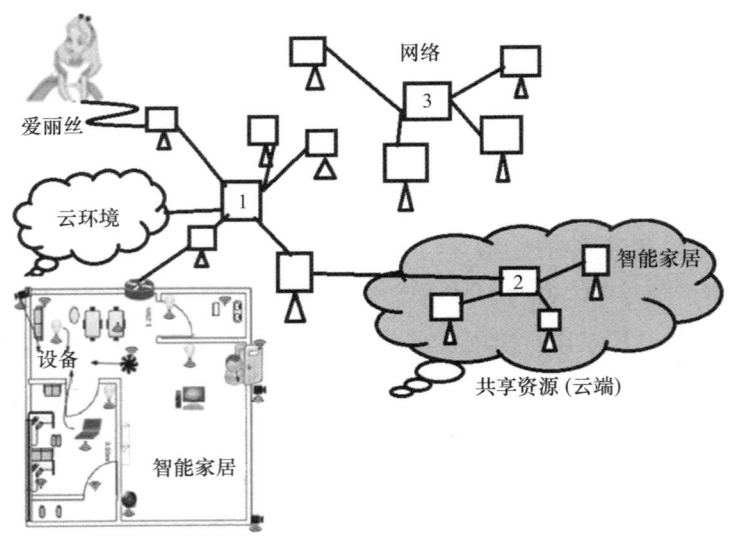

图4.4 物联网架构中的区块链[18]

4.1.4 使用区块链的安全框架

主要可访问性攻击包括:①拒绝服务攻击:防止访问授权用户的数据或服务。②篡改攻击:破坏云存储的安全性,试图删除或更改已存数据。通过将已存本地区块链哈希值与云数据进行对比,可发现这些更改。③丢包攻击:控制一个组的簇头,并丢弃所有区块和已收交易。当节点未收到来自网络的任何服务或交易时,便可确定攻击。在选新簇头时,让分簇发现这种情况。④挖矿攻击:簇头可配合并签署多信号交易,用假区块进行挖矿。由此,通过结合授权、鉴定和验证[19],可实现安全性。

上述安全框架的定义如下:

(1)完整性:欢迎已认证的用户。任何其他人均无法更改此信息。

(2)可用性:真正的用户可在必要时访问系统。为了支持这项服务,用户需要数据库和通信基础设施。

(3)保密性:确保未经授权的用户不会收集信息。

(4)验证、授权和审计:用户需进行身份验证,以便在系统中执行特定的功能,如存储信息、所有者权利等。

(5)不可否认性:确保在执行特定的行动后,用户无法否认自己的行动。例如,授权购买或资金转账。

(6)哈希函数:运用数学函数,生成"摘要",即像指纹数据一样的独特输出。

(7)单向性:根据哈希计算得出的输入很难找到。

(8)压缩:哈希值的大小由小部分数据表示。

(9)扩散:若一个输入位改变,则哈希结果变为50%。

(10)冲突:两项输入产生相同的哈希值,导致计算困难。

4.2 区块链物联网范式

4.2.1 区块链增强物联网安全

在物联网中,机器对机器之间会进行交互,无须人为干预。面临的挑战是在参与机器之间建立信任,但区块链的使用在这方面起到了催化剂作用,增强了可扩展性、安全性、可靠性和隐私性。因此,将区块链部署在物联网生态系统中,可跟踪和协调设备,以便进行交易处理。互联网连接设备的现有搜索引擎是Shodan,其会暴露物联网中除了区块链的不安全设备,这样可增强系统的可靠性,并消除单点故障。利用密码算法和哈希函数,对区块链中的数据进行加密,可提供更好的安全服务。然而,要实现哈希函数和加密函数,就需要增强处理能力,这在数字经济方面仍是一项挑战。信任维护是在物联网中部署区块链的首要问题。区块链中收集的信息序列是根据时间标记系统联网的交易时间顺序。此外,还提供了实时交易,防止数据欺骗和篡改,以确保工业物联网的安全,如图4.5所示。已部署传感器设备的区块链记录称为"Pindar 建议"。

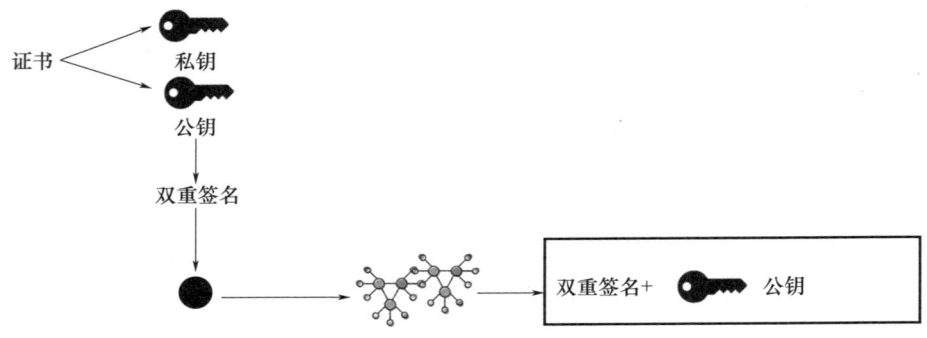

图 4.5　区块链中的签名验证[5]

4.2.2　区块链物联网面临的挑战

4.2.2.1　存储方面:容量与可扩展性

区块链每10min就会增长1MB,这就提出了区块链的可扩展性和存储容量的问题,其挑战在于如何有效地存储副本。网络中的节点可验证具有重要存储容量需求的区块和交易。区块链中增加的资源降低了系统的可扩展性。在另一种情况下,因超大链导致的系统过载会降低性能,并带来负面影响,增加新用户进行同步所需的时间。分布式环境下共识机制的重要特点是交易验证。调制功率和计算时间直接影响区块之间的交易时间。网络中交易数量的增加会引起共识协议的增加,对网络的可扩展性产生直接影响。考虑比特币及其可扩展性的限制,区块链协议应改善共识延迟,其中莱特币具有与比特币类似的更快的交易能力,并具有更高存储效率。比特币通过改变链选择规则,来提高区块链的可扩展性。另一项发展是星际文件系统(Interplanetary File System,IPFS)协议,用于去中心化[20]共享,分布式环境中的文件存储可在消除攻击和复制网络中每份文件的同时,提高网络的效率。

4.2.2.2 安全方面:弱点与威胁

人们已对比特币协议中存在的漏洞和安全威胁进行了分析。观察发现,区块链控制了51%的挖矿参与者,以限制用户的数量。大多数比特币攻击均是对同一比特币进行双重支付。比特币因其交易深度,需要 20~40min 完成交易,进而导致双重支付攻击。同样,将用户交易直接发送给商家,可导致使商家受骗的竞赛攻击。依赖通信的协议,在运行时往往易受到来自网络的攻击。为克服区块链中的这种代码更新和优化问题,可利用加密货币社区来改进协议。因此,区块链技术[18,21-24]具有软分叉和硬分叉形式的改进,包括更新软件协议和功能。但是,由于新协议将与旧版本的节点兼容,必须从根本上改变遵守旧规则的节点。如今,在更新的版本中,节点之间会相互计算,因为它们必须在分叉社区中决定采用哪个版本。因此,分叉版本就是不断地划分社区,为区块链用户带来风险,还会在区块链的每日改进中引入更多新的漏洞。

4.2.2.3 隐私方面:匿名性与数据隐私

比特币协议并无内置隐私,其透明度是关键特征,可在区块链中跟踪和审计从首次交易开始的每笔交易。虽然这种透明度建立了信任,但用户的匿名性仍存在挑战,因为比特币允许用户以假名的方式使用多个钱包。因此,亟须为比特币建立更强的匿名性特征。许多区块链技术在处理敏感性数据时需要更高的隐私级别。为解决匿名性问题已做了很多尝试,包括在交易中使用签名,以使交易不可被跟踪,也不容易被单独系统跟踪。这些服务可使交易支付最低金额。

但是,这些服务很容易被盗,如最初拟定的币与产生匿名性的比特币相结合。如果用户同意进行联合支付,则打破了从同一钱包获得交易输入的假设。混合服务器也缺乏基于实现的用户之间的匿名性。为此,开发了暗黑钱包,用于在比特币交易中提供完全匿名性。混币中的随机加密机制提升了安全性。这种更高的安全性是通过改进混币(修改币组合)来实现的。币交换接收使用非关联币进行支付,提高了混合服务器的匿名性。因此,即使编译器将泛型代码转换为可实现交易匿名性的加密基元,也需要处理区块链中的隐私数据加密。在中心化网络中使用分布式哈希表有助于存储数据引用。区块链中的隐私问题在提供身份验证和授权机制方面的处理方式不同,但愿意在私链企业环境中保护数据隐私的参与者使用超级账本结构,来部署可扩展的分布式账本,以访问网络中的控制列表和服务。网络中的成员以公共身份相互认识,依靠经时间戳和数据完整性验证的权限,对存储在区块链中的大量数据进行管理。因此,通过区块链获取、验证和保护来自外部来源的信息。

4.3 物联网环境中的区块链技术

4.3.1 通用数字账本

分布式账本在很大程度上是指使用数字形式的货币带来的结果,但事实上,加密货币和账本具有两种不同的技术方法。在考虑数字货币交易服务平台时,大多数国际分布式账本组织都采用加密货币,并不完全提供保留不同结构中心的动机。除了数字形式的货币,一些分布式账本技术采用了智能合约(由以太坊[25]提供)或文件容量等技术。由于互联网使用量的快速增长,以及越来越多的设备与无线技术和传感器相结合,移动设备的成本正在下降,手机已毫无疑问地得到普及,所有这些都使对物联网的需求增加。物联网具有广泛的应用范围,包括智能家居、医疗以及各种现代应用,因此,物联网基本具备可实现的最佳执行相似性和安全性。关于分布式账本技术越来越明确的解释提供了最简单的结构,即数据库中的分布式账本由巨大网络中的每个节点自由持有和刷新。这种传输是很有意义的,因为并非通过中心位置将记录连接至网络中的不同节点,而是由每个现有节点自主连接和传达记录,从而做出独立的网络决策。分布式账本技术的形成,彻底改变了各方之间的数据组合和信息共享方式,一般在基本存储库和信息交换中使用分布式账本技术。分布式账本表明,我们无须那么在意对数据库的维护,而是需要逐步负责对网络中的记录交易进行处理。到目前为止,分布式账本技术和区块链最集中的应用领域是金融领域。比特币带来了这种极端的变化,因为将比特币用作点对点支付框架来购买商品和服务,无须特殊专业机构,即银行或金融机构的参与。

4.3.2 物联网中的分布式账本

同时利用分布式账本技术、区块链和物联网,可避免相关设备存在的一些主要和次要问题,这些问题在下文中会有详细阐述。区块链被用于跟踪传感器信息的估值,并预测是否发生了欺诈交易。物联网小工具是复杂的分布式账本,适用于小工具识别、确认以及保护信息安全。分布式账本保护物联网设备的信息不被更改,如图4.6所示。区块链增强了小工具的独立性、完整性和信息可信性,而不会降低效率。由于网络中没有中间人,区块链有助于降低物联网的组织和管理费用。

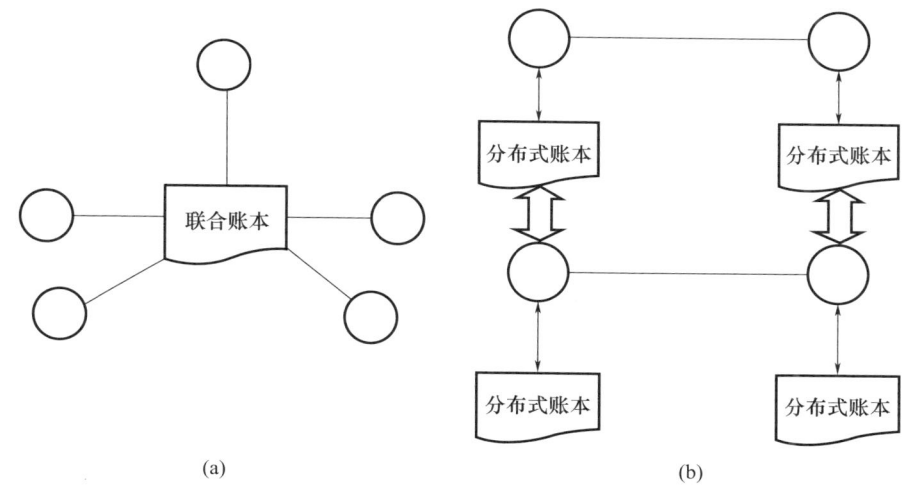

图4.6 账本[25]

4.3.3 先进分布式账本

分布式账本技术是一种计算机化的记录,记录了在共享网络中所有成员之间复制并保存的各种信息交换和责任。一致的计算应保证网络的每个中心都拥有与不同中心相似的账本副本。分布式账本技术或区块链的主要类型通常有开放和私有两种。比特币是一种开放账本,任何人均可交换比特币,无须第三方机构给予授权。私有账本是指所有相关的人都是已知且可信的,由一种称为促进者的元素中预先挑选出来的多位成员,对一致型程序进行监督。目前,私有分布式账本技术被视为这两种类型的半混合类型。分布式账本技术阶段可分为:①无须许可;②已许可;③有重要协议;④已有交换。这些进步带来的影响是通过减少"中心人"物质,降低基础成本(需使服务器保持消失状态),并使用去中心化应用,从而打乱当前的行动计划。

所有这些都可以想象,认真地重建两个人之间突然存在的信任,这两个人虽然互不相识,但真正面对面采用分期付款方式交易产品,因为这些技术能够对物质商品无法区分的属性进行高级描述[24]。因此,如果他们的资产处于危险之中,他们就应采取行动。正是这种来自所有成员的热情成为一种抗脆弱的框架,而对区块链的攻击反而会加强这种框架,因为其所有成员都有热情去纠正可能会带来攻击的缺陷,并确保框架持续有效。以太坊、平滑演化(Evolution of Smooth,EOS)和物联网应用(Internet of Thing Application,IOTA)正在颠覆分布式账本技术领域,使其具有几乎无限的潜在用途。例如,《区块链与物联网》[26]中的模型表明,以这种方式可提升对进步的适应水平,并且,模型还表明个体需要创造并成为新事物的一部分。最有意思的一点是,不同的分布式账本技术为防止欺诈而使用了"一致性计算"。工作量确认(Confirmation of Work,CoW)策略是比特币和其他知名数字货币最常用的一致性计算,其中包括让个人计算机解开很难的谜语或数字问题,即把所有交易放置在下一个新的区块中。这种策略用于阻止攻击者发起拒绝服务(Denial of Service,DoS)攻击。

4.3.4 共识机制

建立共识的优势之一是,使区块链尽可能发挥最佳作用。共识主要包含一个决定条件的组成部分,用于推断是否已就授权将方块添加到区块链中而达成一致。所有参与者在投票时都享有相同的投票权,投票结果根据以积极的共识机制方式投出的多数选票进行公布。该计划可在受控领域中实施;在开放的区块链中,该组成部分很容易受到女巫攻击,因为复制一个具有不同身份的客户端,将具有控制区块链的选项。去中心化网络中的客户端必须包含区块链中的每个区块。该参数可以灵活设置,但它在所有攻击中都是一个关键因素。工作量证明共识机制依赖于网络中更多的功能,因此更容易受到攻击。一种方法是进行少量计算,直到发现答案为止,这个过程称为挖矿。

对于比特币区块链,挖矿包含一个不规则数字(称为随机数),该数字由 SHA-256 哈希算法进行计算,区块头为零。随后,挖矿者需要表明,所采取的措施能够解决这一问题。

在这个问题得到解决后,不同的中心可非常简单地确认获得的答案是正确的。最近提到的问题,提出了一种选择性协议技术:权益证明共识部分的计算力小于工作量证明。因此,挖矿者需要间断性证明共识部分。由于区块授权涉及的中心较少,因此能比其他方法更快地执行交易。此外,受托人可调整区块容量并做出临时调整,在罕见的情况下,也可毫无问题地替换受托人。提出的活动证明(Proof of Activity,PoA)共识,作为依赖于权益的权益证明框架的主要障碍:当中心与网络不相关时,它将在任何情况下积累起来。通过这种方式,提出了活动证明计划,用于激活区块链上的资产所有权和流动性。实用拜占庭容错(Practical Byzantine Fault Tolerance,PBFT)是一种共识计算,用于在非常规情况下处理拜占庭将军问题。实用拜占庭容错承认,并非 33%的中心是有害的。对于每一个添加到链中的区块,均会选择一个先锋来负责请求交换。比特币-NG 是实施比特币共识计算的一种变体,用于改进适应性、吞吐量和休眠期。燃烧证明的背后含义是,加密货币相比于消耗资产(如需要利用工作量证明机制的账户),更像是被烧焦(变得不可用),成为生成新资产的花费。

4.3.5 去中心化

将物联网中心化架构更改为对等网络分布式账本,以确保在区块链中提供鲁棒性和可扩展性,可最大限度地减少延迟,避免单点故障,防止由单独权威机构在分布式账本上做出决策。

4.3.6 自主身份

4.3.6.1 概述

物联网将现实和网络世界中的所有个体和物体连接起来,到 2020 年将有 140 多亿台设备具有执行和感知能力。当数十亿台设备连接在一起时,就会带来无限的数据资源,而挑战在于如何识别分配这些实体的身份,以便它们之间能够轻松地进行通信。身处互联和互动的群体中,身份在物联网系统中扮演着重要角色。数字身份是物联网环境中的基石。在不可信的环境中使用物联网时,如果没有数字身份,就很难进行交易,进而导致失去商机。身份管理系统根据哲学领域的特点/逻辑,在物联网区块链环境的新范式下提供身份解决方案。数字身份是在线服务的基石,在互联网时代为认证、授权和证券交易建立机制和协议。但是,数字身份依赖可信任的第三方来应对越来越多的内部攻击威胁,以保护用户隐私。因此,传统身份管理系统引发了许多隐私问题。此外,这些身份管理系统长期出现漏洞并遭受攻击,导致单点故障。例如,脸书的安全漏洞已成为攻击者的"蜜罐"。公开个人数据会导致数据泄露风险。物联网的出现可直接移植原生物联网环境,对物联网中身份管理系统的设计具有重要意义。其特点为:

(1)可扩展性:拥有数十亿台设备的物联网需要高度可扩展的身份管理系统,相比之下,传统的由第三方维护的管理系统所提供的解决方案极其不切实际,而在不可信网络中,必须建立不同身份管理系统之间的相互信任关系。

(2)互操作性:异构对象执行不同的通信功能,导致互操作性问题。

(3)移动性:无须考虑设备位置,即可确保连接服务。

4.3.6.2 传统身份管理系统

数字身份管理系统(Identity Management System,IDMS)管理用户的身份信息、凭证和属性。图4.7描绘了由三个利益相关者组成的传统身份管理系统:用户、身份提供商和服务提供商,他们与依赖于第三方认证协议的请求和访问服务相互依存。

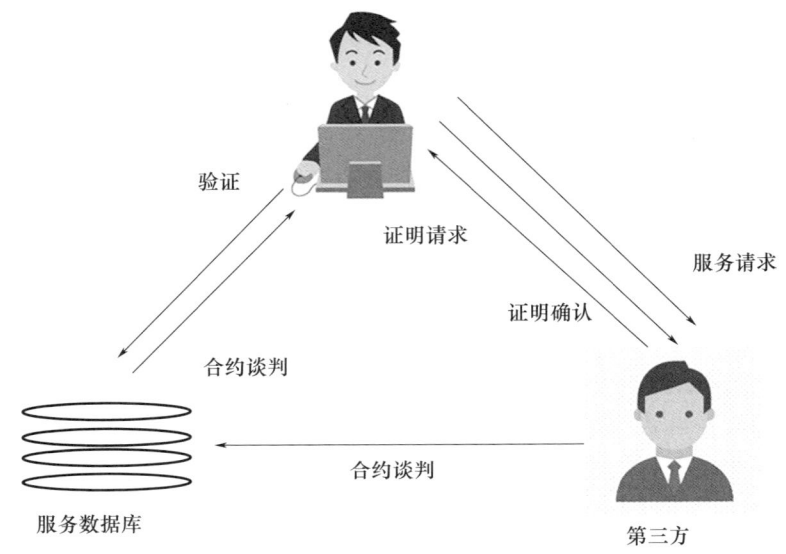

图4.7 身份管理系统[27]

身份管理系统可访问互联网服务和资源。在过去几十年里,这些系统已从中心化模式转变为联合模式。在访问互联网服务时,所有用户都需要注册,以从安全域获得数字身份。为了解决密码管理问题,身份管理系统允许一些服务提供商减少用户身份的数量,而联合模式则在身份提供商与访问服务之间建立关系。

4.3.6.3 区块链身份解决方案

区块链试图消除在去中心化环境中提供重要安全解决方案的交易中介。此外,作为分布式账本的区块链,在对等网络中具有永久记录。同时,区块链还更新网络,以验证所有想要创建去中心化应用(DAPP)的成员。区块链用于构建命名系统和安全、去中心化的系统。许多IT参与者重点关注智能合约,以确保身份的可靠性,如图4.8所示。互联网上的每个身份都由分布式账本管理。

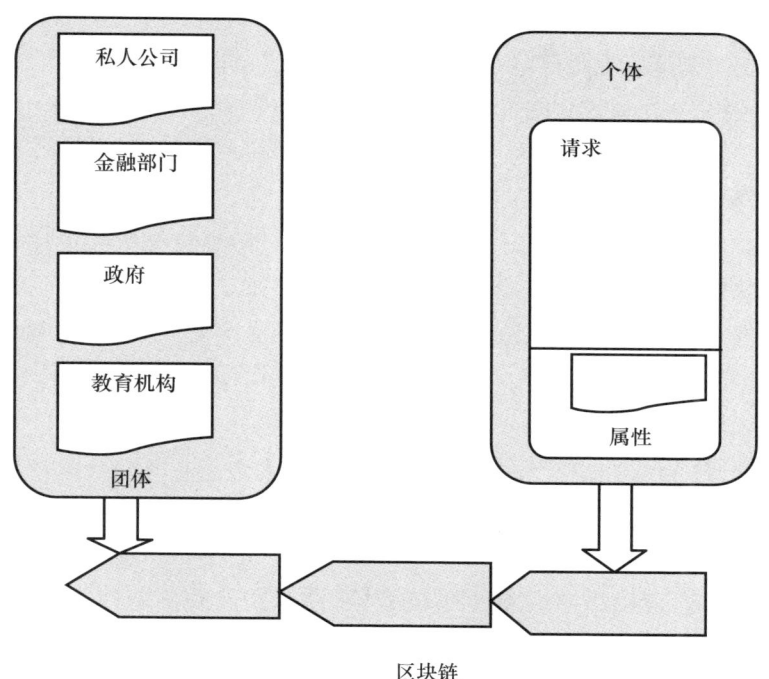

图4.8 基于区块链的身份管理解决方案概图[27]

4.3.6.4 身份管理系统中的挑战

如何利用关键组件来构建有效的身份管理系统,以确保信任、隐私和性能,仍是一项挑战。访问控制和身份缺一不可。物联网中的身份系统可提供适当的授权,专门应对快速增长的政策。中心化系统中存在的一个常见问题是,在扩展去中心化物联网时,将分配不适用的访问权、角色和属性。但是,区块链并不能完全解决这些问题。在大多数情况下,服务和身份提供商要求用户获得授权,并且在运行身份管理系统时必须进行性能评估。

4.3.7 智能合约与合规

支持智能合约的区块链是由尼克·萨博(Nick Szabo)创造的区块链2.0。智能合约是用图灵语言,以数字方式实现的自主程序,具有一组预定义的可自动执行的规则和条件。这些规则包括合同的执行、确认和验证,像自动售货机一样。区块链2.0提供了与智能合约相关的可变性和透明度。现在,智能合约正越来越多地用于各种应用领域。智能合约可实现具有预设条件的区块链系统,并在通过实施合约而满足条件时自动触发交易。智能合约可实现双方之间的双向交易。这种交易是瞬间完成的,无须共识。随着智能合约的出现,区块链可支持小程序以及微支付系统可负担的应用,以促进和培育创新。此外,物联网设备也使用智能合约来促进数据交易中的现金流资源。关注区块链的使用,使智能设备之间的交互可在无任何中心化控制机构的情况下发现和交换消息,但设备之间的通信需通过交易层安全(Transaction Level Security,TLS)的认证。智能合约是比特币的一种替代方案[27-28],因为没有区块可促进微支付。在智能合约代码中,区块链存储执行约定条款的协议规则。

图4.9所示的智能合约使交易协议计算机化,推动了区块链在自动执行合约方面的技术进步,将合约记录在可保证适当访问控制的区块链中。对于每项合约功能,由开发人员分配访问权限,使合约具有确定性。一旦满足条件,就会触发声明,以可预测的方式执行智能合约。参与的各方协商确定相关合约的权利、义务和禁止事项。合约协议经律师起草和验证后转换为智能合约,使用基于逻辑的规则语言作为计算机语言。在智能合约的迭代过程中需进行多轮谈判,并可根据需要创建新合约。

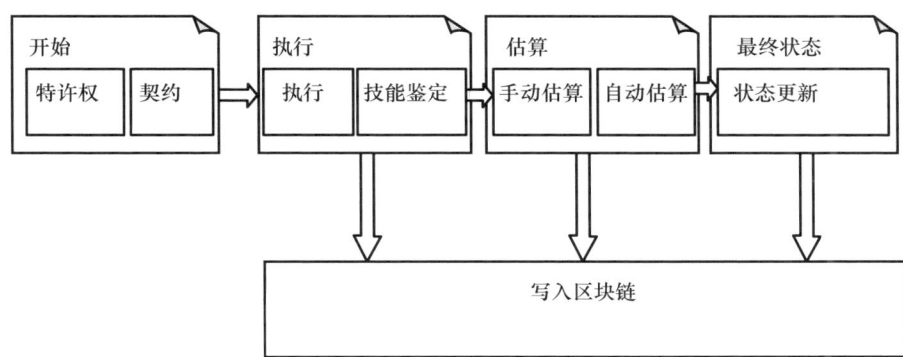

图 4.9 智能合约生命周期[28]

4.4 本章小结

本章指出,在使用区块链时,应消除物联网中的安全问题。此外,本章还就许多应用领域,解释了与区块链相关的各种方法和技术;就未来的研究方向讨论了与区块链和物联网融合相关的开放问题;研究分析了区块链对物联网设备的影响,并根据物联网场景进行了技术比较。

参考文献

[1] Das, ManikLal. 2015. "Privacy and Security Challenges in Internet of Things." *Distributed Computing and Internet Technology*: 33 – 48.

[2] Ho, G., D. Leung, P. Mishra, A. Hosseini, D. Song, and D. Wagner. 2016. "*Smart Locks*: *Lessons for Securing Commodity Internet of Things Devices.*" In *Proceedings of the 11th ACM on Asia Conference on Computer and Communications Security*.

[3] Amoozadeh, M., et al. 2015. "Security Vulnerabilities of Connected Vehicle Streams and Their Impact on Cooperative Driving." *IEEE Communications Magazine* 53(6): 126 – 132.

[4] Musaddiq, A., Y. B. Zikria, O. Hahm, H. Yu, A. K. Bashir, and S. W. Kim. 2018. "A Survey on Resource Management in IoT Operating Systems." *IEEE Access* (6): 8459 – 8482.

[5] Buchmann, J. 2013. "*Introduction to Cryptography.*" Springer Science + Business Media.

[6] De Montjoye, Y. – A., et al. 2014. "Openpds: Protecting the Privacy of Metadata Through

Safeanswers." *PLoS One* (9): 7.

[7] H. Gross, M. Holbl, D. Slamanig, and R. Spreitzer. 2015. "Privacy – Aware Authentication in the Internet of Things." *Cryptology and Network Security*: 32 – 39.

[8] Ukil, A., S. Bandyopadhyay, and A. Pal. 2014. "*IoT – Privacy*: *To Be Private or Not to Be Private.*" In *Computer Communications Workshops (INFOCOM WKSHPS)*, *2014 IEEE Conference*, Toronto.

[9] Nakamoto, S. 2008. "Bitcoin: A Peer – to – Peer Electronic Cash System."

[10] Decker, C., J. Seidel, and R. Wattenhofer. n. d. "Bitcoin Meets Strong Consistency."

[11] Rayes, A., and S. Salam. 2016. *Internet of Things from Hype to Reality*: *The Road to Digitization*. Springer.

[12] Hung, M. 2017. "Leading the IoT, Gartner Insights on How to Lead in a Connected World." *Gartner Research*: 1 – 29.

[13] Ai, Y., M. Peng, and K. Zhang. 2018. "Edge Computing Technologies for Internet of Things: A Primer." *Digital Communications and Networks* 4(2): 77 – 86.

[14] Haroon, A., M. A. Shah, Y. Asim, W. Naeem, M. Kamran, and Q. Javaid. 2016. "Constraints in the IoT: The World in 2020 and Beyond." *Constraints* (7): 11.

[15] Jøsang, A., and J. Haller. 2007. "*Dirichlet Reputation Systems.*" In *Availability, Reliability and Security, 2007. ARES 2007*: *The Second International Conference*.

[16] Alrawais, A., A. Alhothaily, C. Hu, and X. Cheng. 2017. "Fog Computing for the Internet of Things: Security and Privacy Issues." *IEEE Internet Computing* 21(2): 34 – 42.

[17] Buyya, R., and A. V. Dastjerdi. 2016. *Internet of Things*: *Principles and Paradigms*. Elsevier.

[18] Conoscenti, M., A. Vetro, and J. C. De Martin. 2016. "*Blockchain for the Internet of Things*: *A Systematic Literature Review.*" In *Computer Systems and Applications (AICCSA)*, *2016 IEEE/ACS 13th International Conference*, pp. 1 – 6. IEEE.

[19] Reyna, A., C. Martín, J. Chen, E. Soler, and M. Díaz. 2018. "On Blockchain and Its Integration with IoT. Challenges and Opportunities." *Future Generation Computer Systems*.

[20] Skarmeta, A., F. Jose, L. Hernandez – Ramos, and M. Moreno. 2014. "*A Decentralized Approach for Security and Privacy Challenges in the Internet of Things.*" In *Internet of Things (WF – IoT), 2014 IEEE World Forum on*.

[21] Yang, Y., L. Wu, G. Yin, L. Li, and H. Zhao. 2017. "A Survey on Security and Privacy Issues in Internet – of – Things." *IEEE Internet of Things Journal* (4)5: 1250 – 1258.

[22] Bashir, I. 2017. *Mastering Blockchain*. Packt Publishing Ltd.

[23] Mougayar, W. 2016. *The Business Blockchain*: *Promise, Practice, and Application of the Next*

Internet Technology. John Wiley & Sons.

[24] Wood, J. 2018. "Blockchain of Things, Cool Things Happen When IoT and Distributed Ledger TechCollide." *Medium*. https://medium.com/trivial-co/Blockchain-of-things-cool-things-happenwhen-iot-distributed-ledger-tech-collide-3784dc62cc7b.

[25] T. Project. [Online]. Available: https://www.torproject.org/.

[26] Atlam, H. F., A. Alenezi, M. O. Alassafi, and G. Wills. 2018. "Blockchain with Internet of Things: Benefits, Challenges, and Future Directions." *International Journal of Intelligent Systems and Applications* (10): 40 – 48.

[27] He, Q., N. Guan, M. Lv, and W. Yi. 2018. "*On the Consensus Mechanisms of blockchain/DLT for Internet of Things.*" In *2018 IEEE 13th International Symposium on Industrial Embedded Systems (SIES)*, pp. 1 – 10. IEEE.

[28] Dorri, A., S. S. Kanhere, R. Jurdak, and P. Gauravaram. 2017. "*Blockchain for IoT Security and Privacy: The Case Study of a Smart Home.*" In *Pervasive Computing and Communications Workshops (PerCom Workshops), 2017 IEEE International Conference*, pp. 618 – 623. IEEE.

第 5 章
区块链驱动的物联网应用概述

拉贾拉克什米·克里希纳穆尔蒂
达纳列克什米·戈皮纳坦

区块链、物联网和人工智能

5.1 前言

在物联网时代,基于物联网的应用在提高人类生活质量方面发挥着至关重要的作用[1-2]。物联网的一些应用包括智能环境监控、智能建筑、智慧农业、智慧城市、智能交通系统和智能医疗系统[3]。但是,物联网系统涉及物联网终端设备的异构资源限制、广泛的底层协议以及通过物联网传感器设备产生的大量数据。因此,为确保物联网系统的安全和隐私,需要建立一种有效的机制[4]。为此,常规安全与隐私中心化机制采用身份验证和数字签名,这些加密机制已不足以满足物联网系统的规范,但区块链的去中心化和分布式特性非常适合应用于物联网系统。

区块链是一种用于跟踪所有数字交易的技术[5]。区块链是一种账本,但不作为一种中心化机制,而是将交易存储在一种去中心化、分布式机制中,以在大型计算机网络中共享数据。这种去中心化可减少数据篡改。区块链也称为分布式账本技术。应用程序开发人员可对分布式账本技术进行编程,这种技术用于保存操作记录和查找重要信息,如业务交易、医疗记录、政府政策、财产文件。区块链是一种网络,其信息存储方式使网络难以或不可能遭到修改、入侵或欺骗。区块链的主要目标是,在独立参与者之间的不可信分布式环境中创建可信生态系统,如物联网生态系统。区块链允许用户安全地展示自己的身份,保护数字资产所有权,并在无须高成本中介的条件下验证交易。

将区块链技术融入物联网,这种结合会带来可验证和可跟踪的物联网网络[6-7]。物联网中的这种区块链技术可记录交易数据,通过提供额外的安全、数据验证等服务提高系统性能。传统物联网应用中存在的大量设备正面临许多挑战,如数据安全性、完整性和鲁棒性。区块链针对传统物联网应用的许多局限性提出了现实的解决方案。区块链将确保物联网数据的保密性,无须借助第三方,从而节省物联网设备的带宽和处理能力。此外,区块链可提供安全、可扩展的物联网网络平台,可在无中心化服务器的情况下分配敏感信息。区块链可防止交易记录遭到篡改,而物联网则通过计算机、传感器、执行器和各种设备将现实世界与数字世界连接起来。

根据区块链与物联网生态系统交互的方式,区块链技术采用下列三种方法革新了基于物联网的应用:

(1) 跟踪物联网设备以及存储物联网传感器数据。区块链以区块的形式存储信息或数据,这些区块在区块链中进行逻辑链接。如果在链中的特定区块中进行任何修改,修改内容将作为带时间戳的新区块插入经修改的区块末尾,而不是对区块本身进行修改。

(2) 区块链建立了对物联网设备生成的数据的信任。在向链中添加区块之前,需要完成几个步骤。首先需要解决加密难题。解决数学难题的物联网计算设备,有资格与分布式网络中的所有其他计算设备共享信息。其次,区块链网络对适当解决方案进行验证,称为工作量证明。如果通过验证,新区块就会附加到现有区块链上,主要目标是解决复杂的数学难题。最后,这些区块由认证计算机进行认证,并保证链中每个区块的保密性。

(3) 无须中介,从而减少时间和开支。区块链支持以一种受保护、安全、有效和透明的方式,对所有交易进行分布式存储[8-9]。

一般来说,区块链的创建过程包括三个阶段,分别称为区块链 1.0、区块链 2.0 和区块链 3.0[10]。区块链 1.0 的重点是对等交易。其流行应用是比特币。区块链 2.0 的目标是提供一种基于信任的去中心化框架,其中包括可追溯性和数据防篡改特点。2013 年 12 月,开发出了一种具有智能合约特点的去中心化区块链框架,以太坊是目前流行的区块链 2.0 应用系统。区块链 2.0 等级也称为以太坊的区块链等级。区块链 3.0 的目标是将区块链技术与金融行业、供应链管理和物联网等其他重点领域结合起来。区块链 1.0、区块链 2.0 和区块链 3.0 中涉及的共识协议分别为工作量证明 PoW、权益证明 PoS 和实用拜占庭容错(PBFT)。因此,本章旨在探索使用区块链驱动物联网系统所带来的影响和优势,并提供相关见解。

本章的主要内容包括:

(1) 区块链技术的基本概述,如去中心化、分布式共享账本、智能合约、加密技术和共识机制。

(2) 基本物联网协议栈层,包括应用层、传输层、网络层、适配层、数据链路层和物理层。

(3) 物联网网络的各种安全特点,如医疗数据安全和隐私、医疗物联网设备访问和认证、可信任用户、物联网设备的访问策略和控制、加密密钥和数据哈希。

（4）基于区块链的物联网应用,如智能交通系统、智能医疗系统、供应链管理、物联网生态系统和智慧城市。

（5）除加密货币和比特币以外的各种区块链平台,如公有链和私有链、超级账本、Fabric 和 R3 Codra。

（6）用于医疗物联网应用的区块链去中心化框架。

（7）基于区块链的物联网应用中具有挑战性的性能因素,如可扩展性、适应性、匿名性和完整性。

5.2 节提供了区块的基本概述。5.3 节介绍了物联网协议栈和基于区块链的物联网应用。5.4 节解释了除加密技术和比特币之外的各种区块链技术,如超级账本、fabric 和 R3 codra。5.5 节介绍了医疗物联网应用的区块链去中心化框架。5.6 节讨论了基于区块链的物联网应用中的各种挑战。5.7 节给出了本章结论。

5.2 区块链概述

区块链可描述为分布式账本技术,其中交易表示区块,通过加密哈希函数将各区块链接在一起。网络中的每个人均可共享区块链,一旦向区块链添加了一个区块,就很难对其进行更改。每笔交易的真实性都由区块链在区块上的数字签名来保证。加密和数字签名可防止存储的数据遭到篡改,使其不可更改。

研究人员表示,中本聪利用以下技术开发了区块链:对等网络、加密技术和分布式共识[10-11]。区块链网络中的每名参与者都共享账本的副本。当一个节点进行交易时,会将交易传输到网络中。由网络中的其他参与者对该交易进行检查,然后将该交易与其他交易组合起来形成一个区块。第一个通过同意网络所设置的共识协议而形成新区块的参与者,向网络传播该区块。由对等节点验证该区块,如果该区块遵守规则,则将其添加到现有区块中。

图 5.1 阐释了区块链的操作过程。希望进行交易的节点将区块传输到网络中。所有其他网络参与者验证该交易并形成一个新区块,新区块将该交易与其他交易组合起来。由具有足够计算能力来解决加密难题的矿工节点,将该新区块传输到网络中。然后,由对等节点或网络中的节点验证该区块,如

果该区块符合规则,则将其添加到现有区块链中。

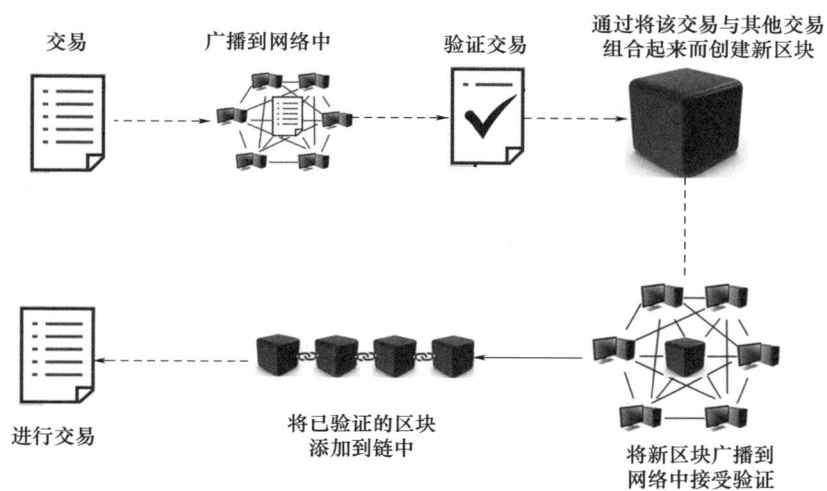

图 5.1　区块链工作原理

5.2.1　区块链技术的关键组成部分

区块链技术的关键组成部分包括去中心化和分布式共享账本、加密技术、共识协议和智能合约[12-13]。

5.2.1.1　去中心化

在去中心化系统中,每名参与者都有平等的权力。区块链本质上是去中心化的,这意味着没有任何个体或社区拥有至高无上的网络权力。尽管网络中的每个人都具有分布式账本的副本,但无人能自行更改副本。这种独特的区块链功能在进行控制的同时,允许用户享有透明度和保护。利用区块链技术,更容易引入去中心化物联网网络,如安全可靠的数据共享和记录保存。对于这样的系统,区块链可发挥总账本的功能,在去中心化物联网拓扑中,保存智能设备之间交换所有消息的共享记录。去中心化系统[12]的优点包括:

(1)出故障的可能性小,因为用户依赖于许多独立的组件。

(2)区块链对攻击具有很强的抵抗力,因为网络分布在多台计算机上。

(3)恶意用户很难利用那些使用平台达到预设目的的用户。

5.2.1.2 分布式共享账本

分布式共享账本是一种共享数据库,如图 5.2 所示。去中心化网络的参与者之间对分布式共享账本进行复制和同步。网络中的所有节点都持有所有交易,并与共识协议同步,所有参与者均可查看交易。利用加密技术安全且正确地存储交易中包含的所有信息,并可使用密钥和加密签名访问这些信息。账本上的任何更新均需获得网络中所有参与者的一致同意,从而避免了中心权威机构的介入。

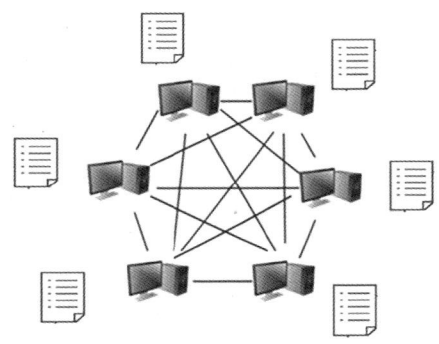

图 5.2 分布式账本

5.2.1.3 加密

加密技术是区块链最重要的特征之一,因为它使区块链不可变。区块链使用公钥密码、数字签名和加密哈希函数来确保保密性、透明度和真实性。公钥或非对称加密使用一种算法进行加密,并在使用数字签名时生成公钥和私钥。数字签名使用私钥和相应的公钥来签署和验证交易。生成节点的交易使用公钥对交易数据进行加密,并使用私钥进行签名。随后,将数字签名、交易数据和公钥传送到网络中。网络中的参与者使用公钥验证交易的细节。

加密哈希函数使区块链技术具有不可变性。哈希函数将任意长度的数据简化为固定长度的字母数字串。由于输出具有固定长度,攻击者无法确定哪个输出是为输入串创建的。对于每笔交易(称为交易标识符),区块链使用加密哈希函数。在大多数区块链协议中,交易标识符是 256 位的数字字母字符串。区块链的每个区块由成千上万笔交易组成,对每笔交易进行验证很难在计算上实现。因此，将处理时间最小化，确保在使用少量数据处理和验证交易时，获得最高安全等级。区块链使用默克尔树哈希函数[13]，该函数接受大量交易标识符并创建64字符（或256位）的数字字母串，称为默克尔根。

区块链中的每个区块都有一个默克尔根，用于验证该区块中是否发生了特定交易。通过将所有交易标识符组合起来而形成默克尔树。如果一个区块有奇数笔交易，则复制最后一笔交易形成一对交易。假设一个区块有256笔交易，则默克尔树会首先将这256个交易标识符分组为128个哈希，对这128对交易标识符应用哈希函数，产生128个新的加密哈希，然后重复该过程，直至剩下单一哈希，也就是默克尔根。图5.3阐释了默克尔树和默克尔根结构。默克尔树表示一个包含8笔交易的区块，将这些交易标记为T1，T2，…，T8。

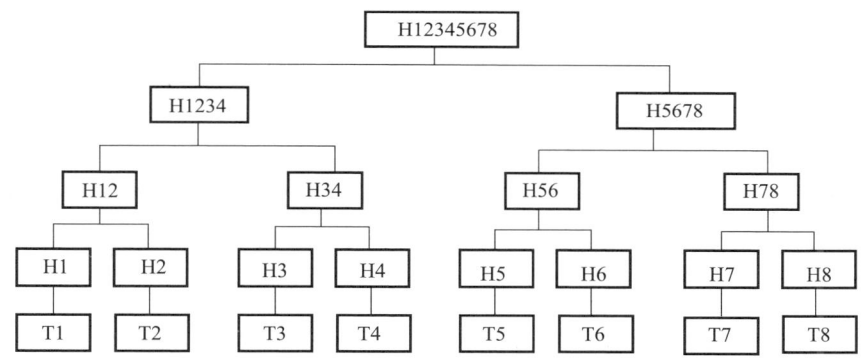

图 5.3 默克尔树

首先，对每笔交易进行单独哈希。例如，哈希（T1）可产生一个新哈希值，如H1，然后将新哈希值与相邻的值组合起来，再次产生新的哈希值。例如，哈希（H1，H2）可产生新的哈希值H12。重复该过程，直至获得单一哈希值（在本示例中为H12345678）。由此获得的哈希值称为默克尔根，并作为区块头存储在区块链的区块中。默克尔树结构的优点在于，使用较少资源即可快速验证数据。

加密哈希的第二个优点是，能为区块链技术提供不可篡改的数据。顾名思义，区块链是按时间顺序排列的，是一系列相互连接起来的锁链，如图5.4所示。每个区块由一个区块头和一个交易清单组成。区块头包含元数据（包括版本、前一区块哈希、时间戳）、默克尔根（从所有区块交易的哈希中获得的唯一标识符)、共识参数(用于验证待添加的新区块)、随机数(需解析的数值,以将区块插入区块链)。区块链中的第一个区块称为创世区块。创世区块前面没有其他区块,因此将其前一哈希函数硬编码为零。

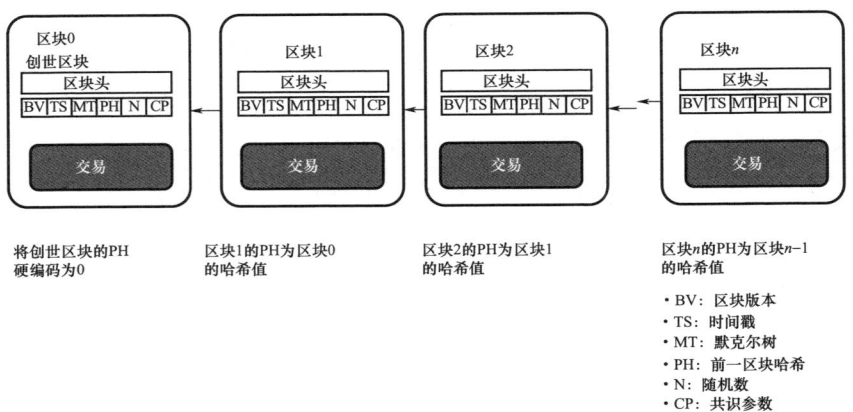

图 5.4　区块链中的区块组织

每个数据块都与前一数据块的哈希值连接,因此很难更改数据。假设必须在一个特定区块中更改数据,如区块 2,将重新计算该区块的哈希值,但在接下来的区块中,如区块 3,则保留区块 2 的前一哈希值。因此,数据更改应重新生成区块链中所有后续区块的头哈希,如图 5.4 所示,以保持有效的区块链。

5.2.2　区块链中的共识机制

分布式去中心化区块链网络的主要特征是不可变性、隐私性、安全性和透明性。尽管没有中心机构来验证区块链中的交易,但通过作为区块链网络核心的共识协议,可视为是安全的。共识机制是指网络节点之间就网络状态达成一致。其有助于验证向账本中添加的新区块,确保只有真实的交易才可进入区块链。下面讨论各种共识算法。

5.2.2.1　工作量证明

2008 年,中本聪在比特币和以太坊区块链中提出了工作量证明共识机制[14]。这种机制解决了双重支付问题[7]。工作量证明是基于一个计算随机数值的数学难题。随机数的理想值应小于阈值。矿工使用其计算能力来解决难题(也称为挖矿)。首先计算低于阈值的哈希值的矿工为获胜者,获胜者将新区块广播到网络加密货币中作为奖励。工作量证明的局限性在于,需要能量和资源去创建区块,进而消耗大量的计算能力,并且只有一名矿工会因最先解决难题而获得奖励。工作量证明需要较高的处理能力,而物联网设备的资源非常有限。因此,工作量证明不是物联网系统可接受的选择。

5.2.2.2 权益证明[15-16]

权益证明是工作量证明的替代共识机制。术语"权益"表示矿工(或验证器节点)持有的货币数量。权益证明算法使用伪随机选择方法,为下一区块选择一个节点作为验证器。该方法基于各种因素,如币龄、随机化、节点财富。想要成为验证过程一部分的节点,必须质押一些货币作为其网络权益。节点的权益越大,机会就越大。为了避免只选择富人来验证交易,在系统中添加了一些独特的选择流程,如随机区块选择流程和币龄选择流程。在随机区块选择过程中,通过搜索具有最低哈希值和最高权益的节点来选择验证器,由于权益大小是公开的,其他节点通常可预测接下来的铸造者。

币龄选择系统根据节点,为其代币下注的时间长度来选择节点。币龄的计算方法是,用下注的币的数量乘以币作为权益保存的天数。如果一个节点铸造了一个区块,其币龄将归零,该节点必须等待一定的时间才能铸造另一个区块,这样可防止大量权益统治区块链。在选择一个节点铸造下一个区块时,加密货币会使用权益证明算法,检查区块交易的有效性,对区块进行签名,并将其添加到区块链中。应收取与区块交易相关的交易费用,将其作为对节点的奖励。如果一个节点要避免成为铸造者,其权益将在一定时间后与获胜的奖励一起发布,使网络有时间检查节点是否向区块链添加了伪区块。能量效率和健康性是权益证明算法的主要优点。

5.2.2.3 实用拜占庭容错

在分布式系统中,卡斯特罗(Castro)和利斯科夫(Liskov)开发了一种实现共识的新方法,通过复制节点/状态机来适应故障/恶意节点[17-18]。拜占庭容错有助于分布式计算机网络在恶意设备节点损坏或发送错误信息的情况下,正确地实现合理的共识。拜占庭容错的目标是通过减少这些恶意节点的影响,来避免灾难性的网络故障。超级账本、恒星币和瑞波币是依赖于实用拜占庭容错共识算法的区块链。在实用拜占庭容错方案中,节点按顺序排列,其中一个节点是主节点,其他节点称为后备节点。网络中的两个节点相互通信,目的是使所有诚实节点对系统的状态达成基于多数决定原则的理解。在节点之间的通信过程中,节点必须验证消息是否来自特定的对等节点,还应验证在传输过程中消息是否被修改。

5.2.2.4　智能合约[5,19]

法律学者和密码学家尼克·萨博于1994年首次提出了智能合约的定义。智能合约是区块链技术的成功应用之一。以太坊区块链技术常用于创建智能合约。在区块链环境中,智能合约是向区块链交易分配的业务规则。区块链上的智能合约是一段描述双方协议条款和条件的代码。在参与者安装合约后,即通过共识算法履行承诺。智能合约使参与者能:

(1)验证代码以确保其符合约定的要求。

(2)确保一旦达成并在区块链中注册合约,就可防止篡改合约。

(3)以相同的方式对待所有参与者。

智慧城市、电子商务、资产管理等许多行业和领域都使用智能合约。智能合约允许参与者透明地交换价值,包括资产、股份和财产,无须中间人,并使系统免受质疑。特别是,智能合约在业务关系中非常有效,在业务关系中,智能合约用于决定双方达成共识的条件。这就消除了欺诈风险,因为没有第三方参与。

5.3　IT协议栈

物联网协议栈由应用层、传输层、网络层、适配层、数据链路层和物理层组成,如图5.5所示。物联网协议栈支持最近流行的低功耗、低数据速率无线个人局域网和低功耗无线广域网(Low Power Wide Area Network,LPWAN)。IEEE 802.15.4标准描述了介质访问(Media Access Control,MAC)层和物理层的功能。物理层关注物联网设备的不同频率范围和数据速率条件下的底层无线通信。介质访问层规范关注的是各种通信实体之间的信道访问机制和时间同步。但挑战在于,如何将IEEE 802.15.4中较小的127字节最大传输单元(Maximum Transmission Unit,MTU)与来自网络层的1028字节巨大IPv6数据包进行映射。因此,网络下面的网络适配层6LoWPAN补充了底层低功率物联网传感器设备的 IPv6 协议,并实现了 IP 通信[1-4,20]。

应用层	MQTT、CoAP
传输层	用户数据报协议
网络层	IPv6
适配层	6LoWPAN
数据链路层	IEEE 802.15.4
物理层	无线传输

图 5.5 基本物联网协议栈

6LoWPAN 协议涉及低功耗有损网络路由协议(Routing Protocol for Low Power and Lossy Networks,RPL),以实现各物联网传感器设备的通信。这种情况下,每台物联网设备都具有唯一标识,并可通过网格、多播、单播和点对点数据流量进行通信。在传输层,由于物联网设备上的资源限制带来的有效载荷限制,物联网网络包含了用户数据报协议(User Datagram Protocol,UDP)。此外,与传输控制协议(Transmission Control Protocol,TCP)相比,用户数据报协议在效率和复杂性方面有优势,因此是物联网网络的首选。基于协议 6LoWPAN 的物联网环境采用 Internet 控制消息协议(Internet Control Messages Protocol,ICMP)来监视节点的各种状态和发现邻近节点。在应用层,可使用消息队列遥测传输和受限应用协议(Constrained Application Protocol,CoAP)来支持基于消息的异步通信。这些协议能映射到基于 Internet 的 HTTP 协议。

5.3.1 物联网应用的安全问题

物联网在未来的重要作用是有望解决现实问题。根据设想,物联网将在硬件和软件方面得到发展。在硬件方面,带宽升级、基于无线电的传感器设备的认知网络、无线电频谱的优化利用等领域正在向前发展。在软件方面,中间件支持等领域也正在发展,以增强基于物联网的应用及其广泛的服务[21-25]。

根据文献,无线传感网与信息物理系统(Cyber Physical System,CPS)的集成已成为增强物联网应用的重要组成部分。因此,传感器网络的异构性质和物联网中用于网络连接的底层互联网协议,带来了具有挑战性的安全问题。本节讨论了物联网网络中的各种安全问题,如数据隐私、物联网设备认证、可信任用户、物联网设备的访问控制、加密密钥和数据哈希。

5.3.1.1 数据隐私

数据隐私攻击是一种低级别攻击,涉及非法用户侵犯隐私以及利用恶意活动阻断服务[21]。利用软件初始化进行的不安全交易和系统的配置不真实是数据隐私攻击的主要成因。数据隐私攻击对系统网络的物理层产生的影响最大。例如,女巫攻击以无线物联网环境为目标,利用具有伪特征的恶意物联网传感器节点进行实例化,目的是降低物联网的基本功能。这些女巫节点通过伪造设备的物理地址进行伪装,目标是耗尽可用的网络资源。因此,女巫节点阻止合法用户访问符合条件的系统资源。

5.3.1.2 物联网设备认证

物联网系统的主要问题是身份与访问管理(Identity and Access Management,IAM)策略,其目标是识别智能物联网设备的真实所有权和关系,尤其是医疗设备[22]。对于每台物联网设备,身份和所有权在不同的发展阶段(如制造、零售商和客户)会发生变化。需注意,在转售、更新和委托的情况下,需取得客户同意。因此,对物联网系统而言,通过设备认证来管理物联网设备的所有权和属性至关重要。此外,物联网设备的特征和功能需要通过设备向其他设备、服务和用户进行认证。

5.3.1.3 可信任用户

端到端设备通信通过有效认证流程(信任模型),确保数据的保密性和完整性。此外,需要通过实施以访问策略、数据加密和解密机制为重点的隐私模型,来避免不当的数据使用[23]。利用三层安全模型(包括应用、网络通信和提供的服务),来确保可信任用户的安全。开放式 Web 应用程序安全项目(Open Web Application Security Project,OWASP)组织认为,当前物联网架构存在诸多漏洞,如物联网设备网络接口不安全、软件配置不合理、安全设置不可信、设备易物理损坏、第三方固件使用不安全等。

5.3.1.4 物联网设备的访问控制

访问控制机制的目标是为物联网传感器设备之间的认证以及底层 IP 协议提供支持[24]。访问控制机制需要提供端到端或点对点认证所需的动态可切换物联网系统。此外,访问控制机制需要包含复杂的签名方案以保护隐私,并采用压缩感知技术来实现不同物联网设备的数据融合。

5.3.1.5 加密密钥与数据哈希

根据参考文献[25],加密密钥管理在认证物联网设备和终端用户方面发挥着至关重要的作用。如果物联网网络层缺乏有效的安全机制,将导致大量的网络漏洞和不安全的通信。对于资源有限的物联网网络的安全挑战是:不能为了确保数据的安全性而牺牲数据通信的加密效率。此外,尽管低功耗个人局域网中数据报传输级的安全开销极小,但必须确保具有跨 IP 网络的端到端安全机制。此外,还需要高效的中间件安全服务,包括为物联网设备提供基于位置的服务。

5.3.2 区块链驱动的物联网应用

在物联网中使用区块链具有多项优势。区块链可减少单点故障,其中的加密算法和共识协议可加强物联网的安全性,因为分布式账本不仅允许用户审计存储的信息,还为物联网运行提供了可信赖的平台。图 5.6 显示了区块链允许的物联网框架的工作原理。物联网设备处于相同的区块链网络中。

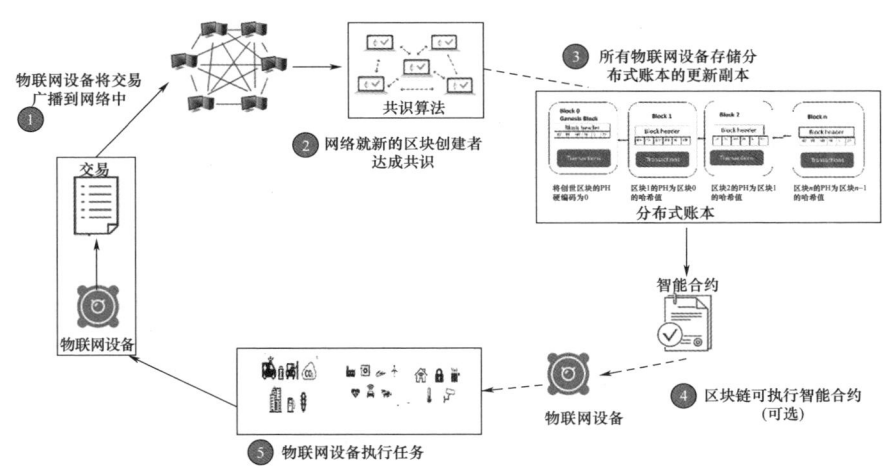

图 5.6 物联网区块链系统的工作流程示例

在基于区块链的物联网系统中,物联网设备生成数据,而区块链作为分布式数据库,可保证交易安全并防止恶意修改。一旦将交易添加到区块链网络中,就可防止交易遭到篡改。授权用户可查看所有交易,并验证交易的真实性。除了提供存储支持,区块链还可保护数据,并支持和优化物联网应用中的数字交易。区块链与物联网的融合还处于成长阶段。物联网设备和应用功能描述了物联网-区块链框架的特点。许多物联网应用一般将区块链用于数字支付、智能合约服务和数据存储[1-2]。各行业(如物流公司)将区块链用于资产跟踪;硬件和软件公司将区块链用于改善人与物联网设备之间的交互等。本节将进一步解释使用区块链技术的一些物联网应用。

5.3.2.1 智能交通系统

智能交通系统(Intelligence Transport System,ITS)结合了使用通信设备、电子设备、计算机和传感器的各种创新技术。这种应用的动机是改善道路安全,减少交通拥堵,以及提高燃油效率。智能交通系统的主要功能包括实时监测交通状况、识别交通事故(如特定区域的事故),以及实时监测运输服务。参考文献[26-27]中所讨论的智能交通系统可为驾驶员提供碰撞预警、障碍物检测、车辆自动化、驾驶员状态监测等信息。交易记录作为一种基于区块链的系统,是关于车辆之间交通状况变化的信息。将区块链与智能交通系统融合的主要目标是减少人为干扰,并允许与交通相关的对象根据交通状况使用区块链中的智能合约做出通信决策,并自动执行决策。

5.3.2.2 供应链管理系统

供应链表示不同供应商之间的一组复杂相互关系。追踪一系列运输货物是一种涉及各方信息的动态过程。物联网也开始就企业在其产品跨越全球时如何收集数据提供解决方案。传感器可提供温度数据、位置数据等。如何恢复新的开放性消费品伙伴关系,以便积极参与产品真实性验证[28-30],区块链背后的技术提供了答案。关联性强、基于共识和永久性的注册机制有助于监控供应链的源头和转换过程。区块链将建立中心化账本,用于在供应链中识别和监控货物的所有权情况。通过智能合约,可在每个点位上监控装运情况。每当产品到达一个站点时,可对其进行检查,并由交易货物的双方签署一份协议。该协议将提供明确且可验证的历史信息,涉及产品交付地点、产品状况以及产品是否满足合同条款(时间、日期、温度等)。因此,无须每位所有者通过自己的数据库独立监控资产——数据库无法提供责任追究机制,也不与供应链中所有其他利益相关者进行验证。此外,使用区块链网络监控货物还可提供更好的透明度和服务质量。消费者可追踪所购买的商品来自哪里,是如何到达家门口的,将从物联网收集的所有数据积累到消费者可访问的区块链中,使客户能以一种安全、可追踪且简单的方式,了解产品来自哪里以及是如何到达商店的,进而提高客户和生产商的商业信心。

5.3.2.3 智能医疗

医疗保健是物联网应用的关键领域之一[31-32]。智能可穿戴设备提供了远程跟踪非危重患者的新方法,同时为医院里的更多危重患者腾出了空间。医疗部门还作出了实时跟踪医疗设备、医务人员和患者的安排,但在处理、管理和分配患者数据方面仍存在一些问题,而区块链可为这些问题提供解决方案。区块链具有各种各样的医疗应用和用途。利用账本系统,可安全转移患者的医疗记录,控制药品供应链,并帮助医疗研究人员获取遗传密码。在保存包含药物、问题、患者既往病史和实验室数据等信息的医疗记录时,很容易出现重复数据,并且很难进行交叉验证和确认。区块链将以去中心化的方式共享和存储所有医疗记录,提供不可篡改的来源和信息,并可由任何经授权的个体对这些信息进行验证。区块链可防止数据重复,当数据通过区块链进行交易时,可防止数据遭到篡改。

使用基于区块链医疗系统的另一项重要优势是,使患者记录保持唯一,可共享且可追溯,帮助医务人员和药房跟踪患者的药物摄入情况,并保存清晰的用药历史记录。此外,通过基于区块链的医疗网络,还可安全可靠地访问保险提供商、药品供应链、制药公司和医学研究人员。参考文献[33]的作者讨论了一种基于区块链的智能合约,以使用以太坊协议对医疗传感器进行安全分析和管理。传感器通过智能设备进行通信,以记录区块链中的所有事件并触发智能合约。智能合约支持实时跟踪患者,并向患者和医生发出安全医疗干预警报。

5.3.2.4 智慧城市

智慧城市是一种平台,通过整合新兴技术、创新城市设计、能源和交通管理以及商业规划来解决城市化面临的挑战。智慧城市是在数据透明、去中心化的前提下,将智能基础设施、智能交通、智能能源、智能医疗等公用事业有机融合起来。智慧城市[34-35]通过互联网接收和发送信号。例如,垃圾桶可在装满垃圾时发送消息,水管理系统中的传感器可在发生泄漏或水箱装满时发送消息,路灯中的传感器可收集信息并进行通信等。由于数据量和互联的物联网设备数量的稳定增长,深度休眠、带宽阻塞、保护和保密性以及可扩展性等问题,在当前的智慧城市系统架构中愈演愈烈。

基于区块链的解决方案通过减少计算和存储资源,提供组织良好、安全且可扩展的架构,以改善当前系统的状况。智慧城市中的区块链可用于能源分配、自动化供水和空气质量管理,也可用于居民登记,以实现对居民身份的跟踪。区块链可以确保这些数据不被篡改且可共享,还可用于存储数字身份。区块链还可支持智能支付、用户身份、交通管理、能源网格管理等。此外,借助区块链,智慧城市可与居民互联,进行实时数据交换。区块链还可确保信息的完整性和资源的高效管理等。

5.3.2.5 物联网生态系统

物联网生态系统由现实世界与互联网虚拟世界、软件和硬件平台之间的关系以及实现这种关系的常用规范组成。物联网生态系统包含收集所需数据的传感器、处理从传感器接收到数据的计算节点、收集其他计算节点或相关设备发送消息的接收器、根据从传感器收集的信息和计算节点做出的决策触发相关设备执行操作的执行器,以及实际执行任务的设备[36-37]。物联网生态系统中的通信纯粹是机器与机器之间的通信。因此,参与者之间信任的建立还处于发展阶段,可采用区块链技术来跟踪物联网生态系统中的物联网设备,并协调交易处理,进而建立这种信任。

5.4 超越加密货币和比特币

区块链以比特币和加密货币的形式进入信息技术领域,改变了全球在线交易的方式。区块链应用的主要目标是以安全的方式进行交易或共享信息。随着区块链的流行,人们意识到区块链的应用范围远不止比特币。多年来,区块链技术一直试图为各种行业所接受,如银行业、房地产和政治领域。由于各行业的运作方式不同,区块链必须以适合每种行业的特定方式发展。本节将解释各种类型的区块链平台。

区块链是在数字货币环境下发明的,如今已成为金融服务、供应链等行业的新兴技术之一。不同行业以不同的方式使用区块链。例如,一些行业将区块链用于数字支付,但另一些行业将其用于不可变记录管理和信息安全。不同应用需要不同的区块链协议。例如,一些应用适用于公有链,而其他应用可能需要受限网络或私有链网络。区块链平台分为公有链、私有链和联盟链三种类型。

5.4.1 公有链

顾名思义,公有链是公开的区块链。任何人均可加入公有链网络,如任何参与者均可在网络中读取、写入数据或参与网络。这是一种无须许可的去中心化网络。公有链上的数据很稳定,因为数据在区块链上验证后无法进行更改或修改。比特币和以太坊都是众所周知的公有链。

5.4.2 私有链

私有链的运行需受到访问限制,限制了某些有资格参与网络的人。私有链具有一个或多个组织管理网络,因此需依赖第三方进行交易。对于私有账本,只有参与交易的个体才拥有账本,其他人无法访问。超级账本和瑞波币都是私有链。

5.4.3 以太坊

以太坊是一种开源区块链平台,允许任何人利用区块链技术构建去中心化应用[38-39]。以太坊是一种建立在智能合约之上的可编程区块链,允许用户创建满足特定要求的代码。以太币是以太坊中用于进行数字交易的数字货币,可通过挖矿获得。如果矿工的新区块成功通过验证,则矿工可获得数字以太币作为奖励。以太坊的核心是称为以太坊虚拟机(Ethereum Virtual Machine,EVM)的去中心化虚拟机,它可提供执行智能合约所需的运行环境,所有交易都存储在本地网络的所有节点中。在以太坊虚拟机上执行的每条指令均需以 Gas 为单位的费用,以确保以太坊虚拟机的正确处理。与需要低计算能力的指令相比,需要更多计算资源的指令将消耗更多 Gas。因此,Gas 促使程序员通过避免使用不必要的代码来开发高质量的应用程序,并通过创建特殊交易在以太坊中部署智能合约。在该过程中将分配一个唯一标识符,其代码会上传到区块链中。智能合约的组成部分包括地址、余额、可执行代码和状态。智能合约由发送合约地址的交易调用,进而触发合约以执行代码中规定的动作。调用智能合约的交易将以太币形式的费用和执行功能所需的输入数据,从调用者转移到合约中。然后,网络中的所有参与者都执行具有当前状态和输入数据的合约,由网络中满足共识协议的参与者对输出进行验证。

5.4.4 超级账本

超级账本是 Linux 基金会的一个开源区块链平台项目[40],Linux 基金会专注于构建一套适合企业使用的安全区块链实现平台、工具和库。超级账本是一个开源开发项目,人们可将超级账本用作软件和平台。简单来讲,任何人都可用超级账本这一程序,来构建自己定制的区块链服务。超级账本是区块链开源产品的孵化器,其中具有多重项目,可分为框架和工具两大类。超级账本中的各种框架包括超级账本 Iroha、超级账本 Sawtooth、超级账本 Fabric、超级账本 Indy 和超级账本 Burrow。各种工具包括超级账本 Caliper、超级账本 Cello、超级账本 Quilt、超级账本 Composer 和超级账本 Explorer。这些工具都可用于创建私有链或公有链。

5.4.5 超级账本 Fabric

超级账本 Fabric 是超级账本中最著名的区块链项目[41-42]。超级账本 Fabric 使用账本和智能合约来管理交易,它是一种许可区块链,主要用于商业用途。要想成为超级账本 Fabric 网络的成员,参与者需通过会员服务提供商(Member Service Provider,MSP)进行注册。在某些情况下,竞争的参与者不想让自己变得透明。这种情况下,参与者可创建一种不同的信道。如果两名参与者创建了一个信道,则只有这两名参与者具有该信道的账本副本,其他人无法访问,这加强了使用信道网络的私密性。超级账本 Fabric 中的账本由世界状态和交易日志两部分组成。世界状态是指在给定时刻表示账本状态的数据库。交易日志包含为达到当前世界状态而发生的所有交易。当应用程序想要与账本通信时,将调用以链码编写的智能合约。链码可用多种编程语言来编写,如 Java、node.js 或 Go。

5.4.6 R3 Corda

R3 Corda 是由 R3 银行联盟开发的 Corda 区块链[43]。这是一种分布式账本框架,专为金融机构记录、管理和同步金融协议而设计。Corda 的主要特点包括其不支持不必要的全局数据共享。Corda 中的交易由与交易相关的各方（而不是不相关的验证器）进行验证。Corda 支持各种共识机制。Corda 平台支持智能合约，可将业务逻辑和业务数据连接至相关的法律条文，以确保平台的金融安排始终以法律为基础，并具有可执行性；在出现混淆、复杂难题或争议时，Corda 平台可提供直接的解决方法。

5.5 医疗系统去中心化区块链方法的案例研究

区块链承诺为医疗系统提供更强的安全和隐私支持。本节提出了初级患者护理场景和医学研究场景两种情况。医疗系统的一般场景如图 5.7 所示。

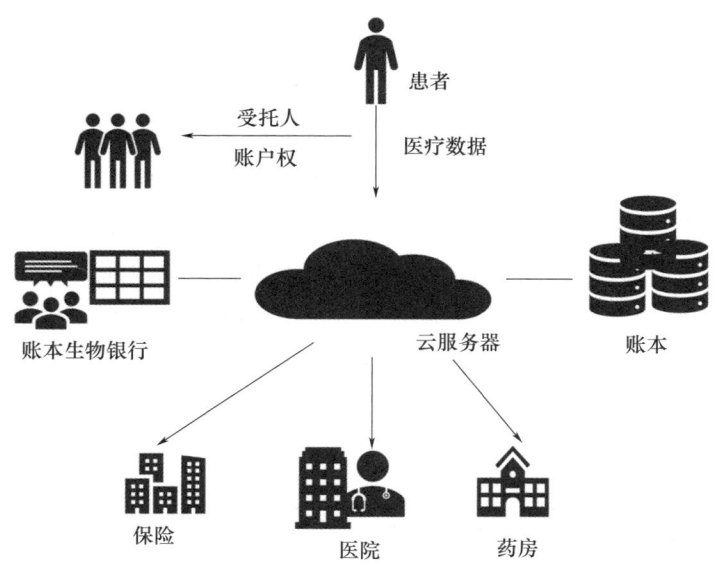

图 5.7 医疗系统的一般场景的图形表示

5.5.1 场景 1：初级患者护理

对于这种场景，在当前医疗系统中使用区块链，可减少以下问题：

（1）当患者需要经常去多家医院，而又无法跟踪病史时，可能会丢失需要的数据。

(2)在不同的医疗提供商之间共享医疗记录既费时又费力。

(3)当无可用数据时,患者需要重复进行医学检查。当医疗记录存储在其他医院时,就会出现这种情况。

5.5.2 场景2:用于学习和研究的医疗数据聚合

医疗系统的基本原则是确保医疗数据来源于可信的医疗专业人员和医疗机构。因此,需要确保数据的真实性、保密性和完整性。患者的隐私将通过使用共享分布式账本得到保护。共享分布式账本将提供数据聚合过程的可追溯性和透明度。由于缺乏合适的机制,患者一般不愿意参与数据共享。区块链技术的主要利益相关者包括医疗机构、生物健康银行和医学研究人员。这些利益相关者促进患者医疗数据的整个收集过程,以便在研究活动中将其用于进一步研究和分析。

5.5.3 医疗系统应用场景

本节将重点讨论上述场景1中的电子医疗记录(Electronic Medical Record,EMR)共享。更具体地说,我们关注的是需要接受长期治疗和终身监测的癌症患者,并将提供系统的原型设计和架构。癌症患者需要在多种医疗机构接受治疗,因此,需要保护和存储数据,以便进行进一步处理。如果患者需要从一家医院转到另一家医院,则必须签署一体化文书,然后将信息发送给接收医院。这种过程既复杂,又不方便。在此情况下,数据传输可能需要时间,而且当管理人员收到数据的硬拷贝时,需要将患者再次引入系统。因此,患者也很难获取数据。

5.5.4 区块链驱动的医疗系统拟定框架

该框架由注册服务、存储数据的数据库、管理共识过程的节点和用于不同用户角色的应用程序界面(Application Program Interface,API)组成,如图5.8所示。注册服务的主要功能是为用户注册不同角色(目前只使用医生和患者两种角色)。在注册过程中,医生不能是恶意用户,而应被证明是医生。现在,注册服务机构可查看全国执业医师医疗数据库,以认证医生的身份。注册服务机构可为每个医疗系统用户生成用于数字签名的密钥对和加密密钥,进而验证身份。此外,医生和患者之间需要数字签名来传输医疗数据。

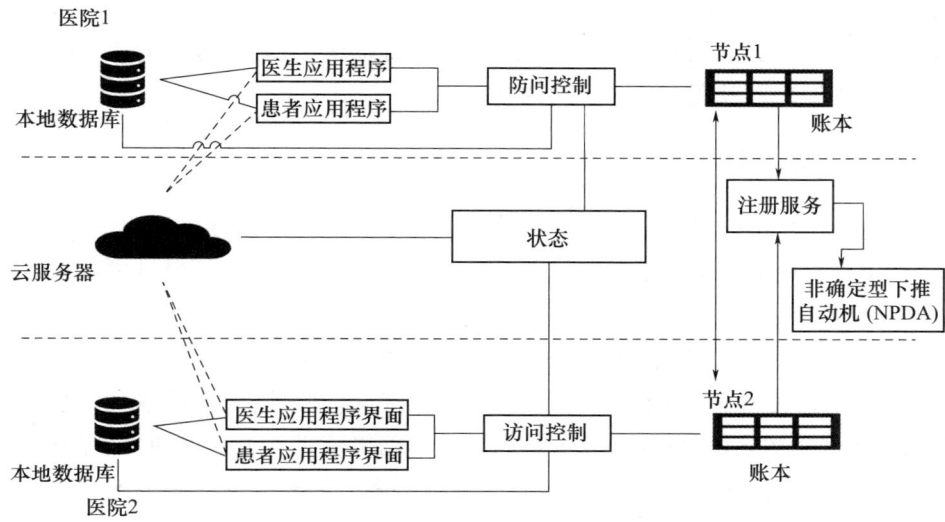

图 5.8 拟定方法的架构

患者的数据将首先存储在医院的本地数据库中,其次存储在基于云的数据库中(该数据库存储患者的数据),最后使用患者的密钥对数据进行加密。此外,医院的注册医务人员可根据用户的访问控制策略,访问或上传远程云数据库中的数据,并遵循实用拜占庭容错共识协议,并将接收用户通过应用程序界面完成的所有交易。

5.6 区块链驱动的物联网应用性能挑战

5.6.1 完整性

参考文献[44]中已提出了几种解决方案,来应对资源受限物联网网络中的自私矿工攻击。特别对自私挖矿攻击进行了深入的研究,因为这种攻击非常复杂,并且其目的是严重破坏完整性。如果一些矿工决定扩展区块,则这些矿工必须是合法矿工,能够减少自私且行为不端的区块链矿工所设计的区块链。但是,普遍存在自私和行为不端的区块链矿工,因此区块链的完整性非常不稳定。这种危及完整性的矿工可导致较高的计算成本和整个区块链系统性能的下降。这些矿工可进行区块链分叉,导致难以达成共识的状态、丢失以前存储的数据、使交易变得无效,并污染区块链。在此情况下,作为解决方案[9],可通过工作量证明来维护区块链的完整性(避免将大量计算能力分配给矿工),以及拥有更多活跃的合法矿工。

5.6.2 匿名性

使用比特币的区块链在执行交易时提供用户的伪匿名性。为此,使用多个随机交易地址对每个用户进行标识[45]。此外,比特币用户可通过更改地址与自己进行交易[46]。用户可将更改后的地址与其唯一的 IP 地址相关联。但是,由于比特币用户服务的中心化方式,这些将多个随机地址与每个用户的IP 地址相关联的方法存在很高匿名性不足的风险。此外,区块链本身是公开的,由于缺乏匿名性,黑客可分析目标用户的网络流量。为了处理这个问题,一种很有前景的解决方案是,将涉及交易请求和交易响应的两个不同地址的协议进行合并[47]。

5.6.3 可扩展性

区块链交易数量和应用数量的增加带来了可扩展性问题[48]。区块链对资源受限物联网设备的适应性尤其重要。分层区块链方法以有限的方式解决了可扩展性问题,其中将应用层和区块链转移到远程系统中分别执行。但是,将次区块卸载到远程系统中时,面临的网络相关问题将涉及网络连接和延迟。并且,区块链中的工作量证明将在默认区块容量为 1MB 的范围内消耗大量内存空间。反过来,交易输出势必会因每个区块链容量增加而受到影响,并涉及复杂的交易验证。参考文献[34]提出将工作量证明分配给区块链的信任节点,并根据所需空间和工作量证明的低计算成本来选择矿工。

5.7 本章小结

在当今科技时代,物联网系统及其应用涉及人类生活的方方面面,以提高人类生活质量为目标。但是,由于物联网终端设备的异构性和资源限制,此类物联网系统面临安全和隐私方面的严峻挑战。这种复杂性包括物联网系统下各种各样的协议和标准。为了克服中心化安全风险和隐私机制的局限性,区块链有望成为有效的解决方案。因此,本章介绍了区块链技术的基础知识,如去中心化、分布式共享账本、智能合约、加密技术和共识机制;提供了物联网协议栈的分层架构;讨论了物联网网络的安全需求,如数据的安全和隐私、医疗设备认证、可信任用户、物联网医疗设备的访问控制、加密密钥、数据哈希等;介绍了一些基于区块链的物联网应用,以及一些区块链技术,如以太坊、超级账本 Fabric 和 R3 Corda;此外,作为案例研究提出了一种用于医疗物联网应用的区块链去中心化框架;最后,确定了区块链驱动的物联网系统面临的性能挑战,即可扩展性、适应性、匿名性和完整性等。未来还需要研究可融合异构平台与标准的区块链应用。

参考文献

[1] Atziori, Luigi, Antonio Iera, and Giacomo Morabito. 2010. "The Internet of Things: A Survey Computer Networks." *Computer Networks* 54 (28): 2787 – 2805.

[2] Stojkoska, Biljana, L. Risteska, and Kire V. Trivodaliev. 2017. "A Review of Internet of Things for Smart Home: Challenges and Solutions." *Journal of Cleaner Production* 140: 1454 – 1464.

[3] Jeschke, Sabina, Christian Brecher, Tobias Meisen, Denis Özdemir, and Tim Eschert. 2017. "Industrial Internet of Things and Cyber Manufacturing Systems." In *Industrial Internet of Things*. Cham: Springer.

[4] Mendez, Diego M., Ioannis Papapanagiotou, and Baijian Yang. 2017. "Internet of Things: Survey on Security and Privacy." *Internet Security Journal: A Global Perspective* 27(3): 162 – 182. arXiv preprint arXiv:1707.01879.

[5] Christidis, Konstantinos, and Michael Devetsikiotis. 2016. "Blockchains and Smart Contracts for the Internet of Things." *IEEE Access* 4: 2292 – 2303.

[6] Bertino, Elisa, and Nayeem Islam. 2017. "Botnets and Internet of Things Security." *Computer* 50(2): 76 – 79.

[7] Huckle, Steve, Rituparna Bhattacharya, Martin White, and Natalia Beloff. 2016. "Internet of Things, Blockchain and Shared Economy Applications." *Procedia Computer Science* 98: 461 – 466.

[8] Fernández – Caramés, Tiago M., and Paula Fraga – Lamas. 2018. "A Review on the Use of Blockchain for the Internet of Things." *IEEE Access* 6: 32979 – 33001.

[9] Conoscenti, Marco, Antonio Vetro, and Juan Carlos De Martin. 2016. "*Blockchain for the Internet of Things: A Systematic Literature Review.*" In *2016 IEEE/ACS 13th International Conference of Computer Systems and Applications (AICCSA)*, pp. 1 – 6. IEEE.

[10] Pilkington, Marc. 2016. *Blockchain Technology: Principles and Applications Research Handbook on Digital Transformations*, edited by F. Xavier Olleros and Majlinda Zhegu. Available at SSRN 2662660.

[11] Crosby, Michael, Pradan Pattanayak, Sanjeev Verma, and Vignesh Kalyanaraman. 2016. "Blockchain Technology: Beyond Bitcoin." *Applied Innovation* 2 (6–10): 71.

[12] Drescher, Daniel. 2017. *Blockchain Basics*. Vol. 276. Berkeley, CA: Apress.

[13] Al-Jaroodi, Jameela, and Nader Mohamed. 2019. "Blockchain in Industries: A Survey." *IEEE Access* 7: 36500–36515.

[14] Nakamoto, Satoshi, and A. Bitcoin. 2008. "A Peer-to-Peer Electronic Cash System." *Bitcoin*. https://bitcoin.org/bitcoin.pdf.

[15] King, Sunny, and Scott Nadal. 2012. "Ppcoin: Peer-to-Peer Crypto-Currency with Proof-of-Stake." Self-published paper. August 19, p. 1.

[16] Zheng, Zibin, Shaoan Xie, Hongning Dai, Xiangping Chen, and Huaimin Wang. 2017. "*An Overview of Blockchain Technology: Architecture, Consensus, and Future Trends.*" In *2017 IEEE International Congress on Big Data (BigData Congress)*, pp. 557–564. IEEE.

[17] Li, Wenting, Sébastien Andreina, Jens-Matthias Bohli, and Ghassan Karame. 2017. "Securing Proof-of-Stake Blockchain Protocols." In *Data Privacy Management, Cryptocurrencies and Blockchain Technology*. Cham: Springer.

[18] Cong, Lin William, and Zhiguo He. 2019. "Blockchain Disruption and Smart Contracts." *The Review of Financial Studies* 32 (5): 1754–1797.

[19] Abraham, Ittai, Guy Gueta, Dahlia Malkhi, Lorenzo Alvisi, Rama Kotla, and Jean-Philippe Martin. 2017. "Revisiting Fast Practical Byzantine Fault Tolerance." arXiv preprint arXiv:1712.01367.

[20] Ray, Partha Pratim. 2018. "A Survey on Internet of Things Architectures." *Journal of King Saud University - Computer and Information Sciences* 30 (3): 291–319.

[21] Khan, Minhaj Ahmad, and Khaled Salah. 2018. "IoT Security: Review, Blockchain Solutions, and Open Challenges." *Future Generation Computer Systems* 82: 395–411.

[22] Granjal, Jorge, Edmundo Monteiro, and Jorge Sá Silva. 2014. "Network-Layer Security for the Internet of Things Using TinyOS and BLIP." *International Journal of Communication Systems* 27(10): 1938–1963.

[23] Gomes, Tiago, Filipe Salgado, Sandro Pinto, Jorge Cabral, and Adriano Tavares. 2017. "A 6LoWPAN Accelerator for Internet of Things Endpoint Devices." *IEEE Internet of Things Journal* 5 (1): 371–377.

[24] Raza, Shahid, Simon Duquennoy, Tony Chung, Dogan Yazar, Thiemo Voigt, and Utz Roedig. 2011. "*Securing Communication in 6LoWPAN with Compressed IPsec.*" In *2011 International Conference on Distributed Computing in Sensor Systems and Workshops (DCOSS)*, pp. 1 – 8. IEEE.

[25] Granjal, Jorge, Edmundo Monteiro, and Jorge Sa Sá Silva. 2010. "*Enabling Network – Layer Security on IPv6 Wireless Sensor Networks.*" In *2010 IEEE Global Telecommunications Conference GLOBECOM 2010*, pp. 1 – 6. IEEE.

[26] Yuan, Yong, and Fei – Yue Wang. 2016. "*Towards Blockchain – Based Intelligent Transportation Systems.*" In *2016 IEEE 19th International Conference on Intelligent Transportation Systems (ITSC)*, pp. 2663 – 2668. IEEE.

[27] Lei, Ao, Haitham Cruickshank, Yue Cao, Philip Asuquo, Chibueze P. Anyigor Ogah, and Zhili Sun. 2017. "Blockchain – Based Dynamic Key Management for Heterogeneous Intelligent Transportation Systems." *IEEE Internet of Things Journal* 4 (6): 1832 – 1843.

[28] Korpela, Kari, Jukka Hallikas, and Tomi Dahlberg. 2017. "*Digital Supply Chain Transformation Toward Blockchain Integration.*" In *Proceedings of the 50th Hawaii International Conference on System Sciences*, January 4 – 7, Hawaii, USA. https://aisel.aisnet.org/hicss – 50/.

[29] Kshetri, Nir. 2018. "1 Blockchain's Roles in Meeting Key Supply Chain Management Objectives." *International Journal of Information Management* 39: 80 – 89.

[30] Saberi, Sara, Mahtab Kouhizadeh, Joseph Sarkis, and Lejia Shen. 2019. "Blockchain Technology and its Relationships to Sustainable Supply Chain Management." *International Journal of Production Research* 57 (7): 2117 – 2135.

[31] Yue, Xiao, Huiju Wang, Dawei Jin, Mingqiang Li, and Wei Jiang. 2016. "Healthcare Data Gateways: Found Healthcare Intelligence on Blockchain with Novel Privacy Risk Control." *Journal of Medical Systems* 40 (10): 218.

[32] Pabla, Jitesh, Vaibhav Sharma, and Rajalakshmi Krishnamurthi. 2019. "*Developing a Secure Soldier Monitoring System using Internet of Things and Blockchain.*" In *2019 International Conference on Signal Processing and Communication (ICSC)*, pp. 22 – 31. IEEE.

[33] Mahapatra, Bandana, Rajalakshmi Krishnamurthi, and Anand Nayyar. 2019. "Healthcare Models and Algorithms for Privacy and Security in Healthcare Records." *Security and Privacy of Electronic Healthcare Records: Concepts, Paradigms and Solutions*: 183.

[34] Sharma, Pradip Kumar, and Jong Hyuk Park. 2018. "Blockchain Based Hybrid Network Architecture for the Smart City." *Future Generation Computer Systems* 86: 650 – 655.

[35] Krishnamurthi, Rajalakshmi, Anand Nayyar, and Arun Solanki. 2019. "Innovation Opportu-

nities Through Internet of Things (IoT) for Smart Cities." *Green and Smart Technologies for Smart Cities*, pp. 261 – 292. Boca Raton, FL, USA: CRC Press.

[36] Krishnamurthi, Rajalakshmi, and Mukta Goyal. 2019. "*Enabling Technologies for IoT: Issues, Challenges, and Opportunities.*" In *Handbook of Research on Cloud Computing and Big Data Applications in IoT*, pp. 243 – 270. IGI Global.

[37] Rahulamathavan, Yogachandran, Raphael C – W. Phan, Muttukrishnan Rajarajan, Sudip Misra, and Ahmet Kondoz. 2017. "*Privacy – Preserving Blockchain Based IoT Ecosystem Using Attribute – Based Encryption.*" In *2017 IEEE International Conference on Advanced Networks and Telecommunications Systems (ANTS)*, pp. 1 – 6. IEEE.

[38] Wood, Gavin. 2014. "Ethereum: A Secure Decentralised Generalised Transaction Ledger." *Ethereum Project Yellow Paper* 151 (2014): 1 – 32.

[39] Atzei, Nicola, Massimo Bartoletti, and Tiziana Cimoli. 2017. "A Survey of Attacks on Ethereum Smart Contracts (SOK)." In *International Conference on Principles of Security and Trust*, pp. 164 – 186. Berlin, Heidelberg: Springer.

[40] Cachin, Christian. 2016. "*Architecture of the Hyperledger Blockchain Fabric.*" In *Workshop on Distributed Cryptocurrencies and Consensus Ledgers* 310 (4).

[41] Androulaki, Elli, Artem Barger, Vita Bortnikov, Christian Cachin, Konstantinos Christidis, Angelo De Caro, and David Enyeart, et al. 2018. "*Hyperledger Fabric: A Distributed Operating System for Permissioned Blockchains.*" In *Proceedings of the Thirteenth EuroSys Conference*, pp. 1 – 15.

[42] Androulaki, Elli, Christian Cachin, Angelo De Caro, Andreas Kind, and Mike Osborne. 2017. "*Cryptography and Protocols in Hyperledger Fabric.*" In *Real – World Cryptography Conference*, pp. 12 – 14.

[43] Mohanty, Debajani. 2019. *R3 Corda for Architects and Developers: With Case Studies in Finance, Insurance, Healthcare, Travel, Telecom, and Agriculture*. Apress.

[44] Heilman, Ethan. 2014. "*One Weird Trick to Stop Selfish Miners: Fresh Bitcoins, a Solution for the Honest Miner.*" In *International Conference on Financial Cryptography and Data Security*, pp. 161 – 162. Berlin, Heidelberg: Springer.

[45] Herrera – Joancomartí, Jordi. 2014. "Research and Challenges on Bitcoin Anonymity." In *Data Privacy Management, Autonomous Spontaneous Security, and Security Assurance*, pp. 3 – 16. Cham: Springer.

[46] Koshy, Philip, Diana Koshy, and Patrick McDaniel. 2014. "An Analysis of Anonymity in Bitcoin Using P2P Network Traffic." In *International Conference on Financial Cryptography*

and Data Security, pp. 469 – 485. Berlin, Heidelberg: Springer.

[47] Bissias, George, A. Pinar Ozisik, Brian N. Levine, and Marc Liberatore. 2014. "*Sybil – Resistant Mixing for Bitcoin.*" In *Proceedings of the 13th Workshop on Privacy in the Electronic Society*, pp. 149 – 158.

[48] Park, Sunoo, Albert Kwon, Georg Fuchsbauer, Peter Gaži, Joël Alwen, and Krzysztof Pietrzak. 2018. "Spacemint: A Cryptocurrency Based on Proofs of Space." In *International Conference on Financial Cryptography and Data Security*, pp. 480 – 499. Berlin, Heidelberg: Springer.

第 6 章
区块链赋能人工智能（Ⅰ）

乔伊·古普塔
伊希塔·辛格
K.P. 阿尔琼

区块链、物联网和人工智能

6.1 前言

  智能计算可通过人工智能和区块链的融合来实现,我们目前会通过大量计算,并用蛮力攻击来得出哈希值,该哈希值又称为"随机数",但如果某种基于人工智能的方法能够以不同方式进行高效计算会怎样呢?如果向某个基于机器学习的程序或算法输入适当的训练数据,则可实时地提高该程序或算法的能力[1]。我们知道,区块链中的数据是不可操控的。采用去中心化的人工智能要比采用单纯的人工智能高效得多,因为前者融合了区块链和人工智能。人工智能项目是基于中心化系统的,而区块链则完全基于去中心化网络,网络中的任何成员均可访问该网络。准确地说,区块链由分布于该网络各成员的账本组成。例如,奇点网络将区块链与人工智能结合起来,使人工智能更加智能化、去中心化。区块链系统可处理海量不同的数据集。通过在区块链上创建一个 API 组中的 API,可将人工智能专家之间的交流纳入考虑范围[2],随后可基于各类数据集采用不同的算法。

  数据货币化为 WhatsApp、Facebook 等公司创造了巨大收入。目前,各公司会在未获得用户同意的情况下进行数据货币化,还可能违背我们的意愿使用数据。加密技术在确保机密性方面发挥着重要作用,随着区块链的落地,作为用户的我们可通过加密技术来监控信息,并以我们认为合适的方式使用信息。同样,我们今后还可以根据需要调整信息,而无须对单个数据进行权衡。当我们审视人工智能时会发现,它也需要大量数据集用于训练目的,为此,可直接从所有者或创建者那里购买数据来进行训练。这样,用户可免受科技巨头的剥削,整个过程比当前过程要公平得多。这类数据市场还有利于基于人工智能的小企业[3],因为对人工智能供给数据和进行训练的费用很高,有时令企业无法承受。通过利用去中心化的数据市场,小企业还可访问费用较高的私密数据。

  由于区块链中的数据是不可篡改的,因此当这些数据用于人工智能训练时[3],可帮助研究人员提升人工智能即时为人类做出决策的能力,同时使人工智能可更多地用于处理更大规模的数据集。防篡改数据集提高了人工智能的处理能力。此外,人工智能还可通过学习过去的数据,提升其性能水平。之后,我们可对这些决策进行审计,确保其反映了真实的情况。

"区块链"由"区块"(block)和"链"(chain)组合而成,是由多个区块串连在一起而形成的链。这些区块[4]为带有时间戳的防篡改数据记录,该记录由多台计算机进行管理,而非单一实体。所有区块由多种加密措施进行保护,上面提到的由多台计算机进行管理即指未设置中心机构的去中心化网络。账本是区块链的核心,它揭露了区块链中所需的基本信息。这些账本是不可篡改的,并且与网络中的其他用户共享。区块链只涉及基础设施成本,无交易成本。当涉及信息或货币交易时,均会首先生成一个新的区块,其次由分布在 ACE 网络上的多台机器对该区块进行验证,由此会产生独一无二的记录,还会形成独特的进程。伪造一份单独的文件意味着要伪造整个区块链,这几乎是不可能的。该模型可通过比特币实现。

区块链[5]可应用于信息、资金或敏感文件转移等场景,帮助我们完成上述任务,确保交易安全,减轻欺诈的风险,同时还节省了中间人的处理费用,省去了对接平台的环节。

6.1.1 区块链的优点

(1)去中心化网络:区块链包含多个节点,每个节点都保存着数据库的完整副本。

(2)稳定性:区块链中的区块经确认后几乎不可逆转,这意味着区块链中的数据是无法操控的,从而保证了数据的完整性。

(3)去信任系统:任何基于非区块链的交易均需第三方来中断,该第三方可以是银行,也可以是不同的网关,而区块链交易只取决于交易双方。

6.1.2 区块链的缺点

(1)电力消耗过大:比特币软件所消耗电力约为 2.55GW,几乎相当于爱尔兰全年的用电量,而 2015 年谷歌全球耗电量为 5.7TW·h。此外,比特币"矿工"平均消耗的电力是 1 年前的 5 倍左右。

(2)分布式计算系统规模不够大:尽管比特币属于分布式网络,但并非分布式计算网络。分布在全球的节点会在同一时间进行计算。据估计,这些节点会不断采集更多数据,但这是不合理的,因为所有节点保存的信息相同。以比特币为例,其所有节点均按照相同的规则,验证相同的交易,执行相同的操作,记录相同的事情,存储整个进程。

(3)挖矿无法保证网络安全:区块链可保证矿工的稳定性和安全性,而对于比特币,如果50%以上的矿工是有问题的,则这些矿工便可修改或重写之前的节点,从而导致数据不安全。

(4)可扩展性:区块链的劣势在于,比特币是区块链最成功的应用之一,但在比特币领域用户极少,基本上只有几个人在使用区块链,其交易速度几乎是稳定的,而 Visa 每秒交易处理量多达数千笔。这就是为什么就可扩展性来说,传统方式仍领先于区块链。

(5)技术要求问题:对于现实生活中技术不太熟练的人而言,向基于区块链的网络存储虚拟货币是一件极烦琐的工作。通常情况下,该技术对熟悉这一技术的人来说是有用且有益的。

(6)网络规模:区块链需要网络上的大量用户。

(7)匿名性存在风险:由于区块链具有匿名性,并对所有人开放,因此遭到大肆炒作。对所有人开放是好事,但不应否认这一事实——过度透明会带来危险。如果某个公司或组织通过比特币向他人支付会怎样?比特币一类的支付方式可能会导致某家公司披露其拥有的比特币数量,这一数量会对该媒介或渠道(该例中为比特币)中的所有人可见。由于比特币具有匿名性,人们可能会用它进行非法交易,他们会选择采用比特币或其他加密货币作为交易方式。

(8)工作量证明计算量过大:工作量证明是一种用于验证待添加区块的机制,需要大量计算。同一网络中的所有节点均会尝试通过生成"随机数"来验证区块。最先求出随机数的节点将获得奖励,而其他节点将对该"随机数"进行验证。这一过程的效率可想而知,许多计算都是徒劳的,而且实用性差。就连工作量证明的另一种替代方案——权益证明,其效率也不算高。

6.1.3 人工智能:模拟人类智能

人工智能也称"机器智能",是计算机科学的一个分支,注重打造智能机器,即创造智能,使计算机能够独立完成任务。人工智能使设备像人类一样工作和行动,因此它能广泛应用于自动驾驶汽车、语音识别、解决问题等[6]。这些机器未经过编程,无法在不同情况下工作,需要学习过去的经验(如数据集等)来进行学习。图 6.1 所示为人工智能可改变世界的几大特性。

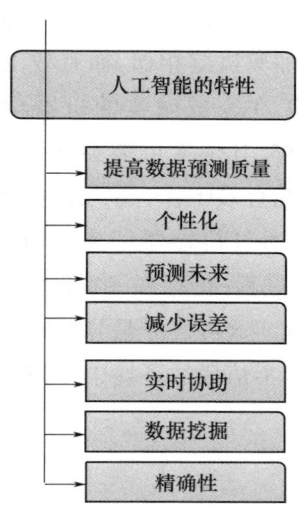

图6.1 人工智能可改变世界的几大特性

6.1.4 人工智能与区块链的融合

据估计,区块链网络中的交易验证和共享成本约为6亿美元。高能耗致使成本过高,并且区块链还存在浪费的问题,即指采矿过程的浪费。在进行网络交易时,矿工需要解决数学问题,这需要大量计算。因此,该方法效率不高。人工智能有望处理和优化流程,降低挖矿成本[7]。区块链从一开始就保存数据,使这条链更长、更庞大。在此情况下,人工智能可通过机器学习,帮助区块链对数据存储和维护做出更明智的决策。

人工智能的问题在于其中心化的性质。由于不知道它是否处于工作状态,即使是人工智能的所有者也无法推断出其是否在做出决策。人工智能就像是一个黑匣子,没有人能完全控制自己创造的人工智能。最重要的是,它完全基于概率,即人工智能有时会因数据输入错误而出错。因此,要充分发挥人工智能的潜力,就需要具备一定的透明度和开发能力。

6.2 基于人工智能的区块链账本数据决策

区块链挖矿是资源密集型的浪费过程。要在区块链中添加新的区块,矿工必须对该区块进行验证,这需要消耗大量的能量。区块链中的工作量证明协议与需消耗能源的抽奖机制相似,而有效工作量证明基于机器学习。与抽奖机制不同的是,矿工在完成诚实的机器学习跟踪任务后会获得奖励[8]。由于这不是抽奖过程,其他人可能会通过额外的激励对网络作出贡献。有效工作量证明会奖励有效工作,惩罚恶意行为者,是一个兼具区块链安全性的人工智能系统。通过机器学习来设计有效工作量证明(Proof of Useful Work,PoUW)机制的过程,仍存在一些障碍。机器学习任务不同于哈希,因为它更加复杂、多样化。这类任务是异构的,因此很难对网络行为者工作的性质进行验证。在这种不信任的环境中,很难分配和协调机器学习的训练过程。

6.2.1 分布式账本

"分布式"[9]的本质是去中心化,意味着没有中心化服务器,整个网络分布于多个节点之间,而"账本"则是通过分布在整个网络中的分布式节点实时添加数据的一种方式,但数据一经录入就不可删除,也不可进行操作。这种共享账本不受任何中心机构的控制,就像是一个容纳法律和金融等各类资产的数据库。分布式账本一直实时更新,因此每个节点保存的副本相同。分布式账本的优势如下:

(1)用户可对其所有数据进行控制。
(2)可确保整个网络数据的一致性。
(3)数据操控几乎不可能。
(4)可防范恶意攻击。
(5)去信任的生态系统。
(6)透明度与安全性兼具。

6.2.2 系统概述

6.2.2.1 环境

个人人工智能(Personal Artificial Intelligence,PAI)区块链的环境由权益证明和工作量证明组成,属于对等网络,其构成如图6.2所示,具体如下:

第6章 区块链赋能人工智能（Ⅰ）

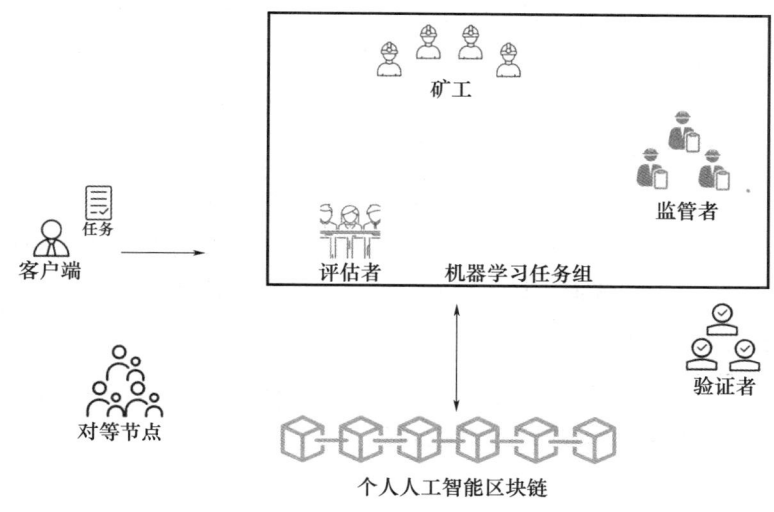

图6.2 个人人工智能区块链环境概图

（1）客户端：此类节点旨在对个人人工智能区块链上的模型训练进行支付。

（2）矿工：矿工的作用是训练，通过计算随机数来挖掘新区块。训练是分布式的，所有矿工通过共享本地模型的更新进行协作。

（3）监管者：监管者将任务期间转移的各条消息记录在"消息历史"日志文件中，还会检查训练期间的恶意行为，因为环境还可容纳部分拜占庭节点。

（4）评估者：评估者对各矿工得出的最终模型进行测试，并将最佳模型发送给客户端。评估者是独立的，还会分担客户端的费用，并对所有节点进行相应的支付。

（5）验证者：验证者验证各区块是否有效，其之所以存在，是因为验证的计算成本极高且并非由所有节点执行。

（6）对等节点：并非个人人工智能区块链的组成部分，而是基于常规区块链交易。

6.2.2.2 交易

比特币交易是带有数字签名的数据结构，涉及版本控制、输入和输出等。只有当交易输入使用了其他未使用的交易输出时，交易才是真实的。在个人人工智能区块链中，其方法与训练、评估、验证和支付的处理方式不同。个人人工智能要求所有额外信息均采用 OP_RETURN 操作码,该操作码是交易输出的组成部分。交易必须在待处理交易的缓冲区——内存池中等待,然后才能录入区块。之后,交易会从内存池向整个对等网络进行传播。

6.2.2.3 权益质押

权益质押与通过工作量证明奖励节点的方式不同。除常规节点外,所有节点都必须先存入一定量的货币作为抵押品。如果参与者完成了相应的工作,锁定的货币就会解锁、退还,同时支付一定的额外费用。

6.2.2.4 任务

某个客户端以一笔特定交易的形式(PAY_FOR_TASK),向区块链提交一份任务说明"T"和手续费"F",具体包括:

(1)训练模型说明。
(2)优化器。
(3)停止条件。
(4)验证策略。
(5)准确率损失。
(6)数据集信息。
(7)性能。

6.2.2.5 协议

在我们的系统中,区块链账本数据决策是基于人工智能做出的,客户端对个人人工智能网络广播任务,而矿工和监管者是由网络本身来分配的,分配是根据工作节点首选项"P"和任务"T"进行的。

然后将数据集分成以下几个部分:

(1)训练数据集(提供给矿工执行机器学习任务)。
(2)验证数据集(从初始数据集中选择,以验证机器学习模型)。
(3)测试数据集(提供给评估者,用于测试最终模型)。

6.3 利用人工智能提高区块链效率

在讨论利用人工智能来提高区块链效率[10]之前,我们首先要知道,是否有必要融合这两大不可思议的广阔领域。如果是,融合的理由是什么,并得出结论。

6.3.1　人工智能与区块链协同的意义

人工智能是计算机科学中不可思议的一大领域,需要机器学习算法和神经网络来改善其性能。下面介绍对数据集的需求。何为数据集?当需要对人工智能进行训练时,需向人工智能提供若干数据集。根据训练所用的数据,可生成智能响应。托马斯·C.雷德曼(Thomas C. Redman)曾表示:"如果数据质量不好,你的机器学习工具就会减少。"信任人工智能,即表示信任人工智能训练所使用的数据集。你可以使用非常出色的人工智能算法[11],但如果你在训练时使用伪数据集或可能被操纵的数据集,则结果可能会令人失望。

让我们先来了解一个真实场景。如果你拥有一个数据集,并且有人用该数据集来提供数据,那么从技术上(或实际上)来说,该数据集是由你控制的,因为只要你操作了数据,结果就会反映在其他人的选择上。让我们举一个实际例子来加深理解。作为居民的我们依赖大型科技公司,这些公司始终如一,没有操纵信息的动机,因此,我们信任其数据集,但还有像我们这样的人在管理公司,他们也不会操作数据集。

人工智能的问题在于其中心化工作方式,其可被看作一个黑匣子,甚至连人工智能的创建者也不知道它具体是如何工作的。由于人工智能以概率为基础,它可能是对的,也可能是错的。我们判定,这些错误可能由错误的数据所导致。因此,只有采用去中心化的概念,才能充分利用人工智能。这样,人工智能便可提供绝对的透明度,并能访问真实的数据。

这一问题可通过实施区域链予以解决。整个区块链基于不可篡改的数据集。如果我们使用这些不可篡改的数据集进行训练,那么所创建的人工智能将更值得信任,且日后无法被操纵。

Web 2.0 是指强调用户生成内容、易用性、参与性文化和互操作性的网站,该网站与终端用户的其他产品、系统和设备兼容。Web 2.0 的问题在于,如果你不是网络的所有者,则无法通过脚本读取与用户发生的实际交互,因为脚本是 100% 私有的,并在其服务器上运行。

6.3.2　区块链的效率

目前亟须改变区块链的传统设计方式[12]。由于对计算能力的需求正在迅速增长,无论公司规模如何,都给公司 IT 管理员和现有数据提供商带来了挑战。当前的芯片架构正越来越接近实际应用的权限,只有将电路更紧密地集成到更小空间中,数据中心才能进一步提升速度和性能。

1965年,英特尔联合创始人戈登·摩尔(Gordon Moore)提出,每经过18~24个月,处理器的性能就会提升一倍,同时成本也会降低。他的这一论断称为"摩尔定律",该定律历经53年后方才失效。其问题在于,对计算能力的需求增长速度超过了处理器性能的进步速度。有些云解决方案承诺,尽可能为众多客户提供最现代化、最高效的硬件。但同样,全球有许多物理数据中心,大量云数据中心加上不断增长的算力需求,导致需要有高性能的IT基础设施,同时还需要消耗大量的电力。根据摩尔定律,即使在固定时间间隔内使效率提高1倍,也不足以满足快速增长的需求。

这个问题的解决方案之一是图形处理单元(Graphical Processors Unit,GPU)。与传统CPU相比,GPU执行的复杂操作更少,其最初创造的目的是处理高分辨率图像和纹理。GPU的效率更高,注定要用于基于人工智能、机器学习、深度学习、自动化和增强现实/虚拟现实(Augmented Reality/Virtual Reality,AR/VR)的新应用。

6.3.3　人工智能与区块链融合的优势

人工智能与区块链融合[12]的好处很多,其中部分如图6.3所示。

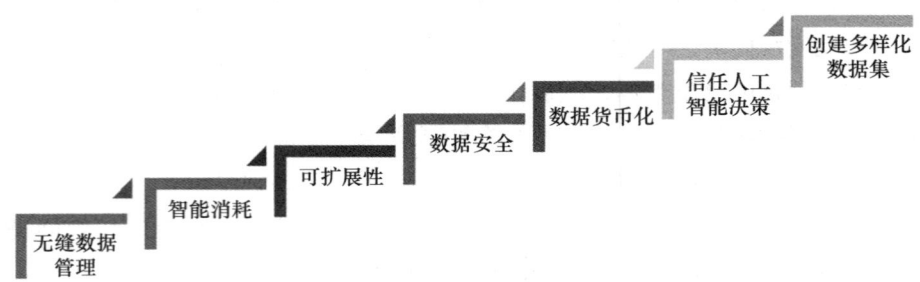

图6.3　人工智能与区块链融合的好处

(1)无缝数据管理:对于数据挖掘,区块链完全依赖算法。这些算法试图找出每一种可能的组合,直至找到用于验证的适当组合。这种方法较为复杂,需要耗费大量精力。人工智能可帮助区块链技术摒弃这种方法,使算法更加智能,使数据管理过程没有故障。

(2) 智能消耗：要对某个区块链进行操作，就需要大量的处理能力。我们用于计算区块链中"随机数"的方法完全基于"蛮力"的概念，这需要巨大的计算能力。由于采用蛮力的方式，在验证之前，会检查解决方案的每一个可能性是否符合问题陈述。人工智能可抓住这一机会，使我们能更高效、更智能地处理任务。我们可构建一个机器学习模型，输入适当的训练数据。该模型可用于在实际过程中实时地提升技能。最终，机器学习减少了在数据挖掘中投入的工作量和时间。

(3) 可扩展性：区块链的容量会随时间的推移而明显增长，其容量可能以每 10min 1MB 的速度增长。目前，我们尚无充分有效的方法来优化和消除区块链中的数据，而人工智能引入了一个去中心化的学习系统，使区块链更加高效、更具可扩展性，解锁了管理这些好处的新方法。

(4) 数据安全：如果将这些技术结合在一起，就能更好地为人们保护敏感而重要的个性化信息。人工智能的进步有赖于我们提供给它的数据，而数据将由我们管理。人工智能可通过数据了解周围环境、世界等信息。简而言之，人工智能能够通过输入数据不断改进自身。另外，区块链可将我们的数据加密存储在分布式账本上，从而保护这些数据，相当于确保了数据的稳健和安全。而对于基于区块链的应用，区块链需要更加安全，以防止任何数据泄漏。为此，我们采用了人工智能，它可通过基于各种算法的不同功能增强应用安全，同时通过大量数据集进行训练，其功能包括自然语言处理（Natural Language Processing，NLP）、区块链 P2P、链接和图像识别等。

(5) 数据货币化：数据货币化是 Facebook 和谷歌等跨国公司收入的重要来源之一，这一点在前文也提到过。例如，让其他公司选择如何有效地向商业验证者出售信息，这些信息可能会成为对付用户的武器。区块链可通过加密措施确保信息安全，并以合适的方式利用这些信息。此外，区块链还会使数据货币化，但规模较小。人工智能算法需要利用数据来学习和发展，因此需要通过不同的市场直接从创建者那里购买数据集，使整个系统比目前更加公平、透明。这对小企业也有所帮助，因为人工智能的训练成本可能很高，而那些不会生成数据的公司，则可通过市场访问数据集。

(6) 信任人工智能决策：人工智能基于深度学习，通过学习变得更加智能，科研人员很难确定这些算法是如何得出特定结论或决策的。这可能是因为，人工智能算法能够处理大量的数据和变量。由于这种匿名性，科研人员不断审计人工智能得出的结论,以确保这些数据反映了真实情况。从而得出这样一个结论,人工智能最终取决于使用的算法和数据集。如果提供虚假数据,那么人工智能的预测就不可信。区块链技术保证了我们拥有的所有数据、变量和流程的记录集不可篡改。通过采用适当的区块链技术,我们可对从数据输入到得出结论的每一步进行观察,从而推断出数据是否发生篡改,使人工智能程序得出的结论值得信任。

(7)创建多样化数据集:人工智能是完全中心化的,而区块链则是完全去中心化的,其网络是透明的,任何人均可通过公有链网络,从全球任何地方进行访问。区块链的分类式账本技术,为各类加密货币和区块链网络提供了支持。去中心化是目前的趋势,如奇点网络(SingularityNET,去中心化的人工智能算法市场),它一直专注于区块链技术,以使算法和数据更加广泛地传播,确保打造"去中心化的人工智能"。奇点网络将区块链与人工智能融合在一起,以打造出更智能、更高效的去中心化人工智能。区块链允许在人工智能体之间相互通信,从而可基于不同的数据集构建不同的算法。

6.3.4 人工智能与区块链融合的挑战

(1)区块链的基本特征是去中心化,这与人工智能截然不同[13]。区块链节点属于异构节点。因此,如果区块链是公有的,那么机器学习的输出就不可能在一个点上实现。

(2)人工智能需要大量的数据集,而区块链形成的数据库是不可扩展的,无法消耗如此大量的数据。这就表明,区块链在目前状态下无法与人工智能相融合。

(3)有些事例表明,人工智能尚未展示其最关键的力量,如 Uber 自动驾驶汽车躲避红灯时出现了问题。在此情况下,如果人工智能是去中心化的,那么就难以管控其所造成的损害。

6.4 基于区块链的去中心化人工智能

在进一步了解去中心化人工智能[14]之前,先对中心化网络、去中心化网络和分布式网络进行讨论。图 6.4 所示为分布式网络、中心化网络和去中心化网络的示意图。

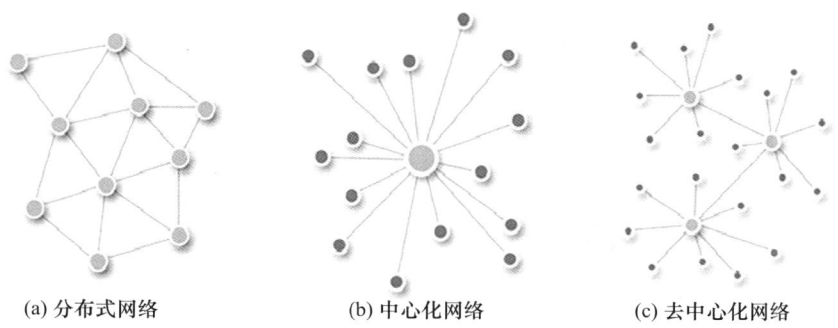

(a) 分布式网络　　　　(b) 中心化网络　　　　(c) 去中心化网络

图 6.4　中心化网络、分布式网络与去中心化网络

6.4.1　中心化网络

中心化网络中的所有用户均连接至一个中心化服务器，该服务器充当所有通信和数据传输的媒介。该中心化服务器存储了用户的所有信息。中心化网络是由即时消息传递平台所共享的，包含一个方便其操作的中介。也就是说，服务器像银行一样保管用户的所有数据，并且信任是最重要的。中心化网络适用于消息传递。图 6.5 展示了中心化网络的架构。

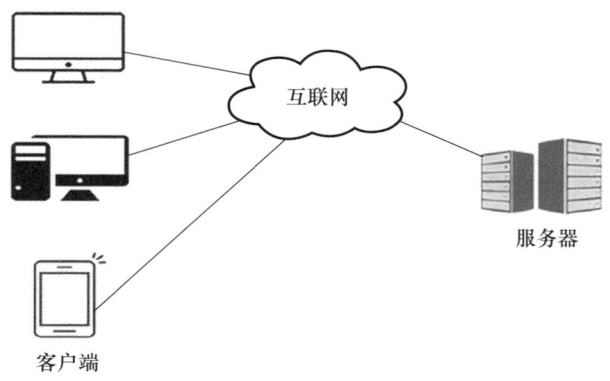

图 6.5　中心化网络的架构

中心化网络的优点如下：

(1) 高效性和统一性。

(2)对基础设施规模要求较低,成本更低。

中心化网络的缺点如下:

(1)用户必须提供所有数据。

(2)具有单点失效的特点,会使其不安全,从而影响整个网络的可用性。

(3)可扩展性限制:依赖于单个服务器。

(4)带宽限制:在多笔交易的情况下,服务器可能成为瓶颈。

6.4.2 去中心化网络

去中心化网络会将工作负载分配到多台机器[15],它们不依赖于单个服务器,而是将整个服务器分布在全球不同的服务器站点之间,构建一个无故障点的"去信任环境"。该网络中的每个节点都不依赖单个服务器点,相反会保存网络配置的整个副本。去中心化网络的应用有比特币、区块链和Tor网络等。

去中心化网络的优点如下:

(1)确保匿名性和隐私。

(2)可扩展性强。

(3)不因单一服务器妨碍运行,因此不存在带宽问题。

(4)高可用性。

(5)资源的控制力度更大。

(6)性能更佳。

(7)系统更灵活。

(8)故障率低。

去中心化网络的缺点如下:

(1)需要更多机器来支持系统,增加了基础设施成本。

(2)无正则性。

(3)难以找出故障节点和响应节点。

(4)维护成本高。

(5)用户存在安全和隐私风险。

6.4.3 分布式网络

分布式网络系统略优于去中心化网络,也未采用单一服务器策略。分布式网络的权限支持用户决定信息的可访问性,并且可对该类权限进行修改,还允许用户向其他用户共享数据的所有权。分布式网络的处理在整个节点中是分布式的,而决策则可能是中心化的。

"互联网"就是其中一个实例。互联网分布在全球各地,由大量节点组成。但在获取或请求数据包时,用户应拥有必要的权限。分布式网络的应用有多人在线游戏、集群计算、网格计算等。

分布式网络的优点如下:

(1) 闲置率低。

(2) 安全性问题较少。

(3) 可管理透明度。

(4) 可垂直和水平扩展。

(5) 容错性强。

(6) 网络速度快。

分布式网络的缺点是部署难度大。

6.4.4 去中心化人工智能

去中心化人工智能(Decentralized Artificial Intelligence,DAI)也称分布式人工智能,是人工智能的一个分支。它以分布式的方式寻找问题的解决方案,需利用大量计算资源。该方法有助于解决需要大量数据集的问题。去中心化人工智能由分布在整个网络中的自主学习节点组成。

去中心化人工智能体可独立运行[16],彼此呈松散的耦合关系。此外,各节点可通过节点间通信(通常为异步通信)来集成独立的解决方案。这种独立性使去中心化人工智能既稳健又有弹性,还使去中心化人工智能系统能够适应继承更改。与中心化人工智能相比,去中心化人工智能系统无须将所有数据聚集在一个位置。去中心化人工智能的扩展性强,由于通常需对大量数据集的展示量或下采样进行哈希处理,因此可在去中心化人工智能系统的执行过程中更改源数据集。去中心化人工智能具有以下特点:

(1) 在智能体(节点)间分配任务。

(2) 分配权力。

(3) 允许智能体通信。

上面对中心化网络、去中心化网络和分布式网络进行了充分讨论,但并未论述去中心化网络和分布式网络两者间的区别。

6.4.5 人工智能+区块链:完美结合

区块链确保记录准确,并进行身份认证,而人工智能有助于决策和模式识别,二者的部分特点互为补充,相互协作,将推动两种技术延伸至许多领域,而这在过去被认为是不可能实现的。

这一协同可为用户提供以下好处:

(1)提高安全性。

(2)去中心化数据控制。

(3)数据市场。

(4)加大数据使用和模型的控制力度。

6.4.6 中心化人工智能与去中心化人工智能

中心化人工智能正面临越来越大的挑战,即"富者更富"的恶性循环。也就是说,只有更富有、规模更大的公司才有可能访问大型的有标签数据集。每一种技术都有其优缺点,人工智能也是如此[17]。人工智能模型所基于的数据集整体成本太高,是小组织无法承担得起的。这种情况在上面也有提及。图6.6所示为人工智能解决方案的传统生命周期循环。

圆圈内的实体可理解为中心化流程中的去中心化活动。

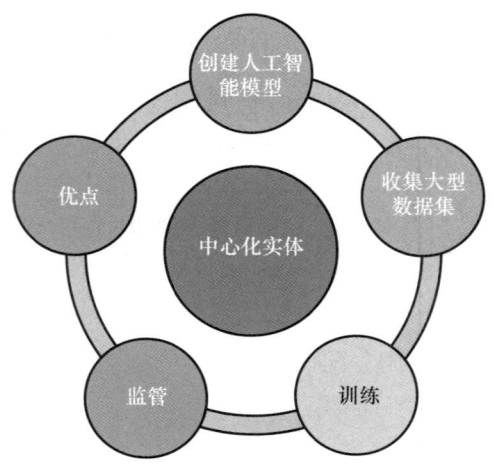

图6.6 人工智能的生命周期

6.4.7 数据中心化问题

数据中心化问题是无法充分利用人工智能的原因所在。人工智能是一个数据问题,而数据问题又会导致各种各样的问题,如智能问题等。现如今,大型企业掌握了大部分的数据集,因此催生出人工智能的问题。为了便于理解所述的情形,可以想象在某个医疗健康行业场景中,参与者为数据集提供商。各参与者所提供数据的安全性和隐私性均得到了适当保证。数据所有权去中心化是人工智能发展必不可少的一个环节[18]。数据集的去中心化需要每个人的参与,同时需确保安全性和隐私性。如文中所述,区块链技术正适用于这一目的。区块链是一项激动人心的技术,适用于解决数据漏洞和分布式网络问题。要想让每个参与者都能作出贡献,意味着需要采用分布式,而非去中心化。所有这些要求均可通过区块链得到满足。图6.7显示了数据中心化与数据去中心化两种场景。

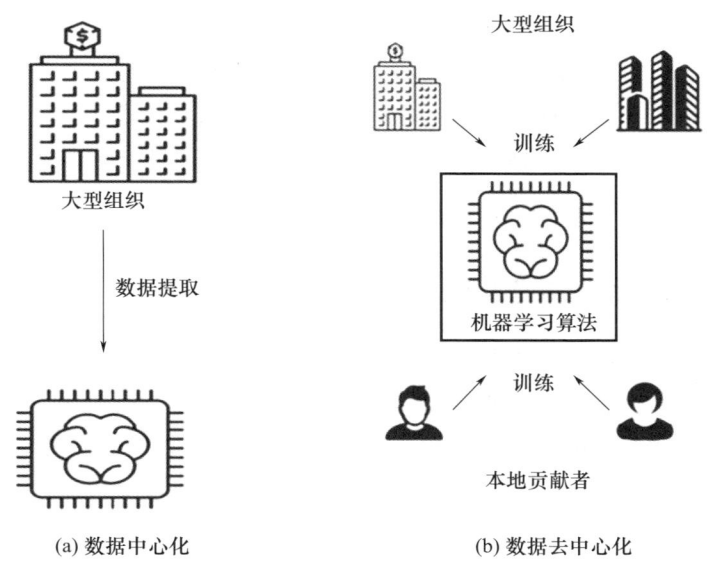

(a) 数据中心化　　　　(b) 数据去中心化

图6.7　数据中心化与数据去中心化的实时场景

6.4.8　模型中心化问题

除数据中心化外,还存在模型中心化的问题。何为"模型中心化"? 假设

区块链、物联网和人工智能

不同公司都想针对某个特定问题制订人工智能解决方案[19],其中一些公司构建了一个模型,而该模型具有其独特性。那么问题在于:我们要怎样做得才更好?是单独调整每个模型?还是让世界各地的数据科学家能够提出并客观地评估不同模型?那样岂不是很好?经过一段时间后,模型和算法的去中心化会极大改善人工智能解决方案。图6.8所示为中心化和去中心化人工智能模型。

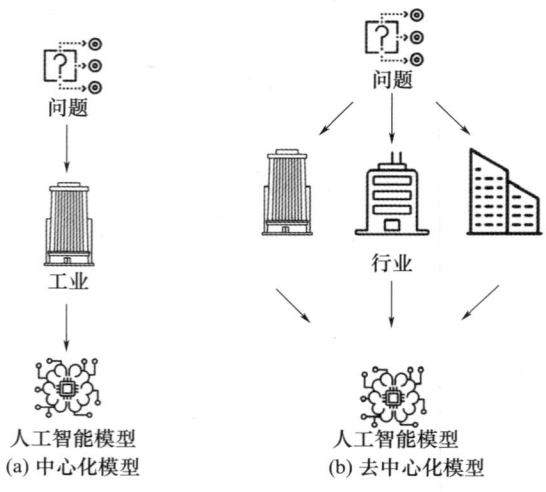

图6.8 中心化和去中心化人工智能模型

6.4.9 部分其他中心化问题

除模型和数据中心化外,还存在中心化训练和正则化优化等问题。中心化训练应由人工智能模型的创建团队进行。对模型进行训练,使其可用于去中心化网络(该网络中,一个人的决策与他人决策无关),如此便可开展去中心化训练。人工智能训练是人工智能解决方案的一个基本特征,会受到中心化的影响。

中心化的另一个问题是正则化优化。一般而言,人工智能解决方案旨在解决问题。这个问题可能是组织问题,也可能是社会问题。要实现这一目的,人工智能解决方案需发挥正常作用,但我们如何知晓其是否发挥正常?随着时间的推移,它究竟是越来越好,还是越来越差?我们让创建人工智能模型的数据科学家来对该模型进行正则化处理。我们能否通过一个去中心化的人工智能专家网络来发现利弊、漏洞,并尝试不断改进它?人工智能正则化和优化是固有的去中心化方法,必须与去中心化相适应。

6.4.10　中心化大数据的信任问题

在当今时代,如果要比赛谁收集、存储和分析的数据最多,那么谷歌、网飞和苹果等公司定会高居榜首。事实上,财力越雄厚的公司越有活力,也越强大,而创新的门槛也越高[20]。由于大型人工智能公司具有封闭性,还会将社会的信任置于"黑匣子"之中。

人工智能解决方案可从三个基本层面发挥作用:

(1)数据存储库。

(2)算法。

(3)人工智能接口。

信任人工智能决策需要对以下方面拥有十足信心:

(1)数据的完整性和安全性。

(2)响应式机器学习算法。

(3)人工智能接口。

目前,大多数人工智能模型在本质上都是中心化的,这一中心化本质使用户被迫在不知情的条件下盲目信任每一层。

COMPAS 是过去的一种人工智能算法,曾用于美国各大法院。后来结果表明,在其他所有数据点都相同的情况下,COMPAS 建议对黑人(而不是对白人)判处更长刑期。结果,人工智能作出了带有种族偏见的决策,无人能对这一点做出解释。就连 COMPAS 母公司也无法解释,这种带有偏见的人工智能模型可能会造成严重破坏。如果 COMPAS 是一个去中心化的人工智能,那么任何一个数据科学家都能找出确切的问题所在。

6.4.11　区块链与人工智能的协同

短短数年间,区块链存储了海量数据,并在安全性方面击败了大数据[21]。区块链有助于将权力从拥有大数据集的人转移到构建智能、有效解决方案和算法的人。在目前开展的项目中,有三个基于去中心化人工智能和区块链,具体如下:

(1)海洋协议(Ocean Protocol):旨在创建一个"去中心化的数据交换协议

和网络",鼓励发布数据集,用于训练人工智能模型。用外行人的话来讲,如果你通过海洋网络上传有价值的数据,而其他人使用这些数据来训练人工智能,那么你将会得到补偿。

谷歌是拥有海量数据的公司之一,谷歌的"巢穴"遍布世界各地。"巢穴"(Nest Owner)是指谷歌产品的用户。接下来的情况如我们所知,数据从其他若干巢穴上传到谷歌,谷歌用这些数据创建一个稳健的数据集,该数据集有助于构建人工智能。所使用的数据是我们大家的,它们都有价值,但谷歌却免费获得了这些数据。

如果你能因你的数据获得补偿会怎样?有了海洋协议,你可以对你的数据进行授权,并获得一定的海洋代币。免费提供的所有数据均具有以下特点:

① 数据完整性(已知数据来源)。

② 归属清晰。

③ 通过加密货币和区块链措施购买或租赁数据。

(2)奇点网络:想必大家都听说过奇点网络旗下的人工智能机器人——Sophia。假设你开发了一种人工智能算法,可帮助营销人员、政府和社会,这也是奇点网络在人工智能方面所关注的内容。你可以将你的人工智能模型提供给其他人。例如,如果你建立了一个研究印度能源消耗的模型,可与其他互补模型相结合,从而创造出更强大、更精确的人工智能。

由于模型的权属是明确的,这意味着其知识产权是受保护的。无论何时使用该模型,均会通过奇点网络的调整后总收入(Adjusted Gross Income,AGI)代币对你进行补偿。

(3)SEED:专注于接口层面,确保我们在生活中信任机器人。亚马逊 Alexa 是机器人的最佳例子之一,因为其在世界各地都在使用。即使信任像亚马逊这样的知名公司,也不能保证其机器人不被劫持。这一问题的解决方案是将其与 SEED 网络集成。

SEED 网络是一个开源、去中心化的网络,可管理、查看和验证所有机器人的交互。在与机器人进行交互时,会将你的数据提供给机器人。提供数据是否会获得补偿?答案是肯定的,SEED 会提供补偿,确保你在区块链中的资产权利。

6.4.12 基于区块链的人工智能平台

通过上文可得出这样的结论,人工智能在训练过程中会暴露用户的数据隐私,而且训练成本较高,这势必会成为人工智能发展的绊脚石[22]。这些问题可能是数据隐私、数据所有权、数据交换以及模型隐私,很难通过中心化范式的机器学习和联邦学习予以解决。因此,可采用基于区块链的训练范式,利用分布式数据来训练模型,并保留数据的所有权和被训练模型的权益。这种方法以区块链为基础架构,该架构从理论上考虑了采取不同操作来归档其自身目标的不同参与者(即模型提供商、数据提供商),如通过与不同参与者联邦学习来实现和分发加密的模型训练,将智能合约设置为模型训练基础架构,以及设置通知服务器等。培训数据的定价是根据其贡献来设定的,因此它与数据所有权的交换无关。

随着深度学习的实用性不断扩大,数据的重要性也日益凸显。而在当前的中心化范式中,数据从终端用户处收集,再上传到远程服务器上进行数据分析和建模。在该过程中,由于以下问题,数据与模型之间存在显著差异:

(1)中心化成本:用大量数据来训练模型,其成本极高。模型开发者必须能够承担模型训练和存储的费用。尽管大公司能负担得起这种训练,但高昂的训练费用却成为许多小公司的障碍。

(2)安全性与隐私性:数据从用户处收集并上传到服务器后,会产生维护和安全成本。此外,这种中心化数据存储方式还会产生服务器隐私问题。用户必须将自己的宝贵数据提供给第三方,甚至是恶意方,以防服务器被黑客入侵。

(3)所有权:一旦用户将其数据提供给服务器,就失去了对数据的所有权,不能进一步控制数据的传输。因此,有必要在这种范式中建立合理的用户激励机制。

(4)单点故障:中心化建模模式通常会面临这样一个问题——最终会因服务器的存在或故障而遭到起诉。

联邦学习对于解决此类问题发挥了重要作用,它保留了数据所有者(Data Owner,DO)提供数据的隐私,这样就无须收集大量数据并将其存储在中心化网络中,而是仍由数据创建者来保留数据。与此同时,研究人员会对这些数据进行建模。

6.4.13 区块链在去中心化方面的贡献

(1)区块链是基础设施的基础:区块链可作为每个人均可参与的基础结

构。人工智能模型高度去中心化,有助于用不同类型的数据集来训练算法,以确保数字资产的所有权。

(2)实施智能合约:智能合约将作为建模基础结构来发布建模任务、训练和聚合命令以及奖励策略。

(3)模型保护:我们不是要将数据移到模型中,而是要在区块链模型上部署一个模型,并将其移动到数据中。此外,还应确保模型的安全,这一点可通过采用同态加密和多方计算来实现。

(4)降低训练成本:采用联邦学习来训练模型,大大降低了训练成本。

6.4.14 人工智能设计概述

本节提出将去中心化人工智能作为机器学习的一种新范式[23]。去中心化人工智能的概念基于三个因素,如图6.9所示。

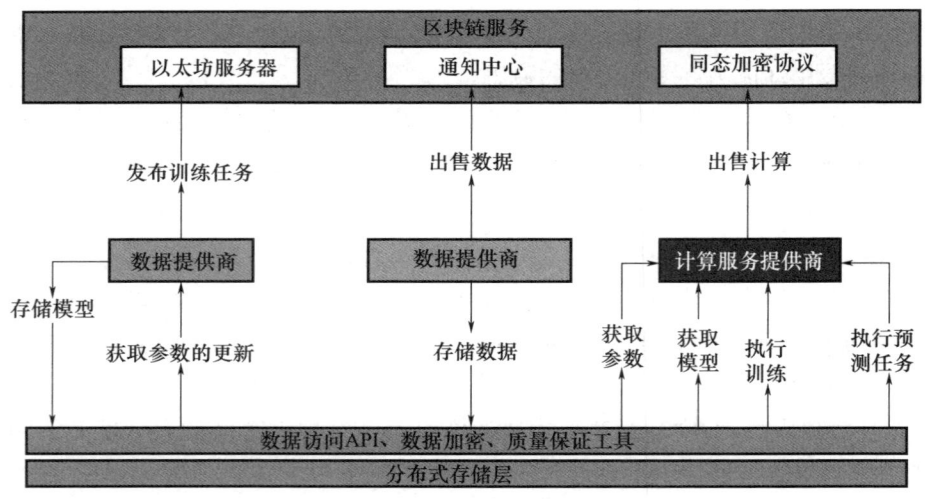

图6.9 去中心化人工智能框图

(1)数据提供商:可以是终端用户、公司或任何愿意利用其数据交换服务或其他激励措施的组织,如图6.10所示。数据提供商从传感器或其他数据资源收集数据,在收集完成后,对数据进行评估,并提供质量度量及其模式。数据提供商将其数据用于建模目的,这并不意味着数据已提供给其他方。

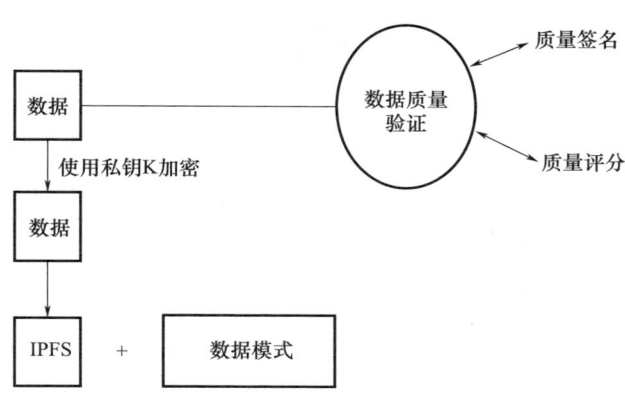

图 6.10　通过数据提供商收集数据

(2)模型提供商:这里的模型是指自建模型。模型提供商开发出一个机器学习模型并进行分发,以便在数据提供商的帮助下使用和训练它,如图 6.11 所示。该模型可以是原始模型,也可以是预训练模型,这都无关紧要。除对用于训练的模型进行初始化外,模型提供商还会根据测试数据、模式和训练数据的奖励计划以及模型本身,来评估和更新模型,而在去中心化人工智能中,只需要通过智能合约,向计算提供商提供模型。

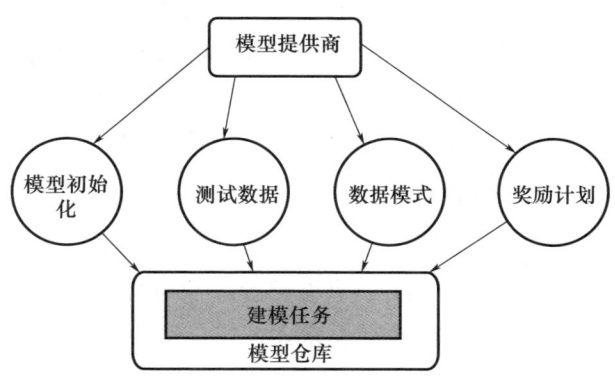

图 6.11　从模型提供商选择模型

(3)计算提供商:网络中执行模型训练用智能合约的节点,确保数据和模型均受到保护。模型训练任务作为联邦学习任务,分发给多个计算提供商。网络中的计算节点是独立的,意味着如果拥有高性能的 GPU 集群,即使是数据提供商也可成为计算提供商。计算提供商的工作模型如图 6.12 所示。

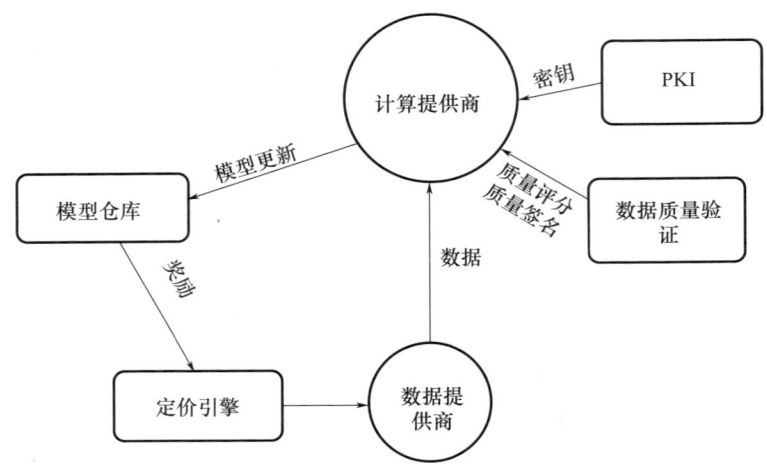

图 6.12　计算能力框图

区块链网络包括若干基本支持节点：

(1) 通知：负责通信和事件触发。当区块链中生成一个新的区块时，通知中心会生成一个新的 Goroutine 来监听该区块。Goroutine 是一种函数或方法，与同一程序中出现的任何其他 Goroutine 同时独立执行。

(2) 区块链：记录参与节点的地址及其数据或模型。

(3) 智能合约：分布式模型训练所依据的基础结构。智能合约由系统约定组成，该约定旨在以数字方式促进、验证或实施协议的安排或生效。智能合约可实现在没有外人的情况下，展示值得信赖的交易。

6.4.14.1　模型训练过程设计

下面将讨论如何在基于区块链的平台——去中心化人工智能上开展模型训练的工作流程，在该平台上，所有参与者都参与其中并与他人合作，以在区块链环境中归档以及使用加密数据来训练安全模型。

(1) 区块链基础结构：系统中的通信桥和环境均将基于区块链技术。需采取某些措施，以确保所有参与者均可随时自由加入和退出平台，平等地参与到该数据交易网络之中。此外，该结构还是支持代币交易的公共网络，因此会通过工作量证明来确保最高级别的安全性。

(2) 准备工作：参与者一加入网络，就生成一个以太坊账户来执行操作。然后，数据提供商会选择用离线数字签名来保护私钥，而非通过远程过程调用(Remote Procedure Call,RPC)进行签名。接着会生成一个数据模式文件来上传星际文件系统协议,该协议会返回一个哈希字符串。得出哈希值后,数据提供商会生成一笔离线交易。该交易会上传到以太坊服务器,再等待挖矿。在该过程中,通知中心会接收该操作,并记录下来。

(3) 模型供应:需对模型、模型提供商和数据提供商加以保护。为此,无论初始模型是否经过训练,均需对其进行加密处理。然后,加密模型会上传至星际文件系统,并将哈希值发送至以太坊,同时针对建模任务生成一份智能合约。建模任务涉及 4 个指标:

① 评估用测试数据。
② 使用测试数据模型的精度。
③ 训练数据的数据模式。
④ 奖励策略。

(4) 模型训练:建模任务发布后,会针对数据提供商生成一份智能合约。如果有 N 个数据提供商,则将该任务分成 N 个子任务,使不同训练数据所对应的初始模型相同,即开展联邦学习。虽然该任务由计算提供商执行,但他们也保证了模型训练的安全性。加密数据和模型随后被传递给计算提供者,由他们在本地训练模型。

(5) 聚合模型:计算提供商完成本地训练后,更新后的模型会转移到星际文件系统,并将哈希值发送至以太坊。然后,模型提供商可通过该哈希值,从星际文件系统下载该更新模型,对模型进行聚合,以获得稳定的全局模型。

(6) 分配奖励:整个基础架的核心环节。在该环节中,模型提供商会基于测试数据的性能或准确性来评估更新后的模型,并根据贡献因子向数据提供商和计算提供商分配奖励。

6.5 谨慎利用人工智能进行区块链备份

在区块链上存储数据并不像听起来那么容易,也会遇到很多挑战。有人认为,区块链需周期性地从医疗领域向教育领域转型,但区块链的热衷玩家们忘记提及某些关键细节,如在区块链上存储个人数据成本极高。大多数基于区块链的初创公司仍坚持以太坊及其 ERC20 代币标准,该标准规定交易操作需支付一定数量的 Gas,无论何时在其平台上开展交易均需支付 Gas。

只有数据存储问题得到解决,区块链才能够对现实世界中的任何领域产生影响[24]。区块链的分布式网络,其创建的初衷不是为了管理超市供应线或农业贷款。分布式账本系统将其文件存储在多台机器上,以在发生故障时创建冗余。

此外,人工智能在全球范围内广泛用于减少重复性任务,并已然成为主流技术。

6.5.1 人工智能类型

1. 狭义人工智能

狭义人工智能(Artificial Narrow Intelligence,ANI)的现实应用有谷歌的 RankBrain 算法和苹果的 Siri。狭义人工智能专注于有限的参数和环境。简单地说,谷歌的狭义人工智能只能进行页面排名。即使有人说 Siri 听不懂请求,但错也不在 Siri,而是因为它属于狭义人工智能。

2. 通用人工智能

通用人工智能(Artificial General Intelligence,AGI)优于狭义人工智能,又称为人类级的人工智能。人工智能的魅力在于机器可模仿强大的人类大脑。还有少数专家声称,通用人工智能能够以惊人的速度处理和分析大量数据,远远超出了人类的能力。

3. 超级人工智能

超级人工智能(Artificial Super Intelligence,ASI)机器应能够全面超越人类智能。然而,超级人工智能机器研究要取得实质的进展,还需要数十年的努力。

6.5.2 人工智能工作方式

如果将一项任务分配给某个人工智能机器,它就会通过神经网络进行分析。神经网络更像是人类大脑,由大量的节点组成,有助于识别矢量中包含的数值模式。它会对每一条数据进行处理,并增强其确定性,对每一条数据输入进行预测,将预测结果作为下一层的输入,最后由输出层输出。图 6.13 所示为神经系统的基本模型。

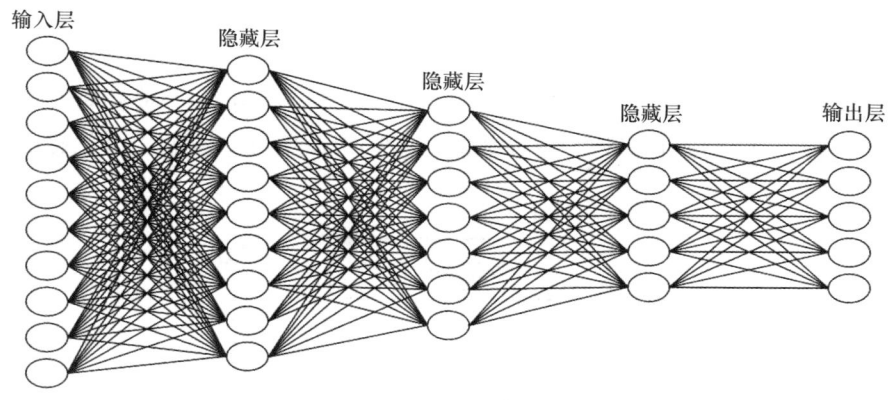

图 6.13 神经网络的基本模型

6.5.3 人工智能与虚拟机备份

虚拟化变革是每个国家发展的必经之路。虚拟化丰富了备份行业的选择。目前,各大 IT 公司均构建了软件定义的数据中心,该中心的特点是服务器虚拟化。这些公司还不断更新数据保护策略,使备份和恢复方案更加丰富。机器学习、人工智能和预测分析确实能进行记录,并提升备份管理员的工作效率和创造力。系统现已足够智能,可检测在遭受攻击后要回滚到哪个版本的文件和应用程序恢复点。人工智能会强制执行预测学习算法,并经常执行有利的恢复,甚至在终端用户检测到中断故障之前就能清除中断故障。

6.6 融合区块链与人工智能的数据货币化

区块链用户完全拥有其数据访问的授予和撤销权限[25]。目前,数据货币化通过中心化平台完成,但也可通过区块链来实现。这表明,人们更愿意提供和分享他们的数据,因此可将产生的数据用于人工智能系统的开发。民主环境有利于人工智能的发展,在这种环境中,数据提供商与模型提供商可彼此交互,而不依赖中介机构。下面将讨论如何分别利用区块链和人工智能优化数据,以及如何通过融合区块链和人工智能来优化数据。

6.6.1 数据货币化

数据货币化有助于增加收入。谷歌、亚马逊和 Facebook 等成功企业均实施了数据货币化,并将其作为企业战略的重要组成部分。数据货币化有两种途径,如图 6.14 所示。

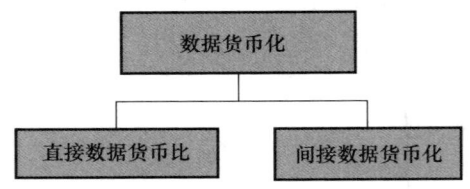

图 6.14　数据货币化的类型

数据货币化的优点如下:
(1) 优化数据的使用。
(2) 提高运营生产力和效率。
(3) 降低运营成本。
(4) 提高盈利能力。
(5) 识别和转移风险。
(6) 在产品优化策略方面打开思路。
(7) 增进对客户的了解。
(8) 增强客户信任。

6.6.1.1　直接数据货币化

顾名思义,直接数据货币化是指直接向第三方出售数据的访问权。所出售数据可以是原始数据,也可以是经处理并转化为分析和见解的数据。例如,它可能是潜在市场影响者的通讯录,也可能是对买方行业和业务有价值的东西。

6.6.1.2　间接数据货币化

间接数据货币化更激动人心,它首先会对数据进行优化。该过程会通过数据分析获得有助于提高组织业务绩效的见解。其次,将通过优化后的数据来探索公众兴趣、客户的接触方式和行为模式,从而提高销售额,并可通过数据来规避风险、节约成本和精简业务。

6.6.2　利用区块链技术实现数据货币化

消费者数据可带来可观的收入。与此同时,各公司还应对数据进行管理。区块链技术有助于恢复公众对公司管理用户数据的信任。区块链平台可同时确保分布式账本的安全性和不可篡改性,以可信赖的方式处理数据,以透明的方式开展交易和验证,同时使数字营销人员能够衡量销售活动是否成功。数据货币化可增加业务收入,但前提是策略要有效。

6.6.2.1　确定采集需求及数据类型

数据采集的来源很多,包括社交媒体、物联网设备、云或网络等。各组织会专注于积累特定类型的数据。例如,患者、医生和治疗方面的数据可能对医疗健康组织很有用。因此,在收集数据前,企业领导人会提出以下问题:

(1)需要什么类型的数据?

(2)预计要从收集数据中获得哪些认知?

通过解答上述问题,企业领导者可总结出收集数据的创新用例。企业领导者应找出所收集数据的所有用例,以最大限度地增加数据收入。此外,企业应确保共享匿名数据,以避免侵犯隐私。

6.6.2.2　确定潜在需求方

对部分用例进行审查后,组织应根据各类用例对所收集的数据进行分类。这一细分环节对需求方极有帮助。需求方可能是初创公司,也可能是老牌组织。例如,某零售商收集了大量的客户数据,这类数据可帮助其他组织预测其消费者的兴趣和评价。这样,该组织就可以了解其产品的质量和反馈,并利用这类资源对其业务进行解释。这类组织可能需要简化数据,这样可更多地专注于其目标市场的并购和收购事宜。

一旦确定了潜在的需求方,企业管理者就必须决断其数据利用方式,是通过基于区块链的数据货币化公司,还是依靠其自身来进行。

6.6.2.3　确定数据货币化公司

区块链是一种极具潜力的技术,它确保了数据货币化和数据共享的民主化。正是考虑这一潜力,目前已成立了多家基于区块链的公司,专门从事数据货币化,负责销售涉及物联网传感器、增强现实/虚拟现实和大数据等各类技术的数据。

6.6.3 基于人工智能的数据货币化

无论是大数据、非结构化数据、溢价数据、市场数据还是消费者数据,数据本身并不具备任何价值。只有通过货币化才能体现数据的价值。各组织几乎都将数据货币化放在了首位。尽管用户组织拥有大量数据,并且知道数据的价值所在,但其并不知道如何准确衡量数据货币化的有效程度。利用人工智能实现数据货币化的具体方式如下:

6.6.3.1 创建新的数字服务

这是一种非常有效的数据货币化手段,具有很多优点。人工智能应用可对全球的各类数据源(结构化或非结构化)实施监控,从而确保了准确性及实时监控,并形成了告警机制。

6.6.3.2 解决客户流失问题

公司客户之所以流向了竞争对手,是因为后者提供了更好的产品和服务。这一问题的解决方式包括为客户打造一流的客户体验,或是提前解决可能影响客户的任何问题。为此,使用非结构化数据可能会有所帮助,该数据的见解有助于更好地了解客户,加深对其所处市场的认识。

6.6.3.3 释放价值和见解

金融服务业更青睐溢价数据,因为这类数据对于人工智能模型的学习和训练至关重要,可加剧竞争、改善交易状况,还能增强人工智能的可预测性和可操作性。在加深对非结构化数据的理解方面,人工智能比人类更有效。我们首先需要将非结构化数据转化为结构化数据,而人工智能可在原始数据或非结构化数据上进行自我训练,并从中找出模式以获得更深入的见解。

6.7 区块链可信环境中的人工智能决策

人工智能的出现是为了执行未明确编程执行的任务,其只需要处理数据。随着计算能力迅速提升,大数据不断升级,人工智能日渐获得广泛认可,并应用于诸多领域[26]。但无法对人工智能的决策进行澄清和解释,是其一个重大缺点。事实上,无论人工智能有多么了不起,如果我们不信任它,就不会去使用它。深度学习不建议对其核心过程或输出进行推理和控制。当前,人工智能的实现如同一个黑匣子,可能会通过对抗攻击使学习或界面过程中毒,而且还经常会受到偏见的影响。人工智能是一项不可思议的技术,但仍未被广泛采用,因为没有人能解释计算机所作出的决策,即使是机器学习算法的创建者本人也无法解释。那么针对这一问题,有什么解决方案呢?

如果我们设法捕捉到决策过程中的每一步,那么人工智能会不会更快地获得公众的信任呢?区块链可通过提升人工智能的连贯性和透明度,来帮助它获得信任。

可解释人工智能(Explainable AI,XAI)可对人工智能的决策进行解释,是该研究领域的一种新趋势。建议构建这样一个框架,该框架可通过实施区块链、智能合约、可信愿景和去中心化存储的概念,帮助我们打造更可靠和可解释的人工智能。

要信任人工智能的可靠性,需要充分保证以下几个方面:

(1)完整性和安全性。

(2)机器学习算法。

(3)人工智能接口。

区块链有助于增强可解释人工智能的以下功能:

(1)透明度:所有交易均存储在分布式账本中,这些账本分布在网络中的各个节点,记录透明、可公开审计,但仅允许添加。交易和函数调用日志会始终以安全、去中心化的方式存储,不可篡改,并且对整个网络开放。

(2)防篡改性:区块链账本不可篡改,而且不能修改以往数据。账本由区块构成,每个区块均带有时间戳。这些区块通过 SHA-256 和 SHA-512 等加密技术进行保护。每个区块以哈希的形式保存有一组信息,并记录先前区块的位置。

(3)智能合约:允许参与者与他人交互的一组代码,还可通过计算机,以可靠和去中心化的方式对规定想法和经营理念的完成状况进行管理。所有实施成果均通过所有挖矿节点进行验证,并根据广泛持有的节点来结算。

(4)可追溯性和不可否认性:各参与节点必须对每笔交易进行加密签名。每个带有签名的项目都会由矿工进行验证,在验证完成后,将挖矿节点添加到区块链中。

6.7.1 发展现状

欧盟的《通用数据保护条例》(General Data Protection Regulation, GDPR) 针对基于人工智能的决策方案提出了若干建议[27]。许多情况下均可要求对算法本身得出的结论进行说明。假设在线信用卡申请自动被拒,申请人有权知道其申请被拒绝的原因。《通用数据保护条例》有助于设计算法和评估框架,并避免歧视且可解释。图 6.15 所示为可解释人工智能方法的分类。

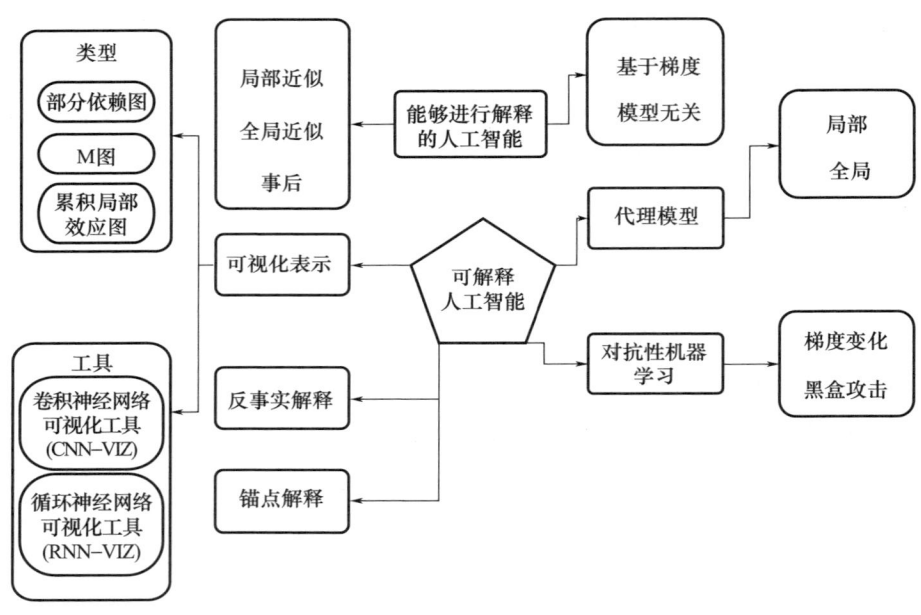

图 6.15 可解释人工智能方法的分类

部分相关要点和术语如下:

1. 能够进行解释的人工智能

许多机器学习模型最终都是能够解释的,因为其主要通过特征进行训练。稀疏线性模型所做的决策是浅层决策树,这是可以理解的,因为这些决策树可以很容易地转换为 if-else 条件语句。但仍有一些机器学习模型是无法解释的,如随机森林提升树和深度神经网络等。这些模型要么是事后的,要么是内在的,换言之,无论其分别擅长于分类和回归模型,还是擅长于以一种可解释的方式解决任务。其中一些模型是习得模型的全局近似,而另一些模型则可针对单一预测进行解释。

模型怀疑法将机器学习模型视为黑盒函数。可解释人工智能的研究内容还包括探索是否可制定用于评估澄清标准的可行性依据[28]。虽然澄清的客户通常为人类终端用户，但有时人类更难确定不充分的解释；对于这种情况，保真度指标是必需的。当给出的解释不可靠时，这一点尤其重要，这也称为"罗生门效应"。

2. 可视化表示

与描述有关，可视化显示了有关模型最终决策的基本特征。部分依赖图(Partial Dependence Plot, PDP)的工作原理为，通过将机器学习模型的预测进行降级处理，以显示估计结论和特征子类之间的联系。M图是另一种更有效的选择，考虑了数据集中的条件概率，从而避免了不寻常的特征组合。

3. 特征贡献

在机器而非人类做出决策的情况下，非固有视觉的手段更为重要。人们认为，当特征在联盟中至关重要时，预测值是总回报，而特征表示是由夏普里值(Shapley Value)来完成的。

4. 代理模型

模型怀疑论者将机器学习看作一个黑盒，并试图假装它正在使用替代模型。其目的是从大量可诠释性函数 G 之中，找出与唯一函数 f 最匹配的一个。局部可理解的与模型无关的解释(Local Interpretable Model-agnostic Explanation, LIME)技术，是一种通过减小损失函数来局部描述替代模型的方法。它以 x 为例，求函数 g，实际上相当于 x 相应的 f。

5. 反事实示例

在使人工智能决策可信的过程中，反事实解释起着重要作用。它是这样一种声明，即假设它与某个规定的结果一致，全局会是怎样的。这是一种尚未达成共识的因果关系，表达形式为"如果 A 没有发生，那么 B 就必须发生"。准确地说，我们会设法求出对特征标准的最小修改量，该修改量会导致整个输出预测发生翻转。

6. 对抗性机器学习

反事实描述可作为作战模型来欺骗系统。研究表明，图像像素值的微小变化都可能导致神经网络产生错误的估计。因此，我们发现，即使改变一个像素也足以欺骗整个系统，而有时这些变化人类肉眼根本不可见。

6.7.2　基于区块链的可信人工智能框架

在人们看来,可解释人工智能是有前途、可解释和值得信任的。提供描述或基本解释意味着可以开发出更简化的模型。在一次采访中,一位深度学习创新者表示,可解释人工智能系统继续发展下去,将会是一场灾难。即使要求人类对其决策进行解释,我们大多数人最终还是会编一个故事;神经网络也是如此,会通过训练数据集来学习,而这些训练集包含了数十亿条信息和数据。通过对该系统进行审计,验证预测结果并给出解释,可提高人工智能的可信度。

该方法允许框架直接生成对预测的解释,也可借助模型怀疑解释系统来生成对预测的解释。合理满意的解释会纳入考虑,并有助于确保决策可靠性。应采取长效、谨慎设计的去中心方式,对澄清框架的可理解性(包括选择端)进行审查,审查方式应可追踪,审查质量较高且具有稳定性和灵活性(可长期抵御恶性攻击)。如果有节点试图篡改前一个区块中的数据,那么对应的哈希代码将完全改变,从而导致断链。由于返回不了创世区块,最终整条哈希链都会断开。可靠性的本质在于,网络中的每个节点都有账本的完整副本,因此即使某个节点出现故障,区块链也不会受到影响。

6.8　本章小结

人工智能和区块链的结合仍有待发掘。尽管这两种创新型技术已开始融合,但融合对信息的利用方式可能是以前从未想过的。人工智能算法需依赖数据集,而区块链保护了这些数据,并允许研究人员对每一步进行检查。人工智能具有惊人的潜力,但在修改和开发方面需非常谨慎——区块链可在这方面发挥重要作用。我们发现,这两项惊人的技术可互取所长。无论是应对巨大、灾难性的能源消耗,还是解决操作和信任人工智能决策的问题,这一融合都可能催生出一种无懈可击的技术,而任何人均可使用这种技术并从中受益。两者的结合还可确保数据积累的安全。从本章可知,基于区块链的去中心化人工智能是各种概念和组件的集合,这些概念和组件有助于为新的人工智能生态系统创建更好的基础架构,而该生态系统旨在利用分布式数据来训练机器学习模型,同时保留数据模型和数据提供商的所有权。

参考文献

[1] Xu, M., X. Chen, and G. Kou. 2019. "A Systematic Review of Blockchain." *Financ Innov* 5 (27). doi:10.1186/s40854-019-0147-z.

[2] Giri, C., S. Jain, X. Zeng, and P. Bruniaux. 2019. "A Detailed Review of Artificial Intelligence Applied in the Fashion and Apparel Industry." *IEEE Access*. 1-1. doi:10.1109/access.2019.2928979.

[3] De Lemos, R., and M. Grze. 2019. "Self-Adaptive Artificial Intelligence." *2019 IEEE/ACM 14th International Symposium on Software Engineering for Adaptive and Self-Managing Systems (SEAMS)*. doi:10.1109/seams.2019.00028.

[4] Ishaani, P. 2019. "Introduction to Blockchain Technology." In *Cyber Security in Parallel and Distributed Computing*. Scrivener Publishing LLC.

[5] Casino, F., T. K. Dasaklis, and C. Patsakis. 2018. "A Systematic Literature Review of Blockchain-Based Applications: Current Status, Classification and Open Issues." *Telematics and Informatics*. doi:10.1016/j.tele.2018.11.006.

[6] Baldominos, A., and Y. Saez. 2019. "Coin.AI: A Proof-of-Useful-Work Scheme for Blockchain-Based Distributed Deep Learning." *Entropy* 21 (8): 723. doi:10.3390/e21080723.

[7] Sharma, A., M. K. Sharma, and R. K. Dwivedi. 2017. "Literature Review and Challenges of Data Mining Techniques for Social Network Analysis." *Advances in Computational Sciences and Technology*.

[8] Tanwar, S., Q. Bhatia, P. Patel, A. Kumari, P. K. Singh, and W.-C. Hong. 2019. "Machine Learning Adoption in Blockchain-Based Smart Applications: The Challenges, and a Way Forward." *IEEE Access*. 1-1. doi:10.1109/access.2019.2961372.

[9] Cao, B., Y. Li, L. Zhang, L. Zhang, S. Mumtaz, Z. Zhou, and M. Peng. 2019. "When Internet of Things Meets Blockchain: Challenges in Distributed Consensus." *IEEE Network*. 1-7. doi:10.1109/mnet.2019.1900002.

[10] Kamel Boulos, M. N., J. T. Wilson, and K. A. Clauson. 2018. "Geospatial Blockchain: Promises, Challenges, and Scenarios in Health and Healthcare." *Int J Health Geogr* 17 (25). doi:10.1186/s12942-018-0144-x.

[11] Rani, N., and H. Kaur. 2018. "An Empirical Study on Data Mining Techniques and Applications." *International Journal of Research and Analytical Reviews*.

[12] Holzinger, A. 2018. "From Machine Learning to Explainable AI." *2018 World Symposium*

on *Digital Intelligence for Systems and Machines* (*DISA*), Kosice, pp. 55 – 66. doi: 10. 1109/DISA. 2018. 8490530.

[13] Xing,B. ,and T. Marwala. 2018. "The Synergy of Blockchain and Artificial Intelligence." *SSRN Electronic Journal*. doi:10. 2139/ssrn. 3225357.

[14] Nebula AI Team. 2018. "Nebula AI (NBAI)—Decentralized AI Blockchain Whitepaper."

[15] Gheorghe, A. , C. Crecana, C. Negru, F. Pop, and C. Dobre. 2019. "Decentralized Storage System for Edge Computing." *2019 18th International Symposium on Parallel and Distributed Computing*(*ISPDC*),Amsterdam,Netherlands,pp. 41 – 49. doi:10. 1109/ISPDC. 2019. 00009.

[16] Harris,J. D. ,and B. Waggoner. 2019. "*Decentralized and Collaborative AI on Blockchain.*" *2019 IEEE International Conference on Blockchain* (*Blockchain*). doi: 10. 1109/blockchain. 2019. 00057.

[17] Salah,K. , M. H. Rehman, N. Nizamuddin, and A. Al – Fuqaha. 2019. "Blockchain for AI: Review and Open Research Challenges." *IEEE Access*. 1 – 1. doi:10. 1109/access. 2018. 2890507.

[18] Mamoshina, P. , L. Ojomoko, Y. Yanovich, A. Ostrovski, A. Botezatu, P. Prikhodko, … A. Zhavoronkov. 2017. "Converging Blockchain and Next – Generation Artificial Intelligence Technologies to Decentralize and Accelerate Biomedical Research and Healthcare." *Oncotarget* 9 (5). doi:10. 18632/oncotarget. 22345.

[19] Harris,J. D. ,and B. Waggoner. 2019. "*Decentralized and Collaborative AI on Blockchain.*" *2019 IEEE International Conference on Blockchain* (*Blockchain*), Atlanta, GA, USA, pp. 368 – 375. doi:10. 1109/Blockchain. 2019. 00057.

[20] Shala, B. , U. Trick, A. Lehmann, B. Ghita, and S. Shiaeles. 2019. "Novel Trust Consensus Protocol and Blockchain – Based Trust Evaluation System for M2M Application Services." *Internet of Things* 7: 100058. doi:10. 1016/j. iot. 2019. 100058.

[21] Makridakis,S. , A. Polemitis, G. Giaglis, and S. Louca. 2018. "Blockchain: The Next Breakthrough in the Rapid Progress of AI." *Artificial Intelligence—Emerging Trends and Applications*. doi:10. 5772/intechopen. 75668.

[22] Nassar,M. , K. Salah, M. H. Ur Rehman, and D. Svetinovic. 2019. "Blockchain for Explainable and Trustworthy Artificial Intelligence." *Wiley Interdisciplinary Reviews: Data Mining and Knowledge Discovery*. doi:10. 1002/widm. 1340.

[23] Koch,F. L. ,and C. B. Westphall. 2001. "Decentralized Network Management Using Distributed Artificial Intelligence." *Journal of Network and Systems Management* 9: 375 – 388. doi:10. 1023/A:1012976206591.

[24] Hussien,H. M. ,S. M. Yasin,S. N. I. Udzir,et. al. 2019. "A Systematic Review for Enabling

of Develop a Blockchain Technology in Healthcare Application: Taxonomy, Substantially Analysis, Motivations, Challenges, Recommendations and Future Direction." *J Med Syst* 43 (320). doi:10.1007/s10916-019-1445-8.

[25] Ouchchy, L., A. Coin, and V. Dubljević. 2020. "AI in the Headlines: The Portrayal of the Ethical Issues of Artificial Intelligence in the Media." *AI & Soc*. doi:10.1007/s00146-020-00965-5.

[26] Barredo Arrieta, A., N. Díaz-Rodríguez, J. Del Ser, A. Bennetot, S. Tabik, A. Barbado, … and F. Herrera. 2019. "Explainable Artificial Intelligence (XAI): Concepts, Taxonomies, Opportunities and Challenges Toward Responsible AI." *Information Fusion*. doi:10.1016/j.inffus.2019.12.012.

[27] Rai, A. 2020. "Explainable AI: From Black Box to Glass Box." *J of the Acad Mark Sci* 48: 137-141. doi:10.1007/s11747-019-00710-5.

[28] Adadi, A., and M. Berrada. 2018. "Peeking Inside the Black-Box: A Survey on Explainable Artificial Intelligence (XAI)." *IEEE Access*. 1-1. doi:10.1109/access.2018.2870052.

/ 第 7 章 /

区块链赋能人工智能（Ⅱ）

Ch. V. N. U. 巴拉蒂·穆尔西
M. 拉瓦尼亚什·锡吕

区块链、物联网和人工智能

➘ 7.1 前言

众所周知,区块链在构建数据安全领域是一种充满前景的技术,可在受信任的各方之间共享不可篡改的数据。随着区块链加密货币的引入,区块链可支持自动支付。区块链便于根据授权访问其账本,可在数据日志中记录所有交易流,而区块链账本由链内各方进行更新和维护。在智能合约(即区块链 2.0)的帮助下,自动支付可在无中间人干预的情况下完成。而人工智能是机器通过训练表现智能性的一种方式[1]。人工智能领域的领军人物彼得·诺维格(Peter Norvig)[1]将其定义为:

"对感知环境并执行操作的智能体的研究。每一个这样的智能体都会执行一个将感知序列映射为行动的函数,我们会对这类函数的不同表示方法(如反应智能体、实时规划智能体和决策理论系统等)进行论述。我们将学习的作用理解为将设计者的触角延伸至未知环境中,并阐述了如何通过这一作用来约束智能体设计,以利于显式知识表示和推理。我们不把机器人和视觉视为定义独立的问题,而是在实现目标的过程中产生的问题,并强调任务环境在确定适当的智能体设计方面的重要性。"

区块链与人工智能相融合,通过各种技术手段弥补了诸多缺陷[2]。人工智能依赖算法来学习、推理和决策。如果所收集数据的数据源可靠可信,算法就能有效运行。区块链可确保存储所有数据的数据源的可信度和安全性,这些数据会由所有挖矿节点进行验证,验证通过后方可进行交易。存储在区块链中的数据是安全的、不可篡改的。因此,人工智能算法采用区块链数据,将在医疗、银行、交易等各个领域取得良好的效果[3]。

人工智能和区块链相融合有很多优点,具体如下:

(1)高效:涉及多个用户接受多利益方订单的业务过程,由于需要多方授权,其效率不高。通过将人工智能与区块链相结合,可通过采用去中心化自治组织(Decentralized Autonomous Organization,DAO)来实现多个利益相关方之间的自动化和交易,从而解决这一问题。

(2)增加对机器人决策的信任:人工智能体的决策很难得到客户的信任和理解。区块链的去中心化、透明化和分布式账本使该技术十分可靠,并因此获得了客户的信任,而且无须第三方的干预。

(3)提升数据安全性:众所周知,区块链技术可确保数据可信。数据需经各挖矿节点验证通过后,方可录入区块中,其展示的数据是安全、可靠的。将区块数据应用于人工智能算法,有助于提升数据的安全性和可靠性。

7.2 基于区块链与人工智能融合的数据分析与信息交流

人工智能与区块链技术相融合,可确保数据安全可靠,将数据应用于医疗、金融和贸易等诸多重要领域,并以透明的方式存储异构数据,将数据安全地发送给被授权方。下例为通过在心血管医学领域融合人工智能与区块链,助力以数据为中心的分析和信息流。

7.2.1 人工智能与区块链在心血管医学领域的应用

人工智能是一种先进的统计技术,通过对复杂数据进行分类,使预测成为可能。它通过语音、面部和图像识别来进行预测。在当前的心血管医学领域中,人工智能会根据心电图(Electrocardiogram,ECG)推断心律,从而通过图像识别了解心脏功能,并做出决策预测。目前,人工智能正试图通过开发结果预测来改进新型心血管解决方案,但新型解决方案还存在一些问题,如信任缺乏,记录的数据集庞大,且具有异构性等。

区块链有助于确保数据交换的安全性和可追溯性[4],可使个体之间在无中间人的情况下开展交易,并支持去中心化。区块链是一个以数据为中心的模型,对所有参与者开放,允许对数据所有者进行跟踪。网络中的所有节点均可对区块中的所有数据进行验证。各节点基于共识机制来验证数据,所有交易均会创建一个加密哈希值。这些交易存储在一个公共账本中,但不会透露参与者的身份和数据内容。这是数据所有者会授权来选定提供商或公司访问数据的原因之一,他们不一定要使用相同的平台。区块链智能合约还可用于检查进度,并在不同方之间实施不可更改的法律协议。

区块链通过激励机制推动技术进步,这类激励机制又称为"健康加密货币",根据该机制,原始数据所有者共享数据以及提供商帮助得出诊断均可获得奖励。此外,管理人员提高患者满意度也会获得奖励。该研究中对帮助创建数据库的数据所有者均给予了奖励。

7.2.2 心血管医学领域区块链与人工智能的融合

区块链与人工智能相融合可大大提高数据预测的质量。区块链可创建一个平台来进行人工智能培训、临床试验和监管,以改善健康数据结构[5]。要集成各心血管数据源(如心电图传感器、基于医院电子病历的监测设备、基因组学和非临床数据等)提供的数据是极其困难的事,但这一问题可通过区块链来解决。

区块链可追踪不同的区块类型,并创建详细信息。因此,如果通过区块链来收集数据,则很容易监测到例如"醛固酮拮抗剂对心功能保留性心力衰竭患者的治疗作用研究"(Treatment of Preserved Cardiac Function Heart Failure with an Aldosterone Antagonist, TOPCAT)的测试结果差异[6]。通过这种方式,数据分区可帮助改善人工智能应用(尤其是药物代谢或疾病倾向性)方面的关键解决方案。健康加密货币模型还可用于激励稀有数据的贡献。基于区块链的人工智能可改善新型的特定结果。目前,有多个基于区块链与人工智能相融合的应用尚处于开发阶段。AHA 公司与开放健康网络建立了合作关系,以开发基于区块链的人工智能产品,如个性化患者治疗计划 Patient Sphere。

7.2.3 挑战

人工智能与区块链相融合会带来一些挑战。主要挑战是医疗健康领域的区块链应用必须是安全的,这一融合还可能引发伦理问题。尽管利益相关者可确保其详细信息的私密性,但可能并不希望所有人公开访问区块链分类账本中的医疗数据。除此之外,社会和监管机构的共识机制和专业指南需要考虑数据安全性、完整性、可扩展性和合乎伦理等问题[7]。

7.3 融合智能合约(区块链)与人工智能在医疗健康领域的应用

智能合约又称区块链2.0,通过区块链技术来实现,是允许利益相关者之间进行验证和执行法律协议的一种软件协议[8]。由于会对数据进行验证,智能合约是值得信任的。自以太坊(2015年发布的基于区块链的智能合约解决方案)推出以来,智能合约的应用越来越多[9]。智能合约为患者存储健康记录提供了便利,并授权患者访问这些记录,从而确保了数据传输的安全,避免报告伪造,并防止了未经授权的访问。然而,区块链也面临一些挑战,如可扩展性、每秒交易处理量和延迟等问题。因此,人工智能与区块链的融合将克服这些挑战[10]。

7.3.1 人工智能为区块链带来的机遇

众所周知,存储在区块链中的数据是多样化的,记录的数据量也越来越大。总有一天,区块链内部会存在可扩展性问题。有迹象表明,人工智能领域的最新进展带动了大数据分析领域的进步[1,3-4,6-15]。通过融合人工智能与区块链,还可消除安全和隐私漏洞。人工智能为区块链带来的部分机遇如下:

(1) 确保高质量的智能合约:智能合约是一种软件协议,其中包含针对各方条款和条件而写的编程代码。在某些情况下,智能合约的代码中可能会存在漏洞,这些漏洞会妨碍实现高质量的智能合约。参考文献[16]提出了一个名为 Oyente 的平台,该平台通过符号执行来检测潜在的漏洞。智能合约通常根据执行费用来运行程序代码。在以太坊中,智能合约的执行费用由 Gas 支付。因此,参考文献[17]介绍了一款名为 GASPER 的工具,该工具通过检查以太坊的字节码,来识别和定位 7 种 Gas 耗费量高的模式。随着智能合约用户数量的增长,可使多份合约自动集成。某些智能合约中可能缺少服务质量的语义定义和度量标准,可通过将智能合约与人工智能相融合来解决这些问题,提供数据驱动的服务质量评估。

(2) 对区块链进行维护:区块链记录了大量的异构信息。这些数据可用于识别故障、预测故障,并找出影响性能的原因。在不同的平台上维护如此多的数据,这一任务相当繁重。将区块链与人工智能相融合将有助于数据维护,同时,各种人工智能算法可使用这些数据来提供准确的预测分析。

(3) 检测区块链中的恶意行为:正如我们所知,区块链交易可匿名进行,而且构成了一个去中心化的系统。这给审计某些恶意行为(如网络钓鱼、赌博和其他骗局)带来了困难。区块链的所有交易均记录在去中心化的公共账本中,同时显示伪地址。目前,人工智能在大数据分析领域不断发展,有助于识别海量区块链数据中的恶意行为。一些恶意用户还可能创建多个地址,组成犯罪团伙,实施网络诈骗。开发新的机器学习算法的目的正是解决这些问题。人工智能和大数据分析的进步,将极大地帮助应对区块链的挑战。

7.3.2　人工智能接入区块链的应用场景

区块链有多层架构。区块链架构师可开发出一种需要权限才能读取区块链中信息的架构,还可对在区块链上进行交易的网络用户实施限制,并有权验证或不验证数据。利用人工智能来改善智能合约需考虑以下因素:

(1)区块链数据:网络中的各节点均保存有区块链中存储数据的副本。然而,与个人健康信息一样,区块链不能包含大容量数据,它只会保证交易是透明的。区块链可通过在录入数据前对数据进行加密处理来存储数据,然后在需要显示数据时在应用界面对其进行解密。当涉及海量数据时,将对数据进行链下存储,并引用哈希地址来定位数据。该过程使许多网络用户都能参与进来,并基于共识对区块进行验证。另一种方法是采用许可链,其功能包括许可、多副本、多输入验证和数据透明度等。架构师只会向少数人提供读写权限。由于同时具有公有链的特征,许可链对于医疗健康记录非常有用。

(2)挖矿:智能合约通过在多方之间共享交易来执行。以太坊智能合约中发生交易时会花费一定数量的Gas。Gas支付非常重要,可防范来自不可信来源的拒绝服务攻击,能避免使用网络执行无目的的合同,还会防止死循环或停机问题。

(3)网络参与者:网络用户可分为公共用户、私人用户和许可用户。公有链是一个完全去中心化的系统,任何人均可参与网络并访问数据。私有链用户主要由各大公司维护,他们有权决定数据不可篡改性和透明度的程度。这一特定领域非常有利于制药行业在供应链周期中追踪整个流程。

7.3.3　智能合约与人工智能的融合

人工智能减少了智能合约的文书工作,实现了其代码的自动化操作,而无须第三方干预,还可将某些规则和策略集成到区块链对应的智能合约中。众所周知,人工智能拥有的数据越多,其预测就越准确。因此,两者融合后,有助于确定过去合同中存在的缺陷和新的开发条款,并预测结果[11]。以下为人工智能与区块链智能合约融合的两个优点:

(1)智能合约的费用:如前所述,以太坊中执行智能合约由Gas来支付,这些Gas是基于预言机和矿工构建的。相比链下存储的数据,与人工智能融合后存储和处理的数据量巨大。Gas 费用的计算公式如下：

Gas 费用 = 所用 Gas 量 × Gas 单价 × 美元/以太币

（2）策略和规则：与人工智能融合时，需对某些规则和策略进行定义。人工智能中的区块链数据可用于多种目的，如搜索引擎推荐或数据分析等。当数据用于搜索引擎推荐时，需要大量的历史数据来进行精确的预测，因此会相应地定义规则和策略。此外，还可使用链下存储的数据，并实时训练不同场景的模型。在这种情况下，数据可以是只读的公共数据，没有任何成本。有些公共数据也可能通过侧链提供支持。

使用数据进行分析时，网络用户会设置规则和策略，可通过定义某些变量集来实现任务的自动化。预定义规则可由这些变量组成，智能合约中通过考虑这些变量来自动执行任务。在参考文献[9]中，作者通过不同的方法开发出了自学智能合约。第一种方法是通过审查各种应用程序用例来定义规则，所有规则在开始时都不会触发，但会及时运作。通过使用链中的重要因素，基于数据制定了更智能的规则。区块链中新增的网络用户数，对于新规则的定义有所帮助，即分析网络用户的行为，并定义一组新的规则和策略来达成目标。第二种方法是去中心化的自治组织，该方法中，只有自治代码会出现在区块链上，而没有任何员工。当智能合约中的所有条件都得到满足时，则将执行合约中的该自治代码。这一方法保证了整个过程的透明性、自动化和安全性。

7.3.4 心血管医学领域区块链与人工智能融合的用例

目前，区块链与人工智能的融合用于对医学试验的变更进行管理。试验之初会设定一个结果和方案，相应地记录患者在方案各阶段的进展。根据智能合约的特定条件，部分患者群体可根据患者的具体情况，调整不同的个性化医疗链路径[13]。Cortex 是一款基于人工智能平台的去中心化应用程序，支持智能合约和人工智能执行。Cortex 基于区块链构建人工智能模型，以提高智能合约的质量。开发人员无须对所有逻辑连接进行硬编码。人工智能模型会进行逻辑推理，它提供了一个激励平台，对共享其模型的人工智能开发者实施奖励，从而使人工智能去中心化。这是构建于区块链生态系统基础之上的。Cortex 生态系统主要有智能合约开发者、人工智能开发者和矿工三个利益相关者。

7.3.5 智能合约在人工智能领域的未来前景

尽管区块链具有防篡改性、透明度和安全性等特征,但没有相应的标准来审查智能合约费用、链下存储的数据和交易费用。链下数据管理是实时搜索引擎不错的选择,而且成本效益很高。这些具有成本效益的做法在Cortex等医疗健康平台上将非常有用。区块链与人工智能相融合,将推动区块链系统领域进一步发展。未来,区块链系统可实时监控不同的性能指标,而无须借助人工智能进行性能监控和故障检测。在单一智能体开发的基础上,可通过开发群智使所有参与者均可参与贡献分析和推理,以做出更好的决策[11]。最后,这一融合会开发大量的机器学习算法,以跟踪和控制区块链数据。

7.4 基于区块链与人工智能融合的生物医学研究和医疗领域的去中心化及效率提升

医疗健康行业需要再度掀起一波医学发展的新浪潮。提高医疗专业人员、研究人员和患者对健康记录的可访问性,对于电子医疗记录和数字医疗健康系统将大有好处。电子健康记录(Electronic Health Record,EHR)设备的发展,提高了医疗保健的质量和效率,向患者提供了更好的服务,而且大多数生物医学数据都是从生物医学成像和实验室试验中收集的。随着数据复杂性和数据量的日益增加,将为医疗健康行业提出新的要求,开辟新的前景。为满足老龄化人口的需求,有必要制定新的全球医疗健康方法,以治疗和控制疾病。研究人员曾对多种类型的数据进行了不同尝试,以评估患者的医疗健康数据,但均未取得重大成效。区块链与人工智能的融合,将扩大评估患者医疗健康数据的结果。

7.4.1 医疗健康领域人工智能的发展

随着健康相关数据与后续的全球项目日益增多,数据的整体分析工作变得无比紧张忙碌,需要通过许多传统方法,对异构的高质量生物医学数据进行预处理和分析。通常,不同的医疗健康领域遵循不同的计算生物学方法,并将这些方法引入制药行业。这些计算分析可通过机器学习技术进行有效引导。机器学习的明显进步带动了计算机处理能力的提升和算法的改进。

如今,机器学习算法用于药物和生物标志物的开发,这类技术还应用于深度神经网络(Deep Neural Network,DNN),以帮助找出医疗健康数据的主要依赖关系。甚至在未来的胶囊网络、符号学习、递归皮层网络和自然语言处理领域,许多机器学习方法得以落地或正处于开发阶段。学习迁移和循环神经网络(Recurrent Neural Network,RNN)在医疗健康应用中日益突出,这些网络可与区块链支持的个人数据集成[12]。

7.4.2　高度分布式存储系统介绍

这一代系统迫切需更高效的数据分析和存储系统,因此需对可用性、可扩展性和可访问性做出改进。在所有数据存储方案中,高度分布式存储系统(Highly Distributed Storage System,HDSS)方案既可行又十分有效。高度分布式存储系统将数据存储在多个节点中,这些数据在所有节点中进行复制,从而使数据可快速访问。近期发生了多起存储故障事件,这使高度分布式存储系统大受欢迎,因为它可在多个节点中复制数据,并使数据免受故障的影响。

目前,高度分布式存储系统在应用和优化方面取得了一些重大进展。为确保数据的一致性和可负担性,高度分布式存储系统引入了区块链中采用的对等网络节点或数据存储。区块链可定义为一个去中心化数据库,它将数据存储在区块中,而这些区块通过各种加密哈希机制串连在一起。区块链中存储的数据是一致的、不可篡改的。要将数据存储在区块中,需先确认数据需求,再由网络中的所有参与节点基于共识机制对区块进行验证。在区块链中,每个区块均带有一个时间戳和父区块哈希值。由于数据具有不可篡改性,因此除非修改前面区块的哈希值,并且网络中的其他参与者达成共识,方可修改数据。区块链是一个公开的分布式账本,具有完整性和不可篡改性。在拓展的区块链中,可在区块链代码中制定规则和策略,这些规则和策略可作为智能合约实现。智能合约非常有用,特别是对于需要满足多项限制和规则的医疗健康数据。智能合约是一种软件协议,一旦代码中的所有条件或规则获准通过,代码就会被执行。

区块链主要有维护节点、外部审计节点和客户端三类用户。

(1)维护节点:负责维护区块链的业务逻辑决策和基础结构,它们存储了区块链的完整副本,并可读取数据。这些节点有权决定交易规则并主动参与共识。

（2）外部审计节点：与维护节点相似，但不主动参与共识。它们通过读取区块链的访问数据来验证交易的正确性。这类节点也存储了完整副本，以声明交易的完整性。监管机构包括执法机构和非政府组织等。

（3）客户端：区块链服务的客户。这类节点可通过访问最少量的数据，来验证审计节点和维护节点提供数据的准确性。

7.4.3　区块链框架 – Exonum

参考文献[12]中介绍了一个新的开源区块链框架，称为 Exonum。它属于许可链，可读取区块链中的数据，采用面向服务的体系结构，由客户端、服务和中间件三部分组成。

（1）客户端：交易和读取请求由客户端发出。客户端配备有加密数据处理工具，可用于触发交易和检查读取请求响应。

（2）服务：它通常包含应用的业务逻辑，在应用中，同一服务可在多个区块链中同时重复。为接收区块链状态提供的准确信息，读取请求被处理为交易并通过各服务端点实现。

（3）中间件：它充当客户端和服务之间的桥梁，可对交易进行排序，在客户端和服务之间进行互操作，管理服务生命周期，并通过控制协助来生成对读取请求的响应。

下面将介绍 Exonum 相比其他许可框架区块链的部分优势。由于其优良的设计，Exonum 针对可审计性服务的客户端和审计节点结构非常简单。由于采用面向服务的体系结构，所开发服务可在 Exonum 的其他应用中重复使用。中间件还可添加新服务并重新配置用于应用中的服务，其允许第三方应用的参与，且与其他基于 Exonum 的应用具有互操作性。与其他许可链相比，Exonum 的能力输出更大，对复杂事务逻辑的编码能力更强。Exonum 共识算法不允许单点故障。在 Exonum 平台中，区块链数据存储为键值对（表7.1）。

表7.1　Exonum 服务端点的特点

特点	交易	读取请求
本地	全局	局部
处理	异步	同步

续表

特点	交易	读取请求
启动	客户端	客户端
REST 服务模拟	POST/PUT HTTP 请求	GET HTTP 请求
加密货币服务实例	加密货币划拨	余额检索

7.4.3.1 网络规范

在 Exonum 中，服务与外部世界的交互方式有两种。一种是区块链状态仅随交易而改变。这些交易根据订单内容执行，其结果遵循共识算法，将所有输入交易广播给网络中的每个完整节点。另一种是每个区块链状态都会向读取请求及存在证明提供相关信息，任何存在的完整节点也可在内部处理此类读取请求。

7.4.3.2 传输层

一旦传输层验证了交易，客户端就有可能重新连接到同一节点。若存在恶意节点，则该节点不会修改读取请求，但可能延迟广播从客户端接收的信息。中间件层的任务是抽取应用开发者的传输层能力，然后服务端点可调用本地方法进行映射。

7.4.3.3 认证与授权

由于客户端是交易的发起者，客户端可通过验证公钥数字签名，确保交易的完整性和实时可核查性。读取请求的认证与授权借助网络签名完成，或者通过验证通信信道（因为是本地通信信道）。服务端点可声明为私有，以提高安全性，若隔离私有服务端点，就易于控制访问并缩小攻击面。

7.4.3.4 轻量级客户端

在 Exonum 中，轻量级客户端可实现与全节点通信的能力，并以加密的方式核实回应。轻量级客户端可利用密钥管理能力来验证请求，还可报告不可否认性，以及不同读取请求回应之间的一致性。

7.4.3.5 共识

Exonum 采用基于领导者的拜占庭容错共识算法，以维护账本中的交易，并在交易执行后记录结果。因为即使 1/3 的验证器停止服务或被黑客攻击，Exonum 也会继续运行，所以不会出现单点故障。这是一个完全去中心化的过程。与其他拜占庭容错算法[12]相比,Exonum 所用算法有几个特点,如分工、无界周期和请求算法。

7.4.4 区块链上的健康数据

健康数据主要面临的问题在于数据共享,以及将此类数据用于研究和其他商业项目。健康数据应保持数据隐私和安全的良好标准。在基于区块链的系统中,用户可直接访问系统(采用透明价格公式)中的信息,并且有权在线出售其数据,需对数据使用活动进行跟踪。用户对数据拥有完整的所有权,可直接向客户端出售数据。不过,通过实际货币购买却是一个难题。在参考文献[12]中,他们引入了一种名为"生命镑"(Life Pound)的加密代币。在支持区块链的市场上放置交易数据时,创建或挖出"生命镑"代币。市场客户端目的是保存用户的生物医学数据,以供顾客购买。用户的数据可利用数据验证器进行分析和验证。"生命镑"在其生态系统中主要由用户、存储和全节点构成。

出售数据的用户可匿名,并且可仅向数据买方提供数据访问权,以私下保护数据。最初,数据验证器可购买数据,然后通过数据验证来为顾客提供保证。在市场(在区块链中有相关记录)上发生的互动中均不涉及个人信息。

数据均存储于亚马逊云计算服务公司(Amazon Web Services,AWS)等云存储中。在云端存储数据将有助于在链下保存数据,这对于庞大的数据而言大有好处,如通常用于计算机断层扫描(Computed Tomography,CT)和磁共振成像(Magnetic Resonance Imaging,MRI)的数据。对云端存储的访问是基于区块链市场的公钥基础设施(Public – Key Infrastructure,PKI)。在用户端使用门限加密方案,以确保数据隐私和安全[18-21]。关于客户端工作流程示例,请参见参考文献[12]。区块链全节点包含对区块链中数据的完全访问。节点有三种类型:

(1)验证器:验证新区块,并将其链入链中。

(2)审计人员:检查市场的人。

(3)密钥持有者:根据门限加密方案保护主要份额。

欲了解市场顾客的工作流程示例,请参见图 7.1。

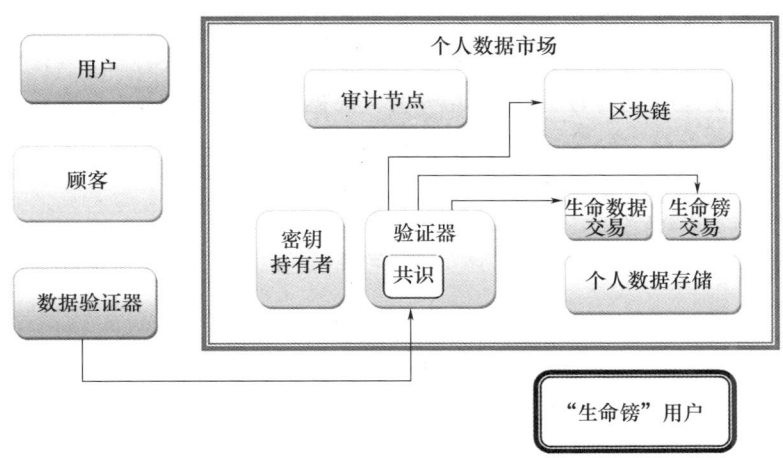

图7.1　市场顾客的工作流程示例(参见第7.3.4节)

7.4.5　使用深度学习方法确保数据质量和一致性

深度神经网络具有示范性泛化能力,此类网络的区分方法是利用该网络所训练的数据。数据驱动的模型可运用数据质量控制,以优先考虑数据质量。无监督模型的目的是检测数据集中的异常情况,最初用于医疗健康质量检查。无监督方法(可用于重新创建数据)所提供的数据常常用于识别异常情况。质量差的数据会带来较大的重构误差。此外,还有一套用于质量和一致性的方法,是基于时间的模型,如循环神经网络。最初,学习质量好的样本,然后通过测试来调整模型行为,保护数据,避免其与质量差的样本关联。可采用一系列监督方法,以确保数据质量得到监测。由于对异常情况的检测是不平衡的,应注意到一个事实,即监督模型需要带标签的数据集。

7.5　基于人工智能和区块链的治疗计划和诊断的个性化

区块链技术和人工智能为医疗健康行业提供专属服务,但两者都面临挑战。倘若区块链与人工智能融合,则几乎所有挑战都迎刃而解。存储在区块链中的数据是安全、防篡改的私有数据,且需要高标准维护。通过使用相关算法,人工智能可利用区块链数据准确预测结果。人工智能算法将读取和分析数据,以捕获模式、识别漏洞、预测故障等。如今,每个用户均可存储自己的数据,并仅为所需的各方提供访问权。根据此类个人数据,用户可分析健康状况,并个性化定制治疗计划和诊断。Patient Sphere 公司最近采用了人工智能与区块链来定制治疗计划。

7.5.1　Patient Sphere 定制病患治疗计划

硅谷初创公司的首席执行官塔蒂亚娜·坎扎维利(Tatyana Kanzaveli)启动了创新型 Patient Sphere 平台,其中结合使用了不同的数据管道。根据需求,该平台可提供病患的医疗健康数据。此外,还可定期监测病患的病情进展,并利用机器学习算法提供个性化的治疗计划。

Patient Sphere 平台的数据来源多种多样,如电子医疗记录、可穿戴设备、聊天机器人、健康应用程序以及 Google Fit 等其他程序。所采集的数据都集中于 Web 界面,与任何有访问请求的人(如医生和专家)分享数据。该平台采用分布式区块链作为数据库,以便通过自然语言查询来检索旧数据。病患也可跟踪自己的病情进展,并可选择智能合约货币化[22]。

7.5.2　区块链和人工智能助力自检工作

区块链技术与人工智能相融合也有助于医疗健康行业,还将通过可穿戴设备或移动应用程序,为自助检测提供便利。世界各地暴发了新冠肺炎疫情,有数百万人感染新冠病毒。由于该病毒的快速传播,所以各国政府未能及时发现和报告病例。有些国家的公共卫生基础设施有限、监测不足、卫生系统薄弱,如非洲国家[14],因此检测率极低。由于对传染病的监测不足,很难预防和遏制这种疾病。在这种情况下,即时检验(Point - of - Care, PoC)诊断法的迅速发展将大大有助于阻止疾病传播。通过将区块链和人工智能与即时检验诊断法相结合,可提供高效的解决方案,为处于隔离期的病患开发自检设备。

区块链和人工智能已帮助医疗健康领域做出重大改变,并提供了最佳解决方案。这些解决方案目前用于电子健康记录、医药供应链管理、药品防伪、教育、生物医学研究、健康数据分析及远程病患健康监测。在参考文献[14]中,作者建议结合使用低成本的区块链与基于人工智能的移动健康自检设备。此外,为患者提供手机或平板电脑应用程序,在显示检测说明之前会要求患者提供身份证号码。因此,病患可加载测试结果,并访问本地的移动医疗或电子医疗系统。当出现阳性检测结果时,区块链和人工智能系统将向检测机构发送通知,并提供相关数据。此外,还可确保将检测结果呈阳性的个人送至隔离点进行隔离治疗。对于数据采集、分析及区块链数据库中医疗数据的安全性而言,人工智能都很有帮助。从区块链中采集的数据都经过核实和验证,因此出结果的速度快,且结果的置信度高。此外,还可利用区块链的防篡改数据集,以获得深刻见解。这项技术也适用于许多其他传染病检测。

7.6 本章小结

目前,区块链和人工智能正在各自的领域中攻坚克难。区块链与人工智能相融合会带来很多好处,如在人工智能算法中使用去中心化的数据存储,以进行更精确的预测。在人工智能和区块链的帮助下,可从可用性、共享性和训练的角度来改善医疗数据。到目前为止,区块链还不具备检查智能合约质量的能力,但人工智能却有助于保证智能合约的质量。链下数据存储不仅可解决延迟问题,还具有成本效益。通过人工智能,可在智能合约中推导出更多有效的规则和政策集。本章还探讨了在高度分布式存储系统、人工智能方面的进步,及其在医疗健康行业的应用。利用区块链和人工智能,并结合即时检验,可提供最佳个性化治疗方案和自检手段。

参考文献

[1] Russell, Stuart, and Peter Norvig. 2002. *Artificial Intelligence: A Modern Approach.* Prentice Hall.

[2] Makridakis, Spyros, Antonis Polemitis, George Giaglis, and Soula Louca. 2018. "Blockchain: The Next Breakthrough in the Rapid Progress of AI." *Artificial Intelligence – Emerging Trends and Applications*: 197–219.

[3] Salah, Khaled, M. Habib Ur Rehman, Nishara Nizamuddin, and Ala Al–Fuqaha. 2019. "Blockchain for AI: Review and Open Research Challenges." *IEEE Access* 7: 10127–10149.

[4] Taylor, Paul J., Tooska Dargahi, Ali Dehghantanha, Reza M. Parizi, and Kim–Kwang Ray-

mond Choo. 2020. "ASystematic Literature Review of Blockchain Cyber Security." *Digital Communications and Networks* 6（2）：147 – 156.

［5］Krittanawong, Chayakrit, Albert J. Rogers, Mehmet Aydar, Edward Choi, Kipp W. Johnson, Zhen Wang, and Sanjiv M. Narayan. 2020. "Integrating Blockchain Technology with Artificial Intelligence for Cardiovascular Medicine." *Nature Reviews Cardiology* 17（1）：1 – 3.

［6］de Denus, Simon, Eileen O'Meara, Akshay S. Desai, Brian Claggett, Eldrin F. Lewis, Grégoire Leclair, Martin Jutras et al. 2017. "Spironolactone Metabolites in TOPCAT—New Insights into Regional Variation." *The New England Journal of Medicine* 376（17）：1690.

［7］Siyal, Asad Ali, Aisha Zahid Junejo, Muhammad Zawish, Kainat Ahmed, Aiman Khalil, and Georgia Soursou. 2019. "Applications of Blockchain Technology in medicine and Healthcare：Challenges and Future Perspectives." *Cryptography* 3（1）：3.

［8］Giordanengo, Alain. 2019. "Possible Usages of Smart Contracts（Blockchain）in Healthcare and Why No One Is Using Them." doi：10. 3233/SHTI190292.

［9］Almasoud, Ahmed S., Maged M. Eljazzar, and Farookh Hussain. 2018. "Toward a Self – Learned Smart Contracts." In *2018 IEEE 15th International Conference on e – Business Engineering（ICEBE）*, pp. 269 – 273. IEEE.

［10］Zheng, Zibin, and Hong – Ning Dai. 2019. "Blockchain Intelligence：When Blockchain Meets Artificial Intelligence." arXiv preprint arXiv：1912. 06485.

［11］Nguyen, Huu. 2018. Online：https：//www. squirepattonboggs. com/en/insights/publications/2018/04/use – of – artificial – intelligence – for – smart – contracts – and – blockchains.

［12］Mamoshina, Polina, Lucy Ojomoko, Yury Yanovich, Alex Ostrovski, Alex Botezatu, Pavel Prikhodko, Eugene Izumchenko et al. 2018. "Converging Blockchain and Next – Generation Artificial Intelligence Technologies to Decentralize and Accelerate Biomedical Research and Healthcare." *Oncotarget* 9（5）：5665.

［13］Ilinca, Dragos. 2020. "Applying Blockchain and Artificial Intelligence to Digital Health." In *Digital Health Entrepreneurship*, pp. 83 – 101. Cham：Springer.

［14］Mashamba – Thompson, Tivani P., and Ellen Debra Crayton. 2020. "Blockchain and Artificial IntelligenceTechnology for Novel Coronavirus Disease – 19 Self – Testing." 198.

［15］Dai, Hong – Ning, Raymond Chi – Wing Wong, Hao Wang, Zibin Zheng, and Athanasios V. Vasilakos. 2019. "Big Data Analytics for Large – Scale Wireless Networks：Challenges and Opportunities." *ACM Computing Surveys（CSUR）* 52（5）：1 – 36.

［16］Mavridou, Anastasia, and Aron Laszka. 2018. "Tool Demonstration：F Solid M for Designing Secure Ethereum Smart Contracts." In *International Conference on Principles of Security* and *Trust*, pp. 270 – 277. Cham: Springer.

[17] Chen, Ting, Xiaoqi Li, Xiapu Luo, and Xiaosong Zhang. 2017. "*Under – Optimized Smart Contracts Devour Your Money.*" In *2017 IEEE 24th International Conference on Software Analysis, Evolution and Reengineering (SANER)*, pp. 442 – 446. IEEE.

[18] Shamir, Adi. 1979. "How to Share a Secret." *Communications of the ACM* 22 (11): 612 – 613.

[19] Al – Najjar, Hazem, and Nadia Al – Rousan. 2014. "SSDLP: Sharing Secret Data Between Leader and Participant." *Chinese Journal of Engineering*.

[20] Denning, Dorothy, and Elizabeth Robling. 1982. *Cryptography and Data Security*. Vol. 112. Reading: Addison – Wesley.

[21] Desmedt, Yvo. 1992. "Threshold Cryptosystems." In *International Workshop on the Theory and Application of Cryptographic Techniques*, pp. 1 – 14. Berlin, Heidelberg: Springer.

[22] Wiggers, K. 2018. "Patient Sphere Uses AI and Blockchain to Personalize Treatment Plans." *Venture Beat*. https://venturebeat.com/2018/10/25/patientsphere – uses – ai – and – blockchain – to – personalize – treatmentplans/.

第 8 章

融合物联网、区块链和人工智能,助力发展智慧城市

M. 基鲁西卡
P. 普里亚·庞努斯瓦米

8.1 前言

根据联合国公布的数据,到2050年底,世界人口将达到98亿。据推断,其中城市人口占近70%,许多城市可容纳超过1000万居民。随着人口数量的增长,挑战也如期而至,即在避免环境恶化的同时,为所有居民提供充足的资源和能源。其他重要挑战在于行政和管理,以预防环境卫生问题,缓解交通拥堵,并打击犯罪。其中,许多问题均可通过融合人工智能、物联网和区块链等先进技术来进行控制。利用技术进步为居民提供便利,让他们的日常生活更舒适、更安全,智慧城市的概念应运而生。智慧城市系指一种城市,可利用技术进步来提高城市服务(如能源和交通)质量,从而减少资源消耗,防止浪费和整体成本增加[1]。因此,智慧城市的目的是为个人提供一个可持续的环境,以最低的生活成本提高生活质量,建设智慧城市的最常用技术是物联网。

物联网是一种热门通信技术,在该技术下,日常使用物品(如家电、车辆和相机)都配有微控制器、收发器和必要的协议,以便相互通信[2]。物联网技术可为每个人的日常生活带来巨大影响。物联网将互联网用于整合异构设备。许多基于物联网的应用均可用于建设智慧城市,其中包括智能家居、智能能源管理、智慧交通、智能医疗保健、智慧农业、智能监控和智能环境控制。关于建设智慧城市的物联网应用,请参见图8.1。虽然物联网可提供众多的

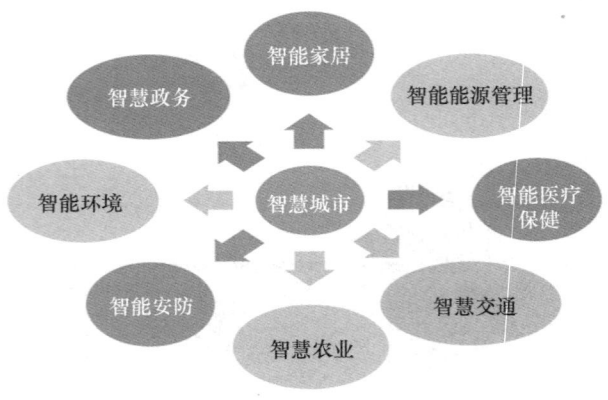

图8.1 物联网在智慧城市中的应用

应用,但在建设智慧城市期间,需考虑几个问题。鉴于物联网在相连系统之间传播数据,因此需采用一些强大的技术,以确保数据安全和隐私。当数十亿的设备开始相互通信时,就需要传送海量数据。因此,重点是运用可存储、检索和分析海量数据的技术[3]。

物联网可与区块链技术相融合,提供安全的数据访问和存储。区块链以分布式存储数据,授权人士可访问此数据,但不可修改。也就是说,存储在区块链中的数据具有防篡改性。智慧城市将不同领域相互连接,成为一种涉及大量数据的相连系统。射频识别、传感器等物联网技术将产生数字测量结果,可用于调查和研究。同样,并非所有的数据都必须提供给所有人,且数据应具有防篡改性。因此,数据存储和安全访问可使用区块链技术[4]实现。通过将物联网与区块链技术相融合,可创建许多应用。其中一个应用是智能用水管理系统(Intelligent Water Management System, IWMS)[5],该系统将物联网与区块链相融合,提供安全可靠的解决方案。智能用水管理系统有许多潜在的用例,如洪水期间的用水管理、水质检查、使用安全的电子支付方式征收水费等。

参考文献[6]中提出了一个解决方案,将物联网与区块链技术相融合,以建立信任。区块链可确保数据的稳健性和可靠性。在智慧城市环境中,有一个区域称为"物联网区",在该区中,用户的互动作为一项交易存储于区块链。这一系列交易称为"物联网轨迹"。只有当用户拥有独一无二的数字加密代币时,才能进行用户互动。这些代币是使用一种预测模型(名为"变阶马尔可夫模型")预先生成的。利用物联网技术在智慧城市中产生的数据量非常大,许多企业都将这些数据存储在云端。云技术的缺点在于更依赖于中央服务器,容易出现单点故障。智慧城市中所用的数据可能与社交媒体、智能家居、安全监控等相关,如图8.2所示。

数据存储成为建设智慧城市的一个重要特征。存储和访问数据需采用一种先进的存储技术。参考文献[7]中提出了一种基于去中心化区块链的动态数据存储协议,称为"数据持有性证明"(Provable Data Possession, PDP),支持数据更新和用户验证。使用智能合约,可证明所有参与实体的公平性。数据在多个区块进行复制,以确保可用性和稳健性。区块链的主要优势在于,存储在区块链中的数据是不可篡改的。与物联网有关的所有安全问题均可用区块链来解决。在参考文献[8]中,作者开发了两个系统:一个采用了区块

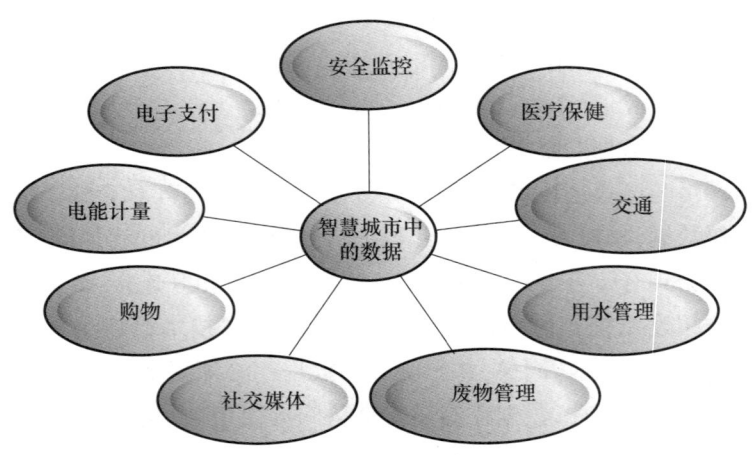

图 8.2 智慧城市中所用的数据类型

链技术的物联网系统,另一个未采用区块链技术的物联网系统。物联网设备之间通信的协议是消息队列遥测传输,所用的区块链平台是以太坊以及智能合约。上述两种物联网系统都进行了模拟,结果证明,采用区块链技术的物联网系统比未采用区块链技术的物联网系统更安全。区块链提供对数据和设备的安全访问,由此必然可加强物联网建设。IBM 等几家公司目前正在采取举措,将区块链纳入其生产和供应链。

物联网设备通常会产生海量数据。这些海量数据可用于进行分析,而这种分析一般采用若干机器学习和深度学习方法(已被人工智能取代)。如果人工智能基于集中式架构运行,那么就会出现数据修改的风险。如果数据被黑客操纵,那么分析/决策结果就会出现严重错误。另外,数据起源和数据来源的真实性也存在风险。为了克服这个问题,人工智能可与区块链技术相融合。人工智能处理的数据是分布式数据,而区块链则会确保数据存储和访问的安全性。通过使用区块链,可分布式存储大量数据,因此决策结果会得到网络中各方的信任[9]。

通过融合物联网、人工智能和区块链技术,可开发各种去中心化的智慧城市应用。所有参与方均可访问具有足够安全性的相同数据源。区块链和人工智能的融合带来了许多好处,其中包括增强数据的安全性、改善决策,以及干预智能[10]。人工智能和物联网架构与区块链技术的融合,可为用户带来便利和舒适。例如,冰箱可装配物联网传感器,用于监控冰箱内所有食物的保质期。区块链会保证从各设备到可信去中心化系统的数据完整性。物联网中的传感器可感测冰箱中某一食物的可用性,并在该食物变得不可用时通知采用人工智能技术的聊天机器人,甚至可使用区块链技术向商店供应商下订单,同时确保交易安全。由此,物联网、区块链和人工智能这些新兴技术均可融合在一起,有效建设一个舒适、安全、高效且可靠的智慧城市。

8.2 物联网生态系统中基于区块链和人工智能的一体化管理

如今,互联网广泛应用于日常生活的方方面面。物联网在各个领域都有发展,尤其是交通、能源和农业领域。在物联网中,可连接多种资源或设备。这些设备可收集用户的个人信息。最终,这可能成为对用户隐私的威胁。在智慧城市环境中,这种威胁甚至更严重,因为许多市民的数据都与物联网相关。如果信息落入黑客之手,那么风险便不可估量。

当打开一个网站时,该网站会征求用户同意。2016年通过的《通用数据保护条例》[11]规定,严禁处理个人数据。只有在法律允许或用户同意使用其数据的情况下,才能处理个人数据。此后,消费者同意的问题引起了更高的关注度,迫使各公司对客户的个人数据引起重视。由此可知,一体化管理系指网站或任何来源只有在获得用户的同意/许可后才能采集数据的过程。显示缓存文件(Cookies)是为了获得用户的同意。通过实施《通用数据保护条例》,用户可规范其个人数据。

参考文献[12]中提出了ADvoCATE架构,该架构采用了以用户为中心的方法,用户可同意在物联网系统中访问其个人信息。通过使用区块链基础设施,ADvoCATE架构可确保个人数据的完整性和安全性。该架构的作用符合《通用数据保护条例》所述要求。智能服务可用于分析用户的政策冲突,并向用户提供建议,以免其个人数据意外泄露。在ADvoCATE架构中,物联网环境中所用设备的一系列传感器都可用于采集用户相关数据。如前所述,物联网可用于与智慧城市相关的所有活动,如农业、教育、娱乐、医疗健康和智能家居。ADvoCATE架构采用了数据控制器,可与用户沟通,征求用户的同意。ADvoCATE架构包括一些功能组件,如一体化管理组件(Consent Management Component,CMC)、一体化公证组件(Consent Notary Component,CNC)和智能组件(Intelligence Component, INC)。关于 ADvoCATE 架构的组件,请参见图 8.3。

图 8.3　ADvoCATE 架构中的组件

8.2.1　一体化管理组件

一体化管理组件负责管理用户的个人数据处理策略和数据一体化。用户定义的策略可以是通用的,也可用于特定领域。在使用特定物联网设备时,数据控制器可能采集了用户一体化相关数据。同样的一体化政策可能不适用于物联网系统中的其他设备。用户与数据控制器之间交换信息的安全性也是一个主要问题。此外,数据控制器必须确保利用数据隐私本体,向用户清晰展示隐私政策。ADvoCATE 架构遵循"可扩展访问控制标记语言"(eXtensible Access Control Markup Language, XACML),根据语义确定政策。ADvoCATE 架构不仅可利用单一本体,而且还支持类似的其他本体。这些本体甚至可利用机器学习方法进行设计,以确保正确性和可靠性。

8.2.2　一体化公证组件

ADvoCATE 架构采用了数字签名和区块链,以确保无论是在用户端还是在数据控制器端,数据一体化政策都具有不可否认性、正确性、完整性、可靠性和有效性。一体化公证组件可作为一体化管理组件和区块链架构之间的中介。通过一体化公证组件,可查看一体化文书是否是最新版本,以及是否受到保护,以防止未经授权的访问。ADvoCATE 架构使用了智能合约,以确定一体化协议的规则和滥用用户数据时可能受到的处罚。在使用区块链时,所有一体化文书都是公开可见的,但内容却具有防篡改性。ADvoCATE 架构还获得了双方对一体化政策的数字签名,以确保不可否认性。同时,一体化文书的哈希版本也在区块链结构中。关于一体化公证组件的工作流程,请参见图 8.4,具体步骤如下:

（1）一体化公证组件从一体化管理组件处收到最新版本的一体化文书。

（2）用户和数据控制器须独立签署一体化政策。

（3）利用智能合约,将两个数字签名的哈希值存储在区块链中。

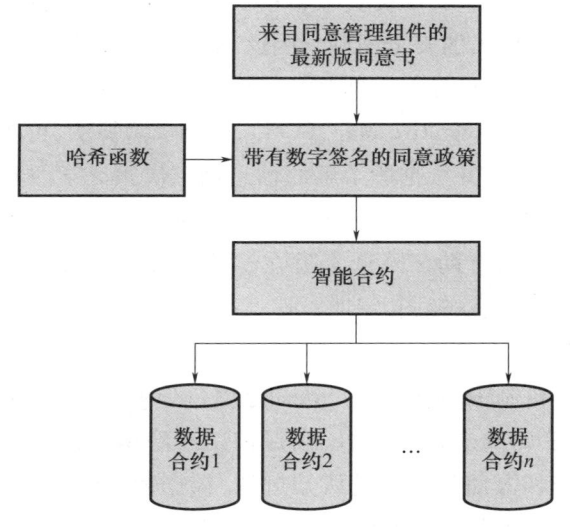

图 8.4　一体化公证组件的工作流程

部署在区块链中的智能合约需对一体化文书的所有更新与撤销负责。智能合约的执行与控制都是自动的,可负责处理一体化文书中所描述的事件和行动。通过智能合约,可查验一体化文书是否是最新版本以及是否完整。最后,一体化公证组件将最新版本的一体化文书(附有区块链上智能合约的数字签名和地址)返回给一体化管理组件。此后如有需要,用户和数据控制器可验证一体化文书的有效性,具体方式有两种:一是验证数字签名;二是通过智能合约检索区块链上最新版本的一体化文书。保存一体化文书需采用安全的分布式存储,而区块链在这方面发挥了重要作用。

8.2.3　智能组件

ADvoCATE 架构将智能组件作为以下两种机制来实现：智能政策分析机制（Intelligent Policies Analysis Mechanism，IPAM）和智能推荐机制（Intelligent Recommendation Mechanism，IRM）。智能政策分析机制不仅可用于确认是否存在任何与泄露用户私人数据有关的矛盾策略，还可确保采集的数据不会用于用户特征分析。一体化政策中可能存在许多陷阱，如要求用户同意在数据传送时对数据进行加密，并在提交表格中显示不需要的字段。用户最不关心的信息可能会变成巨大的安全漏洞。因此，必须极其谨慎地定期监控一体化政策。借助人工智能，可发现一体化政策中的潜在信息和不必要的活动。通过模糊认知图（Fuzzy Cognitive Map，FCM），使用学习算法，可找出一体化政策中各要素之间的关系，并根据所了解的信息做出决策。学习算法是通过训练并更新基于人工神经网络（Artificial Neural Network，ANN）的模糊认知图而实现的。人工神经网络有助于降低人类在学习过程中的参与度。在智能政策分析机制中，使用模糊认知图，定期对违反用户隐私政策的行为进行监控，并签订一体化协议。

在智能推荐机制中，利用名为"认知过滤"（Cognitive Filtering，CF）的机器学习方法，提供实时的个性化信息，以保护用户隐私。认知过滤的工作原理是收集用户的非私人信息。通过认知过滤，根据信息和用户的一体化政策，可制定某些规则。由此，可为个人用户制定个性化的智能规则，而智能推荐机制则可确保安全策略的有效性。

8.3　区块链确保物联网安全

随着区块链的日益普及，区块链早已用于商业应用中，这点毋庸置疑。许多物联网应用均需区块链来保证用户及其数据的安全。物联网中的设备易遭受各种攻击，而且数据隐私总是受到威胁[13]。区块链有一些本质特征，如防篡改性、数据完整性、分布式性质、透明度和保密性，几乎均不适用于物联网应用。区块链技术与物联网的融合，给安全领域带来了一场革命。物联网设备的传感器会产生大量数据，而这些数据可用于分析。因此，必须加强对数据安全的重视，而智慧城市架构则需确保数据传输和存储免受威胁。在智慧城市环境中,要处理各种类型的数据,包括电子政务信息、电能计量、车辆跟踪信息和医疗健康数据,这些数据更容易遭受攻击。智慧城市环境中所用数据必须做到安全传输和存储。将物联网和区块链融合到智慧城市环境中,框架如图 8.5 所示。

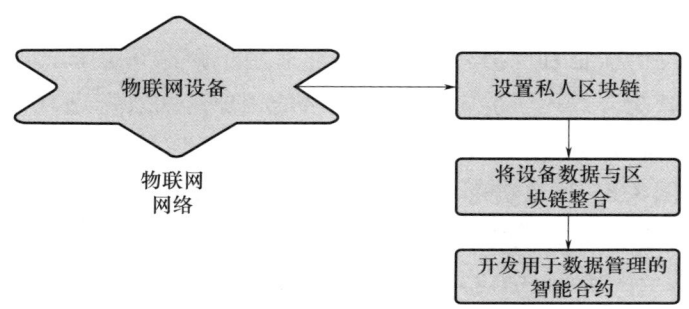

图 8.5 智慧城市中的物联网和区块链

智慧城市环境中使用了多种智能设备,如智能服务台、智能电表、智能交通信号、自动售票机等,这些设备都易于遭受外部攻击[14]。当这些设备受到攻击者攻击时,个人和财务数据可能会泄露,这可能会对城市和居民造成更大的损害。若智慧城市环境中采用了物联网设备,则会对可用性、完整性、保密性、真实性和问责制造成威胁[15]。通常,物联网设备的电池寿命有限,容易遭受攻击,即攻击者节点滥用有限的电力,对可用性造成威胁。对可用性的常见攻击是分布式拒绝服务攻击。当数据集中存储时,也会对可用性造成威胁。物联网设备所采集的数据可用于各种分析和改进。完整性威胁会导致数据修改和损坏。影响数据完整性的攻击包括修改攻击、对路由信息的拜占庭攻击和注入攻击。在智慧城市环境中,可处理许多敏感数据,而保密性威胁包括将这些敏感数据披露给未经授权的第三方。对保密性的攻击包括身份欺骗和流量分析。在智慧城市中,多个物联网设备/节点协同工作,攻击者可能会未经授权就访问这些设备或相关数据,从而对真实性造成威胁。另外,这些节点可发送或接收来自另一个设备的信息,但随后又否认数据的传输或接收,对问责制造成威胁。

区块链的安全作用

作为可保护和优化物联网用户的全球技术,区块链正值快速发展期。区块链采用共识、分布式账本、加密技术和智能合约4种方法确保安全性[16]。采用这些方法,可轻松应对那些针对物联网设备的威胁。如前面所述,共识提供了工作量证明,并通过提供某些一体化管理协议,防止网页或第三方窃取用户的私人数据。在分布式账本中,以分布式存储关于用户和设备交易的所有详情,确保数据的可用性。哈希函数和加密技术可限制未经授权的访问,确保数据的认证和完整性。这些功能适用于存储在分布式账本中的数据。最后,智能合约用于验证和核实网络的用户。区块链还有一个重要特点,即不允许将某项交易与某一特定用户关联。关于区块链在物联网中的作用,请参见图8.6。区块链可与物联网融合,执行安全政策,并保留可公开查看的物联网记录。当区块链发挥安全作用时,物联网并不希望依靠第三方软件来确保安全性,经证明,这是对经济有利的做法[17]。

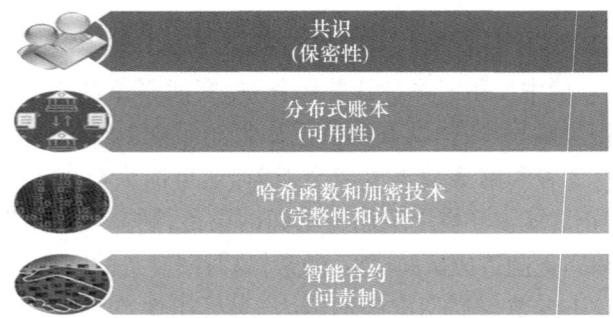

图8.6 区块链在物联网中的作用

1. 区块链对抗可用性威胁

区块链采用分布式架构,其中的节点和数据都以分布式存储。由于没有集中式架构,所以区块链自然成为分布式拒绝服务攻击的克星。换言之,无法在区块链上发动分布式拒绝服务攻击。建议采用ProvChain架构[18],根据区块链概念,确保物联网设备的安全,对抗可用性威胁。将溯源数据纳入数据的区块链交易中,而这些交易存储于云端。首先采集溯源数据,其次存储数据,最后使用公钥和私钥对该数据进行验证。ProvChain架构分数据存储层、区块链层和溯源层三层实现,且分别进行数据采集、数据存储和数据验证。在基于区块链的审计架构中[19],使用分层加密技术与区块链技术,确保数据的可用性和问责制。在该方法中,获得每个数据所有者的同意,使用智能合约方法确保数据隐私。该架构有利于建立一个监管框架,以执行基于联盟链的法律。

2. 区块链对抗完整性威胁

修改攻击是一种著名的攻击,可改变区块链中已存数据的内容。修改的方式多种多样,如操纵区块中的数据内容;在区块中添加新数据;或者删除区块中的数据。由于区块链采用去中心化架构,因而可轻松防止修改攻击。在参考文献[20]中,利用区块链中数据的参照完整性指标(Reference Integrity Metric,RIM),维护数据的完整性。每次下载数据时,都要确认参照完整性指标的取值。中央枢纽用于存储元数据信息,而原始数据则分布式存储。一个区块链保存有关数据所有者、数据共享政策和数据地址的数据,而另一个则保存参照完整性指标信息,这样就可利用区块链确保数据的完整性。

3. 区块链对抗保密性威胁

加密是确保数据保密性的常用方法。在区块链中,使用公钥/私钥对,保护敏感数据免遭窃取。数据并非直接存储在区块链中,而只是存储了数据的哈希值,以保护数据免遭窃取。主要问题在于,使用非对称加密/对称密钥加密时,需要分配私钥/密钥。迪菲·赫尔曼(Diffie Hellman)算法等许多算法都可用于安全分配密钥。参考文献[21]中提出了一种去中心化的外包计算,其中数据所有者可要求服务器对加密数据进行同态计算,以检查服务器是否可靠。数据所有者并未提供任何明文数据。同样的机制用于物联网时,会产生一个由机密区块链支持的物联网,称为BeeKeeper 2.0。参考文献[22]中还提出了一种方法,即采用对称密钥加密(只使用一个密钥),并声明对称密钥加密比公钥加密快得多。基于该方法,还设计了一种在物联网设备与密钥管理器之间安全传输密钥的方式。

4. 区块链对抗真实性威胁

在确保隐私和安全方面,真实性起着至关重要的作用。大多数区块链都是由用户控制的。例如,当区块链用于医疗健康行业时,在决定谁可以或不可以查看健康记录的问题上,病患自己发挥了关键作用。因此,对用户的认证是部署区块链的必要条件。在参考文献[23]中,作者提出了一种名为"数字指纹"的方法,对物联网设备进行认证。每个设备均会产生一个不可克隆的独特函数。在可公开访问的公有区块链中,设备制造商生成了设备编号的加密哈希值,并予以存储。当特定的物联网设备登录区块链时,终端用户可

区块链、物联网和人工智能

算出设备编号的哈希值,并确认该哈希值是否存在于全局寄存器,以验证设备的真实性。为了防止克隆,设备认证需定期进行。

5. 区块链对抗问责制威胁

不可否认是一种常见威胁,即用户事后否认他们做过某一事件。也就是说,用户不会对某一特定事件负责。在输入问责制的过程中,区块链技术中的智能合约肯定会有所帮助。智能合约是自动执行的文件,可记录用户执行的某个事件或行动。这些合同具有法律依据,因为合同是经两端用户同意后执行的,且生成了用户间的协议。在此情况下,由于合同是自动生成的,因此用户不能拒绝承认未执行某一特定事件。

8.4 人工智能在物联网智慧城市中的应用

据统计,有 600 多个城市地区运用了基于计算机的技术创新,其中包括各种新兴技术,如区块链、人工智能和物联网,都是提高世界经济发展水平的驱动力。在未来 10 年,人工智能、物联网、机器学习和区块链技术将在各个领域(不仅是智慧城市)开拓创新。目前,许多项目都是由区块链开发,并被谷歌、优步、亚马逊、IBM 及其他企业巨头所用。分布式数据库存储在不同位置的区块中,经组合后,形成一个类似区块的链条。就这点而言,人工智能可用于对已存数据做出适当且准确的决策。

当物联网设备用于智慧城市中的各种应用时,必然会产生大量数据。因此,需采用一种强大的技术,如人工智能,处理并分析这些智能数据。在大多数情况下(如医疗健康、电子政务、电能计和车辆跟踪),这种分析可能会变成至关重要的创新发挥空间。上述领域都涉及大量数据,维护数据变成了一项复杂的任务。在决定是否应该对用户进行封锁或调查的问题上,人工智能算法发挥着越来越大的作用。

例如,在智能交通方面,区块链可以存储有关车辆、交通拥堵地点、停车区域、交通信号灯、车辆位置等详细信息。人工智能可用于交通数据的推导分析,当司机需要就寻找到达目的地的最短路径或车辆应停在哪个停车场做出决策时,人工智能便可提供帮助。通过采集分布式账本中的车辆详情,人工智能可有效用于交通管理,并做出明确的决策。为了加强交通管理,并实现现代化,人工智能发挥了关键作用。维护并监测存储在账本中的海量数据,并做出智能决策,这种能力会对交通拥挤的城市产生重大影响。

在智慧城市环境中,根据数据分析,可制定新的政策和决策。不过,应该正确分析数据,若非如此,则会给结果带来负面的影响。许多组织已经转向云平台,以满足存储需求。在云端存储数据几乎没有缺点,不过无法保证这种数据的完整性。同样,存储在云平台的数据也面临安全问题和威胁。这些问题在智慧城市环境中会导致严重影响。为了确保数据的完整性和安全性,区块链技术可整合到云平台中,从而提供分布式的可靠数据访问。在使用区块链时,无须依靠第三方来确保完整性和安全性。

参考文献[24]介绍了基于区块链的数据完整性审计。经证明,提议的方法有效且可靠。数据审计区块链(Data Auditing Blockchain,DAB)可用于收集审计相关证明。数据所有者/数据用户在云平台上存储数据,并对数据进行审计。根据人工智能的概念,分析数据,以得出富有成效的结果。首先,数据所有者向云服务提供商发送请求,以进行审计。在获得云服务提供商的批准后,数据所有者对数据进行审计。审计后,云服务提供商生成一份审计证明,该证明包含在数据审计区块链的区块中。届时,这些区块中会有防篡改且安全的审计记录。关于存储数据和审计记录的程序,请参见图8.7。

图8.7 使用数据审计区块链的数据审计

相关算法可用于代表选择、密钥生成、标签生成、挑战/响应、共识管理和数据验证。区块链节点上有数据所有者/用户和云服务提供商。在这些节点上,采用代表选择算法,以选择一个主节点和少数从节点。利用密钥生成算法,数据所有者生成了一个公钥-私钥对。利用标签生成算法,数据所有者生成了同态标签,这些标签适用于存储在云端的所有数据。在向云服务提供商发送挑战后,数据所有者/用户进行审计,这些提供商会对挑战做出响应,生成审计证明。在从节点上使用共识算法,以发布新的数据块。利用验证算法,数据所有者将存储于数据审计区块链中的审计证明与审计结果进行交叉验证。

8.5 利用区块链降低智慧城市风险

居民参与制定公共决策,有助于完善智慧城市和数字城市的范围,特别是利用区块链这种新技术。区块链技术具有重组现代复杂系统的能力。通过提高生产力和促进经济增长,区块链技术可让智慧城市更高效地运行。区块链对各个领域都有影响,特别是运输系统、智能电能计量和发电厂、医疗健康、教育、民事登记、电子政务、农业和国防,如图8.8所示。

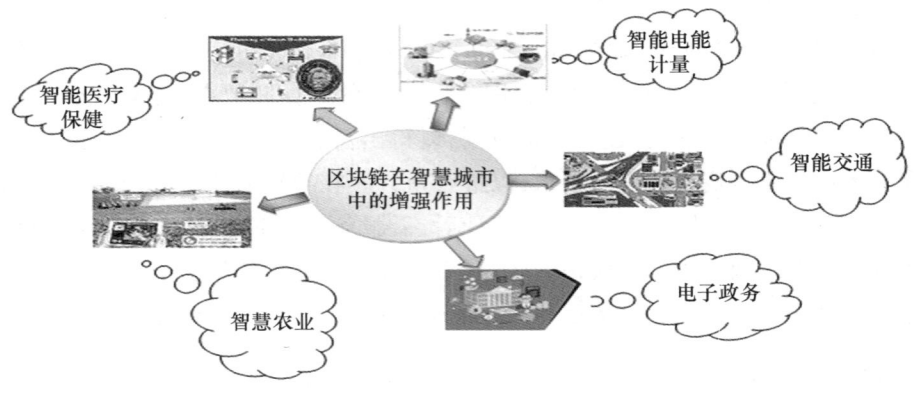

图8.8 需实现风险最小化的领域

区块链有助于减少人力和社会资源,为能源产销者的账单和跟踪数据提供数字身份,并追踪物流车辆。在区块链技术中,主要降低了第三方的参与度。加密算法有助于提高安全性。主要是通过实施区块链[25-26],各公共领域的投资风险均有所降低。区块链风险的类型包括:

(1)类型1:区块链允许所有用户访问网络而无须安全检查,即无许可的。
(2)类型2:管理员需验证用户参与网络的详细信息,即有许可的。

8.5.1 区块链的使用风险

8.5.1.1 业务连续性风险

区块链技术是分布式技术,因此通常都很灵活。然而,在利用技术和操作失误以及黑客攻击方面,为区块链编写的业务程序可能会面临风险。为了克服这种风险,各组织需要制订强有力的业务连续性计划和治理框架架构。此外,区块链解决方案有助于将许多业务的时长和投资成本降至最低。

8.5.1.2 信息安全风险

虽然区块链技术侧重于交易安全,但却无法确保交易各个领域的安全,如个人账户持有人的访问和钱包安全。非集中式数据库和安全算法加密账本都可能会遭受黑客攻击。此外,还有许多其他网络安全风险,需要区块链网络实施协议和算法来克服。

8.5.1.3 合约风险

服务级别协议(Service-Level Agreement,SLA)是客户与管理员之间达成的协议,用于监控客户端提出的合规性。

8.5.1.4 供应商风险

组织或行业可能会面临第三方风险,因为大部分技术均由外部供应商提供。

8.5.1.5 信誉风险

区块链技术的实现离不开基础设施的帮助。实施新的遗留基础设施需要花费更多时间。在使用现有结构和相同方法的同时,新技术可能会导致出现客户体验问题。当各公司未能将区块链整合到相关遗留系统中时,信誉风险就会出现。如果做得不对,就会导致客户体验不佳,而且容易损害公司的信誉。

8.5.1.6 共识协议风险

在分布式账本中,每个对等体既是主机又是服务器。信息在对等体的需求之间进行交换,以达到共识节点。有时有些区块节点会停止工作,有时也会出现一些恶意的攻击者,这都会破坏共识的进程和工作流程。因此,需要一个出色的共识协议,以包容这些现象,并减少约束。区块链中所用的共识协议包括瑞波币、委托权益证明、权益证明和工作量证明。

8.5.1.7 密钥管理和数据保密性风险

区块链账本应该得到保护,不得出现过去交易的腐败现象。所有参与者均可查看账本的元数据,所以账本仍然容易受到私钥(与公钥相关联)的影响。账本需利用强大的加密算法进行维护,以便使用更长的私钥和公钥来保护数据或账本。

在智慧城市中,区块链风险最小化的主要目标是降低第三方的参与度,提高交易过程的安全性,并减少操作时间和投资成本。考虑上述所有要点和前面提及的风险,下面将探讨几个用例[27]。

8.5.2 利用区块链降低智慧能源风险

随着人口持续增长,新技术、新机制和新政策应运而生。新进展、新想法和新技术在各个领域不断涌现,融入城市之中。随着数字时代的创新和发展,需要面对不同的挑战。信息技术可助力城市系统的"绿色"转型。

智慧城市所用的现代技术之一是区块链技术。区块链技术提供了一个解决方案,可控制和管理去中心化的电力系统,并通过微电网发电。通过一组联网的传感器发电,将数字电表置于发电厂内,以监测系统数据。在区块链的帮助下,实现发电的去中心化,通过改善能源分配过程,填补损失,促进可再生能源的发展,确保电力供应的安全性,在能源交易平台上提供了解决方案。

8.5.2.1 区块链应用对能源行业的影响

区块链技术可能会在不同的场景(涉及能源组织的运营和商业企业方法)中发挥作用。P2P能源交易系指购买和出售太阳能中产生的多余能源。通过以太坊区块链技术,客户可购买和出售居民的太阳能系统所产生的多余电力。这种能源交易过程有三个步骤,如图8.9所示。

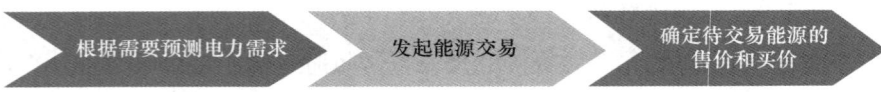

图8.9 客户之间的能源交易过程

第1步:根据客户需求发电,或者预测电力需求,传送相关信息,以发起交易。

第2步:将产生的多余电力输送给微电网运营商。客户将从微电网发电厂运营商处购买能源。根据微电网运营商的实时监测数据,将多余的电力送往主电厂。微电网可支持能源生产和消费,同样可用于分配和传输。微电网可确保网络适应性;支持频率和电压等基本服务;并在发电机、输电线路和变压器出现故障时提供能源服务。

第3步：根据发送到微电网的订单，检查能源平衡的约束条件，并确定售价和买价。利用区块链技术，完成能源交易过程，以提高分布式网络的收益。

在平衡电力供需、同步传输和分配过剩电力、微电网容错、提高分布式资源的使用率等方面，区块链技术面临着种种挑战。维护微电网、分配和传输都离不开区块链。需仔细分析区块链产生的新数据集，以进一步处理实时电网管理。

8.5.2.2 区块链在能源行业的研究项目

名为Filament的研究项目开发了区块链技术，如智能电能计量和实时数据监测。在该项目中，可利用区块链技术连接电子设备。

（1）Slock.it专注于开发基于以太坊的技术和能源网络区块链。

（2）Dajie提出了一种方法，将多余能量以硬币的形式保存起来，并将其存放在数字零钱包中，供同行在微电网中进行能源交易时使用。

（3）ElectricCChain行业收集了超过百万的太阳能发电厂数据，并存储在一个区块链中。所有太阳能发电厂的数据都与太阳币区块链相连，以监控和奖励太阳能生产商。

（4）Fortum推荐了一个解决方案，便于消费者使用物联网来控制家电。该公司主要致力于优化能源需求，减少电费，预测能源需求及现行电价。

（5）GreenRunning是一家初创公司，开发了一个基于人工智能的解决方案，用于预测能源需求以及发电供销市场价格。这种人工智能技术对同行之间的能源交易大有帮助。

（6）Tavrida Electric是一家利用区块链技术进行能源交易的领先电气设备供应商。能源交易的详情都存储在区块链中，并且对其他所有能源公司公开。

（7）Wanxiang是中国的汽车零部件制造商，投资数十亿美元开发了一个智慧城市项目。

（8）Oli专注于更精简却更精密的能源系统。能量系统中的能量单元增多，所有能量单元需协作才能达到预期结果。这些能源单元通过区块链技术互联。

大量能源行业公司都探索了区块链技术，确保智能能源计量表公开透明,同时进行了发电量交易,改善了电力供应。区块链为能源市场中的消费者和可再生能源发电商提供了一个新的解决方案[26]。

8.5.3 利用区块链降低智能交通风险

区块链技术正在飞速发展,并对智能交通系统产生了巨大影响。随着世界人口的增长,需要实现现代创新技术的愿景,提供更高质量的基础设施。智能交通系统与区块链技术相结合,治理高峰时段和交通繁忙区域的交通拥堵,确保道路安全,降低事故率。通过利用车载装置和车辆中的各种传感器,智能交通系统可收集当前所有交通信息。收集到的交通信息存储在集中式服务器中,用于分析交通问题[27]。在区块链的支持下,公路运输系统的风险有所降低,如图 8.10 所示。

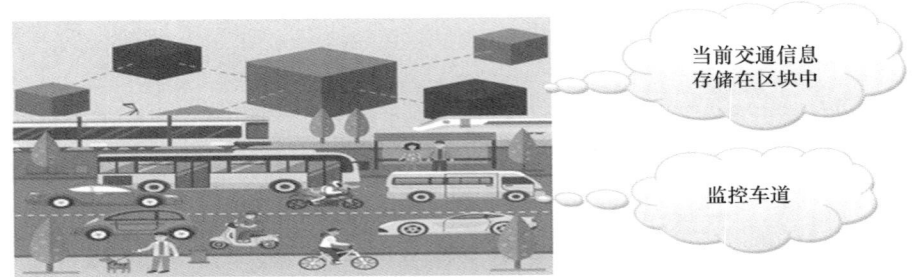

图 8.10 区块链在智能交通系统中的简单应用

(1)学校和工业区附近是高峰时段交通最繁忙的区域,需要有效地监测当前的交通数据。

(2)确定事故多发地和应急区域。

(3)监测车辆在行驶过程中是否顺着车道行驶,以及车辆是否停放在适当的地方。

(4)救护车到达时,交通信号灯启用自动化模式。

车载随意移动网络可用于监测交通,减少事故,并提示交通繁忙的道路(交通拥堵区域)。这个车载随意移动网络与区块链技术相融合,加大对智能交通系统的重视。区块链技术有助于及时规范公共交通系统。利用车载随意移动网络和区块链技术,将车辆详情(即车辆的当前位置、车速和车辆经过该位置的时间)均存储在数据库账本中。将上述报告数据以及与其他车辆的距离都发送至国家交通系统。借助已存信息,其他车辆可了解交通情况。关于区块链在智能交通中的应用,请参见图8.11。

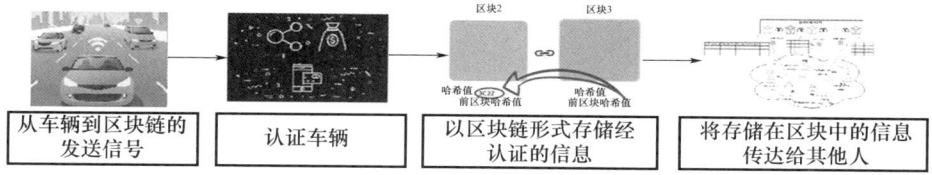

图8.11 区块链应用于智能交通的4个步骤

关于区块链如何应用于智能交通,分为4个步骤:

(1)无线网络设备或物联网设备可用于发送和接收车辆相关信息。

(2)检查车辆信息的真实性。

(3)以区块形式存储真实信息。每个区块包含许多车辆的信息,信息存储在与其他车辆共享的区块中。以此类推,每个区块与其他区块相叠加,形成一个区块链。

(4)共享链接信息,以便所有其他车辆都知晓交通拥堵区域、紧急需求以及可行路线。

对于以图片形式显示当前道路状况而言,存储在区块链中的车辆和基础设施信息非常有用。在图8.12中,每条线代表一条路线。这种图形化的表示方法有助于驾驶人员根据交通情况改变路线到达目的地。其中,每种颜色都表示一种交通信息。这样可方便大众,在驾驶过程中选择一条路线。此外,利用区块链技术,还克服了交通行业所面临的一些其他风险。

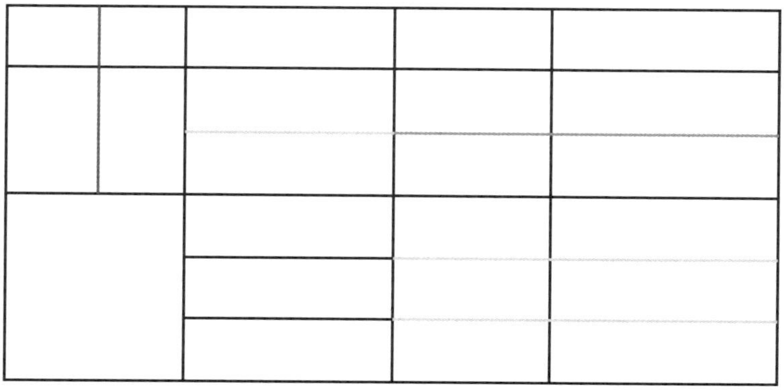

图8.12 用线条表示通往不同城市的路线

8.5.3.1 在跟踪方面的效用

在数字时代,大多数公众都使用自动取款机(Automated Teller Machine,ATM)进行现金交易和网购。在城市和周围地区,每天都有一些重要转账通过各种工具实现。为了追踪工具并了解工具状况,区块链跟踪系统非常高效(跟踪过程中涉及的风险都有所降低)。借助区块链技术,数据验证和认证都在整个网络中完成。

8.5.3.2 智能合约的优势

将网购产品交付给客户时,另一端就会收到付款。因此,通过验证存储在区块链中的信息(如在没有人为干预的情况下完成支付),用于开票和收款的资源非常简单。

8.5.3.3 减少纸质票务系统的使用

交通行业几乎都在向数字时代迈进,地铁公司早在2013年就已停止出售纸质地铁票。可利用数字系统生成票据,产生确认收据。全世界正在逐步实现无纸化维修保养。基于区块链的分布式账本有助于存储所有乘客信息,并在必要时进行检索。

8.5.3.4 去中心化的公共交通系统

在人口较多的城市中,交通十分繁忙。在这些地方,自行车和汽车共享服务有助于缓解交通,减少污染。区块链可为共享公共交通提供便利,如发放代币、票据及其他奖品。

8.5.4 利用区块链降低电子政务风险

区块链技术有望推动下一个现代数字基础设施时代的到来。在在线软件的帮助下,公众可在任意时间、任意地点和任意设备上,存储和检索自己的详细信息。Neo 区块链项目等治理模式是数字资产和数字民主的一个范例[27]。安得拉邦、古吉拉特邦、马哈拉施特拉邦和卡纳塔克邦等大多数邦均已开始探索,如何将区块链技术应用于电子政务。

政府已做好民用物资和土地登记的记录,以保护补贴和土地所有权的相关文件,防止欺诈。国家认为区块链可以提供充分的保护,防止网络攻击。"我们所有的敏感数据都是数字格式。有了区块链,即使遭受黑客攻击,我们的数据也会安全无虞。"安得拉邦首席部长的信息技术顾问乔杜里（Chowdary）曾如是说。

8.5.4.1 网上登记出生和死亡证明

在过去20年里，网上登记数量与日俱增。2001—2014年，出生登记率从58%上升到88.8%；同样，同期死亡登记率也从54%上升到74.3%[28-29]。虽然这些都是正增长，但在准确性、检查唯一性、个人信息完整性和及时性方面仍然存在许多风险。

印度的大多数村民并未采用网上出生和死亡登记，而是使用补充文件。只有少数几个邦迈入数字时代，在网上登记详细信息。有时会出现重要信息存储不当的问题，这将对未来资源规划产生影响。利用基于区块链的技术，就可解决上述问题。

简单的数字存储可确保居民出生和死亡登记的便利性。需尽量减少通过与政府人员的互动来获得出生和死亡证明的批准。可提供数字文件，方便居民携带。目前，出生和死亡登记十分方便，透明度提高，存储冗余数据的现象有所减少。这项技术对于找出邦际间的数据重复录入很有帮助。出生和死亡登记的详细信息均保存在智能合约中，通过采用受保护的私有分布式账本，该系统可存储详细信息，这种账本更有利于信息交换。

8.5.4.2 房地产

如今，在土地和房产登记方面，人与人之间的互动较为频繁，因而这种登记非常耗时，且效率低，需要更高效的维护。在现有的系统中，数据可能会遭受黑客攻击。区块链将提供一个有效的解决方案，可永久存储所有的土地和房产登记数据，无须第三方获取房地产数据或更改一块土地的所有权。由于区块链具有防篡改性，因此交易完全透明，且有一个不可篡改的数据账本。

8.5.5 利用区块链降低智慧农业风险

区块链技术对农业也有影响。在区块链技术的帮助下，可追踪农产品。采用区块链解决方案，不再存在第三方中介机构，可改善定价公平，减少交易费用，进而消除囤积问题。表8.1列出了在农业方面使用区块链的优势。区块链应用将与简单的手机接口系统协作来采集数据。

区块链、物联网和人工智能

表 8.1　区块链在各领域中的优势

领域	由区块链实现的风险降低
智能能源计量表	生产消费者的能源生产数据、能源消费者和供应商的数据记录、用于计费的智能能源计量表、按需供应、资源追踪
运输和物流、商业和配送	运输记录、良好的交付和运输数据、物流服务标识、收费数据维护、车辆追踪、货运集装箱追踪
智慧城市	智能服务产品、能源管理数据、用水管理数据、污染控制数据、数字数据、实现数字交易、智能数据维护、智能交易
农业	土壤数据、与农业数据有关的加工记录、农业产品的运输、农业种子的销售和营销数据、产量

以下步骤描述了从农业到加工厂的区块链用例：

（1）一位农民在收获期间拍摄了一张带有地理标签的农场照片。将收获物装入麻袋，并对装好的麻袋进行拍照。该农民也可到最近的采购代理商处登记。

（2）代理商对农民的详细资料进行认证，生成一个二维码，并将该码印在他们的麻袋上。

（3）代理商将多项登记产品组合在一起，形成新一批托运物。每个托运箱都进行加固处理，托运货物的重量也有记录，运输前，将货物放在箱子上面。随后，这个重量由采购代理商输入区块链，并生成一个托运二维码，与农民的二维码相关联。

（4）运输过程中，在托运二维码的帮助下，可对托运的车辆和情况进行跟踪。

（5）若行程或托运期间出现任何偏差，都通过区块链上的智能合约进行处理。例如，如果运输冷冻蔬菜、水果或牛奶产品，而托运货物的温度在到达加工厂之前有可能低于某一温度值，则智能合约应随时记录偏差，并发出相关通知。

（6）到达加工厂后，根据存储在区块链中的数据，验证托运货物的重量和二维码。

（7）对于每一个过程，农民都会收到关于收获物的即时消息。在一次/二次加工厂，员工能够读取每个麻袋上的二维码，追踪农产品及带有地理标记的农场。

8.6 利用区块链技术保障智慧城市安全

随着人口增长,全世界经历了飞速发展,资源日渐匮乏。最近有研究表明,生活在城市的人(54%)比城乡地区(46%)更多,到2050年,这个数字将增加至66%[30]。鉴于这种增长,目前城市都开始关注最新技术,致力于减少投资成本,有效利用资源,并提高城市环境的生活质量。在新技术方面取得重大进展,有助于许多设备的互联,即使位于偏远地区,这些设备也能够随时随地传输数据[30]。

在将数据存储在一个集中点时,可能会出现设备欺骗、漏洞、易被篡改、虚假认证、完整性或数据共享的可靠性较差等情况。为了解决这种安全和隐私问题,取消了中央服务器的概念,引入了区块链技术。在分布式账本的帮助下,利用区块链,可更快地进行P2P消息传递。分布式账本具有很强的保护性,不允许数据出现任何误解或错误认证。

8.6.1 数字签名

在基于区块链的技术中,分布式账本数据库的作用如同大脑。为了保护数据库免受主动攻击,采用了基于数字签名的加密哈希算法1(SHA-1、SHA-2和SHA-256)。在区块链中,公钥加密算法为用户创建了一个安全的数字身份。安全的数字身份是关于具体身份及其所有物的信息,而这些就是P2P交易的基础。

有了公钥加密算法,就可以用一套密钥(即私钥和公钥)来查验某人的专属身份。这两把密钥组合后形成了一个数字签名。这种数字签名可通过个人私钥验证内容,并通过个人公钥进行确认。数字签名文件的优点如表8.2所列。

表8.2 数字签名文件的优点

认证	在访问区块链之前,每个用户均应经过认证。一经认证,就会生成一个二维码或唯一的标记
不可否认性	相关人员不得声称自己没有参与交易
完整性	核实独特性
保密性	隐藏账目数据,防止未经授权的人看到

8.6.2 同态加密

在不改变区块链属性的前提下,可使用同态加密技术,在区块链上存储数据。利用同态加密技术,可完全访问公有区块链上的加密数据,以便审计和管理基金交易[31-32]。

8.7 本章小结

智慧城市是目前正在开发的项目,改善了城市居民的生活方式。由于主要城市的人口密集,因此需要进行复杂的技术融合才能实现智慧城市。在建设智慧城市时,需要考虑基础设施、能源管理、交通、医疗健康、废物处理等重点。利用智能物联网设备的网络,可实现智慧城市。在智慧城市中,必须开发一种架构,用于存储物联网设备产生的数据。此外,还应确保以安全的方式处理数据,同时兼顾完整性。由此可见,区块链可用于安全存储智能数据。此外,有证据表明,区块链可与物联网和人工智能技术高度融合,以应对建设智慧城市所面临的挑战。本章具体说明了一体化管理对保障用户安全的重要性,并概述了如何进行一体化管理。为了利用区块链确保物联网设备产生的数据安全,还提出了一个明确的概念。本章具体介绍了人工智能技术在智慧城市数据管理方面的需求,最后阐述了智慧城市所面临的风险,以及如何将风险最小化的措施。

参考文献

[1] Gharaibeh, A., M. A. Salahuddin, S. J. Hussini, A. Khreishah, I. Khalil, M. Guizani, and A. Al-Fuqaha. 2017. "Smart Cities: A Survey on Data Management, Security, and Enabling Technologies." *IEEE Communications Surveys & Tutorials* 19(4): 2456-2501.

[2] Zanella, A., N. Bui, A. Castellani, L. Vangelista, and M. Zorzi. 2014. "Internet of Things for Smart Cities." *IEEE Internet of Things Journal* 1(1): 22-32.

[3] Arasteh, H., V. Hosseinnezhad, V. Loia, A. Tommasetti, O. Troisi, M. Shafie-khah, and P. Siano. 2016. "IoT-Based Smart Cities: A Survey." In *2016 IEEE 16th International Conference on Environment and Electrical Engineering* (*EEEIC*), pp. 1-6. IEEE.

[4] Ibba, S., A. Pinna, M. Seu, and F. E. Pani. 2017. "*CitySense*: *Blockchain - Oriented Smart Cities.*" In *Proceedings of the XP 2017 Scientific Workshops*, pp. 1 – 5.

[5] Dogo, E. M., A. F. Salami, N. I. Nwulu, and C. O. Aigbavboa. 2019. "Blockchain and Internet of Things – Based Technologies for Intelligent Water Management System." In *Artificial Intelligence in IoT*, pp. 129 – 150. Cham: Springer.

[6] Agrawal, R., P. Verma, R. Sonanis, U. Goel, A. De, S. A. Kondaveeti, and S. Shekhar. 2018. "*Continuous Security in IoT Using Blockchain.*" In *2018 IEEE International Conference on Acoustics, Speech and Signal Processing (ICASSP)*, pp. 6423 – 6427. IEEE.

[7] Chen, R., Y. Li, Y. Yu, H. Li, X. Chen, and W. Susilo. 2020. "Blockchain – Based Dynamic Provable Data Possession for Smart Cities." *IEEE Internet of Things Journal* 7(5): 4143 – 4154.

[8] Fakhri, D., and K. Mutijarsa. 2018. "*Secure IoT Communication Using Blockchain Technology.*" In *2018 International Symposium on Electronics and Smart Devices (ISESD)*, pp. 1 – 6. IEEE.

[9] Salah, K., M. H. U. Rehman, N. Nizamuddin, and A. Al – Fuqaha. 2019. "Blockchain for AI: Review and Open Research Challenges." *IEEE Access* 7: 10127 – 10149.

[10] Daniels, J., S. Sargolzaei, A. Sargolzaei, T. Ahram, P. A. Laplante, and B. Amaba. 2018. "The Internet of Things, Artificial Intelligence, Blockchain, and Professionalism." *IT Professional* 20(6): 15 – 19.

[11] General Data Protection Regulation (GDPR)—Official Legal Text. Available online: https://gdpr – info. eu.

[12] Rantos, K., G. Drosatos, K. Demertzis, C. Ilioudis, A. Papanikolaou, and A. Kritsas. 2018. "*ADvoCATE: A Consent Management Platform for Personal Data Processing in the IoT Using Blockchain Technology.*" In *International Conference on Security for Information Technology and Communications*, pp. 300 – 313. Cham: Springer.

[13] Panarello, A., N. Tapas, G. Merlino, F. Longo, and A. Puliafito. 2018. "Blockchain and IoT Integration: A Systematic Survey." *Sensors* 18(8): 2575.

[14] Mistry, I., S. Tanwar, S. Tyagi, and N. Kumar. 2020. "Blockchain for 5G – Enabled IoT for Industrial Automation: A Systematic Review, Solutions, and Challenges." *Mechanical Systems and Signal Processing* 135: 106382.

[15] Biswas, K., and V. Muthukkumarasamy. 2016. "*Securing Smart Cities Using Blockchain Technology.*" In *2016 IEEE 18th International Conference on High Performance Computing and Communications; IEEE 14th International Conference on Smart City; IEEE 2nd International Conference on Data Science and Systems (HPCC/SmartCity/DSS)*, pp. 1392 – 1393. IEEE.

[16] Singh, M., A. Singh, and S. Kim. 2018. "Blockchain: A Game Changer for Securing IoT Data." In *2018 IEEE 4thWorld Forum on Internet of Things (WF – IoT)*, pp. 51 – 55. IEEE.

[17] Ali, M. S., M. Vecchio, M. Pincheira, K. Dolui, F. Antonelli, and M. H. Rehmani. 2018. "Applications of Blockchains in the Internet of Things: A Comprehensive Survey." *IEEE Communications Surveys &Tutorials* 21(2): 1676 – 1717.

[18] Liang, X., S. Shetty, D. Tosh, C. Kamhoua, K. Kwiat, and L. Njilla. 2017. "Provchain: A Blockchain – Based Data Provenance Architecture in Cloud Environment with Enhanced Privacy and Availability." In *2017 17th IEEE/ACM International Symposium on Cluster, Cloud and Grid Computing (CCGRID)*, pp. 468 – 477. IEEE.

[19] Kaaniche, N., and M. Laurent. 2017. "A Blockchain – Based Data Usage Auditing Architecture with Enhanced Privacy and Availability." In *2017 IEEE 16th International Symposium on Network Computing and Applications (NCA)*, pp. 1 – 5. IEEE.

[20] Banerjee, M., J. Lee, and K. K. R. Choo. 2018. "A Blockchain Future for Internet of Things Security: A Position Paper." *Digital Communications and Networks* 4(3): 149 – 160.

[21] Zhou, L., L. Wang, T. Ai, and Y. Sun. 2018. "BeeKeeper 2.0: Confidential Blockchain – Enabled IoT System with Fully Homomorphic Computation." *Sensors* 18(11): 3785.

[22] Huang, J., L. Kong, G. Chen, M. Y. Wu, X. Liu, and P. Zeng. 2019. "Towards Secure Industrial IoT: Blockchain System with Credit – Based Consensus Mechanism." *IEEE Transactions on Industrial Informatics* 15(6): 3680 – 3689.

[23] Guin, U., P. Cui, and A. Skjellum. 2018. "Ensuring Proof – of – Authenticity of IoT Edge Devices Using Blockchain Technology." In *2018 IEEE International Conference on Internet of Things (iThings) and IEEE Green Computing and Communications (GreenCom) and IEEE Cyber, Physical and Social Computing (CPSCom) and IEEE Smart Data (SmartData)*, pp. 1042 – 1049. IEEE.

[24] Yu, H., Z. Yang, and R. O. Sinnott. 2018. "Decentralized Big Data Auditing for Smart City Environments Leveraging Blockchain Technology." *IEEE Access* 7: 6288 – 6296.

[25] Kodym, O., L. Kubáč, and L. Kavka. 2020. "Risks Associated with Logistics 4.0 and Their Minimization Using Blockchain." *Open Engineering* 10(1): 74 – 85.

[26] Office of the Registrar General & Census Commissioner, India. n. d. *Civil Registration System Division*. Ministry of Home Affairs, Government of India. Retrieved from http://www.censusindia.gov.in/vital_statistics/CRS/CRS_Division.html.

[27] Kumar, N. M., and P. K. Mallick. 2018. "Blockchain Technology for Security Issues and Challenges in IoT." *Procedia Computer Science* 132: 1815 – 1823.

[28] Oliveira, T. A., M. Oliver, and H. Ramalhinho. 2020. "Challenges for Connecting Citizens and Smart Cities: ICT, E – Governance and Blockchain." *Sustainability* 12(7): 2926.

[29] Andoni, M., V. Robu, D. Flynn, S. Abram, D. Geach, D. Jenkins, P. McCallum, and A. Peacock. 2019. "Blockchain Technology in the Energy Sector: A Systematic Review of Challenges and Opportunities." *Renewable and Sustainable Energy Reviews* 100: 143 – 174.

[30] Soto Villacampa, J. A. 2019. "Towards a Blockchain – Based Private Road Traffic Management Implementation."

[31] Zhang, R., R. Xue, and L. Liu. 2019. "Security and Privacy on Blockchain." *ACM Computing Surveys (CSUR)* 52(3): 1 – 34.

[32] Camboim, G. F., P. A. Zawislak, and N. A. Pufal. 2019. "Driving Elements to Make Cities Smarter: Evidences from European Projects." *Technological Forecasting and Social Change* 142: 154 – 167.

/第 9 章/

人工智能、区块链和物联网对智慧城市的影响

吉瑟·玛丽·乔治
L. S. 贾亚施丽

区块链、物联网和人工智能

9.1 前言

物联网领域有几个现代应用,包括智能电网、智慧医疗和智能供应链。保险行业依赖于来自个人、家庭和社区的数百万台互联数字设备。目前,物联网不仅拥有典型的计算机及相关的量子计算机,还包含各种重要设备,如电视、笔记本电脑、冰箱、炉灶、电器、汽车和智能手机。尽管物联网设备似乎在引起各种问题的同时又在解决各种问题,但鉴于其处理能力低下、分散性强和缺乏标准化等特点,能否确保安全和隐私仍是未知数。同时,物联网也为信息技术领域带来了一些重要好处,如节省时间、赚钱盈利、提高生产力、改善客户体验,以及做出更明智的商业决策。不过,现有的物联网设备容易因单点故障、恶意攻击和威胁而无法提供稳定的服务。以前,信息泄露(操纵和修改)和拒绝服务一直都是最严重的安全威胁。因此,在考虑这些问题(如数据完整性和隐私方面的问题)时,必须考虑区块链的有效利用。

区块链技术与物联网、人工智能和大数据进行了融合,其中物联网、人工智能和大数据是未来金融业计算知识的三大核心支柱。为了实现区块链的影响,必须了解区块链到底能提供什么。区块链是一种分布式公开数据库,以一种稳定的支持性方式记述了发生在网络中的所有交易。区块链是一系列相连的区块,每个区块按时间顺序与前一个区块相关联。这种公共分布式账本影响了加密技术,该技术可对系统中的信息打上时间戳,因为所有交易(先到节点,然后到区块)最初都是利用用户的私钥(数字签名)进行签名的。预计到2025年[1],全球基于区块链的创新型企业招标的年收益约199亿美元,相较于2016年的约25亿美元,年递增率达26.2%。

区块链是物联网的精准对应,具有增强的互操作性、隐私性、安全性、一致性和可扩展性。互操作性是指与现实世界相互关联的能力,也指物联网平台之间的信息传输。利用区块链技术进行加密数据相关计算,可提高隐私性,隐私性被视为计算机科学的"圣杯",在整个网络中无处不在。安全问题在于数据不能被篡改。数据保护和隐私是数据安全的另一个重要阶段。一致性可确保物联网数据的可靠质量。可扩展性问题鉴于分数区块大小和现有的共识算法(如权益证明机制),导致存储容量延迟,在此情况下,复杂网络中的每个节点都开始验证网络中的每个交易节点(已在区块链上发布)。仔细研究融合区块链与物联网的新范例,以消除单点故障攻击,并提高数据的透明度和防篡改性,逐渐转变为现代商业组织和治理的新举措[2]。区块链还可促进一些交易和进展,为撒网式系统[3]创造一个有利的环境。然而,有了区块链,许多行业和环境监测数据都陷入分散的云端,导致只有依赖于工程师,并利用透明数据才能保障可持续发展。

区块链技术2.0就是以太坊,已成为去中心化应用程序的标准平台。该系统于2015年推出,可支持智能合约。智能合约在以太坊平台上运行,在以太坊网络中,当一个节点对一个区块进行挖矿时,以加密代币(称为"以太币")的形式付款。以太币是编排智能合约和支付每笔交易相关交易费用的法定货币。以太坊解锁了依次去中心化的区块链网络演示新方法,这需要使用一个名为"智能合约"的核心启用程序代码。区块链与物联网相融合有两大争议:一是处理速度;二是成本及空间方面的计算复杂性。在目前的情况下,以太坊每秒可处理15笔交易。对于有数百台甚至数千台连接设备同时运行和交易的物联网网络来说,这样的速度还不够快。不过,以太坊尚处于发展阶段,预计不久后交易量很可能会增加。物联网设备的构建目标通常是提高互联性,设计时未考虑计算和处理能力。物联网网络无法处理计算方面很复杂的共识算法。工作量证明的计算压力太大,会导致其无法在物联网中有效使用。

通过智能合约,安装在分散网络中的可编程接口能够从外部获得任意信息,并对内部状态进行常规调整。以太坊平台可通过"智能合约"方法产生任何合约交易类型和对手。智能合约可分析交易的计算机化、智能化、充分性和真实性,而不会逆转交易链。智能合约的关键目标是利用计算机来加强操作活动,并减少合约代码的漏洞,从而实现充分且高效的完美交易。智能合约是保障交易和交互的一个好方法。克里斯蒂(Christie)是第一个出售区块2的人,他认为将区块链和智能合约技术与物联网相结合,可解决服务简化、可视化和自动化以及密码验证等问题。向整个系统分发数据,可保证无限的时间和成本。智能合约是物联网网络中的重要资产,其允许高等级的协调和授权。物联网的构建依据往往是能够在正确时间采取正确行动。物联网与智能合约相融合,为增加新的收入来源开辟了途径。

增强型物联网可称为"万物互联"(Internet of Everything, IoE),因为其可广泛应用于农业、医疗健康和公共安全领域,并扩展到工商业领域。物联网由各种设备组成,这些设备以事物、对象、设备和机器的形式互联,无须任何人为干预。有了物联网,这些设备在性能、效率和健康状况方面都有很大提升。从长远来看,随着这两种技术的发展,各公司将利用基于物联网的账本技术,提高收入,并扩增收入来源。需多加关注的是,利用以太坊区块链的物联网设备是否面临数据安全问题。物联网产生的许多数据都非常个性化,如智能家居设备中有关于生活和日常实践的温馨提示。这种数据只有进一步与机器和设施结合,才会有用。

物联网设备的安全问题主要分为三类:一是篡改从客户端到服务器的数据;二是在服务器端修改结果;三是断开物联网设备与服务器之间的连接。与区块链相关的网络攻击之一是潜行攻击。潜行攻击是一种自私挖矿攻击。用户可以提取自己的资金,自行按合约全部支付,然后根据提议,取消这笔资金。埃亚尔(Eyal)和西雷尔(Sirer)[4]发现了区块链中的自私挖矿行为,他们证明了挖矿行为不具备竞争性,自私矿工可能会与系统谈判,所获的高级奖励比之前所欠的份额还多。如果矿工投资了相关财产,且未收取他们的奖励,那么他们就会撤离。除了奖励服务的逻辑,当恶意攻击者试图通过要求进行耗时计算来拖慢整个网络的速度时,需提供相关费用,以防止拒绝服务攻击。允许物联网设备的数据通过区块链传输,这意味着网络中有一个辅助层,可确保安全,并遵循最健全的加密标准。此外,对黑客来说,攻击用户的可乘之机增多。政府和企业都纷纷大规模投资物联网技术,同时还需应对犯罪分子、竞争对手或外国敌人扩大的数据泄露风险。

本章的范围包括区块链分析的相关认知和过程,以及如何循环使用区块链技术,以确保物联网的安全性和隐私性。本章其余内容的概要如下:9.2节介绍了区块链的工作机制及其结构,哈希函数和加密的重要性,数字签名以及挖矿交易。9.3节探讨了区块链的安全性,对比了标准网络安全与区块链安全,还介绍了区块链的安全性和隐私性以及一些新技术。9.4节说明了区块链与物联网的融合。9.5节具体介绍了潜行矿工。9.6节是结论。

9.2 区块链工作原理

区块链已成为互联网中功能最丰富的技术之一。在提升数字交易的安全性和透明度方面,区块链表现出惊人的能力。区块链由若干区块组成,简单来说,它是一种共享数据库形式,通过对等网络进行模拟,即使用户互不信任,也能安全地修改。此外,还有下述4个关键特征,可让区块链作为加密共识主动性的机制而存在。首先,区块链由经验证的无限交易组成,具有无限的存储能力,且具有提供更丰富信息信号的潜力。其次,区块链是去中心化的分布式账本。没有任何中心机构会支持交易或确定真实规则,以便交易得以受理。每个节点都可同意、存储和验证所有交易,并完整保存账户、余额、合同和存储的本地副本。在区块链中,网络的不同节点之间可共享数据,无须任何中心点,因而无法盗取数据。再次,区块链可增强安全性。只要数据库扩大,以前的记录就无法更改,这种设计的目的是实现独立参与者之间对事件记录达成高度一致。最后,区块链公开透明,任何人均可加入网络。如果有人创建了一个新区块,该区块将会转发给网络中的每个人,并且任何人均可跟踪记录,这意味着并无机会进行欺诈型交易。

9.2.1 区块链结构

区块链是一种专业技术,包含一份寄存器总表,其中寄存器称为"区块",利用加密技术进行连接。区块链允许数字数据离散,但不允许缺乏其独特性。在区块链技术中,利用去中心化信任的工作证明,可确保信任。在区块链的助力下,一种新型的互联网力量逐步成型。区块存储的主要优点是具有防篡改性,一旦存储就会永久保存。

区块链有5个关键组成部分:

(1)加密:区块链使用了多种加密技术,包括哈希算法、SHA-256算法、带时间戳的公钥基础设施方案,以及默克尔树。将单份文件分解并直接存入区块链,原因是难以将大量数据作为原始数据存储。各数据都必须进行哈希计算,这提供了有限的空间和较少的交易成本,有助于提高性能。在一次性哈希算法中,数据会保证相同的输出。哈希计算的主要目的是产生一个哈希值,无论原始输入数据有多长,总有一个静态长度。若哈希值出现任何变化,则表明数据已被篡改。

哈希值应具有排他性。例如,对于任何两个输入E和F,$H(E)$、$H(F)$的输出却不相同。对于每个输出Z,不可能找到输入X,即

$$H(k \mid X) = Y \tag{9.1}$$

式中:k为任意值,因为循环带有高阶最小熵。

最常见的是各种哈希函数,继而是 SHA-256,这两者是区块链技术中最常用的哈希函数(如比特币的 SHA-256 和以太坊平台的 Keccak-256)。

(2)公共账本:任何人均可加入该网络。由于每个节点都存储和处理所有交易,并完整保留了一份用户地址和交易详情(如账户余额和合同细节)的副本,所以每个人均可访问公共账本。通过对这种账本的了解,可不考虑篡改问题,因为这需要庞大的计算能力来进行修改。

(3)共识机制:在记录交易和重要事件等方面,共识机制的潜力无限。这种机制是标准协议,可保证所有节点与矿工同步,并与矿工一起检查,以确认交易已纳入区块。发送者将为矿工提供奖励和交易费用。在不同的区块链网络中,其共识协议也不同。有三种核心共识技术:一是工作量证明,这是最初的区块链共识机制,最早由比特币使用。二是权益证明,可解决工作量证明中计算能力滞后的问题。这种共识协议更加环保,是一种随机化过程,用于决定谁会产生下一个区块。三是传统的拜占庭容错协议,可提供三阶段提交协议,以便扩大区块链。

(4)点对点网络:点对点可提供网络中两个节点之间的专用链路。区块链不会出现单点故障,也就表明没有中心机构。这是一种分布式账本技术,同意将全部数据存储在成千上万个服务器上。点对点的文件共享协议大部分被循环使用,这种协议的目的是在互联网上分配庞大的数据[5]。通过这个功能,每个人均可看到下一个实时区块中的其他所有条目。许多区块链系统都是由所有用户在对等网络环境中执行的,这表明难以说清用户是控制者还是处理者。

(5)合法性规则:关于合法性,仍有很多争议,涉及很多其他问题。自从区块链等技术带来颠覆性变革以来,规则都需进行审查。随着新法律的演变,将提供一些针对安全和用户隐私的标准认证。借由这种方式,通过与区块链网络结合,带来一个更可信的物联网网络。在最理想的情况下,治理规则规定,区块链的用户在将个人数据加载到区块链上时,应遵循隐私法[6]。

图9.1展示了一个简单的区块链结构,重点突出加密哈希值、时间戳和交易详情。区块链中的开源区块称为"创世区块",是链上的第一个区块。后续区块编号为区块1、区块2和区块 N,每个区块都配有一个加密哈希值。在比特币中,采用安全哈希算法256(SHA-256)。SHA-256是区块链中最常用的加密哈希函数,其摘要长度为256位。这是一种无密钥的哈希函数,哈希值

类似于数据集中的备注签名。在以太坊中,使用的是Keccak-256,这不是常见的哈希算法。由于以太坊平台依赖于Keccak-256哈希算法,所以有一个无限的输入空间[7]。若哈希值出现小变化,则会导致整个阶段的重大变化。Keccak算法的每条曲线都是二次映射,以精准捕捉消息对,根据这些消息,可跟踪极有可能出现的差异化特征。Keccak算法广泛用于防止侧信道攻击。默克尔根是一种二进制哈希树,用于概述高效且安全的完整性验证过程。这就是区块链如今日渐壮大的原因。接下来是交易,主要包括来源和接收者地址,以及转账金额。交易的重点主要是携带指令,如查询、存储和操作数据。每个区块的交易都会出现前一个区块的哈希值。实际交易成本的计算公式如下:

$$以太币 = 已有Gas \times Gas费 \tag{9.2}$$

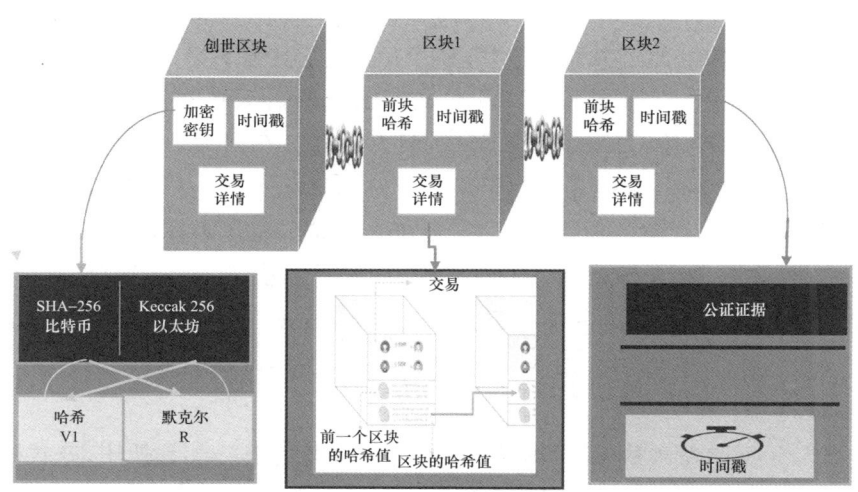

图9.1 简单的区块链结构(重点突出加密哈希值、时间戳和交易详情)

在式(9.2)中,已有Gas是在执行所有交易时用于特定区块的实际Gas。Gas费是指单位Gas的价格。以太坊虚拟机中的每个动作都有特定的损耗,以Gas为单位计算。区块链中的时间戳可用作生存证明,还可保留公证证明。此动作可证明,有一份保证文件存在,或者暂时不存在。对于任何未经认证的修改,可通过手稿存在时的时间戳进行确认。

9.2.2 哈希函数和加密

对于区块链技术而言,哈希函数更为重要。对于非常大的不变输入数据,要想求出哈希值,并存入区块链,实际上是不可能的,因为这需要计算每个数据的哈希值,并存入区块链。通过时间戳,任何单独的文件均可轻松求出哈希值,并存入区块链。在哈希算法的支持下,可采用一个哈希函数完成上述过程。

(1)哈希函数:一种涉及可变间隔输入的方法,会产生一个固定大小的输出。哈希函数的输出称为哈希值。SHA-256 是区块链技术中的标准哈希机制。就实际意义而言,SHA-256 算法用于比特币哈希计算。如果使用 SHA-256 算法进行哈希计算,那么往往会产生一个 256 位长度的输出。这是 SHA-1 的继任哈希函数,而 SHA-1 是最强的哈希函数之一。对于 SHA-256 来说,有 2^{256} 种可能的组合。在编码方面,SHA-256 并不比 SHA-1 复杂,而且尚未进行任何协商。有了长度为 256 位的密钥,SHA-256 就是高级加密标准(Advanced Encryption Standard,AES)的良好配置。在以太坊中,采用了 Keccak 哈希算法。Keccak 哈希函数采用多重位速率填充:在一个消息中,一个 1 后面跟若干个 0,0 的个数为最小数[8]。海绵结构的工作原理是将 r 位的状态再分为两部分。前半部分在 r_0 位上工作,称为外部状态。后半部分包含状态的最终 $c = r - r_0$ 位,称为内部状态。在进行整体数位处理后,前 r 位返回作为输出,然后进行排列组合(由 24 个周期组成)。这样持续下去,直到产生 n 个输出位。

(2)单向哈希函数:哈希函数方法与神奇的数学算法配套使用,后者可挑选可变输入长度,并产生固定大小的输出。单向是哈希算法最重要的特征之一。在单向函数中,很难通过计算方式从哈希值中找到输入。例如,数学变换可保证哈希还原,这意味着固定的字符串很难回到文本消息中。单向哈希函数可用于消息完整性和认证。

(3)加密:确保日期安全的最佳方式就是加密。加密是区块链内部运作不可或缺的一部分。通过防篡改性这一特征,区块链平台可确保数据已加密,这意味着难以修改数据。在区块链技术中,非对称密钥加密较为常见。加密系统的工作原理如下:设置一条纯文本消息和一对密钥。两个密钥中,一个用于加密,另一个用于解密。加密产生一个密码文本,通过未受保护的信道进行传输。借助挖矿网络,确保区块链加密的安全性。对于存储在区块链数据库中的数据而言,加密可以确保其隐私性和保密性。

9.2.3 交易和挖矿

(1)区块交易的结构。交易需成为一种资产,因为用户要求交易不公开,而且身份不与交易关联。利用非对称加密、数字签名和加密哈希函数(SHA-256或Keccak),可对所产生的交易进行保护。在区块链中,交易可分组为数个区块,然后进行记录。对于交易操作,区块链利用非对称密钥(私钥和公钥)保护身份,并利用哈希函数给区块链打上防篡改标签。

(2)区块链交易的发生方式。每个区块都有数项交易,图9.2详细说明了交易情况。当有人要求进行交易时,交易内容详情会传送至一个称为SHA-256的哈希函数,同时将所选位数存入内存。哈希函数提供了可变输入数据,并产生一个由64个字符组成的字母数字输出。安全哈希算法(SHA-256)等同于单向哈希函数,利用哈希值来解码原始值是十分困难的。SHA-256哈希函数的输出称为哈希值,具有唯一性。这个哈希值与用户的私钥一起在数字签名算法上遍历(加密过程),并产生一个已签署的文件。随后,这份文件通过公共网络发布,并在区块链网络(旁边是用户的公钥)上分发。矿工采用数字签名文件和公钥进行交易验证。每个矿工都试图解决一个复杂的数学难

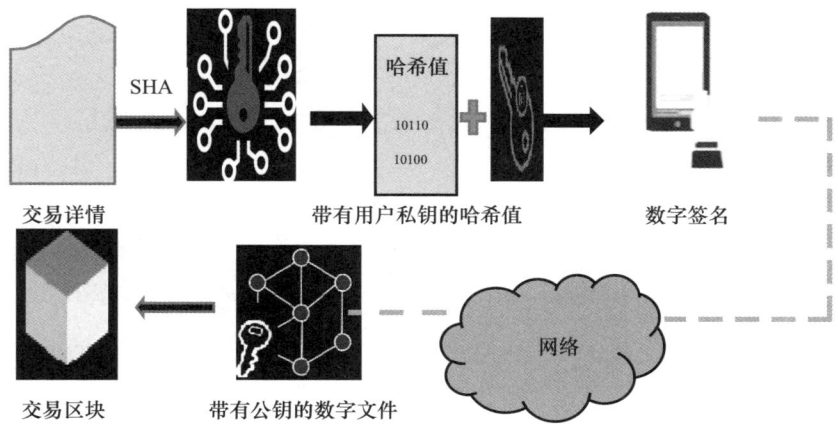

图9.2 区块链交易模型

(改编自Pininterest,"详细解读区块链之交易生命周期"的区块链)

题。矿工们使用共识算法,在传输的网络上建立信任。第一个破解难题的矿工可获得奖励,因为该矿工需要庞大的计算能力来执行共识机制,如工作量证明、权益证明、实用拜占庭容错。工作量证明虽然具有挑战性,但易于验证,而权益证明的工作方式就像投票机制,一个节点代表一个投票站人员,该人员节点可验证下一个区块。实用拜占庭容错共识算法采用了一个新程序来检查节点是否诚实。在检查交易的有效性后,将该程序放在链接网络中的一个新区块内。

(3)矿工。以资源为基础的区块链节点。矿工的主要任务是找出随机数取值(任意数),以产生一个哈希值,该值应小于目标值,即有若干前导零。在比特币网络中,通常是每隔 2016 个区块设一个惩罚区。正常情况下,每 10min 就通过挖矿产生一个区块。为了确认随机数,矿工必须尝试大约 26 万亿个随机数取值才能得到一个有效的哈希值。

矿工将利用共识协议来验证未经证实的交易,并将其添加到区块链中。矿工致力于破解一个基于加密哈希函数的数学难题,即工作量证明。破解难题的速度保持不变,这样就不会严重偏离挖出一个区块所需的标准平均时间。关于挖矿活动的进行方式,请参见图 9.3。第一个解决这个数学难题的矿工可获得奖励。遗憾的是,已挖掘该区块的其他人必须等待,通过从交易

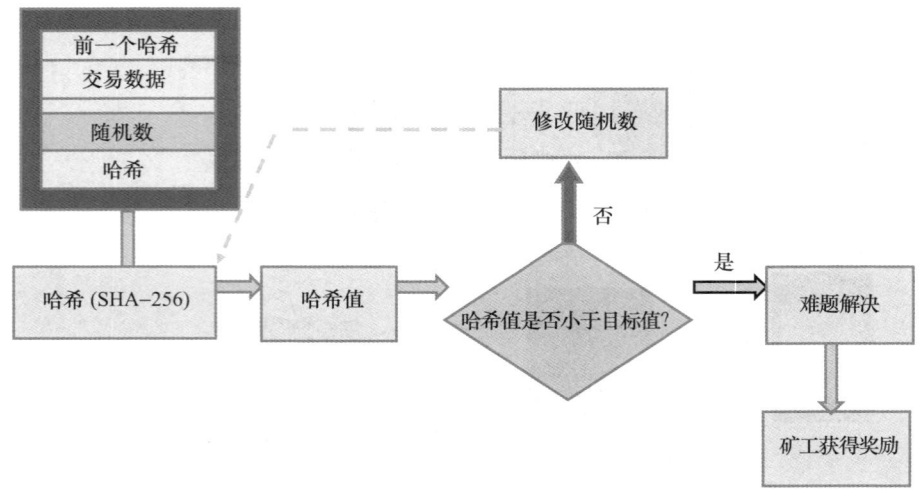

图 9.3 挖矿阶段(美国政府问责局,"科技聚焦:区块链和分布式账本技术";卡洛斯-奥林-蒙塔尔沃三世(Carlos Olin Montalvo III),"比特币交易的处理方式")

矿池中收集未经证实的交易来构建一个候选区块。为此,在计算能力和能源方面,矿工的硬件开支巨大,其中矿机的消耗是为了获得报酬。当包含的交易进行权重确认后,可为当前的区块链补充一个新区块,用于挖矿,可采用开源工具 Prom。挖掘技术过程是一种创新工具,用于从事件日志中提取信息,涉及数据科学和业务流程管理(Business Process Management,BPM)领域。在业务方面,要求客户首先申请、验证,并检查其有效性,然后批准并寄回。如果由于某些实际问题或技术问题而无效,请拒绝并发送通知。

(4)流程挖矿。挖矿是由网络邻居进行的活动,包括权益证明、工作量证明等共识算法,以及拜占庭容错等其他算法,而以货币形式产生的结果将奖励给每个区块第一个解决数学难题的矿工。主要目的是与其他参与者安全地交换交易消息。挖矿行动开始的方式:首先,挖矿节点自行收集和汇总新的交易数据。每个节点在收到数据后,都会根据一长串标准独立验证交易,这有利于确保数据的可靠性。

① 可追踪转账的来源,以安全地证明身份。

② 检查是否遭受双花攻击(或同一货币同时进行了两次支付)。

③ 检查金额是否未超过 210 亿美元的最高限额。

网络中的节点也会进行一些余额检查。验证后,将交易集中到"矿池"或"内存池"里。交易等待,直到被纳入区块中。每个矿工都致力于提供一个有效区块(也称为候选区块),并赢得矿工的奖励。这也是矿工的工作重点,因为纳入内存池中的交易都未曾纳入前一个区块中。在收集和安排经验证的交易后,矿工需要用以下组件构建区块头。每个区块头都有一个所有交易的摘要,并与链上较早的区块有关联。其中有一个公开的时间戳标准,可显示区块的创建时间和有效的共识算法。整个挖矿网络可调用函数,并根据共识(基于共识协议而达成)提供一份合同。最后,通过区块链复制,按照既定利率为矿工交易提供佣金,作为奖励。

9.3 区块链安全

本节探讨了在线交易期间的安全要求,每个要求都针对任意一种漏洞。区块链在交易方面提供了充分的安全性。由于一个区块必须记录所有交易,所以区块就像是一本记录簿。在经最终确认的交易加入区块链后,这个区块链就是永久的数据库目录。如果一个区块完成了一个交易,那么就会形成一个新区块[9]。我们需要大量的安全角色,以发挥类似区块链的强大对等网络功能,其中包括所有合适的节点,如中央处理器(Central Processing Unit,CPU)、随机存储器(Random Access Memory,RAM)、存储,以及节点之间合适的带宽。实际上,我们已具备合适的流通交付工具,可用于交易和新区块,还需要合适的先进加密算法和不诚实的哈希函数来实现安全要求。安全方面的关键在于,区块链应用程序并无任何恶意软件。通过结合许多新应用程序的安全性和透明度,可建立业务原型和生态系统,说明有一个可信的自动交易商店有助于节省资金和时间,也可为确保数据真实性提供一个强大的可信机制。

9.3.1 标准网络安全与区块链安全的对比

(1)网络安全:一直是关键国家安全问题之一。网络攻击是一项全球业务,预估每年收入高达 5000 亿美元。当世界随着先进技术发展而向前迈进时,新的网络威胁也在不断演化。网络安全是一个不断发展、持续活跃的过程,就像需要预防的威胁一样。网络安全产业的各种发展都离不开政府、私营部门和学术界的支持。网络安全的两大支柱是探测和恢复。当一个漏洞出现时,越快发现并做出响应,损失就越小。这里涉及安全官员的作用,该官员可巧妙而迅速地应对损失,无论是财务损失还是任何信誉损失等。恢复涉及如何快速恢复受损的数据,而记录保存和分析有助于确定漏洞出现的方式,阻止漏洞并将此纳入恢复过程,这就为预防类似漏洞奠定了基础。

(2)区块链安全:经过适当的确认和验证后,将各区块纳入区块链。这些区块可复制、删除或更新,这意味着它们具有防篡改性,仅可从区块链上读取信息。首先,安全是每个区块都与前一个哈希值相关的一系列区块。其次,数据在加入链式网络时要进行强加密。因此,攻击者很难进行破坏,进而影响链上的所有其他节点。最后,交易通过个人独有的私钥进行授权,这会加强对敏感数据或信息的保护。

确保区块链安全的方式多种多样,如先进加密技术、哈希法、使用混合协议、钱包方案,以及利用行为和决策的数学模型。有一个新概念称为"加密经济学",在控制区块链网络的安全方面也发挥了积极作用。待保护的最重要信息包括用户信息、操作网络和过程控制系统。

9.3.1.1 安全分析

为简单起见,假设加密技术可确保每份协议和某些云端的安全。云端存储着大量信息系统。云端在监控区块链网络时,将对来自终端的请求做出响应。为了保证隐私和安全,系统应确保终端的匿名性。

此外,通过安全分析,利用访问控制系统可观察到云端的高粒度,并且云端可更灵活地配置更多信息。另一种重要功能是撤销,这种功能简化了撤销协议以接受资源的能力,并确保用户无法再访问被撤销的资源[10]。为确保区块链网络节点中的安全,区块头会选择很多属性,使合格矿工的总数减少,从而导致一些恶意攻击。为了避免这种问题,可使用一种新的区块链技术,对一些矿工进行初步验证。但是,验证之后,区块链网络可提供捐赠,用于挖掘新区块。

图9.4解释了区块链为应对常见网络威胁而提供的补救措施。区块链以不同方式处理每种网络威胁。请注意,一些对策可处理多种问题,因此很容易找到解决相关问题的方法。以太坊区块链上的拟定联盟采用智能合约技

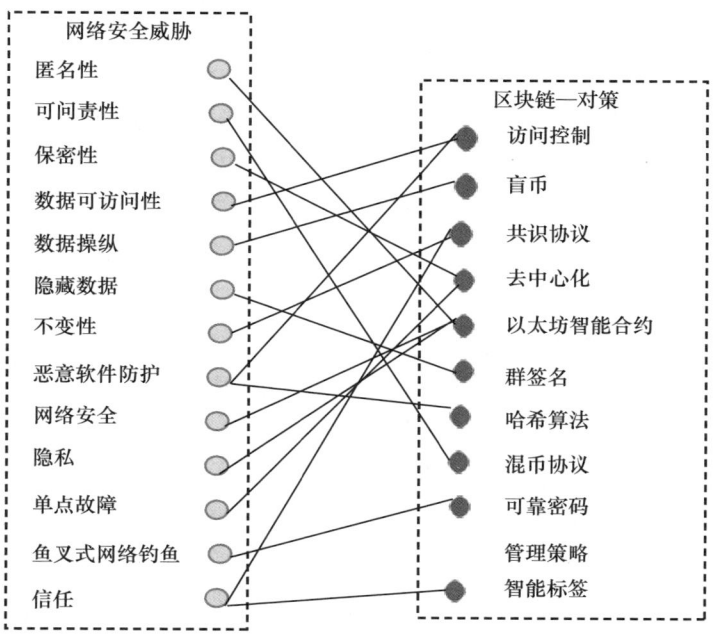

图9.4 网络威胁与区块链对策的关系(ResearchGate:网络安全威胁与对策的关系示例;MDPI JSAN,安全与隐私指南、威胁和对策的综合研究:物联网视角)

术[11],因此需要提供大部分以控制策略为形式的有效机制,并且由多种协议确保区块的有效性。在区块链中,收集数据并将数据分发给信任区块链的每个人,作为对可访问性和可靠性的奖励。在过时的网络数据中,以所有者控制的受限访问方式,对数据进行组织和销售,以确保用户数据的可访问性、可靠性和保密性[12]。区块链本身的特权仅供授权方使用。区块链上的数据仅包含与交易相关的信息,不包含任何敏感内容,如健康数据或装运详情。这两种环境都容易受到蓄意滥用攻击。现代网络是非常紧凑的,网络安全问题主要来自权限协议。通过在区块链技术中提供相应设计,来实现可用性和完整性。但是,现代环境的组织建立在使用大量访问控制策略和智能合约技术实现的可靠性和保密性之上。

9.3.2 区块链的安全和隐私属性

简单来说,区块链技术是一种带分布式交易公共账本的去中心化应用程序。因此,可通过对等网络查看、验证和确认所有发生的交易[13]。之所以讨论区块链的安全和隐私资产,是因为存在下面所介绍的更严重的加密攻击。

(1)区块链中的数据安全:需要将安全解释为包含在区块中的交易证据和数据的安全性,以抵御内部威胁、外部威胁和恶意软件威胁。因此,为保护所存储的个人数据安全或防止信息被盗,需要确保区块链的安全。必须确保数据库的安全,并采取适当访问控制策略,以防止受到威胁。

①进程完整性:用户可完全相信,将根据协议命令准确地实现交易,并且无须可信的第三方。在与投资和资产相关的在线交易中,为实现转让,必须依赖于许多中介机构花费大量交易费用来维持中间人。通过使用区块链对交易可靠性的保证功能,用户可避免交易遭到更改[14]。

②去信任交换:区块链上可确保财务平衡。真正无须第三方参与进行任何交易,因此区块链可作为服务提供商,且不向用户收取任何额外费用[15]。这种安全特性非常适用于各种行业领域和实践学术领域,更常用于金融部门。据估计,在埃罗德区哥印拜陀市的姜黄生产过程中,52%的交易费掌握在中介机构手中,所以区块链有助于维护农民的利益。

③持久性、可靠性和寿命:区块链的主要优势是其去中心化的属性。无须单一机构来支持交易,也无须建立明确的规则来识别交易。区块链中的每个节点都需要存储和发送交易,且需要单独保存账户余额、合同详情和数据

存储的整个状态副本。

④交易详情的不可缓解性:区块链中的用户不必公开自己的所有详细信息。已开发一种称为零知识证明(Zero-Knowledge Proof,ZKP)的共识技术来保护透明度。在零知识证明协议中,每名用户都可证明和验证自己是经验证的用户。该协议通过区块链帮助提高个人数据的隐私和安全。

(2)区块链中的数据隐私:区块链中隐私的关键特性是指密钥的使用。更常见的区块链系统使用多方非对称加密技术,在交易中实现个性化。由于在数学上是很难实现密钥生成的,陌生人或攻击者难以根据公钥推测出另一用户的密钥。密钥通常利用数字签名概念来保护用户的身份和安全。

①加密方法:在区块链账本中[16],利用高级加密标准和属性基加密(Attribute-Based Encryption,ABE)技术等强加密方法来确保数据机密性,并允许有序地访问账本。使用双密钥加密后,任何人都可看到密文信息,但看不到相关用户的地址,也无法从星际文件系统中复制加密文件。在星际文件系统中,将大文件分段存储在不同的存储节点中,进而确保对数据的细粒度访问控制(Fine-Grained Access Control,FGAC)。只要以太坊区块链网络和加密技术同时采用高级加密标准和属性基加密方案,拟订的方案就是安全的,并可确保强私密性。

②去中心化存储基础设施:通过加密技术提高各参与网络的数据安全[17]。这种基础设施还有助于以高度相关的方式维护数据,以便能从可靠的数据来源收集准确且完整的数据或信息。在去中心化存储中,每个节点网络维持一个以客户端为中心的应用程序,该应用程序将部署在节点级,以保障预期客户端的数据可用性。这有助于区块链保护隐私和数据起源。

③群签名技术:匿名撤销功能的重要组成部分,有助于保护基于区块链智能合约的隐私。该技术包含多个输入和输出,这些输入和输出通常在具有高恶意攻击风险的环境中使用。通过利用该技术,恶意中心和签名接收者可验证和定位原始签名者的身份,进而对程序的匿名性产生威胁。该技术的主要特点是,所有者可隐藏金额(特别是在进行交易和快速验证数据/资产/价值转移的过程中),具体取决于离散对数问题和双线性映射属性。

④数据透明度和访问控制:每个用户都提供了完全的透明度,包括知道谁了解自己的何种信息,将如何使用数据,数据将用于什么目的,或将来与谁在网络中共享数据,个体拥有的所有信息以及用户如何访问这些信息。所有

相关方都会知晓对公有链的任何更改，从而在链网络中创建了透明度。访问控制功能应通过保护其用户隐私而获得信任，因为访问控制功能不再仅取决于用户凭证，还取决于系统及其环境。

表9.1列出了过去三年报告的最严重攻击。区块链本身与其特定的明确安全问题集相关，如果不对这些问题加以控制，可能会对工业和商业造成伤害。2019年区块链出现了五大安全问题。一是51%攻击（主要攻击之一）。51%攻击的后果是阻止验证交易和恢复交易，使矿工在短时间内无法发现区块。二是双花攻击。在这种攻击中，数据被传输多次，很有可能导致数据在无任何提示的情况下遭到更改。三是加密劫持。加密劫持是一种可影响整个系统的恶意软件。这些问题包括恶意的加密挖矿软件，以及可完全封锁公司服务器的代码。四是钓鱼攻击。其目标始终不变：直接获取私钥和其他登录详情，导致用户保密性受到突然破坏。五是涉及以钱包盗窃和去中心化应用程序形式出现的软件缺陷。在默认情况下，比特币的数据以不加密的方式进行存储。即使对钱包数据进行了安全保护，也很可能会受到恶意软件的攻击，导致钱包被盗。

表9.1 过去三年区块链的五大安全问题报告

（数据来自参考文献[18-22]）

攻击	说明	安全风险	收益损失	对策
51%攻击[18]	一组女巫节点实现网络的主流哈希率，以使用区块链	高	2000万美元（仅2019年）[19]	利用具有更高哈希率的共识机制或联合共识
双花攻击[20]	双花攻击尤其是指在不更新账户余额的情况下进行双重支付	高	攻击的收益大于发起攻击的成本[21]	使用强加密技术
加密劫持[19]	加密劫持是一种未经授权的挖掘加密货币的方式，会导致性能问题，增加用电量，并为其他敌意代码敞开大门	超高互联网安全威胁报告（Internet Security Threat Report, ISTR）显示，2017年网站受到的加密劫持攻击增加了8500%[22]	超过300万美元（2018年6月）	一种名为"MineGuard"的软件工具，可感知并停止在云劫持中隐藏的挖矿操作

续表

攻击	说明	安全风险	收益损失	对策
钓鱼攻击[18-19]	常见的软件工程攻击，通过点击恶意链接而发生	高	2018年，由于社会工程攻击，导致损失300万美元[19]	绝不要将用户的登录凭证和私钥发送给任何人
软件缺陷[19]	软件漏洞包括钱包和去中心化应用	非常高	2017年12月，价值6300万美元的Nice Hash——一家加密货币公司[18]	使用基于网格的算法生成私有椭圆曲线数字签名算法密钥

9.3.3 区块链解决机器学习、云计算及物联网的挑战

区块链将采用新的数字转型技术来驱动许多行业，使其保持竞争力，并以独特的方式帮助组织实现增长。本节将讨论图9.5所示的区块链如何帮助防止三个广泛研究领域(机器学习、云计算和物联网)中的安全挑战。随着世界数字化进程的推进，不同基础设施将不得不相互竞争，以实现最快的经济增长。胜者将是管理复杂性的最佳基础设施。基础设施需要足够智能，以保持竞争优势。

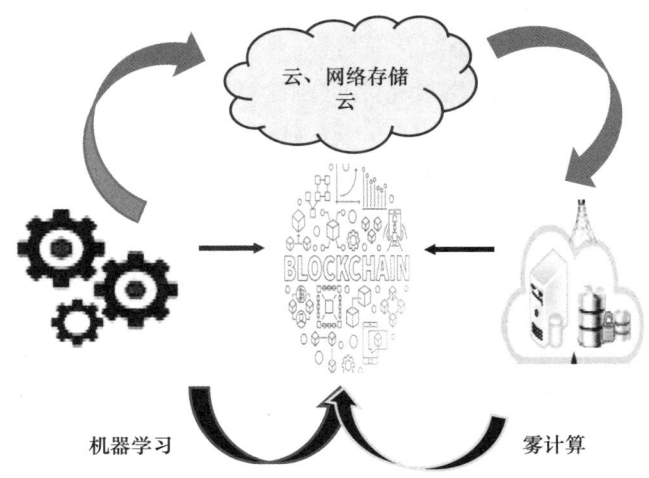

图9.5 区块链与MLCL-FOG的融合：混合方法(基于MDPI应用科学区块链的雾计算资源分配模型；ScienceDirect, https://doi.org/10.1016/j.iot.2019.100118)

(1)机器学习:如今,区块链和机器学习都获得了全世界的大力支持和信任;将两者相结合,就能形成具有颠覆性的功能。在机器学习中,数据被安静地存储在库中一个安全、可信的区域,而区块链作为分布式账本,通过其复制存储和去中心化管理功能为数据存储提供协助,不仅可提供具有高完整性的存储系统,还可提供在更大交易中使用的完整性[16]。这两种技术的融合有助于创建一种安全、不可变、去中心化的系统,用于存储高度敏感的数据,因此非常适用于医疗、银行、供应链管理、人事、财务和法律数据等领域[23]。

(2)云计算:与区块链网络有着非常密切的关系,因为其在区块链中融入了云,并在云中管理的用户和数据之间引入了安全概念。从用户的角度来看,数据被隐藏且安全存储,这意味着云服务允许其客户控制数据及其存储位置。但是区块链技术具有一种不可变的属性,即声明存储在区块链中的任何数据都不会遭到更改,并且通过强签名来隐藏真实的数据内容。这种方法有助于降低伪知识风险[24]。云计算解决的最重要问题是,通过区块链配置所有数学模型,需要更多时间(几秒内)才能解决数据访问问题。区块链的公共属性可帮助云计算服务确保数据来源、审核、数字属性的运行和分布式共识[25]。这些特点都是通过对等账本系统和共识机制实现的。

(3)雾计算:区块链作为一种去中心化框架,用于为思科公司熟悉的万物互联(万物互联中产生了大量信息)计算雾建立安全和信任。雾是云的后续产物。由于当前物联网设备的发展趋势,云服务在数据处理方面面临一些问题。雾是云数据中心与终端设备之间在计算、存储和联网方面的虚拟化平台[26]。在雾计算中,每个节点创建一笔利用用户的私钥进行加密的新交易,并将加密内容连同公钥广播到区块链网络中[27]。表9.2描述了这三个领域的优势。

表9.2　区块链技术如何惠及三个领域:MLCL、FoG 和对策

(数据来自文献[16,23-27])

机器学习	云计算	雾计算
拜占庭攻击:拜占庭容错共识协议	中心化概念:去中心化	基于角色的访问控制
高效:智能去中心化自治组织	数据可用性:区块链	数据隐私:智能合约

续表

机器学习	云计算	雾计算
隐私泄露	数据安全:区块链中的混合协议	位置隐私:轻量混合协议
学习链		
概率数据:不变性特点	网络安全:以太坊智能合约	安全挑战:强加密哈希
可信第三方:去中心化随机梯度下降	隐私管理:智能合约	篡改威胁:群签名技术
搜索技术:公平访问控制策略	存储系统:区块链 – Storj、Swarm 和文件币	信任:无可信第三方

9.4 物联网与区块链的融合

物联网革命旨在从一开始就对新系统进行深度升级和构建,以提高生产率和产品价值。物联网与区块链融合的主要目的是加强物联网数据的安全和隐私。2015 年,美国公司 Veracode 发现了严重的安全问题。初步问题涉及物联网设备中循环通信程序的执行和安全问题。

团队分析了用户与其他高端平台(如云或边缘设备)之间前端连接上弱密码的不安全性,这种漏洞导致了中间人网络攻击。该团队调查发现,后端连接缺乏适当的加密方案,从而导致重放攻击。来自统一计算机智能公司(Unified Computer Intelligence Corporation)的 Ubi 公司未能妥善保护敏感数据。Mirai 软件报告称,其具有友好的基础程序,即使是未经训练的黑客,也能使用这种程序来消除分布式拒绝服务攻击。

图 9.6 解释了关于印象体验的摇摆、应用域的连接结构和研究实验等方面的一般性讨论;我们认为亟须将物联网与区块链相融合。我们决定将其分成三层:底层是物联网层;中间是核心层,其中区块到区块链的转换更侧重于数据访问和数据共享、如何将数据传输至区块、如何验证数据、如何最终将数据添加到整个区块链中;上层是物联网 – 区块链应用层。

(1)物联网层:物联网设备可最快地实现安全性,因此可在没有互联网的帮助下运行。借助任何路由机制,每台设备都可相互通信[29]。当然,物联网设备需要从本地环境中获取数据,并将数据转发给邻近的网关,如基站、路由器或无线接入点。特别是每种仅限物联网设备使用的资源都可在不保存总

区块链、物联网和人工智能

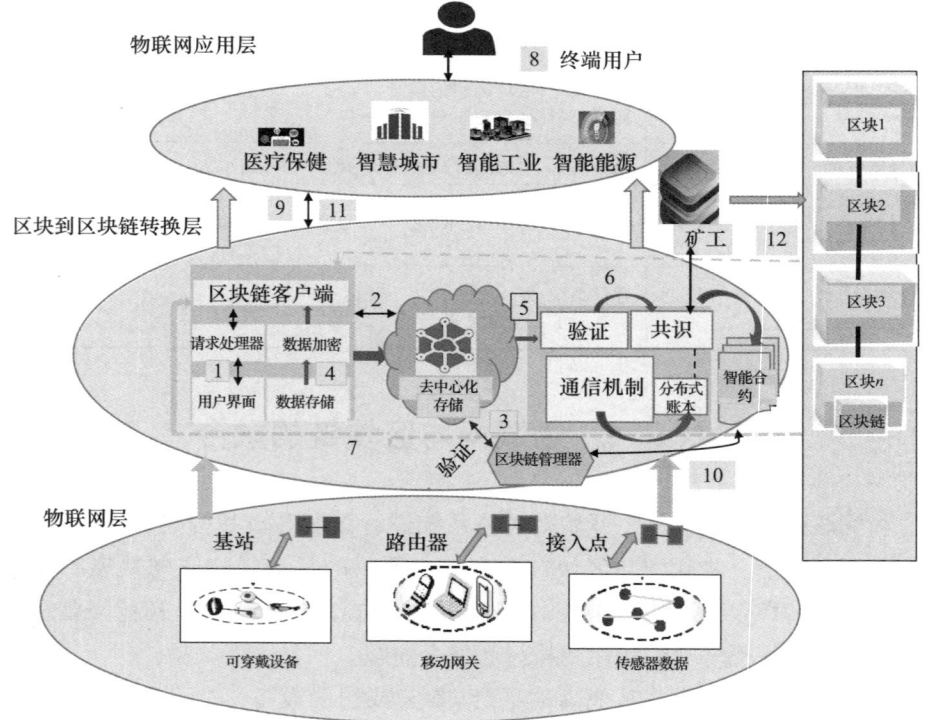

图 9.6　区块链物联网三层架构(改编自 IEEE 和 ScienceDir 等的论文[28-31])

区块链数据的情况下,通过对哈希值的并行确认来促进区块链共识,从而帮助处理低资源和具有低延迟的交互。各物联网设备可通过物联网网关相互协作,实现强联合公告。这种通信是设备对设备的交互。

(2)区块到区块链转换层:在该层中,通过区块链进行所有交互。一方面,这种方法可确保所有连接都是显而易见的,并可包含在区块链本身中。另一方面,与所有交易相关的物联网数据需存储在区块链中。该层主要关注数据收集、上传和共享,包括区块链中的数据。这种方法的无缝安排是将区块链与实时物联网交互相融合的最佳方式[28]。例如,当强制要求高性能时,独立区块链可能不是最佳的解决方案。该层主要收集以下信息。

①在处理器的帮助下,根据用户请求收集来自各种物联网设备的数据。处理器将请求传输到区块链客户端模块,该模块具有区块链网络所需的完整功能。

②区块链客户端模块负责加密交易和数据需求,对交易进行数字签名,并与区块链互联,以跟踪合约。

③来自用户的请求将通过去中心化存储设备传输至区块链管理器(作为主要决策组织者),以检查所请求的数据是否有效。管理器的作用是对整个网络中发生的所有交易进行控制,其职责包括使用访问控制方法和智能合约来验证使用权,利用非对称加密算法(如轻量级算法)对所需数据进行解密,并转发此类信息用于检索数据。

④去中心化存储服务器将自发地为管理器生成加载文件的哈希,并重新构建哈希值以进行验证。

⑤区块链管理器可很容易地检测到验证过程中发现的对数据文件的任何修改。

⑥矿工将在矿池中添加最大数量的交易。矿工将验证每个数据块,并将已验证的数据块按顺序附加到区块链中。

⑦矿工将更新交易,并将上传的交易更新到区块链客户端模块中。

⑧通过使用私钥建立交易 ID,用户可加入区块链网络,并实现更快的数据输入。

⑨利用区块链客户端模块,用户可从星际文件存储空间访问数据。

⑩管理器将确认用户的访问权以及公平访问控制策略。一旦满足需求,将转发所请求的数据内容。

之前提出的模型避免了数据泄露的危险,从而很好地保障了数据隐私。为了缩小物联网与区块链之间的差距,市场上出现了大量具有组合功能的设备。其中之一是 Eth Embedded[31],其声明了以太坊在嵌入式设备(如树莓派和安卓)上的连接。

(3)物联网应用层:各种工业应用受益于区块链与物联网的融合。关键的变革之一是在这种融合后,可在许多参与者之间很好地共享物联网信息。智能医疗、智能交通、智慧城市、智能能源、智能工业等领域将受益颇深。例如,在智能医疗中,这种融合可帮助医疗提供商找到最智能的技术,为患者提供更好的医疗服务。食品可追溯性[29]有助于避免由潜在系统漏洞引起的任何类型的攻击。这种方法有助于提高食品质量,从而挽救许多人的生命。

从我们的角度来看,非常需要将物联网与区块链融合,以促进当前物联网技术的发展。物联网可通过各种设想的方式来加强安全性。许多初创公司已开始整合区块链,以提高供应链管理中的信任,供应链管理预计可能会采用分布式账本。供应链管理已是公认的区块链与物联网融合的主要应用之一,因为供应链管理可帮助供应商在去信任环境中共享、交换和收集产品[30]。一些科技和金融公司宣布就一项新惯例(关于保护基于区块链的物联网应用)达成一致。这些公司的目标是引入一种区块链协议,将其作为构建物联网设备、应用和网络的共同平台。利用协议,用户可通过与现实世界和数字世界保持不变关系的强加密技术进行注册和绑定。

9.4.1 利用区块链来保护物联网安全

物联网是指一种广泛的联网设备系统,能熟练地收集和传输信息;这种系统可以是消费品、任何工业设备或任何医疗设备等。数据是物联网的主要组成部分,因此存储和保护数据至关重要。在该领域中,存在许多与安全和功能相关的复杂问题和挑战。因此,提供了许多物联网协议以确保数据安全。物联网协议包括 ZigBee、Z-Wave、无线电频率和 4G。这些协议都提供了多种标准,但还不足以保护重要数据。不过,许多架构已准备好在富栈中收集和存储信息,其中包括由亚马逊云计算服务公司、谷歌云平台(Google Cloud Platform,GCP)和许多私有云支持的云。在云中,采用对客户和企业有用的方式,对所有数据进行处理、复制和呈现。

特别是在印度,物联网的问题在于其主要由中小企业实施。许多公司表示信任硬件、软件和安全的供应商,任何安全漏洞都应由这些供应商承担主要责任。物联网对安全的需求主要是保护保密数据。安全不仅仅与保密性相关,更关注加密技术和网络安全的主要本质——完整性和可用性。不幸的是,物联网总是不断受到攻击。此类攻击的后果包括数据丢失、硬件故障、网络声誉受损等。每次攻击的成本估计为 135 美元,这种成本对于高价值攻击而言并不高[32]。

保护物联网设备安全面临的第一项挑战是,需要许多大型单元。在当今时代,一家制造商不可能生产出所有所需的产品,而是从某个国家购买一种物理设备(如硬件),从欧洲购买软件,然后进行组装。第二项挑战与现有软件相关,其安全开发生命周期无法根据用户的情况进行编辑。第三项挑战与开源软件相关,其中最大的挑战在于软件容量限制。这种观点称为"林纳斯定律"。网络攻击不是简单地基于单一元件或组件,必须加强检测和防控机制。

图9.7解释了区块链如何帮助保护物联网安全。区块链就像一种软件协议，无法在没有互联网连接的情况下运行，但可融合到多个领域中。由于物联网在我们的日常生活、军事和医疗健康中广泛传播，以及对物联网解决方案的需求不断增长，区块链技术在存储、数据利用和网络安全的交易过程中，使用许多技术来对物联网安全性进行存档[33]。

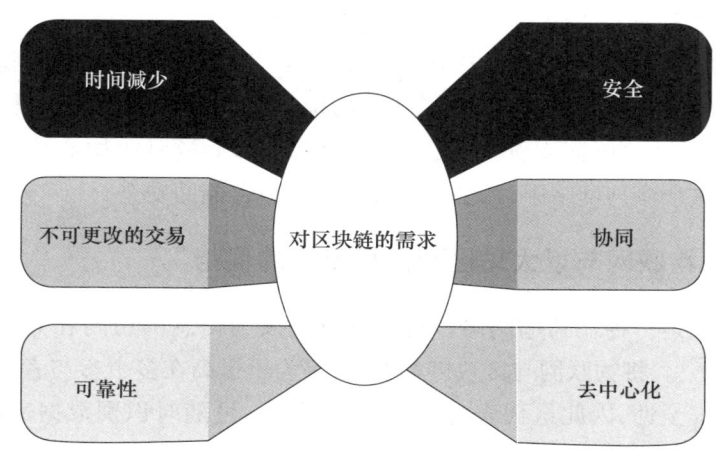

图9.7 为确保物联网安全而对区块链的主要需求

（基于区块链物联网板块股票插图；OpenMind：带区块链的物联网安全模型）

（1）时间减少：区块链有助于快速结算交易。由于所有参与者共享数据的副本，在一个区块中对交易进行排序、结算、转移和清除不会花费太多时间。

（2）不可更改的交易：该特性称为标准标签不可变性。区块链按时间顺序排列所有交易。将一个新区块添加到整个网络中时，其他参与者需验证该区块并将其附在区块链副本上。

（3）可靠性：区块链需验证和确认每个相关方的个体。该特性源自可迅速达成的共识，最流行的共识为权益证明。这些协议定义了主要利益相关者，即那些在网络上拥有更多币的利益相关者，因此他们最适合承担保护系统的巨大责任。在这种共识机制中，如果他们不验证交易，区块链上也不会产生任何损失，但会在创建新区块时产生延迟。

（4）安全：通过使用非常先进的加密技术和哈希机制，确保利用属性不变性，将信息密封在区块链内部。SHA-256是一种哈希算法，其基本思路是，区块链争取的空间有限,并且需要非常高的费用,这样才能获得巨大星系和交易成本。因此,所有数据都经哈希计算并存储在区块链网络中。

(5)协同:允许各方直接进行交易,而无须第三方中介。这是区块链最独特的特性。由于没有中间人,所有领域都节省了大量成本,特别是农业。据埃罗德区 Modakurachi taluk 的农民报告,他们以前不知道这些技术,并在货币利益方面遭受了巨大的经济损失。据估计,其中约52%的资金落入中间人或第三方经纪人手中,少量资金落入合适的人手中。

(6)去中心化:区块链的去中心化设置不依赖于控制器的中心套接字来管理交易,这种特殊的特性带来了巨大的优势:可消除导致中心机构中断的单点故障危险,可验证运营成本,并可增强保真度。这种去中心化基础设施有助于在整个参与网络中,以加密方式保护数据存储的安全。

9.4.2 物联网与以太坊区块链相融合的优势

区块链是一种端到端网络。物联网的发展为信息的访问和共享提供了很多机会[29]。将物联网与区块链相融合,是为了提高在多个参与者之间共享数据时的安全性,因此这代表着一场关键革命。可随时识别数据来源,并利用不变性特点对整体数据进行保护。

(1)访问控制策略:由脚本语言表示。这些策略类似于一组条件,可访问区块链中从用户 A 转移到用户 B 的资源,而无须资源所有者的干预。采用的是组合式规则,并且所授予的访问权必须符合这些规则[31]。这种访问控制策略可提高公平性,因为只有所有者有权访问自己的数据。使用智能合约技术,可为框架提供初步的访问控制策略。在构建访问控制框架时,这有助于用户达到所需的安全等级。如果没有适当策略,攻击者可能会控制所有物联网应用的公共基础。某些访问控制策略包含用于访问受保护资源的令牌机制,这种机制有助于降低通信成本,实现端到端安全,并且无须进一步的认证机制。可通过以更好的方式,将令牌用于许多访问控制操作中,如更新、接收和授权。该策略的应用有助于改进移动应用程序中现有的权限对话框。

(2)共识机制:用于保持组织中交易数据的可靠性,无须中介的参与。在诸如以太坊之类的公有链中,在选择矿工为主流区块链网络创建新区块时,必须达成共识。利用共识机制,所有参与者可在交易中达成一致。在我们的设计中,选择了权益证明机制,这种机制可在几秒内处理成百上千的交易。

权益证明间接解决了安全问题,不会导致区块链出现任何损失,但可能会导致创建区块时的延迟。持有任何无效交易的区块链可立即披露[16]。

(3)容错:在诸如以太坊之类的公有链网络中,可对账本进行复制和共享,因此其中一个或多个组件发生故障并不会影响整个系统。网络中的所有用户都持有交易的完整记录。由于区块链的特点,在确保对记录系统和各方之间价值交换的信任方面,区块链是更有吸引力的选择。为了确保持续可用性并保持相同水平的弹性,区块链通常更加需要每个节点具有容错性能。

(4)去中心化本质:在诸如云之类的中心化存储单元中,数据中心和边缘计算成为开发高安全性隐私保护方案时遭遇的首要瓶颈。去中心化是区块链的一种独特特性,有利于获取没有漏洞或故障的单点。区块链网络中没有基本代理,交易费用很低,交易速度也更快。共识算法在去中心化、分散的网络中维护数据一致性。在传统的大规模系统中,来自库存储的数据会出现与扩展和容量相关的问题,而在区块链中,更安全的去中心化数据存储在整个网络中。一些去中心化数据存储的例子包括星际文件系统、Storj、Swarm 和文件币。

(5)防篡改性:在传统系统中,数据库容易受到意外和恶意操纵的影响。区块链上的计算机或节点是分散和挖掘的,需要计算能力为数据带来更多的信任和完整性,使数据不可变但可逆。但是,区块链将使用共识算法来验证区块,经验证的区块是不可变的,并能抵抗所有类型的攻击。所有交易详情都将以加密形式进行存储。这样一来,来自物联网设备的保密数据和敏感数据将更加安全。

(6)系统可扩展性:物联网仅处理可扩展性的问题。在当今的区块链平台中,可扩展性是一种主要因素;如果区块容量增加,就会产生潜在威胁,从而导致双重支付攻击。存在这样一种误解:每笔交易都必须由所有其他节点验证,否则就会导致可扩展性问题。通过减小区块参数的容量,系统可利用各种共识机制实现更大的可扩展性。当区块链与物联网融合后,可解决该问题的 80%,因为区块链允许服务提供商不间断地传递和扩展他们的市场[34]。区块链在提供大量安全性的同时,限制了可扩展性(无法处理额外的事务),尤其无法保障可扩展应用的稳健性。

(7)可追溯性:近年来,随着检测技术、协同技术、计算技术的快速发展,智能交通系统取得了长足进步。各种食品的可追溯性是保障食品安全的关键。在制造、饲养、分发、质量和数量测试方面,对许多参与者进行跟踪。所有这些都会影响人类的生活。因此,区块链可与物联网相对应,以提供安全可靠的信息。

(8)智能合约:用于处理区块链网络中的可编程应用程序。2015年发布了以太坊的初始智能合约平台,称为区块链2.0。用户可通过合约协议地址和应用程序二进制接口(Application Binary Interface,ABI),直接与智能合约相关联。智能合约可对请求进行诊断和授权,并通过激活交易或消息向处理器授予访问权限。智能合约有助于验证重要操作并保证这些操作的正确性,以确保客户和供应商能广泛且安全地采用这些操作。智能合约可提供不变性、确定性执行功能以及在不可信环境中必须具有的透明度。

9.5 自私挖矿

关于区块链的安全性,值得注意的是潜在用户的适当耐受性[35]。潜行攻击是主要攻击之一。当攻击者、一群女巫节点或网络中的矿池可提供主流网络的哈希率来部署区块链时,便可抵抗这种攻击。矿工分为诚实矿工和潜行矿工两种类型。诚实矿工很可能会因分叉而错过区块,并且不能保证诚实矿工会在竞赛条件下获得成功。所有诚实挖矿追踪协议都会在挖矿后立即披露一个区块。这些协议承认最持久的链和链顶部的矿池。潜行矿工的主要目的是拒绝某特定目标,而不是对利润造成妨碍。这种攻击旨在批准、分配和发布启发式。如果区块使用了一小部分哈希计算能力,则将判定该区块作弊。在自私挖矿的背景下,矿工持有已挖掘的区块,不向网络传播这些区块,在满足一定条件后才会进行广播。这会占用一部分时间和资源,因此对诚实矿工来说是一种巨大损失,与公有链不同,私有链通过自私矿工进行挖矿而获得扩展。这些活动是许可链或私有链与非许可链或公有链之间竞争的主要原因。自私矿工不经任何考虑而发布自己的区块,以获得区块奖励,其具有额外的能力在挖矿竞赛中获胜。目前已发明了许多有效的技术来发现自私采矿行为,但这些技术并不总具有合理性,还会导致诚实区块的传播出现不可预测的延迟,进而让自私矿工有机可乘。参考文献[36]介绍了一种零区块,只要向矿工分配一个时隙用于在特定时间戳中发布区块,就会出现零区块。某些矿工通过不及时发布区块而弄虚作假,创建假区块,并将其附加在原始区块链中。自私矿工会影响整个系统,而获得比他们所欠股份更高的奖励。传播延迟也会导致自私矿工获胜。自私挖矿中主要有单一自私矿工和多重自私矿工两种类型。单一自私矿工一次只发布一个区块。被对手秘密保存的区块声明为私有链。在存在大量自私矿工的情况下,可能会在某一时刻突然发布无数区块。如果区块是在公有链中发布的,其他自私矿工将无法披露其秘密区块。大多数挖矿操作(至少78.7%)都是在矿池基础上(而不是在单一自私矿工基础上)完成的。由于矿池是公共的,矿工可自由连接和退出矿池。由于矿池的组织性质,类似矿池中的矿工被迫共享一些有效信息。

综上所述,将侦探式挖矿与强轻量级高度算法相结合,可有效对抗自私矿池。此外,相比诚实策略,这种方法可为矿工带来更多收益。但是,如果有足够的侦探式矿工,自私矿池将获得收益,并会采取诚实做法。

防御自私挖矿

参考文献[36]引入了一种零区块解决方案,这种解决方案使用区块链中称为时间戳的最重要组件之一来防止自私挖矿。可将时间戳回收作为存在的证据,并且其中保存了公证证据。这种方法将有助于证明某个文件存在了一段时间,因此可很容易地检测到任何未经授权的修改。算法1中提到的潜行是一种不同的自私挖矿方式。潜行的目标不是经济利益,而是阻止以公平方式指定的节点将其区块打印在链上;因此,每当目标节点将自己的区块置于可能具有挑战性的发布环境中时,攻击节点也会将自己的区块置于冲突。为了防止潜行攻击,特采用许多算法形式的加密技术。观察发现,潜行攻击的频率非常高,预计每10min约3.35%。这种算法称为轻量级高度算法,有助于检测攻击。HIGHT(新区块密码)算法由一个64位的区块和128位的密钥组成。经证明,HIGHT适合在低资源情况下使用,如射频识别标签或一些物联网普及设备。根据安全研究,我们保证,HIGHT具有足够的安全性。

9.6　本章小结

本章讨论了区块链中的智能合约技术在保护安全和隐私方面的主要作用;概述了网络安全攻击的性质,并讨论了此类攻击在区块链中造成的利润限制及其对策;回顾了以往的研究,并讨论了此类研究的方法和局限性;重点强调了使用区块链技术解决物联网安全和隐私问题的必要性。尽管在区块链中存在一些限制,并且非常需要执行一些创造性的应用程序,但区块链预计将与智能合约技术一同发展,每个人均需适应区块链技术的成熟过程,并对其进行优化。区块链与物联网的组合看起来很强大,因为区块链提供了抵御攻击的能力,并能以一致和可审计的模式与对等设备进行交互。拟定算法可有效抑制自私挖矿,并促进挖矿公平。通过绘制这些攻击的图表并制定相应对策,我们强调了新的调查指南,即必须以更安全、更积极的方式利用区块链。

参考文献

[1] Coin desk. 2017. "State of Blockchain – Q4 2017." November 27. Accessed February 4 2020. https://www.coindesk.com/wp-content/uploads/research/state-of-blockchain/2017/q4/sob2017q4-2018.pdf.

[2] Davidson, S.; P. De Filippi, and J. Potts. 2016. "Economics of Blockchain." Accessed May 10 2017. http://dx.doi.org/10.2139/ssrn.2744751.

[3] IBM Corporation. 2015. "Device Democracy: Saving the Future of the Internet of Things." Accessed April 29 2017. http://www01.ibm.com/common/ssi/cgibin/ssialias?htmlfid=GBE03620USEN.

[4] I. Eyal, and E. G. Sirer. 2014. "Majority Is Not Enough: Bitcoin Mining Is Vulnerable." In *Financial Cryptography and Data Security*, 436–454. Springer.

[5] Z. Zhou et al. 2014. "*EEP2P: An Energy-Efficient and Economy-Efficient P2P Network Protocol.*" In *Proc. Int. Green Computer. Conf.* Dallas, TX, U.S.A., November.

[6] "Blockchain and Associated Legal Issues for Emerging Markets." 2019. Accessed February 17 2020. www.ifc.org/thought leadership.

[7] "How does Keccak 256 hash function work?" Accessed February 17 2020. https://ethereum.stackexchange.com/.

[8] Dinur, I., O. Dunkelman, and A. Shamir. 2012. "New Attacks on Keccak-224 and Keccak-256." In: Canteaut, A. (eds) *Fast Software Encryption. FSE 2012. Lecture Notes in Computer Science*. Vol. 7549. Berlin, Heidelberg: Springer. doi:10.1007/978-3-642-34047-5_25.

[9] Stephen, Reyma, and Annena Alex. 2018. "A Review on Blockchain Security." *IOP Conf. Series: Materials Science and Engineering* 396: 012030. doi:10.1088/1757-899X/

396/1/012030.

[10] Ouaddah, Aafaf, and Anas Abou Elkalam. 2017. "Fair Access: A New Blockchain – Based Access Control Framework for the Internet of Things." *Security And Communication Networks Security Comm. Networks*. doi:10.1002/sec.1748.

[11] Emanuel Ferreira Jesus, Vanessa, and R. L. Chicarino. 2018. "A Survey of How to Use Blockchain to Secure Internet of Things and the Stalker Attack." *Hindawi Security and Communication Networks* 2018: doi:10.1155/2018/9675050.

[12] Staples, M., S. Chen, S. Falamaki, A. Ponomarev, P. Rimba, A. B. Tran, I. Weber, X. Xu, and J. Zhu. 2017. "Risks and Opportunities for Systems Using Blockchain and Smart Contracts." doi:10.4225/08/596e5ab7917bc.

[13] Lee, Jae Hyung. n. d. "Systematic Approach to Analysing Security and Vulnerabilities of Blockchain Systems." Accessed March 2 2020. https://web.mit.edu/smadnick/www/wp/2019 – 05.pdf.

[14] Zhang, R., R. Xue, and L. Liu. 2019. "Security and Privacy on Blockchain." *ACM Computing Surveys* 1 (1). doi:10.1145/3316481.

[15] Wang, Qi, Xiangxue Li. 2018. "Anonymity for Bitcoin From Secure Escrow Address." *IEEE* 6:12336 – 12341. doi 10.1109/ACCESS.2017.2787563.

[16] Salah, Khaled, and M. Habib Ur Rehman. 2019. "Blockchain for AI: Review and Open Research Challenges." *IEEE Access*: 10127 – 10149.

[17] McConaghy, et al. 2018. "Bigchain DB: A Scalable Blockchain Database." *Big Chain DB*, GmbH, Berlin, Germany. Accessed January 10 2019. https://www.bigchaindb.com/whitepaper/bigchaindb – whitepaper.pdf.

[18] Saad, Muhammad, and Jeffrey Spaulding. 2019. "Exploring the Attack Surface of Blockchain: A Systematic Overview." *arXiv*: 1904.03487v1 [cs.CR].

[19] "Top Five Blockchain Security Issues." Accessed March 2 2020. https://ledgerops.com/blog/2019/03/28/top – five – blockchain – security – issues – in – 2019.

[20] Frankenfield, J. n. d.. "DoubleSpending." *Investopedia*. Accessed February 10 2020. https://www.investopedia.com/terms/d/doublespending.asp.

[21] Jang, Jehyuk, and Heung – No Lee. 2019. "Profitable Double – Spending Attacks." https://www.researchgate.net/publication/331543601.

[22] Singh, D. 2018. "Crypto – Jacking Attacks Rose by 8,500% Globally in 2017: Report." Accessed February 15 2020. https://goo.gl/qpGcZy.

[23] Marwala, Tshilidzi and B. Xing. 2018. "Blockchain and Artificial Intelligence." https://

arxiv. org/abs/1802. 04451.

[24] Zhi, Li, Xinlai Liu, Ali Vatankhah. 2018. Cloud – based Manufacturing Block chain: Secure knowledge – sharing blockchain for injection mouldredesign. *Procedia CIRP* 72: 961 – 966.

[25] Tosh, Deepak K. , and Sachin Shetty. 2017. "Security Implications of Blockchain Cloud with Analysis of Block Withholding Attack. " In *17th IEEE/ACM International Symposium on Cluster, Cloud and Grid Computing*, pp. 458 – 467. doi: 10. 1109/CCGRID. 2017. 111.

[26] Bonomi, Flavio, Rodolfo Milito, Jiang Zhu, and Sateesh Addepalli. 2012. "Fog Computing and its Role in the Internet of Things. " Proceedings of the First Edition of the MCC Workshop on Mobile Cloud Computing. ACM.

[27] Jeong, Jun Woo, and Bo Youn Kim. 2018. "Security and Device Control Method for Fog Computer using Blockchain. " In *ICISS' 18*: Proceedings of the 2018 International Conference on Information Science and System, pp. 234 – 238. doi: 10. 1145/3209914. 3209917.

[28] Gauhar, Ali, Ahmed Naveed, and Muhammad Asif Yue Cao. 2019. "Blockchain – Based Permission Delegation and Access Control in Internet of Things (BACI). " *Computers and Security* 86: 318 – 384.

[29] Reyna, Ana, Cristian Martin, and Jaime Chen. 2018. "On Block Chain and its Integration with IoT. Challenges and Opportunities. " *Future Generation Computer Systems* 88: 173 – 190.

[30] Ali, M. S. , M. Vecchio, M. Pincheira, K. Dolui, and M. H. Rehmani. "Applications of Blockchain in the Internet of Things: A Comprehensive Survey. " *IEEE Communication Surveys Tuts* (to be published).

[31] "Ethembedded. " 2017. Accessed March 11 2020. https://ethembedded. com/.

[32] Article from "Electronics for you" January 2020 Edition Security: The Perils of Trivialising the IoT Security, pp. 46 – 47.

[33] Gu, J. , B. Sun, X. Du, J. Wang, Y. Zhuang, and Z. Wang, 2018. "Consortium Blockchain – Based Malware Detection in Mobile Devices. " *IEEE Access* 6: 1211812128.

[34] Nguyen, Dinh C. , Pubudu N. Pathirana, and Ming Ding. 2019. "Integration of Blockchain and Cloud of Things: Architecture, Applications, and Challenges. " *IEEE Communications Surveys & Tutorials*. arXiv: 1908. 09058v1 [cs. CR].

[35] Pilkington, M. 2016. "Blockchain Technology: Principles and Applications. In *Research Handbook on Digital Transformations*, p. 225.

[36] Solat, S. and M. Potop – Butucaru. 2016. "Zeroblock: Preventing Selfish Mining in Bitcoin. " *CoRR*. http://arxiv. org/abs/1605. 02435.

/第 10 章/

人工智能、区块链和物联网对智慧城市医疗健康的影响（Ⅰ）

R. 苏嘉达

区块链、物联网和人工智能

10.1 医疗健康行业发展简介

10.1.1 医疗健康行业

医疗健康行业是决定国民福祉的关键领域。由于许多新的疾病正在入侵世界,医疗领域每天都面临着巨大挑战。当一种疾病在本质上具有传染性时,其影响很大并且采取对策的成本很高。在许多疾病的最初阶段,一直采用家庭疗法作为解决方案,但由于世界和医疗技术的快速发展,治疗方式也变得现代化。毫无疑问,医疗健康行业本质上以指数增长。在有些国家,整个医疗健康行业由政府负责,而在另一些国家,医疗健康行业由联邦政府和私营机构共同负责。该行业的发展以纸质文件的数字化为标志,通过在初期阶段诊断疾病、与保险机构、药品监管机构互动等,尽早提供优质治疗服务。诊断方法大大增加,并减少了人为干预。医疗健康领域的海量数据催生了无人信息环境,这是一种战略发展或方式变革[1]。

人们越来越热衷于将医疗健康行业与人工智能、物联网和区块链相融合。对该领域主要影响的是对受感染者进行诊断和治疗的方式。人工智能是指根据需要而利用软件和永续复杂算法进行计算的过程。许多设备的运行都基于人工智能的视角。物联网在医疗健康行业中被广泛使用,出现了很多软件相关术语,而传感器用于监测和跟踪人们的健康状况。高度发达的国家利用各种组件,以集中方式将人们完全整合起来,产生了大量需要仔细分析的数据。区块链是该领域悄然而至的新成员,这种账本管理技术使患者更容易访问记录,将医疗健康行业变成智能医疗健康环境[2-4]。医疗健康行业的主要趋势是基于价值的医疗、数据驱动的个性化护理、社会决定因素、患者参与,简而言之,就是协同医疗。医疗健康行业的关键词和短语包括用于存储数据的云环境;虚拟专用网;传感器;机器人以无人的方式治疗患者;用于分析 X 射线图像、计算机断层扫描图像和核磁共振图像的图像处理;脑电图、心电图和肌电图数据点中的数据处理;用于预测晚期疾病的机器学习和深度学习方法;根据严重程度借助设备进行的治疗。该清单将随着跨学科背景下不断进行的研究而扩展。计算机辅助的患者决策作为一种交互方式,可收集患者数据,使用推理引擎,并具有提供诊疗方案的数据库[5-9]。

第10章　人工智能、区块链和物联网对智慧城市医疗健康的影响（Ⅰ）

根据谷歌趋势（Google Trend）显示，人工智能、物联网和区块链在医疗健康行业中的应用，在过去10年里以量级递增。在"医疗健康行业中的人工智能、物联网和区块链"的全球网络搜索量如图10.1所示。阿拉伯联合酋长国的医疗健康行业中的人工智能应用排名第一，其次是新加坡、澳大利亚、菲律宾等。类似的，印度的医疗健康行业中的物联网应用排名第一，接下来依次是美国、加拿大、英国等。印度的区块链应用排名第一，接下来依次是美国、英国等。很明显，医疗健康行业的发展值得深入思考。

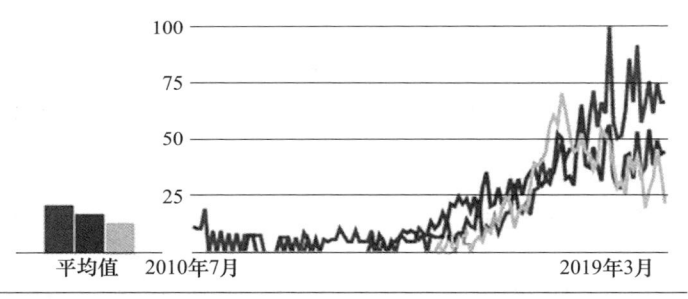

全世界，2010年6月20日—2020年6月20日，网络搜索量

图10.1　人工智能、物联网和区块链：网络搜索量

10.1.2　健康信息管理

健康信息管理（Health Information Management，HIM）是指以一种综合方式组织与医疗健康行业所有组成部分相关的信息。1920年开始使用医疗记录，在该过程中，医生开始记录患者的并发症和病情缓解情况方面的信息。40年后，计算机为健康信息管理带来了变革。

计算机开启了为健康记录的标准化和按需分发提供平台的时代。慢慢地，医疗信息技术（Health Information Technology，HIT）以计算机与其他技术相结合的方式蓬勃发展起来。面临的各种挑战包括非结构化数据和系统自动化——需要时间与现有系统和基础设施需求进行同步。初级医疗信息管理的增长是发展中国家确保所有人（包括农民）的安全健康所必需的组成部分，其中涉及的工作表明,初级医疗信息管理更具有优先权[10]。健康信息管理是一种涉及各种角色的庞大领域,但其起点是从各个方面有效维护医院数据。记录保存是非常重要的领域,需要高度重视。健康信息管理涉及临床、人口统计、财务、流行病学等方面的数据,以及患者治疗史和健康数据库等参考信息。

10.1.3　电子健康记录

电子健康记录是一种数字格式的记录,可帮助跟踪患者从出生起整个生命周期内的健康状况。电子健康记录由医疗机构进行维护,包含所有重要的临床管理数据,包括人口统计数据、医疗进展记录、病史、生命体征、药物治疗、过往免疫接种、实验室数据和放射学报告。医疗健康服务依赖于电子健康记录,因为其中包含与诊断相关的完整信息,以便确定针对患者的治疗方法。医疗智能系统利用来自不同患者和医疗中心持续存储的数据获得有用信息。根据数据,可深入了解当前的健康状况,也可提供在发生紧急情况时做出决策所需的信息[11]。

10.1.4　电子医疗记录

电子医疗记录是诊所纸质文件的一种数字形式。在临床实践中,患者的记录以电子医疗记录格式,提供与患者相关的信息。电子医疗记录比纸质记录更具优势。由各种医院和医疗机构根据就诊情况对电子医疗记录进行维护。患者有权直接访问电子医疗记录的数据,但很难访问以前的数据。在现实生活中,电子医疗记录不仅可帮助医生跟踪患者的数据,还可提醒我们需进行筛查或检查。电子医疗记录会定期分析血压等重要的健康参数。电子健康记录和电子医疗记录虽然具有某些共同的特点,但却具有不同的用途。

10.2　智能医疗

数据是整个智慧城市包含的主要组成部分,很显然,在智能医疗领域,大量非结构化、高速传输的数据不断流动,使该领域的竞争变得异常激烈,并加大了制定决策的难度。提供快速、准确、低成本、可靠的医疗服务是智能系统的最终目标。随时间的推移,后端生成的数据在危急情况下,可起到很大的帮助作用[12-14]。根据德勤(Deloitte)《全球医疗行业展望》[15],与数据管理不同,智能医疗需满足的各种关键需求包括医疗设备和可穿戴设备的安全,以及远程医疗安全方面的更多工作。德勤通过考虑具有多学科性质的各种因素,给出了数字健康生态系统。图10.2显示了所有成功因素之间的互操作性,使医疗行业能够完美、高效地开展工作。云计算解决方案意味着:以虚拟和安全的方式存储数据;利用机器人技术为患者提供精确且极不易受影响的环境;利用传感器为快速治疗提供快速报告;将人工智能与数据挖掘、机器学习、深度学习、统计学、数据分析和企业应用相结合,以提高组织能力,使所有部门都能顺利运作。用于安全账本维护和自然语言处理的区块链充当聊天机器人应用程序的后台,这些应用程序进行远程运行,可提供关于专家知识观点的输入数据。5G与各种设备生成的数据共同作为医疗物联网的骨干网,为高度可互操作的健康生态系统提供了良好平台。现实的挑战是需要医疗看护的老龄人口比例越来越高,慢性疾病越来越多,以及技术进步使基础设施和模型方面的投资呈指数级增长,特别是在劳动力短缺和劳动力成本很高的发展中国家。许多领先组织正在综合考虑各种因素以寻求对策,因为各个地区在文化、社会、民生、生活方式等方面都存在差异。智慧城市是许多发展中国家的梦想,以确保为下一代提供最佳生活方式,发展中国家的政府也在采取措施,以满足居民的需求[16]。

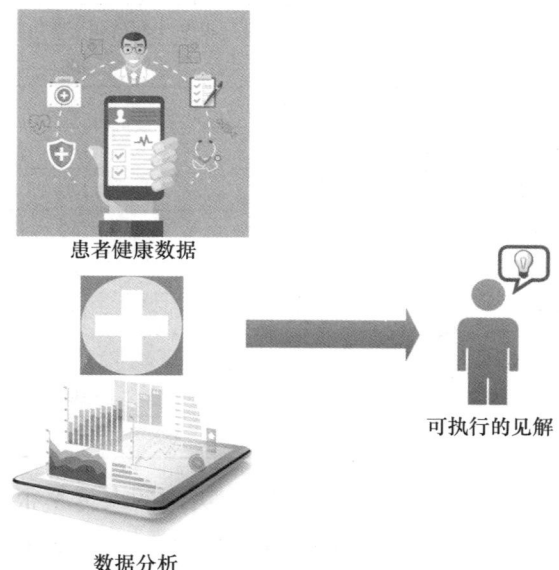

图10.2 物联网-医疗系统

10.2.1 医疗健康行业中的人工智能

目前,已开发了且正在开发各种工具,用于进行适当的诊断,然后进行预测和治疗。借助深度学习算法,健康领域正以一种解释的方式向深度医学发展。在创建支持医疗健康行业的人工智能时,需要考虑的策略应包括:更加谨慎地管理统计数据的使用和决策算法;采用高效的数据可视化技术提供明确的见解;通过融合人工智能,对临床过程中的变化进行正确推断[17-18]。

计算机信息系统在当前的医疗领域中发挥着至关重要的作用,有助于改善护理过程。利用基于医生数据的预测统计模型,系统能以一种更信息化的方式支持患者和医务人员。既能为利益相关者带来利益,又能降低成本,是医疗健康行业成功的关键因素[19-23]。

人工智能医疗领域的变革可谓翻天覆地,具有非常大的影响力。最近,《哈佛商业评论》提供了一张有趣的图表,其中从2026年潜在年度价值的角度,展示了医疗健康行业中的前十大人工智能应用。表10.1也提供了相关信息。该表主要表明,为改变人为干预,需要更多地提供在前两个应用中揭示的最佳医疗服务,即手术机器人和虚拟护理。

表10.1 人工智能在医疗健康行业中的应用

应用	2026年的潜在年度价值/亿美元
机器人辅助外科手术	400
虚拟护理助理	200
管理工作流	180
欺诈检测	170
剂量错误检测	160
互联机器	140
临床试验参与	130
初步诊断	50
图像自动诊断	30
网络安全	20

Builtin.com中的一篇文章提到,2015年美国的误诊率很高,因误诊导致的死亡率高达10%。面对庞大的数据集或既往病史,人类想要做出完美诊断并非易事[24]。因此,需要借助人工智能进行诊断;该文章还介绍了最近令人

印象深刻的活动,具体如下。

(1) PathAI – 机器学习协助病理学家 – 精确癌症检测。

(2) Buoy Health – 人工智能 – 症状检查器。

(3) Enlitic – 人工智能、深度学习 – 放射诊断。

(4) Freenome – 人工智能 – 早期癌症检测。

(5) Beth Israel Deaconess Medical Center – 人工智能 – 致命血液疾病的早期检测。

(6) Zebra Medical Vision – 人工智能 – 临床发现。

(7) BioXcel Therapeutics – 人工智能 – 开发免疫肿瘤学和神经科学方面的新药。

(8) Berg Health – 基于人工智能的生物技术领域 – 加速医学发现。

(9) XtalPi – 人工智能、云和量子物理 – 药物研发。

(10) Atomwise – 人工智能 – 临床试验。

(11) Deep Genomics – 人工智能 – 神经相关药物。

(12) BenevolentAI – 人工智能、深度学习 – 靶向治疗。

(13) Olive – 人工智能 – 以最佳方式处理重复的任务。

(14) Qventus – 人工智能 – 用于优化医疗服务的自动化。

(15) Tempus – 人工智能 – 为个性化健康而收集海量数据。

(16) Proscia – 图像处理、人工智能 – 检测癌细胞。

(17) Google Deepmind – 人工智能 – 根据患者的健康状况提醒医务人员。

(18) Vicarious Surgical – 人工智能、机器人 – 虚拟手术。

(19) Auris Health – 人工智能、机器人 – 内镜手术。

(20) Microsure – 机器人 – 手术精度。

(21) Mazor Robotics – 人工智能、机器人 – 脊柱手术。

人工智能给医疗健康行业带来的改变非常深远。该领域的研究是无缝衔接的,解释方式使新发明的诞生成为可能。各细分领域的专家聚集在一起开展讨论,使该领域非常引人注目。

自然语言处理和文本挖掘在 OneMedical 公司用于从传真中提取数据,谷歌正在合作建立预测模型,用于在病情危急的情况下发出预警信号[25]。飞利浦未来健康指数(Philips Future Health Index)平台以一种创新的技术方式积极参与进来,并提供了许多优质的医疗健康产品,使一些利益相关者受益。

飞利浦最近的研究提到了 6 个突出的细分领域：精确诊断、癌症护理、计算病理学、急性病护理、图像引导治疗和医疗资源获取[26-28]。表 10.2 给出了关于医疗健康专业人员对人工智能满意程度的调查结果。根据这些调查结果可以看出，专业人员对人工智能的熟悉程度决定了研究方向，从而使医疗服务更加人性化。

表 10.2　对人工智能感到满意的医疗健康专业人员的百分比

临床	执行治疗方案	45%
	诊断	47%
	推荐治疗方案	47%
	标记异常	59%
工作流	患者监测	63%
	人员配置与患者安排	64%

10.2.2　医疗健康行业中的物联网

智能医院是借助物联网管理整个医疗健康行业的产物。在这种管理过程中，每项活动通过传感器生成数据。结合使用各种传感器技术使系统变得高度自动化和个性化，但数据的处理仍很麻烦——需要一些与该领域相关的专业知识[29-31]。

常用的物联网设备包括测量脑电波用的耳机、血压监测仪、脑电图、心电图、肌电图监测仪、葡萄糖监测仪、脉搏血氧仪，以及更多频繁添加的设备。在快速阶段向远程提供的初步服务称为远程保健(TeleHealth)，这显然是智能组件的一部分。在 21 世纪，可在 1h 内提供远程保健服务，具体的服务如下：

(1) 远程医疗。

(2) 远程监测。

(3) 远程手术。

(4) 远程医学教育。

远程医疗的优势是可提供即时和远程服务，在灾难和紧急情况下非常适用，免去了排队等候时间，距离不再是问题，服务就在家中，成本效益高，所需文档更少，并可更好地沟通。图 10.2 精确显示了基于物联网的医疗健康系统。首先在各种源视图中收集数据，然后通过有效的数据分析，生成可执行的决策。许多组织都致力于这方面的研究,预计会出现大繁荣。弗罗斯特(Frost)和沙利文(Sullivan)在其分析中指出,医疗物联网将呈指数级增长,年增长率将达到26.2%。此外,到2021年底,其规模可能达到720亿美元。在经济增长的同时,也需优化治疗标准,做到尽早收集数据,并进行有效处理。

由于数据量过于庞大,所有环节都普遍存在着各种挑战。首先是安全漏洞,下列情况需要确保防止未经授权的人侵入:如果某患者因患有多种疾病而需使用不同的设备,还需要将这些设备集成在一起,并且很难根据庞大的数据做出决策,则需要有效的实时功能和全面的知识将其变为更有趣、能提供更多信息的平台。

10.2.3 医疗健康行业中的区块链

近年来,医疗健康行业一直处于创新前沿。2020年,硬件、编程、医药、手术和患者可获得的护理质量比以往任何时候都更好。然而,组织效率和管理人员为护理提供的支持信息却严重滞后,区块链技术可解决这种问题。区块链技术的伟大成就在于,其为健康信息交换(Health Information Exchange,HIE)提供了一种更有效、更安全的创新性电子健康记录保存方式。

区块链最近才应用于医疗健康行业,为在医疗健康系统中存储和检索电子健康记录提供了分布式平台。区块链中的账本技术可确保安全地处理患者记录和药品供应链。区块链具有很多独特特点,如私人访问的透明度、廉洁性以及去中心化的本质。简而言之,可将区块链视为振兴医疗健康行业的关键因素。基于区块链的医疗记录有助于简化医疗健康行业,避免出现代价高昂的错误。一旦发现患者的需求,就开始采购药品,因此极大提升了医疗供应链的工作效率。药品从源头到达最终用户的过程都是透明且可跟踪的。通过在医药行业引入区块链,实现医疗健康平台间的链接,可大幅减少假药的流通。在疾病暴发期间,区块链中的时间戳组件和点对点通信方式是非常可贵的,因为由积累的数据生成的模式有助于查明不同地点的疾病起源和严重程度,这些特点在基因组行业中也找到了用武之地。

在维护海量数据的过程中,医疗健康行业面临困境,每年约损失3000亿美元,安全威胁是其面临的巨大挑战。借助复杂的区块链系统,医疗健康行业可创造一种安全可信的环境。一旦创建了数据,就会对其进行对等检查,然后再创建区块。一旦进行了更新,就会将更新数据传送给预期用户,然后再生成新区块。只有持有匹配密钥的人才能查看数据。密钥维度就像共享账本,其特点包括共识、隐私和智能合约。索赔过程拒绝的最佳实例是,当应用程序中缺少某些信息字段,但在区块链中智能合约的帮助下,此类字段可伴随着交易,持续提供所有数据,并加快提交索赔的过程。从隐私的角度来看,需将交易转换为哈希,然后将其创建为与前一区块相连的区块。这样就创建了一种由很多区块构成的医疗相关区块链。创建的医疗记录将在患者同意的情况下转换为区块链,预期的医务人员可查看此类数据[32-33]。

10.3 个性化医疗健康

个性化医疗健康概念是医学领域的里程碑,这种概念在基于肿瘤危急程度和类型的肿瘤治疗中应用较多。以前,白血病的治疗是从一系列检查、化疗和相同药物剂量开始的。但是,随着个性化医疗健康的诞生,生物标志物有助于为患者提供安全有效的治疗。同时也整合了遗传信息,确保使用正确的剂量进行适当的治疗。收集血液样本数据并将其输入专门为决策过程创建的决策支持系统。该系统接收来自医务人员、研究人员的数据和类似数据集,以提供特定的见解。个性化医疗是与个性化医疗健康概念相关的常见词汇,目前还处于非常初级的阶段。美国在2018年首次采用基于细胞的疗法进行了一系列治疗,价格约为47.5万美元。除了癌症,该概念还可应用于阿尔茨海默病或糖尿病,因为这些疾病的关系存在于DNA突变中。早期预测可挽救患者的生命。基因组结构在后端与信息技术方法相结合,可为有需要的人提供最合适的治疗[34-36]。

10.4 老年人医疗健康

对所有国家而言,照顾好65岁左右老年人的健康是一项重大挑战。衰老导致人们在日常生活中活动缓慢,免疫系统受损。如果出现合并症,情况就更糟了。衰老带来的问题包括听力丧失、视力问题、颈部和膝关节疼痛、痴呆、糖尿病、抑郁症和肺部疾病。根据具体的生活环境和生活方式,症状可能会有所不同。对于老年人,主要是必须有人陪在他们身边照看,因为老年人在心理上缺乏安全感。在当今世界,道德支持的缺失对健康产生了负面影响。正如本章前面所提到的,现在的劳动力成本越来越高,劳动力越来越稀缺。虚拟辅助设备有助于监测和跟踪患者的健康状况。老年人需要更多的医疗护理,其康复时间也更长。各个国家提出并使用了许多框架,用于帮助有效地管理老年人健康[37-38]。

数据桥市场研究公司(Data Bridge Market Research)的调查显示,全球老年人护理的成本都在增加,老年人的数量也在增加。未来几年该市场将有更大的增长,预计到2027年底,规模将达到约1.94万亿美元。增长的主要驱动因素是越来越多的人意识到需要通过支付更多的费用,来为家庭提供护理服务。由于核心家庭越来越多以及很多人为寻找工作而在城市奔波,许多老年人感到被冷落。慢性疾病的惊人增加和持续的药物治疗,也促进了老年人护理市场的增长。

家庭健康服务机构为老年人提供的各种服务如下:
(1) 言语治疗。
(2) 心理咨询。
(3) 物理治疗。
(4) 职业治疗。
(5) 护理服务。
(6) 药物管理。
(7) 家政服务。
(8) 营养服务。
(9) 其他服务。

护理服务最受欢迎,其次是物理治疗。根据疾病提供的综合服务有助于让老年人安享晚年。数字辅助技术与家庭护理服务相结合,可确保记录完整性。

10.5 患者管理

患者管理是医疗健康行业非常重要的一部分。其包括医患关系、检查、诊断、治疗等要素。为了获得理想的治疗效果,患者管理是非常重要的因素。从患者开始治疗的第一天起,就需要建立有序的系统。患者的病史和社会史在及时诊断和治疗方面起着明显的作用。传统的患者管理方式是以实物形式维护患者的健康记录,需要单独记录每次临床试验,以获得良好的输出数据。但是传统的方法有很多缺点,并且无法以有组织的方式存储记录。随着人口的增加和患者的增加,患者管理成为诊所的一项繁琐任务,因此需要一种基于技术的患者管理系统。

通过技术应用,可完全实现现代化患者管理。从预约确定到服药提醒,可将所有管理项合并到单一系统中。以前,患者只有在出现严重问题时才会去诊所,没有任何计划。这导致了前台办公室的混乱和漫长的等待时间。现代化患者管理系统可定期提醒患者进行检查,即使患者在繁忙的高速公路上也能预约检查。这样一来,就能及早发现疾病。现在,无须采用物理方式存储患者记录,所有记录都可存储在基于云的存储系统中,并可随时随地访问记录。因此,统一的系统可为世界每个角落带来统一的医疗健康系统,还可提供远程医疗服务以及向医生咨询的其他简单方式。诊所可跟踪患者的用药情况,并提醒他们适时服药和补充药物。因此,要想提供优质医疗健康服务,需要先进的患者管理系统。同时也考虑基于疾病的患者管理。对此,讨论了关于阿尔茨海默病和糖尿病的患者管理[39-41]。

10.6 本章小结

医疗健康是所有社会的基本要素。在智慧城市中,由于人工智能、物联网和区块链的参与,生活的方方面面都被提升到一个新的水平。其中,强大而有效的医疗健康系统构成了基本组成部分。人工智能、物联网和区块链对医疗健康行业产生了直接且深远的积极影响。这为确保快速诊断、及时治疗和保持稳定用药奠定了基础。智能系统可在各个方面为所有工作者提供协助,还可减少错误,并在老年人护理方面发挥重要作用。智能患者管理非常高效。很明显,数字环境和一系列算法使医疗领域充满活力。未来的研究可能需要将区块链和物联网的功能结合起来,为网络可扩展性和低端设备提供支持,以便提供更好的医疗健康服务。

参考文献

[1] Grimson, J., and W. Grimson. 2002. "Health Care in the Information Society: Evolution or

Revolution?" *International Journal of Medical Informatics* 66 (1-3): 25-29.

[2] Hasnat, M., S. A. Mamun, F. Hossain, and S. Hossain. 2019. "IoT Based Smart Healthcare." Master Thesis, United International University Dhaka, Bangladesh.

[3] Lin, S. H., and M. Y. Chen. 2019. "Artificial Intelligence in Smart Health: Investigation of Theory and Practice." *Hu Li Za Zhi* 66 (2): 7-13.

[4] Zhang, P., D. C. Schmidt, J. White, and G. Lenz. 2018. "Blockchain Technology Use Cases in Healthcare." In *Advances in Computers*, Vol. 111, pp. 1-41. Elsevier.

[5] Canlas, R. D. 2009. "Data Mining in Healthcare: Current Applications and Issues." In *School of Information Systems & Management*. Australia: Carnegie Mellon University.

[6] Erstad, T. L. 2003. "Analyzing Computer-Based Patient Records: A Review of Literature." *Journal of Healthcare Information Management* 17 (4): 51-57.

[7] Mehta, V. K., P. S. Deb, and R. A. O. D. Subba. 1994. "Application of Computer Techniques in Medicine." *Medical Journal Armed Forces India* 50 (3): 215-218.

[8] Razzak, M. I., S. Naz, and A. Zaib. 2018. "Deep Learning for Medical Image Processing: Overview, Challenges and the Future." In *Classification in BioApps*, pp. 323-350. Cham: Springer.

[9] Țăranu, I. 2016. "Data Mining in Healthcare: Decision Making and Precision." *Database Systems Journal* 6 (4): 33-40.

[10] Zhao, Y., L. Liu, Y. Qi, F. Lou, J. Zhang, and W. Ma. 2019. "Evaluation and Design of Public Health Information Management System for Primary Health Care Units Based on Medical and Health Information." *Journal of Infection and Public Health* 13 (4): 491-496.

[11] Mayer, A. H., C. A. da Costa, and R. D. R. Righi. 2019. "Electronic Health Records in a Blockchain: A Systematic Review." *Health Informatics Journal* 26 (2): 1273-1288.

[12] El Zouka, H. A., and M. M. Hosni. 2019. "Secure IoT Communications for Smart Healthcare Monitoring System." *Internet of Things*: 100036.

[13] Sakr, S., and A. Elgammal. 2016. "Towards a Comprehensive Data Analytics Framework for Smart Healthcare Services." *Big Data Research* 4: 44-58.

[14] Syed, L., S. Jabeen, S. Manimala, and A. Alsaeedi. 2019. "Smart Healthcare Framework for Ambient Assisted Living Using IoMT and Big Data Analytics Techniques." *Future Generation Computer Systems* 101: 136-151.

[15] https://www2.deloitte.com/content/dam/Deloitte/global/Documents/Life-Sciences-Health-Care/gx-lshc-digital-transformation-and-interoperability.pdf. Accessed 20 June 2020.

[16] Jararweh, Y., M. Al-Ayyoub, and E. Benkhelifa. 2020. "An Experimental Framework for Future

Smart Cities Using Data Fusion and Software Defined Systems: The Case of Environmental Monitoring for Smart Healthcare." *Future Generation Computer Systems* 107: 883 – 897.

[17] Davenport, T. H., and R. Kalakota. 2019. "The Potential for Artificial Intelligence in Healthcare." *Future Healthcare Journal* 6 (2): 94.

[18] Wiljer, D., and Z. Hakim. 2019. "Developing an Artificial Intelligence – Enabled Health Care Practice: Rewiring Health Care Professions for Better Care." *Journal of Medical Imaging and Radiation Sciences* 50 (4): S8 – S14.

[19] Bates, D. W., S. Saria, L. Ohno – Machado, A. Shah, and G. Escobar. 2014. "Big Data in Health Care: Using Analytics to Identify and Manage High – Risk and High – Cost Patients." *Health Affairs* 33 (7): 1123 – 1131.

[20] Jameson, J. L., and D. L. Longo. 2015. "Precision Medicine—Personalized, Problematic, and Promising." *Obstetrical & Gynecological Survey* 70 (10): 612 – 614.

[21] Krumholz, H. M. 2014. "Big Data and New Knowledge in Medicine: The Thinking, Training, and Tools Needed for a Learning Health System." *Health Affairs* 33 (7): 1163 – 1170.

[22] Parikh, R. B., M. Kakad, and D. W. Bates. 2016. "Integrating Predictive Analytics into High – Value Care: The Dawn of Precision Delivery." *JAMA* 315 (7): 651 – 652.

[23] Parikh, R. B., J. S. Schwartz, and A. S. Navathe. 2017. "Beyond Genes and Molecules – A Precision Delivery Initiative for Precision Medicine." *The New England Journal of Medicine* 376 (17): 1609.

[24] https://builtin.com/artificial – intelligence/artificial – intelligence – healthcare. Accessed June 20 2020.

[25] Davenport, T. H., T. Hongsermeier, and K. A. McCord. 2018. "Using AI to Improve Electronic Health Records." *Harvard Business Review* 12: 1 – 6.

[26] https://hbr.org/2018/05/10 – promising – ai – applications – in – health – care. Accessed June 20 2020.

[27] https://www.databridgemarketresearch.com/request – a – sample/? dbmr = global – elderly – care – market. Accessed June 20 2020.

[28] https://www.philips.com/a – w/about/news/archive/features/20200107 – six – areas – in – which – ai – is – changing – the – future – of – healthcare.html. Accessed June 20 2020.

[29] Fischer, G. S., R. da Rosa Righi, G. de Oliveira Ramos, C. A. da Costa, J. J. Rodrigues, et al. 2020. "ElHealth: Using Internet of Things and Data Prediction for Elastic Management of Human Resources in Smart Hospitals." *Engineering Applications of Artificial Intelligence*

87: 103285.

[30] Kanase, P., and S. Gaikwad. 2016. "Smart Hospitals Using Internet of Things (IoT)." *International Research Journal of Engineering and Technology (IRJET)* 3 (3).

[31] Thakare, V., and G. Khire. 2014. "Role of Emerging Technology for Building Smart Hospital Information System." *Procedia Economics and Finance* 11: 583–588.

[32] Tanwar, S., K. Parekh, and R. Evans. 2020. "Blockchain-Based Electronic Healthcare Record System for Healthcare 4.0 Applications." *Journal of Information Security and Applications* 50: 102407.

[33] Tripathi, G., M. A. Ahad, and S. Paiva. 2019. "S2HS-A Blockchain Based Approach for Smart Healthcare System." In *Healthcare*, 100391. Elsevier.

[34] Abbas, A., M. Ali, M. U. S. Khan, and S. U. Khan. 2016. "Personalized Healthcare Cloud Services for Disease Risk Assessment and Wellness Management Using Social Media." *Pervasive and Mobile Computing* 28: 81–99.

[35] Feldman, K., D. Davis, and N. V. Chawla. 2015. "Scaling and Contextualizing Personalized Healthcare: A Case Study of Disease Prediction Algorithm Integration." *Journal of Biomedical Informatics* 57: 377–385.

[36] Fuentes-Garí, M., E. Velliou, R. Misener, E. Pefani, M. Rende, N. Panoskaltsis, E. N. Pistikopoulos, et al. 2015. "A Systematic Framework for the Design, Simulation and Optimization of Personalized Healthcare: Making and Healing Blood." *Computers & Chemical Engineering* 81: 80–93.

[37] Costa, A., A. Yelshyna, T. C. Moreira, F. C. Andrade, V. Julian, and P. Novais. 2017. "A Legal Framework for an Elderly Healthcare Platform: A Privacy and Data Protection Overview." *Computer Law & Security Review* 33 (5): 647–658.

[38] Khawandi, S., B. Daya, and P. Chauvet. 2011. "Implementation of a Monitoring System for Fall Detection in Elderly Healthcare." *Procedia Computer Science* 3: 216–220.

[39] Frisoni, G. B., F. Barkhof, D. Altomare, J. Berkhof, M. Boccardi, E. Canzoneri, and R. Gismondi. 2019. "AMYPAD Diagnostic and Patient Management Study: Rationale and Design." *Alzheimer's & Dementia* 15 (3): 388–399.

[40] Kwon, H. S., J. H. Cho, H. S. Kim, J. H. Lee, B. R. Song, J. A. Oh, H. Y. Son, et al.. 2004. "Development of Web-Based Diabetic Patient Management System Using Short Message Service (SMS)." *Diabetes Research and Clinical Practice* 66: S133–S137.

[41] Lusted, L. B. 1971. "Decision-Making Studies in Patient Management." *New England Journal of Medicine* 284 (8): 416–424.

/第 11 章/

人工智能、区块链和物联网对智慧城市医疗健康的影响（Ⅱ）

T. 苏巴
R. 兰泽那
T. 希拉

11.1 前言

自动化已彻底影响并改变了所有行业。医疗健康行业是采用自动化和分析技术的主要行业之一。医疗健康行业涵盖广阔的领域,包括临床试验、制药和医疗设备,致力于改善人们的生活。多项研究报告了医院因人为错误而造成的患者死亡事件,此类人为错误归因于患者详细信息的存储和访问机制。研究还表明,如果具有适当的患者信息系统,3/4 的错误是可避免的。电子健康记录诞生于 20 世纪 60 年代早期,主要用于存储重要的患者详细信息,如病史、药物信息、处方、实验室检测报告、医学影像以及账单信息。

11.1.1 电子健康记录概述

电子健康记录用于以数字形式存储和维护患者数据;电子健康记录是患者记录,授权用户可即时安全地访问这些记录[1]。建立电子健康记录的主要目的是为特定用户保存病史和治疗方案。同时,根据电子健康记录中的数据,还可为患者提供更广泛的医疗健康服务。目前,电子健康记录已成为医疗健康基础设施的重要组成部分,可用于:

(1)存储和使用患者的病史、服用的药物、疫苗接种日期、医学影像、检测结果等。

(2)结合诊断工具,帮助做出与患者所需护理相关的决策。

(3)提供对关键医疗数据的访问权,以咨询跨越地理边界的专家,从而为所有人提供最先进的医疗健康服务。

(4)如果所有患者都从一家医院转移到另一家医院,则在一家医疗健康中心已进行的基本医疗检查无须在另一家医疗健康中心重复进行[2]。

电子健康记录所载的患者基本医疗健康信息包括但不限于:

(1)患者的基本个人资料,包括年龄、人口统计信息。

(2)病史。

(3)药物过敏(如有)。

(4)实验室检测结果。

(5)处方和服用的药物。

(6)X 光片和扫描图像。

第11章 人工智能、区块链和物联网对智慧城市医疗健康的影响（Ⅱ）

（7）患者病程。

（8）疾病诊断。

电子健康记录并不是简单地取代患者的纸质记录，而是将患者的病史和相关详细信息转换为数字格式，以供许多医疗工作者安全地访问。

11.1.2 使用电子健康记录的医疗健康系统的一般架构

本节概述了开放式电子健康记录的架构[3]。开放式电子健康记录是一种基于大量项目和标准研究的标准化架构。利用多年使用该架构而获得的大量实时输入数据，对该体系结构进行了改进。因此，该架构的通用性很强，可用于除原始医疗电子健康记录之外的许多应用。类似的参考模型也可用于动物诊所，因为该架构讨论了与护理系统相关的服务和管理事件所涉及的概念。从另一个角度来看，有人认为，开放式电子健康记录以患者为中心，是一种共享的医疗健康记录系统，但是，电子健康记录并不仅限于此，还可用于特殊情况，如放射记录的维护。可根据应用范围和数据主体，对部署的电子健康记录进行分类。

图11.1显示基于开放式电子健康记录的电子健康记录架构，其中，每种需求都包含在一个方框中。左上角的方框表示任何类型主体的通用记录。在左下方添加相应活主体的后续需求，包括图像、住院患者记录（称为电子患者记录（Electronic Patient Record,EPR））和其他详细信息。依次排列重要的需求，直至图表的底部为止。构建电子健康记录的主要目标之一是实现可由多家医疗机构访问的综合记录，也就是一种整合的信息框架。由于开放式电

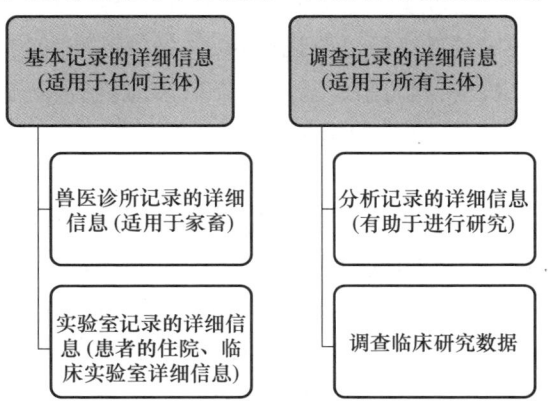

图11.1 使用电子健康记录的医疗健康系统的架构示例[3]

子健康记录采用的是通用方法,因此,其中为满足医疗健康管理系统而构建的组件和应用程序,也适用于任何其他记录管理系统。下一节将介绍当前的开放式电子健康记录的要求和详细信息。

11.1.2.1 通用护理记录要求

当需要记录审计和问责等研究目的时,在开放式电子健康记录中呈现的一般详细信息,需要对患者匿名化。必须以独立于医疗健康提供商和应用的通用格式收集详细信息,用于管理记录的软件必须具有灵活性,并且易于操作和维护。

11.1.2.2 电子患者记录

开放式电子健康记录规定了对本地健康记录或电子患者记录的某些要求。基本要求是支持所有类型的测试数据,并支持以各种单位表示的观测值。该系统必须支持广泛使用的自然语言,并允许对这些语言进行翻译。

11.1.2.3 电子健康记录的共享护理

对于共享护理电子健康记录,开放式电子健康记录中规定的要求包括防止患者身份泄露。利用自动化工作流,实现电子健康记录在医疗健康提供商之间的共享和互操作性。

11.1.3 电子健康记录的优势

电子健康记录的主要优势是无论患者身处何地,都可随时访问电子健康记录。患者还可查看自己的病史,从而清楚了解自己的健康状况。协调医疗健康是指来自多个医疗健康学科的专家可跨越地理边界进行协调,为患者提供最佳治疗。这种协调方法还可改进诊断,并提供高质量的治疗方案。如果患者进入新的医疗机构,则可节省基本检查和 X 光检查所需的费用。这样一来,患者可独立于特定的医疗健康提供商,因为无须进行新的实验室检测即可随时获得详细信息。

电子健康记录也可增强医生与患者之间的沟通[4]。虽然电子健康记录增加了文书人员的工作负担,但为管理和跟踪患者治疗方案提供了便利。如果使用基于网络的应用程序来实现电子健康记录,患者就可查看自己的医疗记录、病程和实验室检测结果。电子健康记录还可避免文件丢失或放错位置,从而克服了纸质记录方法面临的主要问题。

11.1.4　电子健康记录的实施

前面介绍了电子健康记录的一些优势，下面将讨论如何建立具有成本效益的电子健康记录。许多研究将建立电子健康记录的过程分为两部分[5]：

（1）实施前阶段。

（2）实施阶段。

在实施前阶段，首先需全面研究在创建以数据完整性为重点的电子健康记录时应遵循的流程，然后需收集系统中涉及人员（如医疗健康专业人员、实验室技术人员和患者）的输入数据，并就电子健康记录的创建对输入数据进行讨论，还需及时收集反馈意见，以完善工作流。根据需要对不愿意采用该系统的人员进行教育和培训。在实施阶段，组织进行头脑风暴，使系统符合要求。必须正确定义变更管理流程，还必须决定如何将患者数据转移到系统中。必须制定具有完善授权协议的安全措施，还需制定在发生数据泄露情况下的各级问责制。如果要将数据用于研究和分析目的，则必须要采用数据匿名化技术。工作人员应接受足够的培训，以适应该系统。

11.1.5　电子健康记录的问题

虽然电子健康记录有许多优点，但也存在一些缺点。首先也是最重要的是，加重了医疗专业人员的负担，因为他们需要适应这种系统。该系统所涉及的成本可能会相对高于独立医生的成本。此外，还需要有经验的IT人员使用电子健康记录，进而增加了电子健康记录的成本。由于需要培训和适应，医疗专业人员需要花费额外的时间并付出额外的努力。在使用的初始阶段，当工作人员试图适应系统时，很容易发生错误，从而导致环境充满风险。电子健康记录只有在具有良好的互操作性时，才能发挥作用。

11.2　机器学习技术在电子健康记录维护中的应用

人工智能（AI）为医疗健康分析和诊断提供了新的维度。机器学习算法侧重于通过访问训练数据，为诊断提供准确的见解，并允许医生决定有效的治疗方案[6]。电子健康记录使用人工技术创建用户友好界面，并自动化数据收集过程。建议使用基于自然语言处理工具的语音识别系统,来改善临床文件的记录过程。

人工智能可能在某些过程中是有用的,如回答来自邮箱的常见问题(Frequently Asked Questions,FAQ),以及药品补充和结果通知[6]。医生也可利用人工智能,确定患者就诊和治疗的优先顺序。

11.3 物联网在医疗健康行业中的应用

移动解决方案为医疗健康行业开辟了一个新的维度,因为移动解决方案可实现互操作性、机器对机器数据通信,进而增强医疗健康服务。物联网设备可实时采集、处理、分析和报告数据,无须存储数据。可在云端很好地进行数据分析,并可生成最终报告用于进一步分析。这种分析有助于更好地确定有效的患者治疗方案[7]。

利用医疗物联网设备,可实时跟踪慢性病患者,这些设备可收集患者的生命参数,并在必要时将其传输给医生,以采取干预措施[8]。这些应用程序还可为护理人员提供指令,使患者无须住院即可持续接受检查。如果发生紧急情况,患者可通过应用程序联系医生。如今,远程医疗辅助越来越受到重视。目前正在研制可根据处方为患者送药的机器。

在医疗健康行业中使用物联网主要是确保安全[9],因为患者数据属于最敏感的,并且可能遭到破坏。物联网设备缺乏适当的数据协议或标准,也并无与物联网设备收集的数据所有权相关的规定。这些都可能成为网络攻击的潜在途径,进而破坏系统并获取患者个人数据。这些攻击可能导致欺诈性保险索赔和限制性药品的买卖。

11.4 区块链在医疗健康行业中的应用:案例研究

区块链技术通过提供去中心化患者历史记录、跟踪药物处方以及提供安全的支付方式,彻底改变了医疗健康行业。本节将讨论关于区块链技术在患者电子健康记录中的应用案例研究。系统利用近场通信卡和区块链,安全地使用和维护患者的医疗记录。

基于近场通信(NFC)的医疗健康设备旨在减轻文书工作负担[10]。近场通信标签是一种集成电路,其中存储的数据可基于近场通信的设备读取。NFC是一种基于标准化低功耗的近场通信技术,也是在可进行交易的电子设备之间实现通信的最简单方式。当患者到医院就诊时,医生会为其分配一个独特的标签号。医生将该标签插入专用设备中,即可使用设备上显示的信息,包括之前服用过的药物信息,以及X光片或扫描报告。这项研究的目的是总结最先进的技术,并确定健康研究的关键主题。借助该技术,患者就诊时无须携带所有的医疗记录,医生可使用近场通信标签访问患者信息,也可为研究目的而共享这些信息[11]。

图11.2显示了用于管理和共享患者电子医疗记录护理信息的框架[12]。与医院合作开发了一种框架,用于确保电子健康记录信息的隐私性、安全性和可用性。这种研究将大大缩短电子医疗记录共享的周转时间,并改善治疗决策。

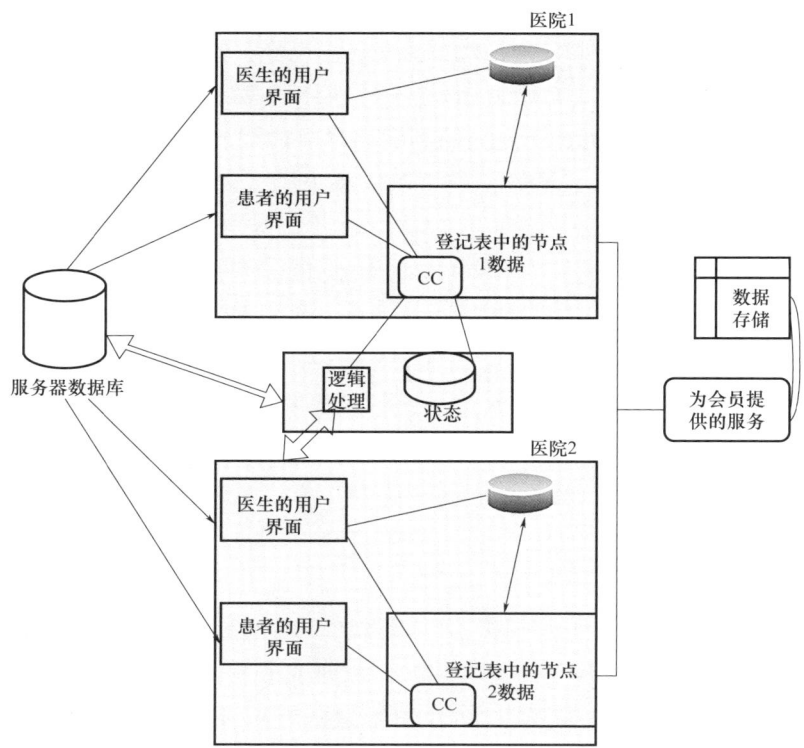

图11.2 使用区块链技术管理和共享患者电子医疗记录护理信息的框架[12]

区块链技术可提供一种工具,促使各分布式组织之间达成共识,而不依赖于单一可信的团队,进而可确保数据安全,控制敏感数据,并帮助患者和医疗领域的其他参与者管理医疗健康数据。医疗健康行业中的区块链技术面临着医疗数据的敏感性和完整性随时会出现波动和变化的特点。区块链技术通过更新信息和访问患者的所有医疗记录,确保了解患者的病史和治疗情况的准确性。

11.5 检测欺诈行为

人工智能技术在医疗健康行业的一个主要应用领域是检测和避免欺诈行为。根据参与医疗健康欺诈的人员,可将医疗健康欺诈行为分为医疗健康提供商、投保人和保险公司三种类型[13]。医疗健康提供商包括医生、医疗健康机构和检测机构。投保人是选择医疗保险的客户,如患者或患者的雇主。保险公司是向用户(投保人)收取保费的第三方。保险公司将为相关客户支付医疗费用。根据活动和参与活动的人员,欺诈行为可分为以下几类[14-15]:

(1)服务提供商的欺诈行为:账单中的欺诈行为。收取的费用超过了为患者提供服务的费用,为获得更高的利润而尽可能对患者进行过度治疗。诊断错误以及进行在医学上不必要的检测。将未纳入保险范围的治疗谎称为纳入保险范围的治疗。

(2)投保人的欺诈行为:伪造员工记录,使其有资格享受低保费。为未获得的服务申请医疗保险。以不正确人员的名义提出非法保险索赔。

(3)保险公司的欺诈行为:提出虚假赔偿要求,伪造服务声明。

机器学习技术可用于识别医疗健康行业中的欺诈行为,可根据使用的学习方法,将机器学习技术分为监督和非监督机器学习方法[16]。下面将详细介绍这两种方法。

监督和非监督机器学习方法的应用

已有多项研究考察了监督机器学习方法(如神经网络、决策树和贝叶斯网络)对医疗健康欺诈检测的意义。大多数研究表明,神经网络和决策树的精确度最高。一些文献也表明,结合使用这些方法可带来更好的结果。例如,参考文献[17]使用模糊集结合贝叶斯分类器来识别欺诈性索赔。神经网络也应用于医疗健康行业,因为人们发现神经网络在处理具有非线性关系的数据时非常有效,但神经网络的主要问题在于,其会导致过度拟合。决策树与适应性训练结合起来,可最小化假阳性,将错误识别带来的成本降到最低。非监督机器学习方法与监督机器学习方法相结合,可准确检测医疗健康欺诈行为。

11.6 使用加密货币付款

最近,越来越多的企业将比特币作为一种支付方式。如今,在线电子商务商店和餐馆中也可使用比特币。随着比特币越来越多地应用于人们生活的各个领域,使用比特币的企业数量也在增加[18]。比特币正在进入制药行业和医疗健康行业。当需要治疗时,比特币有望帮助我们减少需要完成的手续。这些手续包括与医生预约、核实保险详情,以及核实和更新医疗记录。这是医疗健康服务的瓶颈,也是区块链和加密货币可应用的一个领域。在医疗健康行业中应用区块链技术,可防止医疗记录遭到篡改。因此,区块链和加密货币可大大影响和改变医疗健康行业[19]。此外,还详细讨论了使用加密货币时需考虑的安全问题和需采取的安全措施[20]。

11.6.1 医疗健康行业中的加密货币平台

(1)医疗链(Medicalchain,MTN):利用区块链技术,可保护医疗记录的安全并确保医疗记录的质量。医疗链是一种使用区块链保护医疗记录的项目,可确保医疗记录不遭到任何形式的篡改。该项目的主要目的是促使患者与医疗健康专业人员进行即时协作,以使他们都能利用多级访问权有效地使用医疗记录。医疗链在以太坊(ERC-20)中运行[21-22]。

(2)Dentacoin(DCN):由以太坊区块链构建而成。该项目以牙科护理系统为目标,可有效改善 DCN 币的可访问性和支付系统。平台代币旨在通过认可用户来鼓励社会捐赠。Dentacoin 以以太坊为基础,其目标是避免中间人,恢复牙科专业人员和患者的权力,从而消除任何额外的费用。

DCN 的主要功能如下:

①DentaCare 移动应用程序:一种指导用户保持口腔卫生的移动应用程序。

②基于区块链的诊断平台：利用该平台，患者可准确评价牙医，进而为牙医提供市场研究价值。在你进行评价时，会获得一枚 DCN 币，可在未来的治疗中使用。

③医疗健康信息：Dentacoin 的区块链支持安全地交换数据和存储医疗记录（牙医和患者可通过权限共享这些数据和记录）。

④交易平台：用户可在交易平台上使用 DCN 币销售牙科产品和设备。

（3）Patientry（POTY）：一个基于医疗链数据的项目。该项目利用区块链，使医生、患者和医院能安全地管理他们的数据。数据管理涉及数据的存储、访问和传输过程，其主要目的是为医疗健康行业的患者和医生提供数据安全的环境。该项目旨在通过区块链技术，改变医疗健康行业中电子数据的处理方法。借助 PTOY，患者可从医院系统购买额外的存储设施。这个项目主要有三种目的：

①为医疗健康行业维持良好的标准。

②有效管理付费交易。

③为医生平台和患者平台平均分配网络存储空间。

（4）MediBloc（MEDX）：定义是"利用区块链技术为患者、医疗健康提供商和研究人员构建的医疗健康信息环境"。

由于该平台利用区块链技术，用户可跟踪所有信息，包括医疗记录访问、医生出诊次数和其他更新。当所有记录都储存在同一个地方时，用户就很容易管理自己的记录。这也有助于提供更好的医疗服务质量，促进医疗健康行业的创新。该平台的重要功能如下：

①将重新分配数据所有权，个人信息将由个体持有，并且个体可决定谁有权访问他们的文件。

②利用区块链，定位器系统就能更好地控制不必要的访问。

③存储的数据仅由可信的医疗健康提供商访问，因此可将数据遭到篡改的可能性降到最低。

（5）Shivom（OMX）：与上述所有项目相似，因为其专注于促进健康。Shivom 与其他应用程序的主要区别在于，Shivom 专注于与医疗健康机构和研究中心开展 DNA 和生物技术方面的合作。其宏伟目标是成为世界上最大的数据中心。Shivom 主要关注 DNA 数据的保护分析，以促进药物的开发。虽然 Shivom 是遗传学领域的先驱，但也有很多公司正在研究遗传学和数字货币。

第11章 人工智能、区块链和物联网对智慧城市医疗健康的影响（Ⅱ）

（6）Solvecare（SOLVE）：一种信誉良好的平台，可管理医疗健康计划并从中获益。和其他平台一样，该平台也会授予患者访问广泛信息的权力。如果授予了这种权力，预计人们将能受益于更好的医疗健康服务。也有人认为，利用该平台，医疗服务将会得到改善，医疗健康管理者将会及时准确地付款。

（7）Docademic（MTC）：一种全球可用的服务平台。该平台以以太坊为基础，帮助用户获得免费、优质的医疗健康服务。该平台也使用了区块链，因此可方便地传输可信的信息。该平台的几个功能如下：

① 可从谷歌商店（Google Play Store）下载安装该平台的应用程序，用于提供"24小时医疗健康服务"。利用该应用程序，医生很快就能与患者取得联系，因此世界各地的许多人都在使用该应用程序。

② 该平台也为注册专业人员提供培训服务，也就是在区块链上存储交易时提供实时数据。

③ 该平台还使用了人工智能技术，因此患者将能得到基于人工智能技术的治疗和诊断。

（8）Humanscape（HUM）：慢性病患者可受益于HUM提供的协助。该平台通过社交活动让用户与他人互动，从而为用户提供情感支持。该平台表示，许多人缺乏疾病知识，因此无法得到适当的治疗。关键的解决方案之一可能是从大量患者中收集数据，并建立一个统一的信息来源，进而使整个人群免受疾病的影响。

（9）Lympo（LYM）：主要目标是监测健康和运动数据。Lympo是一种分布式应用程序，鼓励用户采取由系统建议、由用户创建和控制的自由健康的生活方式。利用该应用程序，人们在运动时可监测自己的各项身体指标。该应用程序可测定人体所燃烧的热量，也可监测体重。利用区块链技术，用户甚至可将自己的个人数据提供给某个行业，以此将自己的数据变现。反过来，该行业可利用这些数据，创建可指导如何增强体质的系统。在Lympo之前，没有任何平台可提供这种数据。

（10）Farmatrust（FFT）：一种利用区块链的安全技术来消除非法药物销售的新型应用程序，为制药公司提供了稳定且符合法规要求的框架。相比错误的诊断和治疗，假药对患者造成的伤害更大。使用FFT可避免这种问题，制药公司可在供应链中使用FFT进行产品跟踪和管理。

11.6.2 加密货币平台在医疗健康行业中的优势

(1)交易费用较低。通常情况下,矿工在获得以加密货币作为奖励时,必须支付零费用或最低交易费用。

(2)确保交易安全,不受黑客攻击和欺诈。

(3)可即时结算。

(4)加密货币获得普遍认可,因为它不受任何国家的汇率、交易费用和利率的限制。因此,在进行全球交易时不存在任何麻烦。

(5)无法冻结数字货币的完全所有权,任何第三方实体都无法限制访问数字货币。

(6)完善的身份保护措施。

(7)易于访问。

11.6.3 电子健康记录

(1)电子健康记录在某种意义上可称为患者纸质记录的数字副本。电子健康记录用于添加、存储患者信息,以及与医生、护士、药房和实验室共享患者信息。服务提供商和保险公司可使用数字货币进行交易,这可能是支付外包服务的最佳方式。

(2)健康信息交换是医疗健康行业的主要目标之一。利用安全的区块链网络,可确保患者健康信息的私密性,并在进行跨健康网络共享时对信息进行保护。

(3)如果美国医疗健康行业跟随代币化的趋势,那些提供更好医疗服务的机构可能会在提出措施后,立即获得加密代币形式的激励。这是一种为服务埋单的快捷方式。这些措施与需要向医疗保险和医疗补助服务中心(Centers for Medicare & Medicaid Services,CMS)提交的报告相关联。这些报告将作为报销计划的依据,因此也激励着医疗机构提供更好的服务。

(4)加密货币可帮助美国政府削减医疗健康成本。当政府只为基于价值的服务(即服务质量而非服务数量)埋单时,将自动减少开支。

(5)在基于价值的护理中,医生不会因患者就诊而获得报酬。只有当患者表明病情好转并获得了良好治疗结果时,才会转化为医生的报酬。这些结果实际上是患者报告结果(Patient - Reported Outcome,PRO),可通过问卷和反馈的形式获得。

11.7 机器人牙医

现在,口腔问题非常常见。一项研究表明,全球 60%～90% 的儿童和几乎所有成年人都面临牙齿问题。根据观察,在 35～45 岁的人群中也发现了牙科疾病,约 30% 的老年人几乎失去了所有牙齿。众所周知,牙齿问题会带来巨大的痛苦,需要在正确时间进行适当治疗。由于全球牙医短缺,牙科疾病无法得到及时治疗。最近,制造了很多牙科护理领域适用的机器人。能进行精确运动的机器人可避免人为错误,提高牙科手术的效率。

应在两种类别的牙科护理中部署机器人。这些机器人可用于训练目的,即模拟牙科治疗过程中人类的反应。同时,它们也可用于辅助牙科手术。对于辅助手术的通用机器人,现已提出了多种设计方案,其中由 Neocis 公司发布的 Yomi 机器人具有其先进和独特之处。2017 年,美国食品药品监督管理局对 Yomi 进行了检验,发现其适合进行种植牙手术。Yomi 具有强大的导航系统,能够对需要修复的牙齿进行精确定位。该机器人已成功完成了一例临床种植牙手术[23]。

机器人在牙科护理中的应用

(1) 牙科患者机器人:牙科机器人的设计模拟了实时治疗场景。这些机器人通常称为 Phantom,用于训练学生,以提高学生的实践技能。

① 昭和花子(Showa Hanako)是一个牙科机器人,可表现出患者的各种情绪和姿态。它会眨眼、打喷嚏、咳嗽、翻白眼,也会表现出因长时间张嘴而产生的疲劳。该机器人由日本昭和大学发明,可完美模仿人类的姿态。

② 日本高级电信研究所研制出了 Geminoid DK 机器人。该机器人的新奇之处在于,其使用动作捕捉技术,可在牙科手术过程中精确模仿人类的表情,精确定位颈部的不同位置。

③ Simroid:日本牙科大学和 Kokoro 公司创造了名为 Simroid 的机器人。该机器人主要用于了解学生在进行手术时的态度。它的嘴里设有传感器,可表现疼痛和不适,还具有类似细腻皮肤的构造,如果开口过大,皮肤就会撕裂。此外,该机器人还会回答问题,有利于学生培养互动技巧。Simroid 还可根据传感器和摄像头(用于记录整个治疗过程)的参数来评估治疗效果[24-25]。

（2）Endo 微型机器人：该机器人的目标是提供准确优质的根管治疗。它拥有先进的牙根治疗技术和在线监测功能，可进行完美的根管治疗，自动钻孔、清洁和填补。该机器人的误差很小，因此给牙医带来的压力也小，有助于牙医进行精确的治疗[26]。

（3）牙科纳米机器人：纳米机器人具有纳米级尺寸，由纳米材料组成，可用于蛀牙治疗、牙齿过敏治疗、麻醉、牙齿整形、局部给药和轻微牙齿修复。纳米机器人具有快速和准确的特点[27]。

（4）手术机器人：用于进行牙科手术。外科医生必须使用交互式程序对手术机器人进行预编程。手术机器人在手术过程中完成预先编程的任务，从而协助牙科医生完成手术[28]。

（5）种植牙机器人：牙科手术领域的最新发明可为种植牙手术提供协助。首先根据患者的 CT 扫描图像建立患者颌骨的三维模型。然后牙科机器人可对颌骨进行钻孔，并提供精确的手术指导[29]。

（6）牙钻机器人：这是牙科手术领域的又一项最新进展。在这种技术中，将细针插入患者的牙龈。这些细针可帮助定位患者的骨头，并通过计算机显示。计算机需预加载 CT 图像。综合这两种数据，就可指导进行钻牙[30]。

（7）排牙机器人：排牙的牙科护理称为口腔修复，其中需要使用排牙机器人。这些机器人可帮助创造具有 6 个自由度的完整假牙，利用虚拟排牙软件，可更精确地固定假牙[31]。

（8）正畸弓丝弯曲机器人：用于自动弯曲正畸弓丝，使其形成特定的形状。正畸弓丝弯曲机器人称为 SureSmile，结合了夹紧工具、电阻式加热系统、计算机辅助设计/计算机辅助制造（Computer – Aided Design/Computer – Aided Manufacturing，CAD/CAM）、3D 成像技术和计算机，用于制造正畸装置[32]。

机器人在牙科中的优势如下：

（1）精确显示受影响的区域（3D）。

（2）利用数码相机变焦技术。

（3）减少支点效应。

（4）动作定标系统。

（5）不存在手颤问题。

机器人在牙科中的劣势如下：

（1）机器人系统成本高。

(2) 有时很难接触到患者。
(3) 尺寸庞大,需要维护。
(4) 治疗现场没有外科医生。
(5) 可能发生故障。

11.8 本章小结

本章概述了自动化的兴起以及人工智能技术在医疗健康行业中的应用。人工智能技术在医疗健康行业中的最初应用是对电子健康记录(即患者记录)进行适度自动化,并且机器学习算法的应用有助于为患者提供更好的诊断和治疗方案。本章也通过案例研究解释了如何利用区块链技术,确保医疗健康记录的安全。借助人工智能的优势,可在处理医疗健康交易时识别欺诈行为。最后,本章还介绍了加密货币在医疗支付中的应用,以及机器人在牙科中的辅助作用。

参考文献

[1] Parkin, E. 2016. "A Paperless NHS: Electronic Health Records." In *Briefing Paper*, House of Commons Library, London, UK.

[2] Liaw, S. - T., G. Powell - Davies, C. Pearce, H. Britt, L. Mc Glynn, and M. F. Harris. 2016. "Optimizing the Use of Observational Electronic Health Record Data: Current Issues, Evolving Opportunities, Strategies and Scope for Collaboration." *Australian Family Physician* 45: 153 - 156.

[3] https://specifications.openehr.org/releases/BASE/latest/architecture_overview.html.

[4] Lau, F., M. Price, J. Boyd, C. Partridge, H. Bell, and R. Raworth. 2012. "Impact of Electronic Medical Record on Physician Practice in Office Settings: A Systematic Review." *BMC Medical Informatics and Decision Making* 12.

[5] Radhakrishna, K., B. R. Goud, A. Kasthuri, A. Waghmare, and T. Raj. 2014. "Electronic Health Records and Information Portability: A Pilot Study in a Rural Primary Healthcare Center in India." *Perspectives in Health Information Management* 11.

[6] Jiang, Fei, Yong Jiang, Hui Zhi, Yi Dong, Hao Li, Sufeng Ma, Yilong Wang, Qiang Dong, Haipeng Shen, and Yongjun Wang. 2017. "Artificial Intelligence in Healthcare: Past, Present

and Future." *BMJ* 2 (4). doi: 10.1136/svn - 2017 - 000101.

[7] Islam, S. M. Riazul, Daehan Kwak, Md Humaun Kabir, M. Hossain, and K. Kwak. 2015. "The Internet of Things for Health Care: A Comprehensive Survey." *IEEE Access*. doi: 10.1109/ACCESS.2015.2437951.

[8] Zhao, C. W., and Y. Nakahira. 2011. "*Medical Application on IoT.*" In *International Conference on Computer Theory and Applications*, pp. 660 - 665.

[9] *Windriver.com*. 2013. "White Paper: Security in the Internet of Things - Lessons from the Past for the Connected Future."

[10] Sethia, Divya Shikha, and Saran Huzur Saran. 2014. "*NFC Based Secure Mobile Healthcare System.*" In *IEEE Transactions on Communication Systems and Network* (*COMSNETS*). E - ISBN: 978 - 1 - 4799 - 3635 - 9. doi: 10.1109/COMSNETS.2014.6734919.

[11] Devendran, A., T. Bhuvaneshwari, and A. K. Krishnan. 2012. "Mobile Healthcare System Using NFC Technology." *International Journal of Computer Science Issues* (*IJCSI*) 9 (3): 10. ISSN: 1694 - 0814.

[12] Thavasi, Sheela, Raja TRS, and Vaidyam Jawahar Harikumar. 2020. "Electronic Health Record Management and Analysis." *Test Engineering and Management* 83.

[13] Li, Jing, Kuei - Ying Huang, Jionghua Jin, and Jianjun Shi. 2007. "A Survey on Statistical Methods for Health Care Fraud Detection." In *Health Care Manage Science*. Springer. doi: 10.1007/s10729 - 007 - 9045 - 4.

[14] Li, J., J. Jin, and J. Shi. 2008. "Causation - Based T2 Decomposition for Multivariate Process Monitoring and Diagnosis." *Journal of Quality Technology*. doi: 10.1080/00224065.2008.11917712.

[15] Yang, W. S. 2003. "A Process Pattern Mining Framework for the Detection of Health Care Fraud and Abuse." Ph. D. thesis, National Sun Yat - Sen University, Taiwan.

[16] Bauder, Richard A., and Taghi M. Khoshgoftaar. 2016. "*A Novel Method for Fraudulent Medicare Claims Detection from Expected Payment Deviations* (*Application Paper*)." In *Information Reuse and Integration* (*IRI*), *2016 IEEE 17th International Conference*, pp. 11 - 19. doi: 10.1109/IRI.2016.11

[17] Chan, C. L., and C. H. Lan. 2001. "*A Data Mining Technique Combining Fuzzy Sets Theory and Bayesian Classifier—An Application of Auditing the Health Insurance Fee.*" In *Proceedings of the International Conference on Artificial Intelligence*, pp. 402 - 408.

[18] https://www.businessinsider.in/The - cost - of - bitcoin - payments - is - skyrocketing - because - the - network - is - totally - overloaded/articleshow/62301717.cms.

[19] www.cnbc.com/2017/12/19/big - transactions - fees - are - a - problem - for - bitcoin.html.

[20] Subha, T. 2020. "Assessing Security Features of Blockchain Technology." *Blockchain Technology and Applications*, New York: Auerbach Publications: 1-20. doi: 10.1201/978100308148.

[21] https://www.cryptostache.com/2018/01/01/top-5-cryptocurrency-exchanges-lowest-fees-2018/.

[22] https://wethecryptos.net/healthcare-cryptocurrencies-and-blockchains/.

[23] Rawtiya, M., K. Verma, P. Sethi, and K. Loomba. 2014. "Application of Robotics in Dentistry." *Indian Journal of Dental Advancement* 6: 1700-1706., doi: 10.5866/2014.641700.

[24] Schulz, M. J., V. N. Shao, and Y. Yun. 2009. *Nanomedicine Design of Particles, Sensors, Motors, Implants, Robots, and Devices.* " Artech House, p. 10. ISBN: 9781596932791.

[25] Bansal, A., V. Bansal, G. Popli, N. Keshri, G. Khare, and S. Goel. 2016. "Robots in Head and Neck Surgery." *Journal of Applied Dental Medical Science* 2: 168-175. doi: 10.1155/2012/286563.

[26] Dong, J., S. Hong, and G. Hesselgren. 2006. "*A Study on the Development of Endodontic Micro Robot.*" In *Proceedings of the 2006 IJME-INTERTECH Conference*, 8 (1).

[27] Lumbini, P., P. Agarwal, M. Kalra, and K. M. Krishna. 2014. "Nanorobotics in Dentistry." *Annals of Dental Speciality* 2: 95-96.

[28] Lueth, T. C., A. Hein, J. Albrecht, M. Demirtas, S. Zachow, E. Heissler, M. Klein, H. Menneking, G. Hommel, and J. Bier. 1998. "*A Surgical Robot System for Maxillofacial Surgery.*" In *IEEE International Conference on Industrial Electronics, Control, and Instrumentation (IECON)*, Aachen, Germany, pp. 2470-2475. doi: 10.1109/IECON.1998.724114.

[29] Xiaojun, W. C., and L. A. Yanping. 2005. "Computer-Aided Oral Implantology System." In *IEEE Engineering in Medicine and Biology 27th Annual Conference*, Shanghai, China, pp. 3312-3315.

[30] Palep, J. H. 2009. "Robotic Assisted Minimally Invasive Surgery." *Journal of Minimally Invasive Surgery* 5 (1): 1-7.

[31] Zhang, Y., J. Ma, Y. Zhao, L. Peijun, and Y. Wang. 2008. "*Kinematic Analysis of Tooth-Arrangement Robot with Serial-Parallel Joints.*" In *IEEE*, Hunan, China, pp. 624-628.

[32] Rigelsford, J. 2004. "Robotic Bending of Orthodontic Archwires." *Industrial Robot* 31 (6): 321-335.

/第 12 章/

物联网、人工智能和区块链将如何推动商业变革

约格什·夏尔马
B. 巴拉穆鲁根
尼迪·斯内加
A. 伊拉文丹

区块链、物联网和人工智能

12.1　前言

目前,许多公司都正在致力于发展商业模式和商业策略。为了给客户提供最好的产品和服务,降低成本,确保按时交货,同时维持利润,公司的商业策略每天都在改变。迄今为止,许多公司都开展了多次变革创新,使经营方式发生了变化。值得注意的是,各公司、政策制定者和政府均在利用新兴技术的优势,在兼顾客户满意度的同时,为商业竞争拓宽道路。

这些新兴技术对业务流程进行了变革,从而提高了效率,简化了流程管理,全面提高了生产力[1]。随着物联网、人工智能和区块链等新兴技术的出现,各商业公司已做好准备发展商业模式。物联网可解决有关数据联通性的问题,这意味着物联网支持的设备可从各种资源收集数据,也可交换数据[2],而人工智能可用于提高机器自动化水平,在执行任务方面比人类更高效[3]。区块链可使物联网与人工智能结合成更强大的技术[4-6],以更可靠的方式确保所收集和使用数据的安全性和隐私性,同时保证了利益相关方之间的透明度。以智能太阳能充电站为例,这是一个去中心化应用。该充电站由区块链技术提供支持,并结合了物联网技术。在太阳能充电站智能合约的基础上,构建并部署了区块链网络。一旦有车辆到达充电站充电,物联网设备就会监控与充电站相关智能合约的状态,只有属于区块链网络的车辆才能获得充电许可。由此可见,物联网与区块链结合的实用性很强,而如果这三种新兴技术共同为任何组织或行业服务,就会给该行业带来巨大的利益和利润。可以说,这三种技术的融合可在降低风险的同时,以更有力的方式造福各行各业。物联网设备有助于收集实时数据[7]。人工智能保护数据免受黑客和恶意软件的侵害[8],而区块链技术为所有利益相关方提供透明度和安全性[9]。物联网、人工智能和区块链三者结合在一起,其所带来的变革将是史无前例的,这也是人类现代史首次同时出现三种变革性技术,而目前尚无法得出完整的定论。在进一步探讨这三种技术融合之前,先大致了解一下这三种技术。

12.2　物联网

物联网是将任何设备连接到互联网和其他设备的概念。网络中的所有

第12章　物联网、人工智能和区块链将如何推动商业变革

设备均彼此交互，收集并共享信息，如图 12.1 所示。物联网由一系列特定硬件设备与传感设备组成[10]。物联网的硬件设备分为通用设备和传感设备两类[11]。通用设备通过有线网络或无线接口，针对其所连接的平台进行嵌入式处理和连接[12]，是数据采集和信息处理的主要组件。目前，家用电器便是这种由传感器控制设备的典型例子。此类传感器可帮助解决常见问题。除传感器外，执行器是物联网中的另一个重要设备，其功能类似，但执行方式有所不同[13]。执行器充当传感器与机器之间的接口，收集湿度和光强度等各种信息。这类信息会通过边缘层进行计算。边缘层通常在云和传感器之间起辅助作用[14]。执行器所处的层负责存储间歇性信息传递，此类信息最终会由云的后端服务器进行处理。传感器和执行器都是物联网的重要组件。传感器可测量温度、湿度、光强等家居环境中的关键参数。

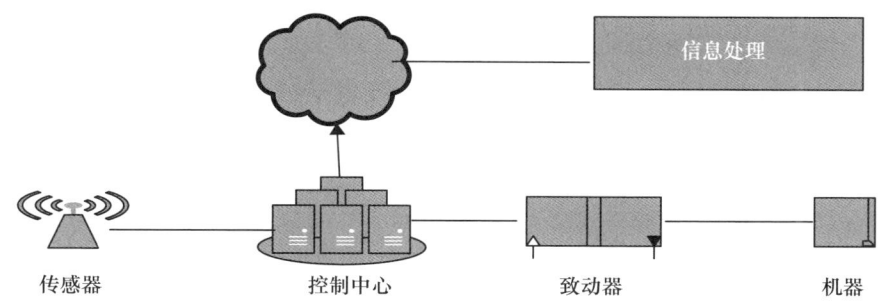

图 12.1　物联网

物联网的架构

物联网的架构分为 4 层。最底层由物联网设备组成，包括能够感知、计算并连接至另一个设备的所有组件，如传感器等。第二层为物联网网关或聚合层[15]，聚合了大量由各传感器收集的数据。这两层构成了定义引擎，并为数据聚合设置规则。下一层是基于云的，称为处理引擎或事件处理层。这一层主要处理从传感器层获得的数据，包括大量算法和数据处理元素，而这些算法和数据处理元素最终会显示在仪表板上。最后一层称为应用层或 API 管理层，充当第三方应用程序与基础设施之间的接口。设备管理器、身份管理器和访问管理器为整个环境提供支持，有效保护了物联网架构（图 12.2）的安全性。

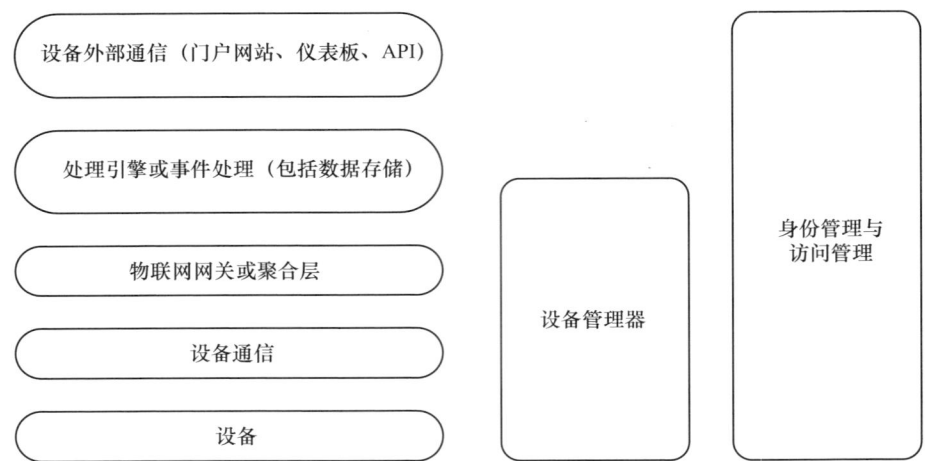

图 12.2 物联网设备架构

物联网参考架构中的第一层是设备层。在设备层,各组件(如传感器)相互连接,其连接方式与蓝牙通过手机连接和 ZigBee[16] 通过 ZigBee 网关连接的方式一样。树莓派[17] 等其他不同设备则通过 Wi-Fi 连接至以太网,设备层直接连接到通信层,通信层是第二层的一部分。通信层或网关层包含 REST 协议和基于该协议的其他应用[18]。设备层与通信层紧密耦合,生成大量数据。下一层是总线层或聚合层,充当消息代理[19],在传感器的数据与通信层之间搭建了一座桥梁。这一层非常重要,原因有三:其支持 HTTP 服务器和 MQTT 代理[20],通过网关和网桥实现通信的聚合和组合,可在不同协议之间传输数据。

下一层是事件处理和分析层。该层负责驱动数据并对生成数据进行转换[19],其具有数据处理能力,并将数据存储在数据库中。客户端层用于创建基于 Web 的引擎,以与外部 API 交互。这些信息会输入 API 管理系统。这一层有助于创建仪表板,提供分析事件处理的视图,并通过机器对机器通信,帮助系统在外部网络进行通信[21]。

物联网参考架构如图 12.3 所示。根据思科的一项调查显示[22],到 2020 年,全球物联网设备的数量预计将达到约 500 亿台,所有这些设备均将产生大量数据,当然其他方面也不会一成不变,尤其是物联网方面。因此,随着时间的推移,这一数字将继续增加,生成的数据量也将有所增长。物联网的最大挑战是尚无标准的物联网参考模型[23]来指导,如何统一使用不同供应商的物联网来解决任何问题。此外,由于这些供应商使用的协议(如 Wi‐Fi、ZigBee或蓝牙等)各不相同,对于如何综合运用这些设备来形成单一解决方案,目前还未形成标准[24]。因此,如果标准放宽,壁垒减少,越来越多的设备将能够相互通信,从而使数据收集量增多,越来越多的数据将大规模地传输到数据中心。

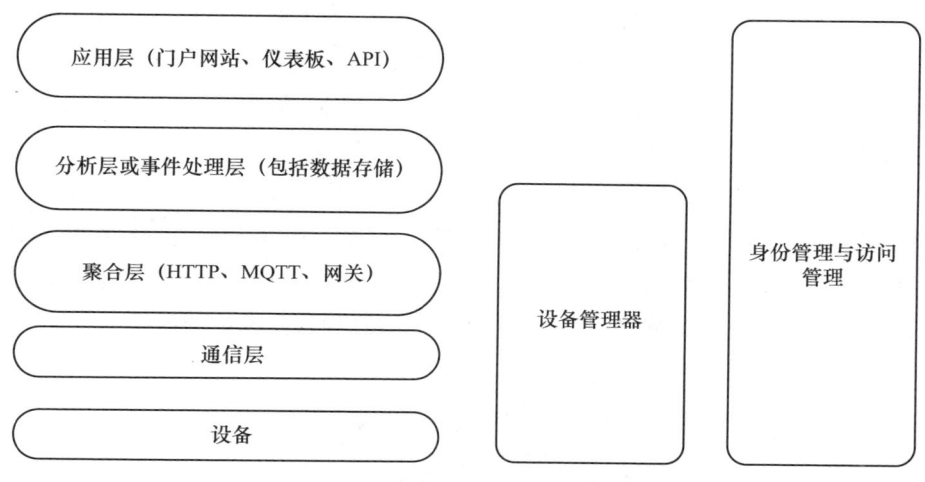

图 12.3　物联网参考架构

12.3　人工智能

人工智能,顾名思义,是将人工形成的智能输入计算机,并展示类似人类的思维过程(如学习、推理等),甚至像人类一样工作。因此,可通过增强的编程方法,提高计算机的工作效率。

从银行业、金融业到医学科学和航空航天业,人工智能存在于每一个组织。据了解,许多银行每天都要开展大量对准确度要求较高的活动,其中大部分活动均需耗费银行员工大量的时间和精力。有时,在这些活动中,也有可能会出现人为错误。各银行和金融机构针对运营管理投入大量资金。人工智能赋能运营可帮助这类机构提高工作效率,提高工作质量。

从根本上说,人工智能是计算机科学一个广泛的分支领域,它使机器看起来像是拥有了人类智能[3]。因此,人工智能不仅仅是通过计算机编程让车辆行驶时遵守交通信号灯,还能让程序也学会体现公路暴力等人性。"人工智能"一词最早由达特茅斯学院教授约翰·麦卡锡(John McCarthy)于1956年创造。当时,他召集了一群计算机科学家和数学家,通过不断试错与学习来开发形式推理能力,以探索机器能否像孩童一样学习。其项目提案称,他们将研究出如何让机器"使用语言,形成抽象和概念,解决目前只有人类才能解决的各种问题,并实现自我提升"。从那时起,人工智能便普遍存在于各大高校、课堂,甚至是科学实验室。如今,人工智能占据着举足轻重的地位。过去10年中产生的大量数据促使行业追随技术,并向市场注入现金、推出新应用,从而为行业创造了更多利益,并提升了其可靠度。

机器学习和深度学习是人工智能的子集,即机器学习和深度学习是人工智能的实现方式,三者之间的关系如图12.4所示。机器学习技术旨在教导计算机如何通过一组数据来执行任务,其无须任何特定的编程,只需通过数值和统计方法配合人工神经网络,将学习直接编码到预先设计的模型中[25]。

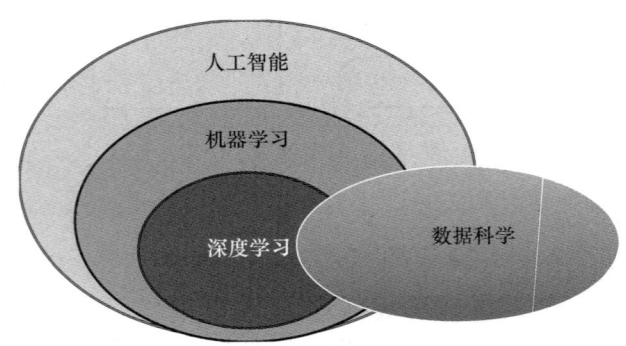

图 12.4　人工智能

深度学习是人工智能的另一个子集,也是机器学习的子领域之一。深度学习旨在解决机器学习无法解决的难题,其应用依赖于人工神经网络。

12.4　区块链

区块链网络是一个去中心化和分布式的网络,其中所有交易和事件均由网络中的所有参与方进行验证和保护[26]。区块链网络可为网络用户提供高级别的安全性,因为网络中发生的所有交易对用户来说都是完全匿名的。

2008年,中本聪在其白皮书中提出了加密货币的概念,首次将区块链技术带入公众视野,并于2009年实施了这一概念。加密货币现已在各个行业和组织中广为人知。

区块链技术最初开发的目的是支持加密货币,但经过多年的发展演变,其已应用于诸多领域。区块链技术的应用为许多组织带来了利益,因为它确保了涉及多方行业的安全性和隐私性。区块链网络是一个分布于去中心化网络的、不可篡改的分布式账本,网络中没有单一/中心化控制器[27]。该网络可在用户社区中使用,网络中的交易均记录在分布式账本中。

区块链网络具有防篡改性,因此,任何交易一经录入网络,网络中的任何一方均无法更改。区块链技术是创建加密货币的基础技术,因为加密功能在创建过程中发挥着重要作用[28]。公钥和私钥可用于数字签名交易,为系统提供高级别的安全性。

区块链技术的核心理念是减少了网络中的中间人或第三方。例如,有人从商店买东西,支付时需要银行作为买卖双方的第三方,如图12.5所示。采用区块链技术后,买卖双方会处于同一个去中心化网络之中,可基于分布式账本进行交易,从而将银行排除在网络之外。区块链网络中进行的所有支付,均可通过区块链技术的组件——智能合约(一种自动执行代码)来完成。

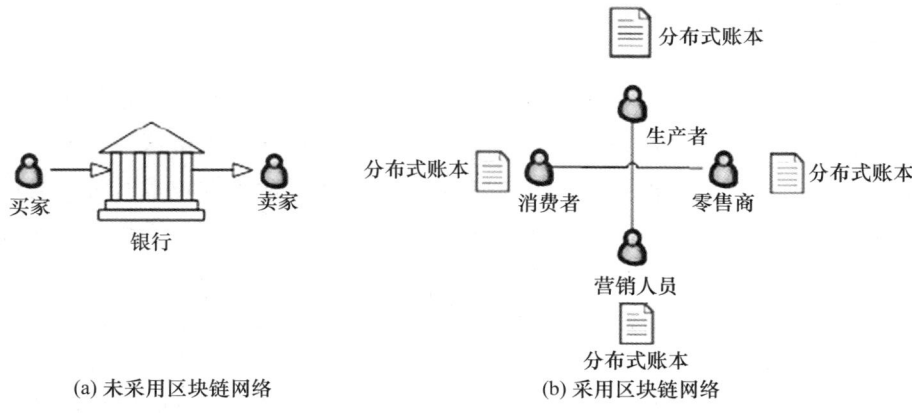

图12.5　中心化网络与去中心化网络

在考虑实施区块链技术前,各组织应首先了解该技术的概念。当某组织想要修改数据库时,可根据需要随时修改,但如果数据库或信息是保存在区块链网络中的,则很难修改信息。

区块链、物联网和人工智能

区块链分为许可链和非许可链两种[29]。许可链多用于区块链业务,不对匿名用户开放。区块链用户或获得区块链用户授权的用户在访问区块链时,只能查看账本或区块链信息。此类区块链在彼此信任的利益相关者之间使用,并通过用户名/密码进行保护。许多组织正不断将其业务转移到区块链网络之中,以构建去中心化网络,同时确保安全性。

12.5 基于物联网、人工智能和区块链融合的商业模式

伟大的商业创意一直是企业家们追求的目标,而新技术则是新创意的重要源泉[30]。10年来,人工智能产生了许多伟大的创意。许多商业公司均构建或使用了各种基于人工智能的商业模式,这些商业模式不仅给公司创造了利润,也为公司和客户带来了利益。基于人工智能、物联网或区块链等新兴技术的商业模式,提高了行业和组织的效率[31]。如果将这三种技术融合在同一个产品中会怎样?两种或三种技术的融合不仅可提高效率,还将继续使客户和公司均从中受益。下面将讨论这些新兴技术在不同领域的融合及其相关商业模式。

12.5.1 供应链

尽管许多供应商、分析师和系统集成商会对物联网、人工智能和区块链等新兴颠覆性技术单独进行研究,供应链的真正价值却源于将这些技术融合在一起。基于纸质文档开展业务交易的组织,在利用颠覆性技术时难免会进行大量人工返工[32]。为寻求商业价值的最大化,各公司需确保采用端到端数字化基础或骨干网络。数字化基础帮助各公司,实现与数字商业生态系统中所有贸易伙伴之间电子商务交易的无缝对接[33]。数字化基础一旦建成,各公司均可通过物联网、人工智能与区块链的融合,实现自主供应链。各公司可通过物联网平台,构建设备或可用资产的数字孪生。例如,物联网传感器信息不仅可用于在供应链中识别运输位置,还可用于监控运输条件,此外,还可远程监控卡车系统的状况。无论是通过分析交易信息找出最佳交易伙伴,还是通过分析物联网中心信息判定设备是否即将发生故障,人工智能均能从数字商业生态系统信息中获得见解,帮助各公司优化并提升端到端供应链的效

率[34]。区块链是一项相对较新的颠覆性技术,其最简单的形式是去信任、不可篡改的分布式账本,可在整个延伸性企业中归档信息。从供应链的角度来看,最普遍的用例是跟踪和了解货物或原材料的来源。自主供应链可帮助各公司建立一个高度智能的、互联的、自我意识和信任的环境[35]。利用对供应链性能的深入洞察来优化业务流程的环境,可提高商品和记录的可追溯性,确保公司与其贸易伙伴社区之间所有数字交互的存档。

Road Lunch 公司是一家智能数字货运公司,为货运和数字物流提供智能、简约而不简单的解决方案。该公司与卡车运输公司和船运公司合作,先由卡车取货,再辗转经过多次交货、运输、装卸货过程。物联网的智能合约功能可帮助他们自动确定货物的位置和去向。人工智能与物联网相融合,不仅可对智能合约进行实时更新,进一步实现自动化,还可通过人工智能为客户营造良好的体验。这些技术使物流人员和相关方能够进行货运和车队管理,同时降低所有应付款或应收款的管理费用。区块链意味着他们可免费获得"Road Lunch 公司"的服务,因为他们已在拖车层面实现了数字化。传感器或移动应用可帮助他们开展所有智能负载匹配,同时保存了完整的交易记录。图 12.6 所示为区块链和基于物联网的供应链。

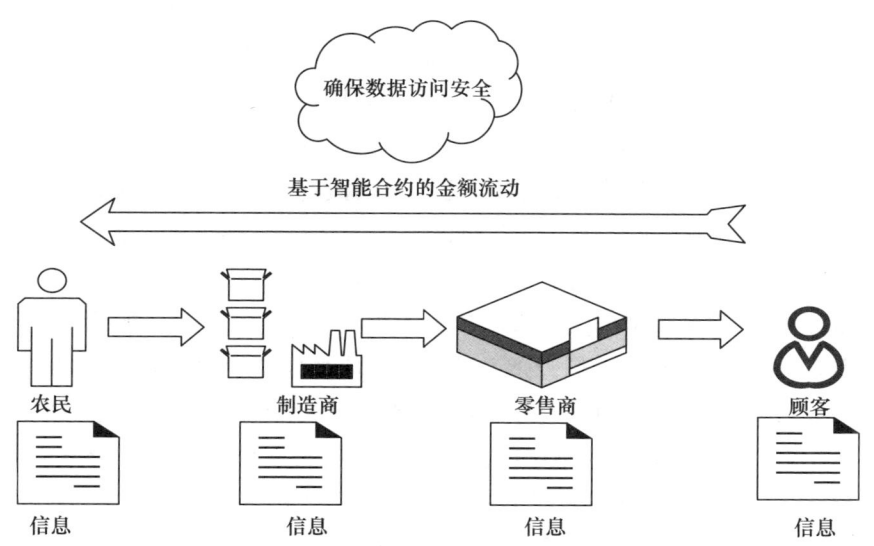

图 12.6　区块链与基于物联网的供应链

12.5.2 农业

到2050年,全球对农业和粮食产品的需求将增长69%,以满足96亿人的需求[36]。新兴技术可推动种植者与消费者间的合作,建立以质量为中心的可信系统,以可持续的方式满足这一需求[37]。20世纪以来,农业取得了多项重大进展。生产力迅速发展主要有两方面原因:一是发动机和电力的普及,二是物联网、人工智能和区块链等技术的应用。

物联网、人工智能与区块链技术的融合,有助于实现农业循环经济。物联网帮助农民在微量元素层面管理土壤和水的重要参数[38],而消费者则能够从可靠的质量保证中获益。人工智能可帮助农民以作物咨询和市场动态保护的形式,向零售商提供知识,而区块链则实现了种植者和消费者之间的信任和收入保障[39]。区块链和智能合约通过信任、知识和可靠性确保了食品信息的安全性、可获得性和透明度,基于区块链和智能合约建立统一的农业供应链,可为种植者和消费者赋能。

自动采摘机是目前最新的一个创新例子,是研究人员创造的一种机器人,其草莓采摘速度是人类的两倍。机器人或无人机可精确地清除杂草,也可用杀虫剂定点喷洒杂草[40],其化学品使用量比传统的全面喷雾方式减少了90%[5]。物联网传感器和摄像头可记录和检查作物生长情况,并在智能手机上提醒农民所出现的问题或最佳收获时间。农民可采集土壤样本,将其制成溶液,然后分析其pH值和磷含量——所有这些工作都是实时进行的。

Agribotix等公司现已将用于分析无人机拍摄的红外图像,以发现不健康植物的软件商业化。机器学习会定期提升系统区分作物品种和威胁作物杂草的能力[41]。Mavrx公司签约了100名飞行员,让他们驾驶配备多光谱相机的轻型飞机,在全国各地的大型农场执行数据收集任务。还有一些公司正致力于研发分析软件,作为农场管理系统[42],使各种规模的种植者可借助该软件处理大数据。室内农业的优势在于人工照明和气候调节建筑使作物可全年昼夜生长,单位产量比室外农场高得多。开放农业倡议(Open Agriculture Initiative)[43-44]是室内农业领域的一大进步,该倡议旨在创建一个"气候目录",便于设置温度和湿度,为作物室内生长创造完美条件。

在发展中国家,每年有数百万人步入中产阶级的行列,导致肉类需求增长了数千万磅。谁能想到,Fitbit也能佩戴在牛的身上?给牛戴上智能项圈,可监测其是否生病或活跃度较高,后者是繁殖力强的标志。苏格兰农学院的研究人员正致力于分析牛的呼吸,可通过其呼出的酮和硫化物,揭示动物饮食的潜在问题[45]。热成像摄像机可发现牛乳房发炎症状,以便及早治疗乳腺炎[46],这一疾病对乳制品行业危害性极大。3D 摄像机可快速测量牛的体重和肌肉量,从而在牛最强壮时将其售出。各公司甚至在猪圈上方放置麦克风来检测咳嗽,让患病的动物比以前提前整整 12 天接受治疗。如果患病的动物更少,患病时间更短,抗生素的使用就更少。比利时研究人员开发了一个仅由三个摄像头组成的系统,可跟踪数千只鸡的活动,分析其行为,并能发现 90% 以上可能出现的问题[47]。

12.5.3 医疗健康

人工智能、物联网和区块链等新兴技术可能会在医疗健康行业中,为医疗健康客户创造奇迹。物联网设备在本质上创造了大量人们需要查看的数据,多达数吉字节或数太字节。物联网用例很难变现,或者至少要很长时间才能获得投资回报。人工智能和物联网的融合可解决数据问题,人工智能会实际利用这些数据来构建有意义的见解和解释。为满足企业不断增长的需求,需要不断发展各项技能和能力,以满足医疗健康行业的需求。医疗服务提供者可利用这些技术来构建自己的模型,也可重复使用验证和测试中的模型。此外,有些模板只允许客户使用服务。机器学习能够实际构建、训练和部署模型,可在商业模型中添加区块链的信任功能。这三种技术的融合帮助企业逐步实现了增量投资配置。

区块链具有不可篡改性,即某些信息会存储在账本中,或者很难改变区块链的结构。医疗健康供应链业务区块链中的模型,可用于确保供应链中的可追溯性和可见性。区块链更像是所有合作伙伴加入一个生态系统,该生态系统拥有公共的数据加密存储点且数据共享[48-49],从而使账本中的信息能在供应链领域中共享,而其他参与者立马就能看到账本中的信息。区块链可视为由业务参与者组成的网络,其核心是一个分布式账本,其中存储的全是不可更改的数据,这一不可篡改性使数据可永久保存。人们可通过该过程,与加入网络的其他人共享数据。以上便是区块链的四大特征:去中心化、可追溯性、不可篡改性、安全性[50]。

物联网的概念意味着,随着智能对象在医疗健康领域的迅速发展,仅该领域就会产生数十亿级别的数据量。医疗健康领域有许多物联网应用的确凿用例,监控可追踪设备的智能手表和智能手机均为此类应用的例子,这些设备均可捕获大量数据,并将这些数据积累下来。物联网另一个为人熟知的用例是居家健康监测和老年人监测。物联网可切实帮助医疗健康领域采取某些预防措施,如患者有中风症状或者精神疾病症状,但在事后或很晚才能得到治疗,但当前通过向医生发送重要参数,甚至发出警告,可为医护人员提供极大的帮助。医疗健康的另一个领域是医院的运营管理环节。这一环节可对资产进行追踪,还涉及智能病床(可显示病人是否用药)等概念[51]。物联网连接了大量设备,生成了大量数据,这些数据可由人工智能进行处理。

计算机视觉技术是人工智能的一个分支,其通过将所有数据输入人工智能程序,并向其中插入新的切片,以训练所有红细胞(Red Blood Cell,RBC)、白细胞(White Blood Cell,WBC)、母细胞和记忆细胞,从而预测贫血[52]。人工智能可识别血液中的各类细胞,并以百分比形式得出预测结果,但其不会做出决策,而是将决策权交给医生,如血红蛋白92%,是否表示贫血?人工智能可帮助更快得出存在病变的诊断意见。

如果可利用互操作性技术将非结构化数据转化为标准的同类格式,那么数据的预测分析处理就有了意义,并可对视差标准进行控制。

区块链或许是许多解决方案的核心,但在数字化转型时并非由区块链单独起作用,因为在最初客户出现问题时,这个问题本身就可能同时涉及区块链、物联网和人工智能。

这些技术的融合在医疗健康领域最典型的一个例子是"冷链"(Cold Chain)的概念,即在供应链过程中,将各类易变质药品装在冷藏集装箱中进行运输[53]。冷藏集装箱可能会存在某些异常或问题。现在,如果我们得知药品有问题,那么可能是冷藏设备或药品出了问题。如果这些药品对某些病人非常重要,那么就不能继续使用这些药品。如果能有一个结合区块链与物联网的解决方案,那么就可以通过在冷藏集装箱上安装物联网设备来感知温度,并在温度波动时向所有参与者发出消息或通知。而人工智能正致力于为医疗健康行业打造临床决策支持系统,而非临床决策系统,这几项技术均将帮助临床医务人员提升决策效率。

12.5.4 金融业与银行业

人工智能、物联网和区块链有可能推动金融业的变革。金融科技(FinTech)的概念率先将区块链技术融合到金融技术之中,这一概念是由对数字资产进行了大量投资的各机构组织所提出的。荷兰国际集团(ING)正着手将区块链纳入其系统。汇丰银行(HSBC)计划于2019年将200亿美元的资产转移至一个新的区块链托管平台[54]。其他有价值的例子有多家大型国际银行,如美国商业银行(Commerce Bank)、瑞士信贷(Credit Suisse)和瑞银集团均已在荷兰银行投资的 HQLA x 平台上开展了首笔交易。此外,根据 Coindesk.com 的一份报告显示,北方信托银行(Northern Trust)正在测试通过区块链向广大投资者出售债券和其他产品。纽约梅隆银行(BNY Mellon)、三菱日联金融集团(MUFG)、法国农业信贷银行(Credit Agricole)和摩根大通(JP Morgan)也加入了区块链的赛道。因此,可得出的结论是,区块链不仅是一项通用技术,还是一项世界性的技术,可转变为国际外交工具。泰国民主党曾利用区块链选出其领导人[55]。2019 年,印度尼西亚通过区块链技术极大地简化了计票过程,降低了欺诈风险。

美国有多个州正在测试用区块链技术进行投票。根据预测,51% 的企业准备将人工智能与区块链相融合。这两项技术的融合是天作之合[56],二者优势互补,区块链可提升人工智能的有效性,而人工智能可增加区块链的安全性。此外,对于普通用户而言,区块链工具操作更简单,使用更方便。区块链记录了机器学习中采用的所有数据和变量,因此有助于提升人工智能的连贯性和可理解程度。据一家网站(www.ec.europa.eu)报道,2019 年,欧洲投资基金宣布启动一项计划,将拨款约 1 亿欧元来支持专门从事人工智能和区块链的公司。考虑私人投资,总资金应该高达 4 亿欧元。通过整合所有可用的先进技术,各公司将能够更快、更准确地做出预测优化供应链,并迅速将其产品和服务与新市场进行比较。物联网是适合区块链实施的另一大热门领域,因为其连接设备的数量最近已突破 260 亿大关,对于这一如此庞大的领域,是很难绕过的。智能家居配备了各种设备和特殊传感器,其应像时钟一样可靠、安全地运作,因为物联网意味着始终保持网络连接,这也解释了为什么区块链是满足该行业的最佳解决方案之一。区块链使智能家居设备可自动进行微交易,如由于区块链的这一特性,客户可针对其优步行程或产品工人建立自动支付系统。区块链将以更快的速度进行这些交易。根据 Gartner 的一项研究,在已实施物联网技术的组织中,其中 75% 已整合了区块链功能,或是有此打算。各行各业可通过应用区块链、物联网和人工智能,以实现工作流程的简化、优化和自动化。

区块链技术将席卷全球,颠覆并彻底改变各大银行和金融机构。区块链技术可视为一种数学模型,用于处理、保障和完成加密货币形式的交易,就像传统银行一样,每天会处理数万亿笔交易,因此该技术势必会颠覆金融业。通过下面一个例子,可更容易理解区块链在银行领域的流程。假设你和另一个人打赌,赌哪支球队会夺得国际足联世界杯。你们各自选择了一支队伍,然后区块链启动了智能合约。每一方需缴纳 100 美元,共计 200 美元,由智能合约负责保管,直到决出最终赢家,智能合约就会自动将全部金额转移给赢家。一旦智能合约在区块链上运行,就无法更改或停止。目前,在各大金融机构中,逾 60% 计划使用区块链技术进行国际资金转移,23% 计划使用该技术进行安全清算和结算,而逾 20% 计划将该技术用于"了解你的客户"(Know Your Customer,KYC)规则和反洗钱业务[57]。除提供去中心化平台,确保了交易安全外,区块链通过三大关键因素对银行业造成颠覆:交易速度极快、处理费用极低、记录数据不可篡改。无论是在金融银行还是个人银行,办理存款业务均需等待很长时间,通常处理时长需 2~6 个工作日,而区块链只需要约 10s 就能完成同样的操作。现在,全球每年的交易额高达 150 万亿~300 万亿美元,平均交易费用为 10%[58]。转移资金需要 2~6 个工作日,而金融机构为遵守 KYC 规则,每年需花费近 5 亿美元。区块链技术可在数秒内完成交易,且几乎没有交易费用,同时,由于交易记录在分布式账本上,还省去了客户身份识别成本。网络中的每个人均可有效地进行交易确认,省去了过程中的中介和收费。区块链技术不仅有可能大大加快本地和全球的交易速度,而且还将为银行节省数百万美元。这在一定程度上解释了为什么世界各地的银行目前都在投资区块链,而且各大银行都在申请区块链专利。花旗、纽约梅隆、高盛和摩根大通等多家银行均推出了各自的加密货币。

另一项即将改变银行业务方式的技术是人工智能。在银行业,人工智能预计将为银行带来高达 4500 亿美元的机遇,使银行业的工作更具竞争力和效率。人工智能不仅为银行带来了机会,还是企业的巨大机遇,银行业正致力于探索如何为客户提供更好的业务。Business Insider Intelligence 的研究表明,人工智能应用为银行节省的潜在成本预计约为4500亿美元,其将取代前台和中台的作用,预计可节省4600亿美元。未来,银行业的人工操作将越来越少,人工智能应用将越来越多。各银行将不再雇用员工,而是会使用人工智能为客户服务,以更好地完成工作。80%的银行都非常清楚人工智能可能带来的好处[59]。许多银行正计划开展人工智能业务。多家资产超过1000亿美元的银行表示,其已开始实施人工智能战略,并设法将人工智能融入业务之中。前台的聊天机器人、中台的反支付欺诈智能系统等,许多人工智能案例已在整个银行业务领域引起了关注。第一资本(Capital One)、花旗银行、汇丰银行、摩根大通和美国银行(U. S. Bank)等公司均已开始使用人工智能应用。人工智能应用最大化地为银行节省了成本,因为银行的大部分时间和资源都用在与前台和中台客户打交道上,如果可通过人工智能实现上述业务的自动化,银行便可用这些时间来做别的事情。目前,银行前台正利用人工智能来顺利识别客户。上述银行前台业务主要是指对客户识别或客户认证进行改进。人工智能还会通过聊天机器人和语音助手模仿真人员工,从而与顾客互动,还可增进与客户的关系,提供个性化见解和建议。人工智能还可用于执行银行中台的功能,以检测和防范支付欺诈。这一应用极为重要,因为人工智能与区块链的融合可检测银行业务的欺诈事件。这些技术可确保实现反洗钱和"了解你的客户"监管审查。这些策略有助于提高银行的效率,还可减少欺诈,降低客户的不满意度。这便是银行业的未来,势必会在未来几年对市场造成颠覆性影响。

12.5.5 社交网络

区块链和人工网络融入社交网络是另一种趋势。这一融合可使所有参与者的生活更加简单,也更容易遏制丑闻爆发、防止侵犯隐私、控制数据存储和保持内容的相关性。区块链技术可保证社交网络上发布的所有数据,即使在删除后也不会跟踪或复制。用户可控制其数据的各个方面,因此更有安全感。但只有一个小小的问题,即说服社交网络平台实施区块链(也许到那时,我们将不会在网络摄像头上贴上贴纸)。

12.6 金融服务的新趋势

金融科技一直是银行业的重要组成部分。据 blog.mokotechnology.com 报道,"2020 年金融服务业将步入一个重要阶段"。尽管过去 10 年开展了一系列颠覆性创新,但大多数行业合作伙伴仍在继续推进流程数字化和自动化,利用数据和分析来指导战略业务决策,并通过塑造新的业务交付文化来调整客户体验。因此,金融服务业正试图在挑战者银行与传统银行间建立生态系统和合作关系。对于金融服务提供商和其他相关企业而言,未雨绸缪有助于采取下一步行动。金融服务领域最热门的一些新兴趋势如下:

PayPal、Venmo 和 Zelle 等共享经济对等网络支付平台的出现,导致消费者不再通过传统机构进行转账。

这些平台的普及,不仅激励了大型传统银行开发自己的类似服务,还推动谷歌、亚马逊和脸书等非传统市场主体改进其电子钱包[60]。金融科技初创企业所需的资源,通常需要与特定领域和技术能力相匹配。得益于共享经济,这些企业才可接触到符合其资格条件的对口专业人才,并随时准备以相对可承受的预算开展专门活动。因此,相比雇用兼职和全职员工,共享经济获得所需资源的成本更低、效率更高。

区块链技术可用于创新和跨境支付[61],并将逐渐颠覆过时的商业模式。据埃森哲(Accenture)和西班牙桑坦德银行(Santander)表示,区块链技术有望为银行和金融服务业每年节省 200 亿美元的运营成本。区块链技术的采用对于全球中小型企业(Small and Mid-size Enterprise,SME)将至关重要[62],因为其将提高流动性,降低运营成本,释放宝贵资源进行再投资。除此之外,区块链在推动跨境支付方面发挥了重要作用。

2017 年,环球银行间金融电信协会推出了 SWIFT GPI,致力于开发现有消息传递和处理系统,使其扩容至上万家银行。最近,摩根大通宣布推出自己的加密货币——摩根币(JPMCoin),以解决银行公司在跨境支付领域面临的问题。

认知智能在金融服务业、人工智能和机器人领域的作用即将超越客服,有望拓宽行业前景。风险评估和分析、物流、投资和供应链管理均可通过这些技术实现自动化,使流程更稳定、更动态化。

第12章 物联网、人工智能和区块链将如何推动商业变革

这些技术将有助于优化运营成本,同时提高运营效率。例如,总部位于加拿大的道明银行(TD Bank)设立了一个卓越创新中心,旨在为全行开展实验提供平台,以降低运营复杂性,并丰富消费者体验。

业内其他基于人工智能的最新创新包括Pepper、Nao和Lakshmi等机器人顾问、基于生物特征的身份认证,以及语音商务等。为降低IT相关成本,金融机构加大了对云提供商的依赖程度,致使金融机构将软件即服务云服务用于数据存储、客户关系管理(Consumer Relationship Management,CRM)平台和人力资源[63]。但在2020年,其应用将发生变化,以涵盖账单、贷款管理、跨境交易,提供更顺畅的最终使用体验。不过,金融服务提供商也应做好准备,应对即将到来的网络安全威胁。

各大银行正在采用10X和Thought Machines等云解决方案的新标准[64],在2020年及以后,将有更多的银行效仿。例如,卢森堡德意志银行(Deutsche Bank Luxembourg)采用了Avaloq银行套件,使其能够通过单个现金分类账为客户提供全套服务,同时降低了复杂性、风险和费用,尤其是与财富管理相关的费用。

一直以来,应用内实时微支付和数字钱包支付(旧称微支付)仅限于Telegram等消息传递应用程序,但大型科技公司也逐渐在推出自己的支付服务。2020年,可能会有一大批开发者涌入区块链和数字资产,开发解决方案,以满足对应用内实时微支付的大量需求。越来越多的消费者倾向于使用数字钱包,促使某些大银行推出了综合性的手机银行应用程序。虽然少数银行已步入了数字钱包领域,但这一垂直领域的应用正缓慢而稳定地增长。

网络安全将是重中之重。数字银行的便捷性固然是好的,但也可能被黑客滥用,从而导致网络盗窃。事实上,70%的数据泄露事件均是利用终端用户进行的,而非银行在网络安全方面的漏洞[65]。通过云计算收集数据实现数据的中心化,并对其数据访问进行去中心化处理,有助于构建多重数据安全层。实施数据本地化,并避免第三方中介,可确保金融机构对数据的报告和分发方式拥有更大的权限。

2017年,比特币等加密货币和以太坊从保证金利息转变为主流投资。值得注意的是,仅仅一年时间,一个比特币的价格从不到1000美元上升至约1.8万美元;但一些分析人士认为,加密货币可能很快会取代全球金融体系。然而,2019年发生了史上最大的加密黑客攻击事件,日本加密货币交易平台

Coincheck 价值约 5.34 亿美元的新经币（NEM）几乎被洗劫一空。

软件提供商将尝试通过融合人工智能和云计算等先进技术，提供灵活的网络安全解决方案，以迅速、可靠地曝光和缓解威胁。金融服务领域正持续、积极地专注开展数字化，采用新技术和新兴技术，以提高运营效率，加快上市速度并实现卓越的客户体验。随着金融科技公司的增长继续刺激金融服务领域，在未来的几年里，我们将真正看到竞争将会给行业带来何种改变。

12.7 数字化转型的推动因素

数字化不是指创建新的网站或开电商网店，获得点赞、转发或发帖，甚至不是技术的使用。那么，数字化的是什么？本书中，"数字化"（digital）一词是指当今世界因技术的迅速采用而导致发生的变化[66]。这种变化给现有的组织带来了巨大的压力，很多时候甚至使组织陷入可有可无的境地。由于技术的迅速采用，有些公司看到了其他公司看不到的迹象。我们与客户的互动方式正不断改变我们的操作系统，该操作系统指导我们如何打造新的可持续竞争优势，以及做出改变以追上同行脚步。现有组织可分成两类：一类只做数字化，另一类为新的数字化创新者。数字化创新者正在获胜，并将颠覆这项新技术赋能的所有可能的市场。但目前存在一个最大的误区是，许多组织只是简单地将现有服务数字化，并称为数字化转型，但实际上并非如此。何为数字化转型？

"数字化转型是战略规划和组织变革的一个过程，其首先通过新方法给团队赋能，以打造高响应能力的战略和无畏的创新文化。"[67]正确的领导方能建立高绩效的创新组织，而这类组织通过营销者和技术人员来实现，这里主要体现为数字转型。

移动设备的作用极大，可使世界各地的客户与公司之间自由互动。客户通过移动应用程序购买产品也使公司受益。这些应用程序使公司能够接触到更多客户，提供新的或多种营销方式，从而提高员工的工作效率。

据《时代周刊》的一篇文章报道，大约 41% 的美国人只有一部手机，66% 的人家里没有座机。也就是说，营销者很难通过传统方式与客户沟通。

如今，他们与客户间正迅速实现永久连接。现在，营销者与客户间的联系比以往任何时候都更为紧密，他们需要随时随地与客户见面，而不仅仅是通过移动设备。这一巨大转变的内容之一是数字化行为在多个设备间发生了分裂,与此同时,其也变得更加灵活,可更频繁地提供给客户。现在,客户与人、信息和公司的联系比以往任何时候都更紧密。因此,可用以下数字来描述客户的连接度,据报道,在如今上网的成年人中,有智能手机的约为70%,有笔记本电脑的约为72%,有平板电脑的约为46%。因此,手机并未取代其他数字连接方式,而是造就这一永久连接客户的另一种方式。但需知道一点,这不仅仅是设备和时间的变化,而是真正导致客户期望的互动方式发生了根本性转变,而造成这一转变的原因正是,耗费的时间太多。有报告称,70%的客户会使用智能手机,其每月移动设备的使用时长约为67h。这是根据Forrester对手机用户的跟踪调查得出的结果。营销者会发现,客户每天在移动设备上的操作会超过2h。在美国,客户平均每月会访问26个不同应用程序,52个不同网站。平板电脑的数据类似,而且只会继续增长。这种情况正在全球上演,而且可以看出,这一预测正在增加,并且还将继续增加。

大多数公司都知道,要提高效率和效益,他们必须成为一个数字化企业。数字技术的新时代及其提供的数据量可使公司使用数据,从而帮助客户提高效率,并提供有关客户利益的完整信息[68]。

手机使客户与公司之间的互动更高效、更频繁。上述报告是基于互动的,而公司可通过这些互动及时获取数据。由此收集的数据可通过各社交媒体账户、购买情况和客户互动持续进行监控。客户的位置共享可在最有利的时间,为营销者提供目标特定位置。

在未来5年,移动解决方案将变得越来越重要。CIO最近的一项调查显示,大约71%的移动解决方案的作用比物联网和云计算更大,但也有一些高级官员认为,云计算比移动解决方案的作用更大。不过,采用移动解决方案可能是各组织实现业务,乃至行业数字化转型的第一步。

12.8 本章小结

物联网、人工智能、区块链等属于新兴技术。许多组织根据其业务和产品类型使用了这些技术,也确实给组织带来了利润和效益。这些技术提高了各行业的效率。本章讨论了这三项新兴技术会给商业带来何种变革。目前,这三项技术的每一项均有所助益。如果将三项技术融合在一起,使其相互协作,则有望在未来创造奇迹。即是说,商业模式可利用物联网收集数据,用人工智能对所收集数据进行高效分析,再通过区块链技术确保数据的安全性和隐私性。本章还讨论了基于新兴技术的商业模式用例,其吞吐量肯定会更高。

参考文献

[1] Wheelwright, S. C., and K. B. Clark. 1992. *Revolutionizing Product Development: Quantum Leaps in Speed, Efficiency, and Quality.* https://books.google.com/books?

[2] Medagliani, P., J. Leguay, A. Duda, and F. Rousseau. 2014. "Internet of Things Applications: From Research and Innovation to Market Deployment." https://archivesic.ccsd.cnrs.fr/UNIV-PMF_GRENOBLE/hal-01073761v1.

[3] Shabbir, Jahanzaib, and Tarique Anwer. 2018. "Artificial Intelligence and Its Role in Near Future." http://arxiv.org/abs/1804.01396.

[4] Daniels, Jeff, Saman Sargolzaei, Arman Sargolzaei, Tareq Ahram, Phillip A. Laplante, and Ben Amaba. 2018. "The Internet of Things, Artificial Intelligence, Blockchain, and Professionalism." *IT Professional* 20 (6): 15–19. doi: 10.1109/MITP.2018.2875770.

[5] Kshetri, Nir. 2017. "Can Blockchain Strengthen the Internet of Things?" *IT Professional* 19 (4):68–72. doi: 10.1109/MITP.2017.3051335.

[6] Liu, Jin. 2018. "Business Models Based on IoT, AI and Blockchain." *Uppsala Universitet*, p. 33. http://www.teknik.uu.se/student-en/.

[7] Yasumoto, Keiichi, Hirozumi Yamaguchi, and Hiroshi Shigeno. 2016. "Survey of Real-Time Processing Technologies of IoT Data Streams." *Journal of Information Processing* 24: 195–202. doi:10.2197/ipsjjip.24.195.

[8] Laurence Aimee. 2019. "The Impact of Artificial Intelligence on Cyber Security." https://www.cpomagazine.com/cyber-security/the-impact-of-artificial-intelligence-on-cyber-security/.

[9] Sharma, Yogesh. 2020. "A Survey on Privacy Preserving Methods of Electronic Medical Record Using Blockchain." *Journal of Mechanics of Continua and Mathematical Sciences* 15 (2): 32–47. doi:10.26782/jmcms.2020.02.00004.

[10] Marques, Gonçalo, Rui Pitarma, Nuno M. Garcia, and Nuno Pombo. 2019. "Internet of Things Architectures, Technologies, Applications, Challenges, and Future Directions for Enhanced Living Environments and Healthcare Systems: A Review." *Electronics (Switzerland)*. doi:10.3390/electronics8101081.

[11] Li, Shancang, Theo Tryfonas, and Honglei Li. 2016. "The Internet of Things: A Security Point of View." *Internet Research* 26 (2): 337-359. doi: 10.1108/IntR-07-2014-0173.

[12] Serpanos, Dimitrios, and Marilyn Wolf. 2018. *Internet-of-Things (IoT) Systems: Architectures, Algorithms, Methodologies*. Springer International Publishing.

[13] Misra Joydeep. 2017. "IoT System | Sensors and Actuators." https://bridgera.com/iot-system-sensors-actuators/.

[14] Carvalho, Otávio, Manuel Garcia, Eduardo Roloff, Emmanuell Diaz Carreño, and Philippe O. A. Navaux. 2018. "IoT Workload Distribution Impact Between Edge and Cloud Computing in a Smart Grid Application." *Communications in Computer and Information Science* 796: 203-217. SpringerVerlag. doi: 10.1007/978-3-319-73353-1_14.

[15] Sethi, P., S. R. Sarangi, and Journal of Electrical and Computer Engineering, and undefined. 2017. "Internet of Things: Architectures, Protocols, and Applications." *Hindawi. Com.* Accessed June 9 2020. https://www.hindawi.com/journals/jece/2017/9324035/abs/.

[16] Drew, Gislason. 2010. "ZigBee Applications - Part 1: Sending and Receiving Data." https://www.eetimes.com/zigbee-applications-part-1-sending-and-receiving-data/#.

[17] Eben, Upton. 2012. "What Is a Raspberry Pi?" https://www.raspberrypi.org/.

[18] Wagner, Wagner Luís, Tarcísio Da Rocha, and Edward David Moreno. 2015. "*GoThings: An Application-Layer Gateway Architecture for the Internet of Things.*" In *WEBIST 2015 - 11th International Conference on Web Information Systems and Technologies, Proceedings*, pp. 135-140. doi: 10.5220/0005493701350140.

[19] Fremantle, Paul. 2014. "A Reference Architecture for the Internet of Things." WSO2 White Paper, October 2015: 21. doi: 10.13140/RG.2.2.20158.89922.

[20] Hou, Lu, Shaohang Zhao, Xiong Xiong, Kan Zheng, Periklis Chatzimisios, M. Shamim Hossain, and Wei Chen. 2016. "Internet of Things Cloud: Architecture and Implementation." *IEEE Communications Magazine* 54 (11): 32-39. doi: 10.1109/MCOM.2016.1600398CM.

[21] Zhu, Julie Yixuan, Bo Tang, and Victor O. K. Li. 2019. "A Five-Layer Architecture for Big Data Processing and Analytics." *International Journal of Big Data Intelligence* 6 (1): 38. doi: 10.1504/ijbdi.2019.097399.

[22] Evans, Dave. 2011. "The Internet of Things How the Next Evolution of the Internet Is Changing Everything." *CISCO White Paper* 1: 1-11.

[23] Lee, Suk Kyu, Mungyu Bae, and Hwangnam Kim. 2017. "Future of IoT Networks: A Survey." *Applied Sciences (Switzerland)* 7 (10). doi: 10.3390/app7101072.

[24] Nikhade, Sudhir G. 2015. "*Wireless Sensor Network System Using Raspberry Pi and Zigbee*

for Environmental Monitoring Applications." In *2015 International Conference on Smart Technologies and Management for Computing, Communication, Controls, Energy and Materials, ICSTM 2015 – Proceedings*, pp. 376–381. doi: 10.1109/ICSTM.2015.7225445.

[25] Mariette Awad, Rahul Khanna. 2015. "Machine Learning." In *Efficient Learning Machines*, pp. 1–18. Berkeley, CA: Apress.

[26] Javed, Muhammad Umar, Mubariz Rehman, Nadeem Javaid, Abdulaziz Aldegheishem, Nabil Alrajeh, and Muhammad Tahir. 2020. "Blockchain-Based Secure Data Storage for Distributed Vehicular Networks." *Applied Sciences (Switzerland)* 10 (6): 2011. doi: 10.3390/app10062011.

[27] Gamage, H. T. M., H. D. Weerasinghe, and N. G. J. Dias. 2020. "A Survey on Blockchain Technology Concepts, Applications, and Issues." *SN Computer Science* 1 (2). doi: 10.1007/s42979-020-00123-0.

[28] Yaga, Dylan, Peter Mell, Nik Roby, and Karen Scarfone. 2018. "Blockchain Technology Overview – National Institute of Standards and Technology Internal Report 8202." *NIST Interagency/Internal Report*: 1–57. doi: 10.6028/NIST.IR.8202.

[29] Wust, Karl, and Arthur Gervais. 2018. "*Do You Need a Blockchain?*" In *Proceedings – 2018 Crypto Valley Conference on Blockchain Technology, CVCBT 2018*, pp. 45–54. doi: 10.1109/CVCBT.2018.00011.

[30] Gabrielsson, Jonas, and Diamanto Politis. 2012. "Work Experience and the Generation of New Business Ideas among Entrepreneurs: An Integrated Learning Framework." *International Journal of Entrepreneurial Behaviour and Research* 18 (1): 48–74. doi: 10.1108/13552551211201376.

[31] Makridakis, Spyros, Antonis Polemitis, George Giaglis, and Soula Louca. 2018. "Blockchain: The Next Breakthrough in the Rapid Progress of AI." *Artificial Intelligence – Emerging Trends and Applications*. doi: 10.5772/intechopen.75668.

[32] Volberda, Henk, Frans van den Bosch, and Kevin Heij. 2017. "Reinventing Business Models: How Firms Cope with Disruption." In *Reinventing Business Models: How Firms Cope with Disruption*. doi: 10.1093/oso/9780198792048.001.0001.

[33] Moore, James Frederick, and James F. Moore. 2006. "Business Ecosystems and the View of the Firm Business Ecosystems and the View from the Firm." *The Antitrust Bulletin* 51 (1): 31–75. doi: 10.1177/0003603X0605100103.

[34] Patil, Sandeep Omprakash, and S. Ramachandaran. 2019. "Artificial Intelligence and High-Tech Supply Chains – Infosys."

[35] Wentworth, Craig. 2018. "The Supply Chain Gets Smarter." pp. 1–12.

[36] Alexandratos, N., J. Bruinsma, and G. Bödeker. 2006. "World Agriculture: Towards 2030/2050." Food and Agriculture Interim Report. Organization of the United Nations, FAO, Rome.

[37] Forum, World Economic. 2018. "Our Shared Digital Future Building an Inclusive, Trustworthy and Sustainable Digital Society."

[38] Na, Abdullah, William Isaac, Shashank Varshney, and Ekram Khan. 2017. "*An IoT Based System for Remote Monitoring of Soil Characteristics.*" In *2016 International Conference on Information Technology, In CITe 2016 – The Next Generation IT Summit on the Theme – Internet of Things: Connect Your Worlds*, pp. 316–320. doi: 10.1109/INCITE.2016.7857638.

[39] Sylvester, Gerard. 2019. "E-Agriculture in Action: Blockchain for Agriculture." In *E-Agriculture in Action: Blockchain for Agriculture*. Food and Agriculture Organization of the United Nations.

[40] Pilz, Karl Heinz, and Simon Feichter. 2017. "How Robots Will Revolutionize Agriculture." *Webspace. Pria. At* 4. http://webspace.pria.at/ecer2017/papers/Paper_17-0597.pdf.

[41] Aitkenhead, M. J., I. A. Dalgetty, C. E. Mullins, A. J. S. McDonald, and N. J. C. Strachan. 2003. "Weed and Crop Discrimination Using Image Analysis and Artificial Intelligence Methods." *Computers and Electronics in Agriculture* 39 (3): 157–171. doi: 10.1016/S0168-1699(03)00076-0.

[42] Saiz-Rubio, Verónica, and Francisco Rovira-Más. 2020. "From Smart Farming Towards Agriculture 5.0: A Review on Crop Data Management." *Agronomy*. doi: 10.3390/agronomy10020207.

[43] Castelló Ferrer, Eduardo, Jake Rye, Gordon Brander, Tim Savas, Douglas Chambers, Hildreth England, and Caleb Harper. 2019. "Personal Food Computer: A New Device for Controlled-Environment Agriculture." *Advances in Intelligent Systems and Computing* 881: 1077–1096. SpringerVerlag. doi: 10.1007/978-3-030-02683-7_79.

[44] Rowley, Trevor. 2019. *The Origins of Open Field Agriculture: The Origins of Open Field Agriculture*. doi: 10.4324/9780429059230.

[45] Dobbelaar, P., T. Mottram, C. Nyabadza, P. Hobbs, R. J. Elliott-Martin, and Y. H. Schukken. 1996. "Detection of Ketosis in Dairy Cows by Analysis of Exhaled Breath." *Veterinary Quarterly* 18 (4): 151–152. doi: 10.1080/01652176.1996.9694638.

[46] Fagiolo, A., and O. Lai. 2007. "Mastitis in Buffalo." *Italian Journal of Animal Science* 6 (2): 200–206.

[47] Rowe, Elizabeth, Marian Stamp Dawkins, and Sabine G. Gebhardt – Henrich. 2019. "A Systematic Review of Precision Livestock Farming in the Poultry Sector: Is Technology Focussed on Improving Bird Welfare?" *Animals*. doi: 10.3390/ani9090614.

[48] Raj, Pethuru, and Ganesh Chandra Deka. 2018. "Blockchain Technology: Platforms, Tools and Use Cases." *Advances in Computers* 111: 1 – 41. https://books.google.com/books.

[49] Schumacher, A. 2017. *Blockchain & Healthcare – 2017 Strategy Guide*. Munich: Axel Schumacher.

[50] Carter, C., and L. Koh. 2018. "Blockchain Disruption in Transport," p. 48. http://ts.catapult.org.uk/Blockchain/.

[51] Ghersi, Ignacio, Mario Mariño, and Mónica Teresita Miralles. 2018. "Smart Medical Beds in Patient – Care Environments of the Twenty – First Century: A State – of – Art Survey." *BMC Medical Informatics and Decision Making* 18 (1): 1 – 12. doi: 10.1186/s12911 – 018 – 0643 – 5.

[52] Alam, Mohammad Mahmudul, and Mohammad Tariqul Islam. 2019. "Machine Learning Approach of Automatic Identification and Counting of Blood Cells." *Healthcare Technology Letters* 6 (4): 103 – 108. doi: 10.1049/htl.2018.5098.

[53] Bishara, Rafik H. 2006. "Cold Chain Management – An Essential Component of the Global Pharmaceutical Supply Chain." *American Pharmaceutical Review*: 1 – 4.

[54] Wilson, Tom, and Lawrence White. 2019. "HSBC Swaps Paper Records for Blockchain to Track $20 Billion Worth of Assets." https://www.reuters.com/article/us – hsbc – hldg – blockchain/hsbc – swaps – paper – records – for – blockchain – to – track – 20 – billion – worth – of – assets – idUSK – BN1Y11X2.

[55] Tan, Aaron. 2018. "Thailand's Democrat Party Holds Election with Blockchain." https://www.computerweekly.com/news/252452435/Thailands – Democrat – Party – holds – election – with – blockchain.

[56] Meijer, Carlo R. W. De. 2019. "What May We Expect for Blockchain and the Crypto Markets in 2020?" https://www.finextra.com/blogposting/18285/what – may – we – expect – for – blockchain – and – the – crypto – markets – in – 2020#:~:text = According to them more than, to AI with blockchain integration.

[57] Mori, Taketoshi. 2016. "Financial Technology: Blockchain and Securities Settlement." *Journal of Securities Operations & Custody* 8 (3): 208 – 227.

[58] Bansal, Sukriti, Philip Bruno, Olivier Denecker, Madhav Goparaju, and Marc Niederkorn. 2018. "Global Payments 2018: A Dynamic Industry Continues to Break New Ground." *Global Banking McKinsey*.

［59］Fethi, Meryem Duygun, and Fotios Pasiouras. 2010. "Assessing Bank Efficiency and Performance with Operational Research and Artificial Intelligence Techniques: A Survey." *European Journal of Operational Research*. North-Holland. doi: 10.1016/j.ejor.2009.08.003.

［60］Rohan, Sounak. 2019. "Future of Digital Payments." https://www.infosys.com/services/digi-tal-interaction/documents/future-digital-payments.pdf.

［61］Guo, Ye, and Chen Liang. 2016. "Blockchain Application and Outlook in the Banking Industry." *Financial Innovation*. SpringerOpen. doi: 10.1186/s40854-016-0034-9.

［62］Ilbiz, Ethem, and Susanne Durst. 2019. "The Appropriation of Blockchain for Small and Medium-Sized Enterprises." *Journal of Innovation Management* 7 (1): 26-45. doi: 10.24840/2183-0606_007.001_0004.

［63］Oracle Cloud for Industries. 2015. "Cloud Computing in Financial Services: A Banker's Guide." *White Paper, Oracle Industries*.

［64］Xavier, Lhuer, Phil Tuddenham, Sandhosh Kumar, and Brian Ledbetter. 2019. "Next-Generation Core Banking Platforms: A Golden Ticket?" https://www.mckinsey.com/industries/financial-services/our-insights/banking-matters/next-generation-core-banking-platforms-a-golden-ticket.

［65］Yan, Ye, Yi Qian, Hamid Sharif, and David Tipper. 2012. "A Survey on Cyber Security for Smart Grid Communications." *IEEE Communications Surveys and Tutorials*. Institute of Electrical and Electronics Engineers Inc. doi: 10.1109/SURV.2012.010912.00035.

［66］Gebayew, Chernet, Inkreswari Retno Hardini, Goklas Henry Agus Panjaitan, Novianto Budi Kurniawan, and Suhardi. 2018. "*A Systematic Literature Review on Digital Transformation.*" In *2018 International Conference on Information Technology Systems and Innovation, ICITSI 2018 - Proceedings*, pp.260-265. Institute of Electrical and Electronics Engineers Inc. doi: 10.1109/ICITSI.2018.8695912.

［67］Ziyadin, S., S. Suieubayeva, and A. Utegenova. 2020. "Digital Transformation in Business." *Lecture Notes in Networks and Systems* 84: 408-415. Springer. doi: 10.1007/978-3-030-27015-5_49.

［68］Carolan, Lisa. n.d. "How Mobile Acts as a Catalyst in Digital Transformation." https://www.exsquared.com/blog/how-mobile-acts-as-a-catalyst-in-digital-transformation/.

第 13 章

大数据物联网的存储、系统安全和访问控制

T. 露西娅·阿格尼丝·比娜
T. 科基拉瓦尼
D. I. 乔治·阿马拉雷希南

13.1 前言

目前,IBM、谷歌、英特尔、微软和思科均已开始投资物联网来增强其业务能力,以更轻松地应对全球竞争压力。IBM 设立了一个的单独部门来负责物联网业务,该部门拥有 1400 名员工。谷歌已正式开始上架物联网产品。英特尔利用物联网来推动销售部门。根据全球移动通信协会(Global System for Mobile Communications Association,GSMA)①智库的报告,预计到 2025 年,全球物联网设备的规模将达到 250 亿台。物联网的应用放大了生成的数据总量,将工业数据转变为工业大数据。物联网的采用推动了行业的数字化改造,为公司采用策略来处理海量数据开辟了新途径,从而可通过在整个产品生命周期中收集、过滤、处理和分析数据来优化其绩效。

大数据是从物联网数据中提取信息的适当平台,物联网设备以灵活的方式产生了连续的数据流。在连续流中处理大量流数据是非常重要的。物联网环境需要进行实时分析,但这样做的要求很高,原因如下:

(1)大量物联网设备产生大量数据。

(2)数据处理和分析必须要低延迟。

(3)需要有专门的可视化和报告技术。

(4)通用协议的要求。

针对物联网生成数据的大数据分析取得的新进展,可破解物联网的实时分析。云解决方案具有可扩展性、灵活性、合规性和完善的架构,可用于收集所有物联网数据,而对于内置数据系统,只要数据负载增加,就需要持续进行更新。如果一家公司的敏感数据需要恰到好处的安全性,那么私有云是数据存储的首选。一些组织利用 NoSQL 数据库(如 Apache CouchDB)存储物联网数据,因为其延迟最低、吞吐量极高。NoSQL 数据库是无模式、可弹性扩展的,使用户可利用更多创新事件来进行更新。

物联网设备种类繁多,生成的数据异构,存在各式各样的数据安全风险。基于物联网的安全仍处于起步阶段。任何形式的攻击不仅会窃取数据,还会造成其他风险,如对连接到网络的传感器造成损坏等。因此,为便于身份认

---

① 全球移动通信系统(Global System for Mobile Communications,GSM)。

第13章 大数据物联网的存储、系统安全和访问控制

证,每台设备均需带有一个标识符,确保企业从正确的来源获得正确的信息。在物联网系统中,为保证网络中各物联网设备的联通性,必须通过适当的接入控制策略进行合理配置。同时,物联网环境应注重命名和身份管理、信息隐私、对象安全与保障、互操作性和标准化、数据保密性和加密、频谱和绿色物联网。本章讨论了大数据物联网的各种存储策略、大数据安全技术和访问控制机制等。

13.2 大数据与物联网的融合

物联网的发展催生了需要构建创新、新颖、互联产品的新型服务提供商。据分析师预测,未来几年内,大量新的物联网服务可能会连接数十亿个新的物联网设备[1]。物联网会产生难以置信的数据量,并会对海量数据进行编译。有意采用物联网的组织,需通过大数据分析来克服物联网实施过程中的重大障碍[2]。为收集所需数据,避免不必要的数据,必须为现有应用程序设计接口。可从合作伙伴或第三方,以及企业周围的物理环境中收集所需的数据。物联网应用中的大数据流如图 13.1 所示[3]。

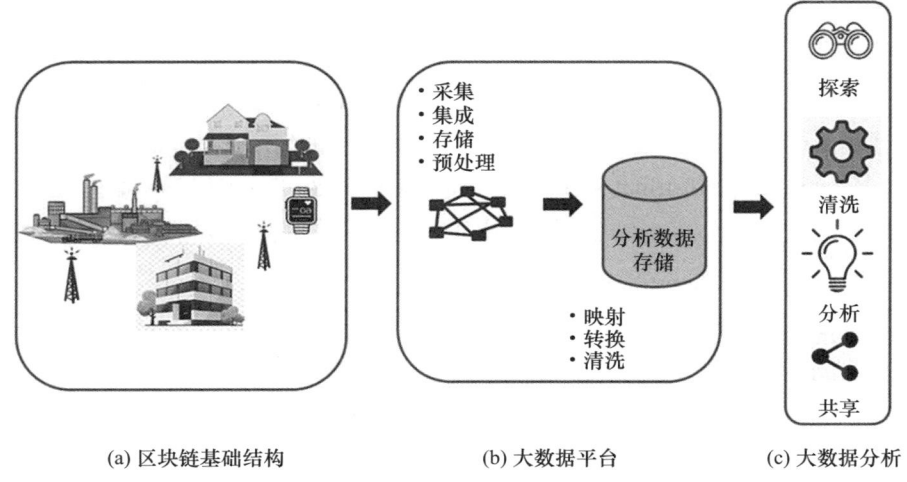

(a) 区块链基础结构　　　(b) 大数据平台　　　(c) 大数据分析

图 13.1　物联网应用中的大数据流

13.2.1 物联网中大数据分析的关键要求

大数据分析具有极佳的挖掘能力,可从物联网传感器生成的数据挖掘出重要细节。事实上,大数据和物联网的基本要求决定了数据分析规范的实用性和目的性。物联网环境中的大数据分析在丰富物联网服务(包括联通性、存储、服务质量和基准测试等)方面发挥着重要作用[3]。

13.2.2 大数据分析解决方案

物联网通过利用互联网进行交互服务和远程控制,实现了各种对象、人、数据和应用程序之间的一系列连接。因此,物联网网络需要一个运营控制平台,能够收集、分析和处理从各传感器节点检索到的原始数据。由于物联网环境中连接的传感器越来越多,某些类型的应用程序会生成非常庞大的数据量。数据收集、数据存储、数据处理和数据检索均需要创新的技术或新颖的架构模式。以下将对各种解决方案进行讨论。

13.2.2.1 Apache Hadoop

Apache Hadoop[4]是一个非专有的物联网大数据处理软件框架,构成了许多大型物联网网络的基础。这一开源软件(Open – Source Software,OSS)可实现跨行业甚至业务竞争对手之间的支持和组织。此外,在整个工业应用中启用开源物联网,即使是规模较小的企业也能够从物联网技术中获益,而无须组建高成本的专职开发团队。Hadoop架构最重要的组件是Hadoop分布式文件系统(Hadoop Distributed File System,HDFS)和MapReduce编程模型。HDFS适用于数据存储,MapReduce用于以分布式方式处理数据。

13.2.2.2 ThingSpeak

ThingSpeak[5]是一个开源物联网平台,可快速构建物联网原型。ThingSpeak可提供HTTP和MQTT API,用于将物联网设备数据传输至ThingSpeak云。在ThingSpeak上,可利用Matlab程序对物联网设备数据进行分析和可视化处理。ThingSpeak可根据数据输入触发任何操作,并且支持多种物联网设备类型,如Arduino、NodeMCU和树莓派等。可从ThingSpeak云导出物联网设备数据,以进行深入分析。

13.2.2.3 Countly

Countly[6]是一个通过移动、网络、桌面和物联网应用程序进行企业和营销分析的开源平台,具有数据独立性和安全性。Countly 有自托管版和社区版两个不同的版本。自托管或私有云企业版含高级插件和可自定义的服务级别协议。社区版含基本插件和免费使用的非商业许可证。Countly 拥有超过 15 个开源 SDK,可从网络、桌面、移动、智能手表、智能电视、物联网和机顶盒应用程序收集数据。其支持推送通知、Android 应用程序的崩溃分析、iOS 应用程序的故障分析和 Web 分析。由于 Countly 应用程序服务器逻辑是无状态的,因此可将其部署为任何规模的集群。如果结合使用 MongoDB 分片技术,Countly 企业可扩展到任何规模的客户群和数据量。

13.2.2.4 AT&T 物联网平台

AT&T 物联网平台[7]可对用户数据进行完全自定义控制。因此,可通过自定义应用聚合和运行数据。平台还允许服务用户数据与外部服务集成,从而可在全球任何地方发送数据。AT&T 全球 SIM 连接功能具有极佳的可靠性、安全性和移动性。可自定义的物联网仪表板可聚合、比较和跟踪用户设备的数据,以获得对设备的实时洞察。行业垂直解决方案模板利用规则引擎进行编排,以识别事件并触发操作和通知。

13.2.2.5 Axonize

Axonize[8]开发了一种颠覆性的多应用程序架构,可在短短 6~8 天内,在所有应用程序、垂直领域和设备类型中部署完全自定义的智能解决方案。客户可在短时间内,用很少的资源创建完整的智能设施,无须进行前期投资,并可快速扩展以获得投资回报率(Return on Investment, ROI)。Axonize 的优点包括投资回报率、托管服务、安全性、无代码平台、可集成性和可扩展性等。

13.3 存储技术

物联网技术发展迅速,其应用覆盖从制造业到公用事业的各个业务领域。物联网传感器会生成农业、医疗健康、金融和交通等多个领域的数据。要将这些传感器所收集的海量数据存储起来,这一任务相当艰巨。云虽然可用于存储数据,但不适合存储实时数据并执行实时分析。

13.3.1 键值数据库

键值对存储是极简单的数据存储形式。其中,键是指数据的唯一标识,值表示实际存储的数据。值可以是任何数据类型,而键则是字符串类型。键值对存储是 NoSQL 在关系数据库中的简单数据存储方法。这种键值对存储方式易于理解,也容易扩展,还支持大容量存储、高并发和快速查找[9-10]。键值对存储方式的例子包括缓存(Redis)、Riak 等。键值数据存储机制如图 13.2 所示。

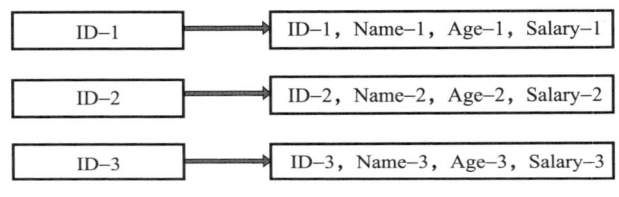

图 13.2 键值数据存储机制

13.3.2 面向列的数据库

面向列的数据存储表示方式适用于数据挖掘和数据分析应用[11]。该方法以表格列的形式存储数据,列式数据库系统的性能优于传统的行式数据库系统。面向列的数据存储可有效地读写数据。映射-归约模型与面向列的数据存储兼容。面向列的数据库存储方式的例子有 HBase、Cassandra 等。面向列的数据存储方式如图 13.3 所示。

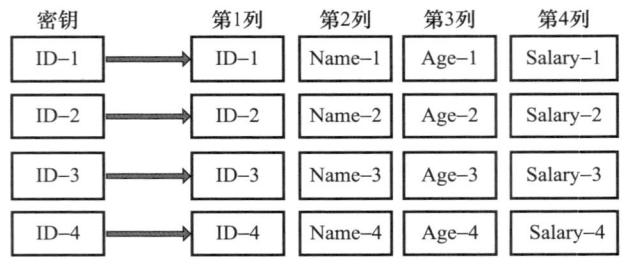

图 13.3 面向列的数据存储方式

13.3.3 面向文档的数据库

面向文档的数据库存储方式使用单个文档来存储每条数据及其相关记录,并持水平扩展。该存储表示方式适用于对大量数据进行分析。这种数据存储方式的优点是不同字段可包含在不同文档中,无须添加相同空字段,从而浪费集合中某些文档中的空间。这些文档可通过 Object – ID 引用。面向文档的数据存储方式可处理复杂的数据结构,如字典、树和集合等,但不适合处理关系型数据和重复型数据。因此,该数据存储类型适用于生成可变长字段的物联网应用程序。面向文档的数据存储方式如图 13.4 所示。MongoDB 和 CouchDB 均是开源 NoSQL 面向文档的数据存储方式的示例。

```
Document 1
{
Id:1;
Name: " John Smith ";
Dob: " 1970-24-07 "
}
```

```
Document 2
{
Id:2;
fullName:
{
First: " Sarah "
Last: " Jones "
}
Dob: " 1980-04-11 "
}
```

图 13.4 面向文档的数据存储方式

13.3.4 图数据库

图数据存储最适合于表示和查询互联数据。此类数据库的信息存储方式与人类的数据思维方式类似。相互关联的节点位于不同的机器上,无法使用图数据存储方式,因为其不适合水平扩展。图数据库可轻松存储和处理海量相互关联的数据,但不支持扩展,它通过由节点(node)和边(edge)组成的图来维护数据,其中节点表示对象,边表示对象之间的关系。每一个节点均可通过免索引邻接(称为直接指针)指向相邻节点[12]。连接是图数据存储中的关键概念。图数据存储也可处理半结构化和非结构化数据,但很难从中获取分片。例如,Neo4J 也是一款基于图数据存储的开源软件。用于存储表示的图数据存储模型如图 13.5 所示。

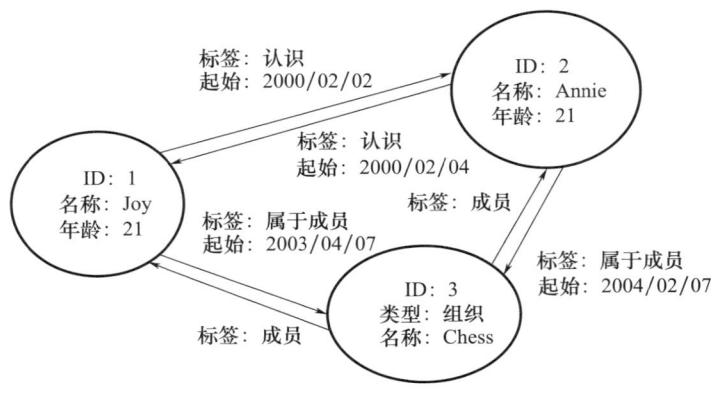

图 13.5　图数据存储模型

13.3.5　基于云的物联网平台

物联网平台是物联网环境的重要组成部分。为帮助用户、开发人员和企业降低成本、简化难度,物联网环境提供了各种内置工具和功能。云提供商打造基于云的物联网平台的目的是将其业务扩展到物联网环境。基础设施即服务(Infrastructure as‑a‑Service,IaaS)解决方案为各类应用提供后端处理能力和托管空间。针对应用程序设计的后端基础架构可进行重构或增强,并集成到物联网平台[13]。下面对一些基于云的物联网平台进行讨论。

13.3.5.1　亚马逊云计算服务公司的物联网套件

医院、工厂、汽车、家庭、办公室等各种场合会用到许多设备。随着这些设备的广泛使用,需要有解决方案来连接设备,以收集、存储和分析数据。为针对各种设备的不同用例找出实质的物联网解决方案,亚马逊云计算服务公司物联网提供了多种功能,并覆盖到云的边缘。由于 AWS 物联网集成了人工智能服务,因此无须使用任何连接,就可使设备更加智能。当业务需求增长时,AWS 物联网易于扩展,因此其被全球领先的企业家所用。AWS 物联网安全性十足。这一安全性有助于制定预防性安全策略,并对潜在的安全问题做出即时响应[14]。

AWS 物联网套件在工业领域用于预测,在家居领域用于实现自动化和安全性,而在商业应用领域用于健康监测、流量监测等,可提供分析服务、连接和控制服务以及设备软件。

13.3.5.2 谷歌云物联网

谷歌云物联网(Google Cloud IoT)是一个平台,有一套工具来为边缘和云中数据建立连接,并进行数据存储、处理和分析。该平台集成了软件和机器学习技能,通过维护可扩展和完全托管的云服务来满足需求。谷歌云物联网通过从地理分布式云设备和边缘设备收集数据,为实时业务需求提供完整的服务。即席分析(Ad Hoc Analysis)采用 Google BigQuery,高级分析(Advanced Analytics)则通过机器学习采用云机器学习引擎。报告和结果可通过 Google Data Studio 可视化。谷歌云物联网可为英特尔等顶级制造商的设备提供外部支持,从而提高其运营效率。通过使用谷歌地图(Google Map),谷歌云物联网可通过位置智能来提升业务解决方案。可用于在资产移动过程中实时识别资产的位置,无论物联网数据是在偏远地区、室内还是分布在多个城市,均可高精度地跟踪其位置[15]。

13.3.5.3 微软 Azure 物联网套件

Azure 物联网为各企业和行业的发展提供支持,以利用物联网面向未来。利用人工智能和机器学习,Azure 物联网可快速处理各类物联网设备所收集的海量数据。Azure 物联网[16]可帮助各组织提高生产力,减少浪费。其在全球范围内均可使用,为物联网应用程序和设备提供低成本、可扩展的服务,可通过高级分析帮助客户做出决策[16]。

微软 Azure 物联网套件可为物联网资产提供云服务,这些资产连接、监控和控制着数十亿台设备。其在数十亿物联网设备和云环境之间提供双向通信服务,并在物联网应用程序及其设备之间提供可靠且高度安全的通信。Azure物联网中心(Azure IoT Hub)为虚拟连接设备提供了解决方案。微软 Azure确保了数据传输时物联网设备之间通信通道的安全,并通过对所有连接设备进行身份验证来保障安全,在设备连接和托管方面支持扩展和内置设备托管[17-18]。

13.3.5.4 Salesforce 物联网

Salesforce 是云计算领域的先驱之一,其近期在物联网应用领域的成绩斐然。为存储和处理从物联网设备获得的数据,Salesforce 推出了物联网云平台。Salesforce 物联网提供可扩展和安全的解决方案,助力行业开展商业模式转型。对于开发人员而言,设置并非易事,但可借助易用性技术来实现。

Salesforce 物联网主要提供 IoT scale 和 IoT explorer 两种服务。

Salesforce 通过预定义的规则和逻辑来触发操作，并从物联网连接设备获取数据作为输入。其工作原理与非线性工作流引擎相同。它是一台状态机，负责管理人和对象从一种状态到另一种状态的转换。状态是一组人或对象所适用的规则或一组规则。开发人员创建的工作流会对不同的事件和相关数据做出反应，这对用户是有益的。该方法无须预先定义覆盖所有可能的事件和相关数据组合的完整序列集[13]。

13.3.5.5　IBM 沃森物联网

IBM 沃森物联网（IBM Watson IoT）是一个云服务平台，旨在从物联网设备中获取数据和价值，可安全、轻松、快速地连接、收集和处理物联网数据。其使用了 IBM 云，使组织能快速扩展和适应不断变化的业务需求，而不会影响隐私性和安全性。IBM 沃森物联网平台将从云端获得的人工智能驱动数据进行可视化，以便更好地开展分析。它具有各种分析功能，以简单、本能的方式增强和补充物联网数据，还通过区块链服务在组织网络中实现信息安全共享[19-20]。

13.4　物联网分层架构的安全攻击与安全机制保护

物联网是一个很有前景的概念，其环境非常广泛，由各种连接设备和服务组成，如传感器、汽车、智能对象、消费产品和工业组件等。因此，物联网在安全保障方面极具挑战，这也是其所关注的重点。物联网中的安全问题并不是最近才出现的，而是通过利用网络技术所产生的[21]。物联网的实施带来了各种安全风险、威胁和挑战，必须有效应对，以避免造成严重后果。物联网包含大量设备、应用程序、诊断工具、后端服务和应用，因此对物联网系统进行保护意义重大。此外，这些挑战必须得到解决，以确保物联网服务和产品的安全。

许多研究人员在文献中介绍了各种物联网架构。一些研究人员认为，物联网架构分为 3 层（应用层、网络层和感知层）[22]。由于物联网的不断发展，有人提出物联网架构有 4 层，包括应用层、服务支持层、网络层和感知层[23]。

考虑安全性和隐私性,有文献还提出了 5 层的物联网架构,包括业务层、应用层、处理层、传输层和感知层。物联网分层架构如图 13.6 所示。本节将对各层的安全攻击和保护机制进行讨论[24-25]。

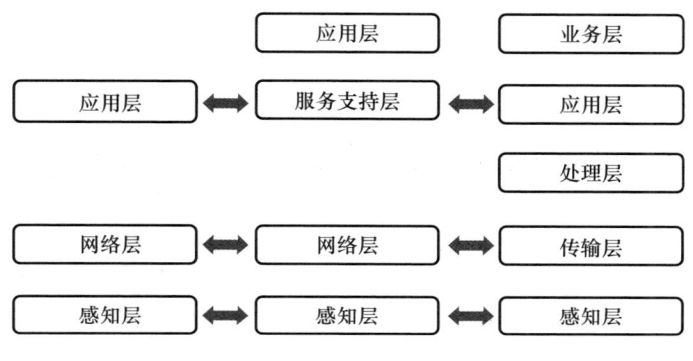

图 13.6　物联网分层架构

13.4.1　感知层

物联网根据应用选择传感器,并将其部署在感知层。传感器的类型很多,如 RFID 和二维码等,其用于连接对象,以收集有关位置、环境、运动和振动的数据。这些传感器可能成为攻击者的目标。感知层中的一些常见安全威胁如表 13.1 所列。

表 13.1　感知层的安全威胁

威胁	说明
窃听攻击	窃听是一种非正规的瞬时攻击,攻击时入侵者会捕捉通话记录、传真、推文或视频会议等个人交互,并窃取通过网络广播的细节。此类攻击通过解锁传输来获取正在传输和接收的详细信息
节点捕获	节点捕获是传输层需处理的一种危险攻击。入侵者会获取对网关节点的控制权。掌握控制权后,入侵者会通过访问内存,获得通信各方之间共享的详细信息和用于安全通信的密钥
假节点和恶意节点	入侵者通过在系统中加入一个假节点来向系统提供虚假信息,并攻击环境,其目的是阻止传递真实信息。假节点消耗了实际节点昂贵的能量,并可能会利用网络的组织来破坏实际节点

续表

威胁	说明
槽洞攻击	在槽洞攻击中,网络中长期未处理的节点会成为攻击者的目标。通过该节点,可提取出周围所有节点的信息
选择性转发攻击	恶意节点会选择性地过滤某些数据包,并将其丢弃在网络中。丢弃的数据包可能包含未来交易的重要洞察数据
女巫攻击	女巫攻击会通过恶意物联网节点利用合法节点的故障。合法节点发生故障时,恶意节点会利用实际链路进行后续通信,从而导致数据抖动
重放攻击	入侵者会监听发送者和接收者之间的讨论,并从发送者处窃取可靠的详细信息,然后,入侵者会利用从发送者处获得的可靠详细信息,与受害者进行通信。接收者会将所看到的加密消息当作合理请求,并按照攻击者的预期执行必要的操作
时序攻击	时序攻击的目标是计算资源不足的设备。入侵者会找到系统中保存的易受攻击的细节,并仔细推算结构对不同查询和加密算法的响应时限

13.4.1.1 保护机制

感知层威胁的解决机制如下:

(1)哈希加密和轻量级加密。

(2)公钥基础设施(如协议等)。

(3)安全授权系统。

(4)嵌入式安全框架。

13.4.2 传输层

在某些情况下,传输层又称为网络层,其连接了感知层与处理层。从传感器收集的物理对象通过有线/无线介质传输到网络中的智能对象。因此,传输层极易遭到攻击,其主要网络安全问题在于信息的可靠性和验证。传输层中的常见安全警告和故障如表13.2所列。

表13.2 传输层的安全威胁

威胁	说明
拒绝服务攻击	拒绝服务攻击会拒绝真正用户使用设备或其他网络资源。此类攻击通过让无用数据流访问目标设备或网络资源,从而使真正用户无法使用这些目标设备或网络资源

续表

威胁	说明
中间人攻击 (Man-in-the-Middle,MITM)	中间人攻击时,入侵者会暗中获取并改变发送者和接收者之间的信息,而他们却以为自己仍在直接对话。由于攻击者控制了通信,此攻击对网络安全造成了严重风险,因为入侵者可实时获取并更改信息
存储攻击	用户的详细信息存储在存储设备或云上。攻击者可能会攻击存储设备和云,以修改用户详细信息。此攻击会导致复制与用户访问相关的信息,从而使他人有机会实施存储攻击
漏洞利用攻击	漏洞利用攻击是指以软件、指令链或数据块形式出现的任何非法操作,其会利用软件或硬件的安全漏洞。此类攻击是为了实现系统的功能,并窃取网络中收集的详细信息

13.4.2.1 保护机制

网络层威胁的解决策略如下:

(1)可采用身份管理框架来防范拒绝服务攻击。

(2)框架的设计必须能够识别攻击者,并将其移出网络。

(3)软件定义网络(Software Defined Network,SDN)与物联网相结合,可作为控制器,并保护物联网代理。

(4)基于信誉系统的机制能够检测和防止入侵者,为此,通信协议中的节点之间必须进行合作。

(5)为检测和防范集群入侵者,须采用强大的入侵检测系统。

13.4.3 处理层

处理层位于应用层与传输层之间,用于删除无关紧要的额外数据,强留重要数据,这是处理大数据物联网的一个重要步骤。这一过程提高了物联网的性能。表13.3列出了在处理层中的常见攻击,这些攻击的目的是减少物联网的例行程序。

表13.3 处理层的安全威胁

威胁	说明
耗尽攻击	入侵者进行弱点攻击,影响物联网的工作流程。该攻击可能出现在防止拒绝服务等攻击之后,导致客户端的网络繁忙,或由目标是耗尽系统设备(如内存和电池)的其他攻击造成
恶意软件攻击	恶意软件攻击利用间谍软件、广告软件、病毒、蠕虫和木马与网络连接。攻击的目的是针对网络要求采取行动,获取机密信息

13.4.3.1 保护机制

(1)使用防病毒和反恶意软件,并保持更新,以保护系统[26]。

(2)采用多个强密码,以保护设备。

(3)经常更新操作系统、浏览器和插件,以清除任何安全漏洞。

(4)避免物联网设备直接接触互联网,并通过在所有机器上运行端口扫描,加强保护。

(5)采用高交互式蜜罐,转移黑客对实际数据中心的注意力。此外,还可在不影响数据中心或云计算性能的情况下,进一步掌握黑客的行为[27]。

13.4.4 应用层

在应用层,可将解决方案扩展到物联网应用中。由于物联网应用中所用设备的处理能力弱,存储空间小,因此重点是增强所有设备的安全性。关于应用层的常见安全警告,请参见表13.4。

表13.4 应用层的安全威胁

威胁	说明
跨站脚本攻击	跨站脚本攻击是一种插入式攻击,入侵者可在一个可靠的网站中添加客户端脚本。因此,入侵者可完全按照自己的意愿修改软件的内容,并非法使用原始信息
恶意代码攻击	恶意代码攻击是一组指令,可添加到目标程序的任意组成部分,以达到损害系统的目的。即便使用杀毒工具,也很难预防这种指令。该攻击可自行激活,或通过一个程序(需客户端有意执行一个动作)进行激活
处理海量数据的能力	所用设备非常多,加之消费者间的海量数据通信,导致其能力无法满足要求。因此,这种情况会造成网络干扰和数据丢失

13.4.4.1 保护机制

(1)基于偏好的隐私保护可由仲裁方提供,该仲裁方充当桥梁,以确保安全连接提供方与客户端。

(2)访问控制机制是一种简单的机制,可确保用户安全。

(3)OpenHab 通过简单注册即可确保安全,但无法包容设备的差异性。

(4)IoTOne 可针对 OpenHab 技术中出现的问题提供解决方案。客户端的身份验证方式是向服务器发送请求,并自行提供服务。

(5)在一个基于身份的安全框架中,已有监控资源和用户的准则,管理员描述的规则仅供参考。

13.4.5 业务层

业务层可管控应用程序,获得物联网的原型。此外,还必须考虑用户的隐私问题。该层有能力查明信息失真、囤积和改动的方式。攻击者可通过修改业务活动来控制业务层,从而滥用某个应用程序。若应用程序中存在漏洞,则可能会导致安全全面失守。有关业务层安全的常见问题,请参见表13.5。

表 13.5 业务层的安全威胁

威胁	说明
业务逻辑漏洞攻击	业务层有很多常规错误,即由程序员输入的错误程序、输入验证、密码恢复、验证及加密技术。攻击者利用编码错误,改动和修改在用户与应用程序所用适当数据库之间交换的详细信息
零日攻击	攻击者发现了软件的一个安全漏洞,而卖家对此漏洞一无所知。攻击者将应用程序的权限置于用户的授权和意识之上

虚拟身份(Virtual Identity,VID)用于保护客户端信息,防止未经授权的用户使用。用户可要求服务提供商提供虚拟身份。在收到客户端的人口统计资料后,服务提供商创建了客户端的虚拟身份。用户信息可透露给任何人,但前提是得到用户的许可。在用户不知情的情况下,攻击者无法访问信息。因此,虚拟身份结构可保证客户端数据的隐私性,并保护数据,以防入侵者和未经批准的访问。

13.5 访问控制机制

互联网产生的数据与日俱增,这就导致基于物联网的云服务也随之增多。物联网设备用于各个领域,如医疗健康、市场营销、天气预报和安全管理[28]。物联网设备所产生的数据会面临一些安全问题,而解决这些问题的关键在于认证和访问控制。安全许可机制必须易于控制,且适应性强。随着物联网设备融入人类生活的方方面面(如冰箱、手表等工具),具有不同熟练程度的人需参与安全许可活动。有效的访问控制机制应满足三个约束条件[29]：

(1)保密性:防止未经授权的资源访问。

(2)可用性:确保有资源需求时,经授权的用户可使用相关资源。

(3)完整性:防止擅自修改资源。

当用户试图访问数据时,需采用强有力的保护机制,检查用户获得数据的权限和访问数据的前提条件。为了确保数据存储的安全性,物联网应用中采用了不同类型的访问控制机制。对于物联网设备产生的大量异构数据,需使用大数据分析法进行分析。物联网设备产生的数据是半结构化数据,如银行/信用卡交易、设备的当前位置以及人体的测量数据。在性能、效能、灵活性和可扩展性方面,传统数据库管理系统(Database Management System, DBMS)都无法处理海量数据。NoSQL 和 MapReduce 机制等数据库可用于半结构化数据的系统分析。细粒度访问控制机制是保护个人数据和敏感数据的有效方法。对于定制化的访问控制,可采用上下文管理,具体而言,根据确切的时段或地理位置对数据进行受限访问[30]。

访问控制机制可分为以下几类:

(1)平台相关方法:针对单一系统设计的机制属于此类。

(2)平台无关方法:并不针对特定系统,但更常见,可用于任何平台。

(3)特定领域方法:针对特定领域的物联网数据,可能包括平台相关和平台无关的机制。

13.5.1　平台相关方法

用于融合物联网与大数据的存储系统必须能够处理各种高速的海量数据。与传统数据库系统相比,更胜一筹的数据库是内存数据库和纵列数据库。不过,目前还没有大数据存储系统的标准[31]。

平台相关方法只可用于特定平台。MapReduce 和 NoSQL 数据库适用于此类型的系统。

13.5.1.1　MapReduce

Hadoop 框架的核心组件是 MapReduce,其用于数据处理。具体而言,MapReduce 可用于并行处理海量数据集[32]。利用 MapReduce 模块,检查访问权限[33],然后继续减少并提供对用户查询的响应。MapReduce 模型由映射任务和归约任务组成。映射任务可处理一组键值对,并使用过滤和排序函数产生一组中间键值对。在映射任务中,将一组数据分解成较小的元组。归约任务通过将较小的数据集合并为较大的原始元组,来完成映射任务的反向过程。归约任务只能在映射任务之后执行。关于 MapReduce 框架的工作模式,请参见图 13.7。

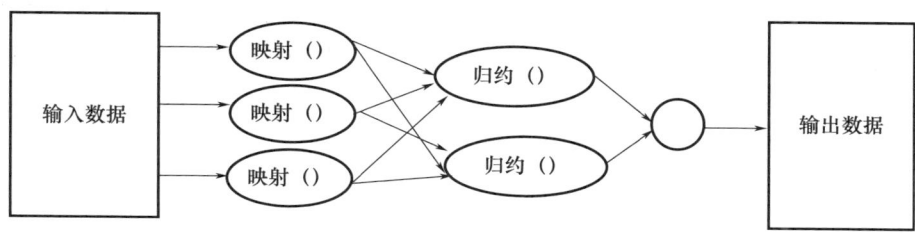

图 13.7　MapReduce 的工作模型

在 MapReduce 系统中,将从物联网设备收到的数据分割为多个数据块。分割后的数据分布在一组节点之间。通过执行 MapReduce 的任务(具体由用户定义),并行完成数据分析。用户可定义 MapReduce 任务的功能。这些任务首先会提取键值对,然后操纵键值对的流动。MapReduce 框架可处理来自各种物联网设备的非结构化数据和半结构化数据。

Hadoop 分布式文件系统是一种利用简单编程模型[34],在各计算集群之间进行大数据仓储和处理的结构。对 Hadoop 而言,对任意的 MapReduce 任务实施细粒度访问控制是一项重大挑战。目前正在进行研究,将输入检查规则注入数据,特别是与物联网融合的大数据,其需要对访问控制策略进行细粒度加密[35]。为了访问个人数据和敏感数据,Hadoop 分布式文件系统实施了用户访问控制。为了对用户进行控制并只接受允许的数据,在 MapReduce 任务期间,需进行访问控制检查。在 Hadoop 中采用 Kerberos 协议,以保护文件系统,防止入侵者访问[36]。在 Kerberos 协议中,若客户端来自一个组织并希望得到另一个组织的服务,则会创建一个安全凭证,以对客户端进行授权,但该凭证的有效期只有一天。如果再次需要该令牌(凭证),可每周更新一次。

叶努穆拉(Yenumula)[34] 提出了一个模型,其中每个经认证的用户都将获得一个设备的服务凭证,以控制用户在其领域内对该设备的访问。对于每个设备和每个服务请求,该系统均需生成一套输入授权。对于每个服务请求,用户不得超过相关限额。当请求的设备超出用户的许可范围时,该系统将拒绝该请求。对于在该系统中没有任何角色的用户,可将其视为黑客。对于试图访问未授权信息的用户,也可视为黑客。

即使 MapReduce 模型针对不同类型的记录(如有组织化记录、无组织化记录和半组织化记录)有不同的安全/隐私政策和问题,但细粒度访问控制机制适用于所有类型的数据。细粒度访问控制模型得到了许多物联网应用的支持,如医疗健康和金融。有些行业专家建议,鉴于细粒度访问控制模型已得到普遍认可[36],因而必须将该模型添加至 MapReduce 系统。

13.5.1.2 NoSQL 数据存储

数据库机制必须能够处理不可变的小型数据、大容量数据流、时间型数据以及一致性要求低的数据,才可用于物联网应用所产生的数据。有些关系数据库能够存储大部分的网络应用数据。存储表示可能多种多样,如列存表、面向文档、键值对和图表,但这些存储表示可作为补充,而非完全取代关系数据库机制。NoSQL 是"不仅仅是 SQL(Not Only SQL)"的缩写,具有与现有关系数据库不同的性能特征。NoSQL 数据库在一些读取/写入 NoSQL 系统上提供了更好的结果,这些系统具有横向扩展的特性,即在不同的数据存储中复制和隔离数据。该特性可支持一种称为"在线交易处理"(Online Transaction Processing,OLTP)的功能,即每秒处理大量简单交易。NoSQL 系统无法提供交易特性:原子性、一致性、隔离性、持久性(Atomicity, Consistency, Isolation, and Durability, ACID)。取而代之的是,NoSQL 使用了一种称为 BASE(Basically Available(基本可用)、Soft State(软状态)和 Eventually Consistent(最终一致性))的新功能,代表具有可用性和一致性。若 NoSQL 包括 ACID 约束条件[37],则可提高效率和弹性。NoSQL 是一种可自由访问、非关系型的分布式数据存储,不仅可用于实时网络应用数据,还可用于支持物联网的大数据。此外,NoSQL 数据存储也支持不同的存储表示,如列式数据存储、面向文档的数据存储、键值数据存储和基于图表的数据存储。

当将支持物联网的大数据存储在云端时,即使是对数据的各部分或设备[38]也需实施多层级输入控制规则。由此,访问控制自然就成为一个复杂的问题领域。为了提供多层级输入控制,Apache Accumulo 软件在单元层面上用于键值数据存储。

对于物联网数据,需要扩展实时和按需的访问控制策略,应考虑多项参数,如用户身份、多租户、数据卫生、数据整合、允许用户、服务和目标设备之间的连接等。曼苏拉(Mansura)等[38]针对 NoSQL 数据存储提出了访问控制管理即服务(Access Control Management as a Service,ACMaaS),可用于大数据物联网。

大数据通常存储在云端,云计算可使用各种访问控制策略,其中包括自主访问控制(Discretionary Access Control,DAC)、强制访问控制(Mandatory Access Control,MAC)、基于角色的访问控制(Role – Based Access Control,RBAC)、基于属性的访问控制(Attribute – Based Access Control,ABAC)以及基于策略的访问控制(Policy – Based Access Control,PBAC)。在这些访问控制机制中,大多数都采用基于身份的方法。在自主访问控制、强制访问控制和基于角色的访问控制中,当客户端的身份符合一组访问控制列表(Access Control List,ACL)规则时,客户端便可访问所请求的数据。在基于属性的访问控制中,不仅需要验证身份,还需验证其他属性,以允许访问。在基于策略的访问控制中,定义了一组输入控制规则,而非用户身份,每个访问请求都需根据这些既定规则进行确认。

根据组织结构[39],将基于角色的访问控制模型中的角色分配给客户端。客户端的角色决定了在数据库中执行操作的授权。根据需要,已分配的客户端角色可重新创建或撤销。在基于角色的访问控制中,仅授予执行操作所需的权限。每个客户端角色都有多个相关权限。这些与角色相关的权限是指在一个结构中对特定资源执行操作的权利。例如,读取权限可授予所有工作人员,但只有管理员角色可得到批准权限。随着组织功能不断演变,当新的权限引入时,角色关联便很容易更新。莫塔赫拉(Motahera)[40]提出了一个基于上下文的模型,扩展了 NoSQL 数据存储中所用的基于角色的访问控制。该原型推定并执行保护规则,其中包含针对物联网数据活跃特点的灵活方法。

13.5.2 平台无关方法

随着物联网与大数据融合,在访问控制机制领域中,大多数研究都建议采用基于特定平台的解决方案。大多数 NoSQL 数据存储都基于平台相关方法运作。例如,MongoDB 仅可在特定的平台上使用。鉴于物联网数据具有异构性,需要解决方案与多个不同的平台一起运作。因此,访问控制机制导致了任务艰巨。学术界和工业界人士启动了一个合作项目,目的是为 NoSQL 数据存储开发统一的查询语言。

SQL++ 是一种专为处理物联网应用程序产生的半结构化数据而开发的查询语言。SQL++ 也可处理传统数据库管理系统的数据。SQL++ 包括 NoSQL、SQL-on-Hadoop 和 NewSQL 数据存储的数据设计和查询语言功能。SQL++ 是 SQL 的发展和延伸,可向后与 SQL 兼容。SQL++ 是基于 SQL 而开发的,目的是帮助 SQL 用户,原因有两个:一是 SQL 的功能不支持许多研究数据库,因此对 SQL 进行了扩展,并提出了一种全新的统一查询语言,即 SQL++;二是需采用查询语言,支持物联网产生的半结构化数据。

FORWARD 查询处理器用于帮助软件从新数据库中检索数据。为了访问数据,用户首先在数据库上发出一个 SQL++ 查询,然后 FORWARD 处理器将该查询翻译为相应数据库的本地查询语言。在中间件中,FORWARD 将对 SQL++ 和相应原始数据库之间的任何语义冲突进行补偿。基于 SQL++ 的 FORWARD 查询处理器,请参见图 13.8。

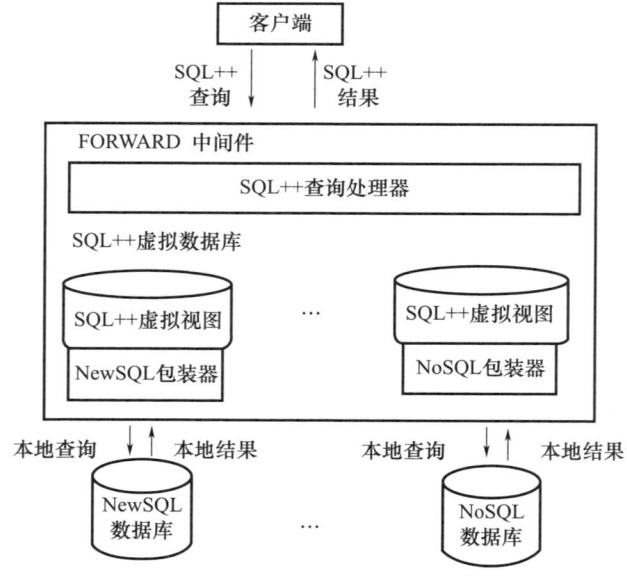

图 13.8　基于 SQL++ 的 FORWARD 查询处理器

JSONiq 是另一种基于 Xquery 的平台无关语言,由 MongoDB 数据库支持,其采用了基于 JSON 的数据模型。通过 JSONiq 和 SQL + +统一查询语言,为 NoSQL 数据存储提供基于属性的细粒度访问控制机制[41]。对于待分析的数据,由基于属性的访问控制方法推出了一个内存授权视图。根据上述内存视图,针对待分析的数据执行原始查询,以执行情境感知访问控制策略[37]。

13.5.3 特定领域方法

本节将讨论物联网数据流分析的访问控制机制。物联网的实施正在迅速发展,用于人类的各个发展领域。最近,越来越多的人开始使用各种可穿戴设备,这种设备可用于跟踪病患运动、监测体育活动和健康状况等。智能家居服务等物联网应用可用于管理生活区的安全。这类服务可能包括:当人们离家时自动关闭的智能灯,以及当未经授权的人试图开门或开柜时发出警报的智能锁等[36]。由于这些设备产生的信息均为敏感和个人信息,所以确保这些应用的安全性和保密性是一项重大挑战。为了物联网应用的保密性和安全性,目前正在开展一些新的研究项目。

古斯梅罗利(Gusmeroli)等和赫南德兹(Hernandez)等[41-42]提出了基于能力的访问控制(Capability – Based Access Control,CapBAC)模型,适用于物联网生态系统。在这种模型下,访问授权管理可进行外部化和分布化。基于能力的访问控制模型的主要缺点是,并未考虑访问控制的情境感知。

费拉伊洛(Ferraiolo)等[43]提出了基于角色的访问控制,其界定了用户角色分配和权限角色分配。胡(Hu)和科格德尔(Cogdell)[44]提出了基于属性的访问控制模型,是基于角色的访问控制模型的延伸,并以动态的方式将角色分配给用户。根据提议,基于角色的访问控制和基于属性的访问控制均可用于物联网生态系统,以规范访问控制技术。

13.6 关键挑战和未来方向

过去几年中,大多数研究的热门话题都是物联网。一开始,仅有限的设备可与互联网/内联网相连。但是,传感器、通信协议和射频识别方面的进展已为连接数十亿的异构设备铺平了道路。从智能手机到智能电网,每分钟都有大量的数据产生[45]。尽管最新技术可有效解决一组特定的问题,但由于物

联网的分布式特性,这些技术将成为一项重大挑战。关键挑战包括:

(1)设备的识别、设备间的互动、推定的标准化机制,以及设备间的协作。

(2)由于物联网设备和传感器以极高的速度产生数据,所以需要大量存储空间来存储数据。

(3)物联网设备具有异构性,涉及各类设备、不同的制造商、不同的通信机制和不同的应用。因此,从这些设备中产生的数据在类型和语义方面也有所区别。管理和处理这些异构数据是另一项关键挑战。

(4)数据管理过程中面临一项重要挑战,即异构数据需采用的访问控制机制。除了访问控制,数据管理还涉及一些领域的挑战,如数据完整性、数据异构性、互操作性、数据分析、数据聚合、移动性以及保密性和隐私性。

(5)由于不同的设备使用不同的加密和解密机制,因而对于数据管理任务而言,处理这些加密方法也是一项重大挑战。

(6)归档大量物联网数据,以供未来使用,这也是亟须解决的一项重大挑战。

(7)数据的可用性和可获得性是安全管理方面的关键挑战[46]。

统一通信协议的设计、所有行业通用的全局标准、中间件的复杂化以及高度完善的安全机制均是未来研究的重点。身份管理可纳入物联网所用的设备范畴,并具有快速加密机制。网络传感器可实现从物理对象中捕获数据,根据实时事件响应采取措施。可开发基于需求的隐私和保护机制,以保护物联网免受隐私攻击。可确定威胁模型,以减少窃听攻击。在传输层中,确定安全方法,以确保边缘的充分安全性。此外,也可提议确保应用层面的边缘保护,以简化部署难度,并降低数据处理的成本[46]。

物联网设备极其容易受影响,而区块链与物联网的融合提高了这种设备的安全性。在区块链中采用去中心化框架和加密算法,增强了物联网平台的安全性。因此,黑客很难改动区块链的每一个区块,这有助于检测发现欺诈行为。由于最重要的信息存储在区块链网络中,所以处理时间缩短。将区块链与物联网相融合,可对从物联网设备采集的实时数据运用机器学习算法,以进行分析。因此,支持区块链的物联网增强了信任、安全、性能、数据共享以及物联网网络的计算能力。

13.7 本章小结

随着物联网设备的迅猛发展,产生了海量数据,需高频率地处理、转换和评估数据。这就需要进行大数据分析,从物联网设备产生的数据中提取。因此,本章讨论了大数据物联网的存储机制、安全性和访问控制机制。传统的数据库技术并不适用于存储和分析实时数据,这些数据可能是结构化或非结构化数据。本章探讨了各种存储技术,如列式数据库、键值数据库、图数据库和基于云计算的物联网平台。物联网传感器的独特性带来了新的威胁、风险和安全挑战。本章阐述了物联网各层(业务层、应用层、处理层、传输层和感知层)的保护机制。需针对物联网数据确定有效的访问控制机制,这些机制可满足保密性、可用性和完整性要求,并且适应性强,易于控制。因此,本章介绍了平台有关方法、平台无关方法和特定领域方法。最后,本章讨论了物联网与大数据相融合的关键挑战和未来方向。研究发现,与大数据物联网范式相关的问题还处于萌芽状态,可采用区块链技术来克服这些挑战。

参考文献

[1] IoT Security Guidelines. https://www.gsma.com/iot/wp-content/uploads/2019/10/CLP.11-v2.1.pdf. Accessed January 20 2020.

[2] Alansari, Zainab, Nor Badrul Anuar, Amirrudin Kamsin, Safeeullah Soomro, Mohammad Riyaz Belgaum, Mahdi H. Miraz, and Jawdat Alshaer. 2018. "Challenges of Internet of Things and Big Data Integration." In *International Conference for Emerging Technologies in Computing*. Springer, Cham, pp. 47–55.

[3] Ahmed, Ejaz, Ibrar Yaqoob, Ibrahim Abaker Targio Hashem, Imran Khan, Abdelmuttlib Ibrahim Abdalla Ahmed, Muhammad Imran, and Athanasios V. Vasilakos. 2017. "The Role of Big Data Analytics in Internet of Things." *Computer Networks* 129: 459–471.

[4] Hadoop, Apache. https://bestcellular.com/apache-hadoop/. Accessed January 21 2020.

[5] ThingSpeak. https://thingspeak.com/. Accessed January 21 2020.

[6] Countly. https://count.ly/product. Accessed January 21 2020.

[7] AT&T IoT Platform. https://iotplatform.att.com/. Accessed January 21 2020.

[8] Axonize. https://www.axonize.com/platform/. Accessed January 21 2020.

[9] Venkatraman, S. et al. 2016. "SQL Versus No SQL Movement with Big Data Analytics." *International Journal of InformationTechnology and Computer Science*.

[10] Kaur, K., and R. Rani. 2013. "Modeling and Querying Data in NoSQL Databases." *Big Data* (IEEE International Congress).

[11] Karande, N. D., et al. 2018. "A Survey Paper on NoSQL Databases: Key – Value Data Stores and Document Stores." *International Journal of Research in Advent Technology*.

[12] Bagga, Simmi, and Anil Sharma. 2019. "A Review of NoSQL Data Stores." *International Journal of Scientific & Technology Research* 8 (11): 661–666.

[13] "Azure IoT Hub, Managed Service to Enable Bi – directional Communication Between IoT Devices and Azure." https://azure.microsoft.com/en – in/services/iot – hub/? &ef_id = EAIaIQob ChMIo6Slzc_W5wIVRKWWCh1krgw5EAAYASAAEgJ1q_D_BwE:G:s&OCID = AID2000081_SEM_XdmA w1J6&MarinID = XdmA w1J6_340807387917_%2Bazur e%20%2Biot_b_c 63148366013_kwd – 303430196768&lnkd = Google_Azure_Brand&dclid = CJ7rldPP1ucCFVeRjwodDDAEvg. Accessed February 17 2020.

[14] Sarhan, Amany. 2019. "Cloud – Based IoT Platform: Challenges and Applied Solutions." In *Harnessing the Internet of Everything (IoE) for Accelerated Innovation Opportunities*. IGI Global.

[15] AWS. "IoT, IoT Services for Industrial, Consumer, and Commercial Solutions." https://aws.amazon.com/iot/. Accessed February 16 2020.

[16] "Google Cloud IoT, Unlock Business Insights from Your Global Device Network with an Intelligent IoT Platform." https://cloud.google.com/solutions/iot. Accessed February 16 2020.

[17] "Microsoft Azure IoT Suite – Connecting Your Things to the Cloud." https://azure.microsoft.com/en – in/blog/microsoft – azure – iot – suite – connecting – your – things – to – the – cloud/. Accessed February 17 2020.

[18] "What Is Azure Internet of Things (IoT)?" https://docs.microsoft.com/en – us/azure/iot – fundamentals/iot – introduction. Accessed February 17 2020.

[19] "itransition." https://www.itransition.com/blog/salesforce – iot. Accessed February 20 2020.

[20] "Securely Connect, Manage and Analyze IoT Data with Watson IoT Platform." https://www.ibm.com/internet – of – things/solutions/iot – platform/watson – iot – platform. Accessed February 22 2020.

[21] "Watson IoT Platform – A Fully Managed, Cloud – Hosted Service with Capabilities for Device Registration, Connectivity, Control, Rapid Visualization and Data Storage." https://www.ibm.com/cloud/watson – iot – platform. Accessed February 22 2020.

[22] European Union Agency for Network and Information Security (ENISA). 2017. "Baseline Security Recommendations for IoT in the Context of Critical Information Infrastructures." doi:10.2824/03228.

[23] Said, Omar, and Mehedi Masud. 2013. "Towards Internet of Things: Survey and Future Vision." *International Journal of Computer Networks* 5 (1): 1–17.

[24] Darwish, Dina. 2015. "Improved Layered Architecture for Internet of Things." *International Journal of Computing Academic Research (IJCAR)* 4: 214–223.

[25] Burhan, Muhammad, Rana Asif Rehman, Bilal Khan, and Byung–Seo Kim. 2018. "IoT Elements, Layered Architectures and Security Issues: A Comprehensive Survey." *Sensors* 18 (9): 2796.

[26] Gloukhovtsev, Mikhail. 2018. "IoT Security: Challenges, Solutions & Future Prospects." *DELL Knowledge Sharing Article.*

[27] "IoT: A Malware Story." https://securelist.com/iot-a-malware-story/94451/. Accessed October 15 2019.

[28] "Trending: IoT Malware Attack." 2019. https://www.biz4intellia.com/blog/iot-malware-attack/. Accessed February 22 2020.

[29] Jeong, Yoon–Su, Yong–Tae Kim, and Gil–Cheol Park. 2018. "Efficient Big Data–Based Access Control Mechanism for IoT Cloud Environments." *International Journal of Engineering & Technology* 7 (4.39): 539–544.

[30] Ouaddah, Aafaf, Hajar Mousannif, Anas Abou Elkalam, and Abdellah Ait Ouahman. 2017. "Access Control in the Internet of Things: Big Challenges and New Opportunities." *Computer Networks* 112: 237–262.

[31] Colombo, Pietro, and Elena Ferrari. 2019. "Access Control Technologies for Big Data Management Systems: Literature Review and Future Trends." *Cyber Security* 2 (3).

[32] Strohbach, M., J. Daubert, H. Ravkin, and M. Lischka. 2016. "Big Data Storage." In *New Horizons for a Data–Driven Economy.* Springer, Cham, pp. 119–141.

[33] Ghemawat, Jeffrey Dean Sanjay. 2004. "*MapReduce: Simplified Data Processing on Large Clusters.*" In *OSDI'04: Sixth Symposium on Operating System Design and Implementation*, San Francisco, CA, pp. 137–150.

[34] Reddy, Yenumula B., 2013. "*Access Control for Sensitive Data in Hadoop Distributed File Systems.*" In *Third International Conference on Advanced Communications and Computation, INFOCOMP* [Conference Paper], pp. 17–22.

[35] "HadoopMapReduceTutorial." https://www.dezyre.com/hadoop-tutorial/hadoop-ma-

preduce – tutorial. Accessed February 22 2020.

[36] Bertino, Elisa and Elena Ferrari. 2018. "Big Data Security and Privacy." In *A Comprehensive Guide Through the Italian Database Research Over the Last 25 Years*. Springer International Publishing AG, pp. 425 – 439.

[37] Huseyin, Ulusoy, Murat Kantarcioglu, Erman Pattuk, and Kevin Hamlen. 2014. "Vigiles: Fine – Grained Access Control for MapReduce Systems." *IEEE BigData*.

[38] Habiba, Mansura, and Md. Rafiqul Islam 2015. "*Access Control Management as a Service for NoSQL Big Data as a Service.*" In *Second Asian Pacific World Congress on Computer Science and Engineering* [Conference Paper].

[39] Cattell, Rick. 2011. "Scalable SQL and NoSQL Data Stores." *Acm Sigmod Record* 39 (4): 12 – 27.

[40] Shermin, Motahera. 2013. "An Access Control Model for NoSQL Databases." Electronic Thesis and Dissertation Repository.

[41] Hernández – Ramos, J. L., A. J. Jara, L. Marin, and A. F. Skarmeta. 2013. "Distributed Capability – Based Access Control for the Internet of Things." *Journal of Internet Services and Information Security* (*JISIS*) 3 (3/4): 1 – 16.

[42] Gusmeroli, S., S. Piccione, and D. Rotondi. 2013. "A Capability – Based Security Approach to Manage Access Control in the Internet of Things." *Math Comput Model* 58 (5): 1189 – 1205.

[43] Ferraiolo, David F., Ravi Sandhu, Serban Gavrila, D. Richard Kuhn, and Ramaswamy Chandramouli. 2001. "Proposed NIST Standard for Role – Based Access Control." *ACM Transactions on Information and System Security* (*TISSEC*) 4 (3): 224 – 274.

[44] Hu, V. C., M. M. Cogdell. 2014. "Guide to Attribute Based Access Control (ABAC) Definition and Considerations." *National Institute of Standards and Technology*.

[45] Abbasi, Mohammad Asad, Zulfiqar A. Memon, Jamshed Memon, Tahir Q. Syed, and Rabah Alshboul. 2017. "Addressing the Future Data Management Challenges in IoT: A Proposed Framework." *International Journal of Advanced Computer Science and Applications* 8 (5): 197 – 207.

[46] Kumar, Sathish Alampalayam, Tyler Vealey, and Harshit Srivastava. 2016. "*Security in Internet of Things: Challenges, Solutions and Future Directions.*" In *49th Hawaii International Conference on System Sciences. IEEE Computer Society*, pp. 5772 – 5781.

/第 14 章/

智慧城市的安全挑战和应对策略

S. 庞曼尼拉
塔帕斯·库马尔
V. 戈库尔·拉詹
桑杰·夏尔马

14.1 前言

根据印度政府的声明,每年城市人口都在以百万的速度递增。一项印度经济调查称,到 2040 年,印度将需要价值 4.5 万亿美元的高质量基础设施。印度住房和城市事务部称,在未来 10 年内,印度需为新增的 6 亿城市居民提供 7 亿～9 亿平方米的建筑空间和可盈利空间。在此种情况下,印度的智慧城市任务对未来的意义非同凡响。智慧城市这一术语并无确切的普遍定义。根据政府的宗旨声明,城市地区需做到功能齐全,为居民提供一流的生活质量,如不间断的供电和供水、有序的清洁和废物管理、充足且便利的医疗健康和教育服务、便利交通。根据以城市改建为目的的"智慧城市计划"(Smart City Plan, SCP),选中近 100 个城市,为这些城市提供更多资金,以便各城市推进项目。各城市获得了"智慧城市计划"的资金,必须在 2019—2023 年完成重点项目。

"智慧城市计划"虽然不是以城市区域综合发展为目的的项目,但仍主要基于两方面发挥作用[1]:一是基于区域开发,其中"智慧城市计划"在现有业务基础上进行再开发,并对基础设施进行升级(如简化供水和排污管道的设计),开发新的商业中心和公共场所等;二是基于泛城市开发,通过技术手段采用"智能解决方案"。在整个城市中,电子装置和设备配套使用,以控制和监测城市活动。根据"智慧城市计划"的项目,选定的城市有 5151 个项目建议,预估成本约为 338 亿美元。在智慧城市中,根据"智慧城市计划"实施了以下几个重要项目[2]:

(1)停车管理。

(2)应急响应和城市事件管理。

(3)智能公交服务:智能交通管理系统。

(4)信息通信技术(Information and Communication Technology, ICT)和电子政务。

(5)泛城水务的移动应用程序和网站。

(6)空气质量监测。

(7)供居民报告问题的移动应用程序。

(8)社交、移动、大数据分析和云计算(Social, Mobile, Analytics and Cloud, SMAC)中心。

(9)清洁度计量。

(10)固体废物管理。

14.1.1 智慧城市发展

智慧城市发展的目标是通过智能技术解决方案,为居民提供可持续且有规律的生活。该任务于2015年6月25日在印度启动。"智慧城市计划"支持城市的改善、改建和扩建,即改造、改建和绿地项目。泛城市化是通过技术为城市各部分提供"智能"解决方案。通过"智慧城市计划"的项目,可改善人类的生活方式,将贫困社区改造成规划良好、组织有序的城市,让居民接触并适应技术解决方案,改善绿地项目,以确保不断增加的人口能获得更高的宜居性。基于区域的改造属于改造项目,通过废物改造和贫困社区改造,改善人类的居住环境。在开发良好的区域中,更新相关服务,并鼓励城市周围完善服务,为不断增加的人口提供良好的居住环境。

通过全面发展,低收入人群提高了生活质量,增强了就业能力,并增加了收入。表14.1列出了"智慧城市计划"及其一些项目[3]。

表14.1 "智慧城市计划"中泛城市化发展项目

序号	具体领域	序号	具体领域
1	城市导航系统	14	纳米成型技术（Nano Molding Technology,NMT)
2	财产调查		
3	地理信息系统	15	交通管理系统
4	Aadhaar(数字身份认证系统)推广	16	公共汽车/车队管理
5	紧急服务/灾害管理	17	电动公共汽车
6	闭路电视（Closed Circuit Television,CCTV)监控	18	收费
		19	E-challan 系统
7	指挥控制中心	20	智能停车
8	数据中心	21	车辆跟踪:公共汽车/轿车/电动三轮车
9	电子政务	22	乘客信息系统
10	城市资产管理系统	23	通用智能卡/售检票系统
11	文件管理系统	24	道路标识
12	Wi-Fi	25	空气污染监测
13	光纤	26	固体废物管理

续表

序号	具体领域	序号	具体领域
27	城市排水	30	街道照明
28	数据采集与监控系统（Supervisory Control and Data Acquisition，SCADA）：电力系统	31	太阳能板
		32	数字就业交流平台
		33	孵化中心
29	太阳能发电厂/太阳能城市	34	远程医疗和自助服务站

基于数字设备运作的应用，请参见表14.1。这些应用产生了用于交易的大量数字数据。处理目前正在传输的数据是非常明智之举。数据存储和检索应提高置信度和安全性，以避免数据采掘。由于可从城市各地与中心控制系统进行数据通信，任何黑客都可能会攻击和滥用这种信息。经由访问路径，黑客可入侵任何系统和设备，然后全方位控制设备。入侵检测系统用于检测在通信链路上所发现的任何类型的入侵方法，而入侵预防系统则用于根据检测出的漏洞结果来避免攻击，以便确保数据交易的网络通信实现最佳性能。对于智能设备网络模型框架，边缘设备必须与集中式服务器进行数据交易的相关通信。关于智慧城市发展活动和服务的图示，请参见图14.1。

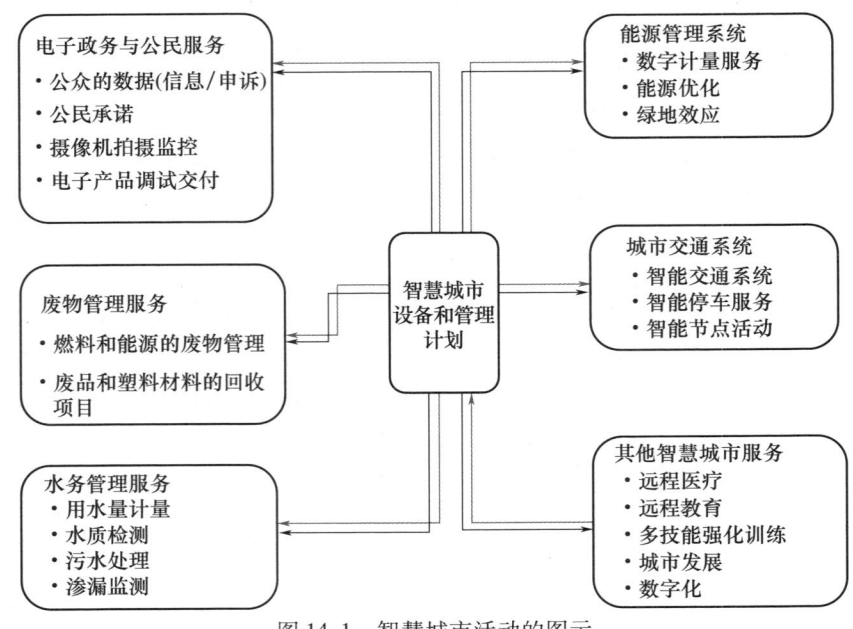

图14.1 智慧城市活动的图示

（资料来源：http://smartcities.gov.in/upload/uploadfiles/files/Appbased%20Projects_60%20cities.pdf）

14.1.2 物联网设备及其配置

如今,为了满足人类的需求,智能应用正在迅速发展。许多应用程序在联网的设备上运行,并将数据传输至集中式服务器。任何配有传感器、执行器、软件和可联网数据传输网络接口的设备都属于物联网设备。在没有人为干预的情况下,物联网设备能够从一个设备向另一个设备传输数据,或者实现人为联网。根据人口和技术调查,平均每个人在其一生中想访问 10 个物联网设备。现代设备通过其传感器从真实世界采集数据,然后通过嵌入的复杂程序进行数据处理。智能手机、笔记本电脑、小工具、烟雾探测器、火灾传感器、智能照明和数字电视均属于智能设备,这些设备均通过多媒体 IP 地址进行激活。在真实世界与数字世界之间架起桥梁,让人类的居住环境更便捷、更舒适。智能设备的运行依据如下:

(1)具备联网能力的设备。

(2)集成了传感器、执行器、功能程序和内置网络连接模块的设备。

14.1.2.1 物联网设备的生命周期

物联网设备的部署需经历以下生命周期过程,包括监测、更新、管理和服务,最后是退役[4]。关于物联网的生命周期,请参见图 14.2。

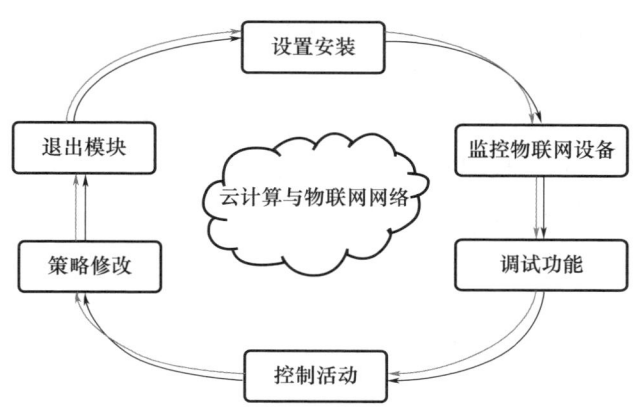

图 14.2 物联网设备的生命周期

(资料来源:https://www.learnbigdatatools.com/life-cycle-management-of-iot-and-iiot-with-device-used-in-iot-and-iiot/)

在图 14.2 的生命周期图中，首先，物联网设备配置了功能软件程序和内置硬件模块。其次，适当安装该设备，确保具有可执行的配置模式。所有设备都具有配置和出厂配置重置模式，以便将来使用。安装后，在基于云计算的平台上进行数据传输，其中所有设备及其交易都由集中式服务器控制和监测，该服务器通过不同的通信媒介（如传感器和网络），连接来自城市各地的所有设备。安装是指设备服务和应用的启动。退役是组件拆除的过程。这是物联网生命周期的最后一个过程，该过程出现的主要原因是任务完成和设备故障[5]。一旦设备受损或发生故障，该设备便会退役，以纠正问题。纠正的方法是对问题设备进行出厂重置或适当的故障排除。在退役之前，先停止组件的所有服务访问，然后停止运行应用。随后，在终止程序文件后，拆除应用组件。已拆除的组件将接受应用参数设置的重新配置和测试。如果修正过程结束，则只要设备处于良好状态，就会装回原位。

14.1.2.2 物联网设备的分层配置

物联网设备分物理层、网络层和应用层三层配置。下面简要介绍各层的功能详情[6]。

（1）物理层：在该层，"智能"设备利用其传感器从环境中或从受监视的对象中采集数据，然后将这些原始数据转换为有用数据。在机器人摄像系统、语音识别器、水位探测器、火灾感应警报器、空气质量检测器和监测器等的帮助下，原始数据采集规模正在迅速增大。根据条件，这些设备可从各个层面和地方采集用户数据。然而，所有采集到的信息并不能满足每个用户的期望，所以已采集数据将根据其应用和优先级进行隔离。例如，一些数据的执行方案必须以更高的优先级来处理，如威胁检测和分析数据、时敏型数据、意外崩溃检测和关机等。当某些情况下需要更高优先级的数据时，处理某一组织的所有数据会导致进度延误。因此，对于基于云计算的活动而言，数据存储、分析和轻松检索数据库均具有重要作用。

（2）网络层：一旦从传感器或执行器采集到数据，聚合数据就必须从原始状态转换为数字格式。这种环境只能给"智能"设备提供模拟数据。有了模拟信息，计算机既无法做出任何决策，也无法从设备上操作具体应用。在数据采集系统（Data Acquisition System，DAS 或 DAQ）的过程中，将来自环境的数据作为样本测量，然后将样本值转换为数字数据进行操作。通过数据采集系统,可将模拟数据转换为数字值。数据采集系统与传感器网络相连,汇总来自任何对象或环境的输入值,然后将其转换为数字格式,传送至任何面向网络的系统,如 Wi-Fi、有线/无线局域网或互联网,以便进一步活动。将这种信息馈送至应用层,以执行相关活动。

(3)应用层:一旦该层获得来自网络层的数据,便会与服务器共享,以完成预期操作。用户将通过第 2 阶段提供的聚合、清洗后数据来完成要求任务。这些信息将用于新的产品和服务,目的是让所有"智能"设备得到训练。

每个设备都采用"唯一标识符"标出。集中式服务器可查找设备的请求,并通过其唯一标识符的取值进行响应。无论来自设备的数据是什么,都会在上述各层进行处理,并逐层响应,与来自设备的请求相同。由于数据传输发生在城市各地的多个设备之间,所以数据处理、分析和加工均极易受到影响。大数据技术可运用于智慧城市的相关项目,以为这种脆弱性提供补救措施。

14.1.3 物联网中的大数据

对于处理智慧城市项目的正确数据而言,数据分析是关键所在。从众多数据集中,找到准确的数据,对其进行清理,去除数据噪声,然后将正确的输入馈送至许多自动化学习场所,这是十分重要的任务。通过大数据的认知,关注智慧城市应用中的数据处理障碍。在处理数据集时,大数据面临 4 种不同的挑战,分别称为数量挑战、速度挑战、多样性挑战和准确性挑战[7]。

14.1.3.1 大数据的挑战

(1)数量挑战:大数据的重大问题是,在存储、处理和方便访问的过程中,需处理大量数据集。在实时应用中,"智慧城市计划"无法为数据设置数量边界。利用一个与关系数据库概念相关的传统数据库管理系统(即关系数据库管理系统),每天至少可管理数百太字节的数据。传统的数据库系统为特定用途保留经优化的数据(即经预处理的信息),这意味着仅加载相关数据。大数据的方法是存储所有数据,不考虑是否不适用于当前任务。除了目前的使用,大数据还以原始格式存储所有信息,以供将来使用。这个数据集像一个主数据集,供科学家研究相关信息和需求之间的关系,以便日后分析。该数据集不仅减少了人为错误,同时还提取了任何交易中的错误数据。

(2)速度挑战:大数据的速度意味着以高速处理和最小延迟将数据流引入企业的基础设施。根据给定问题陈述分析的复杂程度,许多新技术都参与了各数据层的工作。目前,所有应用都无法提供形成数据流的详尽解决方案。新输入数据比以前的记录数据大得多,这便导致了与现有数据的聚合。复合事件处理(Complex Event Processing,CEP)引擎需处理更多输入的数据流。根据各种复杂性分析,NoSQL 数据库可编写性能程序,以实现实时应用中所需的数据流操作[8]。

(3)多样性挑战:从各种来源(如社交媒体和其他对象或传感器)采集的数据均采用原始方式。这些数据是非结构化数据,无法通过任何智能应用功能进行处理。在将任何模糊数据传送至应用之前,需对快速增加的未知数据进行验证和整合,许多脚本和写入性能均通过映射归约函数进行流式处理[9]。

(4)准确性挑战:由于大数据可从不同来源采集数据,因而留有不同的数据格式。未用于当前任务的数据均属于噪声或异常。这些数据并非与所有应用相关。简单来说,这些数据是在一些设备出现问题或行为异常时用于恢复和参考。必须通过分析从已存信息中选出有意义的数据,与原始数据及其功能进行比较。大数据信息比较是一项艰巨的任务,因为系统在读取完美数据或经清洗的数据时可提供良好的结果。因此,一旦服务器采集了数据,系统便会试图消除所有已采集数据的异常情况。

14.1.3.2 数据库与大数据的对比

数据库可用于处理一定数量的数据。传统数据库和关系数据库管理系统均无法处理与日俱增的数据量(以 TB 和 PB 为单位)。在处理更大数据量时,Hadoop 这种大数据概念比其他传统数据库系统的表现更好。关于传统数据库与大数据的对比,请参见表 14.2。

表 14.2 传统数据库与大数据的对比

序号	功能挑战	传统数据库	大数据
1	数量	数据量较小（以 GB 为单位）	数据量较大（以 TB 和 PB 为单位）
2	组件	原子性、一致性、隔离性、持久性	Hadoop 分布式文件系统（Hadoop Distributed File System, HDFS）、MapReduce 和 Hadoop YARN
3	数据的多样性	结构化和半结构化数据	结构化、半结构化和非结构化数据
4	延迟	检索数据集的访问速度非常快	低延迟
5	吞吐量	低	非常快
6	可扩展性	纵向可扩展性或纵向扩展	横向可扩展性或横向扩展
7	资源	能够增加更多的资源，如硬件、内存和中央处理器等	能够在现有资源上增加更多的机器
8	数据处理	在线交易处理	联机分析处理（Online Analytical Processing, OLAP）
9	许可费	关系数据库管理系统是授权软件，需付费使用	Hadoop 是开源软件，可免费使用
10	示例	IBM DB2、MySQL、SAP、Sybase、Teradata、MS-Access 等	纽约证券交易所（New York Stock Exchange, NYSE）、社交媒体、喷气发动机等

14.2 数据库授权工作流程和管理结构

在这个模型中，授权验证是基于身份验证和访问控制权验证过程进行的。用户必须有权访问任何数据库的表格和数据集。在登录到安全系统之前，必须验证用户的登录凭据，随后应验证用户的访问权限，以继续纳入数据集、列值和数据库表。关于数据库的授权和工作流程管理，请参见图 14.3。

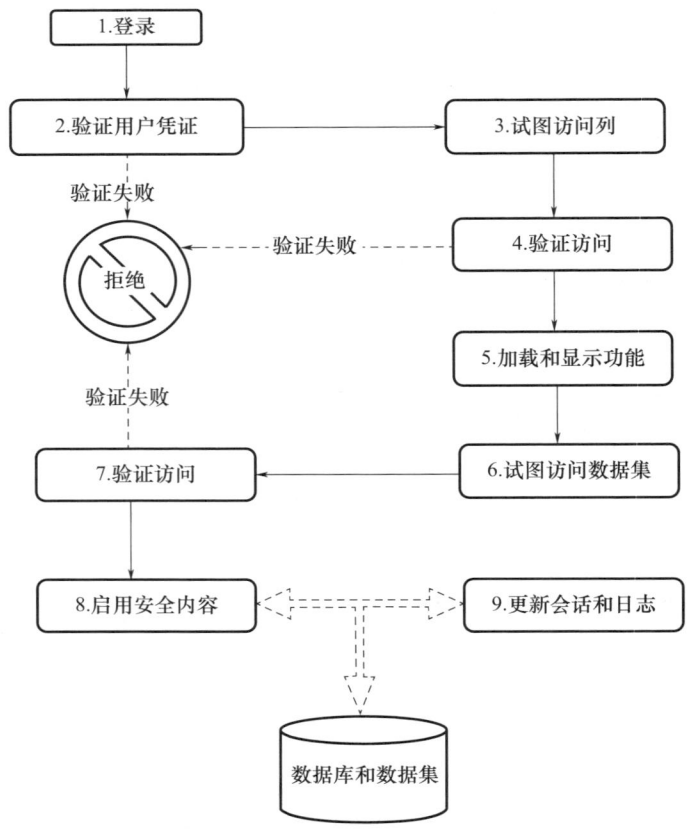

图14.3 数据库的授权和工作流程管理

14.2.1 交易故障

在实际应用中,可能会出现入侵和系统故障。每个数据库管理员都在寻找一些解决方案,以确保数据库不会发生任何故障或不会出现数据丢失。一旦管理员接到数据库故障的电话,就必须停止正在进行的任何工作,立即进行数据库恢复。由于所有组织都在维护机密数据,所以管理员在故障恢复方面责任更大。

数据库故障的一些原因如下:

(1)系统崩溃。

(2)媒介失效。

(3)应用软件错误。

(4)安全漏洞。

(5)意外情况。

(6)管制执法。

(7)停电。

(8)网络链接故障。

(9)读取/写入故障。

(10)数据损坏。

14.2.2 数据库控制管理及协议

数据库交易通常具有原子性、一致性、隔离性、持久性,以确保完善性。其中,原子性是指任何交易执行的完整性。一致性是指以正确的方式实现数据可维护性。例如,在源数据库和目的地数据库之间发生任何资金交易后,必须恰当保持账户详情的一致状态。隔离性是指交易序列化的过程。一个源和目标共享位置的信息更新必须以串行方式进行,不得出现两个位置同时或并行更新。即使在任何交易期间系统出现故障,也会对数据库进行持久性检查,确保数据库更新的完善性。此外,还可确保两个数据库均可持续提供数据,而不会发生逆向过程[10]。有两种不同模式的函数,可用于执行正确交易,如交易和并发控制。在每种模式中,都会使用特定的协议来简化数据库活动。

14.2.2.1 交易管理

数据库的交易包括完整的程序、一条指令或一个分数代码。在任何涉及更多子过程的数据库上,这些脚本均带有一些逻辑函数。交易操作的重点是两个主要函数,即读取(X)和写入(X)。例如,从账户 X 向账户 Y 转账 100 美元。

读取(X)　　　　//读取账户 X 信息　　　　⎫
$X = X - 100$ 美元　//如果账户 X 有 100 美元或更多　⎬交易阶段
写入(X)　　　　//在转账 100 美元后更新账户 X　⎭
$Y = Y + 100$ 美元　//向账户 Y 转入 100 美元　　⎫更新阶段
写入(Y)　　　　//根据转入金额,更新账户 Y　　⎭

根据数据流的状态(如活动状态、部分确认状态、确认状态、失败状态和中止状态),交易分别在 5 种状态下运行。

14.2.2.2 并发协议

在任何交易中,数据都可能发生冲突。并发协议可用于处理这些关于并发访问的冲突。在实时应用中,多用户系统处理并行交易,同时所有用户都试图继续操作,而不干扰其他人的数据和过程。在对各来源的数据进行访问并发操作时,实际上存在不一致性。通过这种并发控制,可避免许多同时运行过程之间的冲突。实际上,一些并发协议可用于避免任何交易的冲突,下面列出相关协议[11]。

(1)两阶段协议:可用于避免交易死结。通过缩短和延长阶段,可锁定和解锁操作。在解锁任一交易进展后,这种协议会获得一个新锁。

(2)时间戳协议:根据系统时间或逻辑计数,将其作为时间戳,以验证每个操作的冲突,从而确保交易的读写操作。此外,这种协议还能保证交易的序列化进展。

示例:

假设有交易 T1、T2 和 T3,T1 在 10.00 时进入该过程,T2 在 20.00 时进入该过程,T3 在 30.00 时进入该过程。

那么这些交易的优先级就按照 T1、T2、T3 的顺序。

(3)基于锁的协议:锁协议与任何过程的数据项均相关。当协议授予锁定权时,交易就会发生。锁定控制采用了几种不同的模式,如简单锁、共享锁,以及基于需求的排他锁。

14.3 数据库安全系统

若传统的数据库系统受损,则任何黑客都可破坏组织的敏感或合法数据。在内部或外部,数据库系统可能因数据泄露而受损。组织无须担心外部攻击,相反,必须专注于其内部。因为员工在内部工作时有合法权利,所以他们可能会滥用权利,窃取敏感数据,从对手组织中获利[12]。

14.3.1 内部攻击

(1)非工作性质的无限制访问权:除了具体任务,员工还拥有所有数据库的访问权。例如,在处理客户端联系更新的进程中,一个工作人员有权访问客户端的数据。

(2)密钥管理不力:在硬盘上存储所有用于数据库加密的密钥集也不够安全,这会导致员工的系统被滥用,以达到利用密钥的目的。

(3)数据库的不良表现:数据库管理员必须了解攻击方法,以提供保护。鉴于黑客在数据库中寻找规避的新思路,以利用其敏感数据,因此数据库必须在各方面均保证安全,管理员需不断更新数据库系统的安全功能,以防止网络犯罪分子的攻击。

(4)数据库备份被盗:在所有企业员工忠于并理解自己的职责之前,企业使用哪种安全工具来保护数据库并不重要。由于组织中员工的真实权利被背叛和滥用,因而所有安全保护工具都可能无法保护数据库中的合法数据。

(5)数据库基础结构:任何安全软件系统都无法在任何情况下表现良好。通过使用字符串操作,黑客可到达数据库后端。这种操作无法在软件工具中预先定义或分析。一旦确定了攻击方法,则该工具就会进行更新,新增安全功能,以防止同类型的攻击,因为管理员或员工在构建更复杂的功能数据库时,无法轻易识别数据库的漏洞。

14.3.2 外部攻击

(1)SQL 注入:通过注入恶意代码和变量,黑客可利用在线数据库。在网页上运用安全功能,并与防火墙保护一起测试这些功能,这样可提供更好的解决方案,以防在线数据库受到任何形式的注入攻击。如果数据库未能在线监测基于查询的攻击,则组织就不能保存其真实数据,使其免受 SQL 注入攻击。

(2)数据库结构薄弱:若数据库结构存在弱点,则任何人都可轻易侵入,如密钥管理、加密功能、防火墙设置等方面存在弱点。

(3)Web 安全漏洞:一旦系统未能监控未经授权或非法用户的 Web 访问,就会让黑客有机可乘,利用重要数据。更新的系统防火墙和网络安全以及入侵检测系统(Intrusion Detection System,IDS)均可保护数据库,防止恶意网站的在线攻击。

(4)拒绝服务:从一个特定系统或多个来源获得连续请求,以导致互联网的通信功能崩溃的过程。通过传送连续请求,黑客可使目标系统上的任何资源超载,以获得数据库访问权。

14.3.3 针对数据库攻击的预防措施

针对数据库攻击的预防措施主要是基于角色的访问控制。在分层数据库结构设计中,数据安全取决于身份验证、代码验证、访问管理、防止非法用户访问(使用 Oracle 参数和存储方法)[13]。

数据库的一些预防方法如下:

(1)员工身份验证。

(2)访问代码验证。

(3)访问控制管理和接口。

(4)用于数据库安全的 Oracle 参数。

(5)数据存储过程。

(6)非法用户记录的检测与规避。

14.4 智慧城市基础设施

一个与普适技术和服务相融合的城市称为 U‐City。在该城市中,中心连接设备的稳定性和可靠性发挥着至关重要的作用。在一些重要的情况下,网络流上的任何设备都可能出现故障,出于此原因,整个网络可能都无法将其重要指令或数据传送给其他设备。对于这种关键基础设施,必须采用一些先进的技术和保护算法进行处理。智能网络上的所有设备都必须在系统失效或故障时留有自动恢复选项,因为实时应用中的故障会破坏系统的可靠性和稳定性,导致整个连接陷入瘫痪。克服这些问题的过程极其混乱无序,难以保护敏感数据流向中心服务器。根据四大规则,智慧城市的连接在信息通信技术的帮助下发挥着重要作用[14]。

四大规则如下:

(1)人与物之间的连接。

(2)采集数据以实现情境感知。

(3)云计算。

(4)经由无线链路的通信。

根据上述四大规则,在特定应用的基础上,基于信息通信技术的智慧城市带来了一些理念,其中涉及需求与挑战、机会与利益以及框架模型。根据数据驱动型方法的基本原则,这些挑战和模型都发挥了作用。关于模型,请参见图14.4。

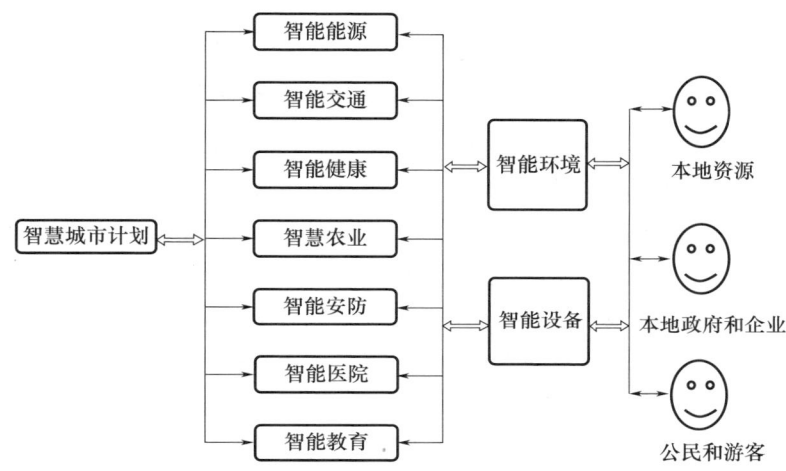

图14.4 智慧城市应用中的数据驱动型方法样本

由于智慧城市在所有信息通信技术设备上运作和协作,以实现对特定任务的数据抽象化,因而这些应用需报告来自控制单元的所需数据。完成这种抽象化的方式是聚合来自已收到请求中的信息,积累数据库提供的所需数据,获取经过边缘计算的数据元素进行分析和确认,以推进各过程。一旦计算进程结束,则已完成的数据就会通过网络连接媒介传送至物理设备、传感器、机器或任何需要的节点[15]。

14.5 挑战和安全问题

在智慧城市中,通过有线和无线网络传输,物联网设备在传感器网络、移动Ad-Hoc网络、普适计算和网格计算的基础上进行各种通信。机密数据或上述网络在安全性和隐私性方面都存在一些固有漏洞。目前正在进行相关研究,以在基于物联网的网络活动中发现许多安全问题。在这些网络区域部署任何物联网设备之前,必须先考虑两个关键的安全特性。对任何黑客而言,安全访问控制和认证访问控制是破坏或利用目标活动的两个重点领域[16]。在互联网或任何网络模型上,基于物联网的智能应用都面临着一些挑战和安全问题:①数据治理;②认证;③完整性;④保密性;⑤访问控制;⑥数据隐私;⑦数据汇集。

(1)数据治理:在各企业和地方政府机构之间涉及各种资源的大数据交易期间,为居民提供更好的服务,需保持良好的数据质量。在向城市提供任何服务之前,需先提供必备的数据。在任何特定的应用上,均不得出现数据缺失或数据访问错误的情况。例如,智慧城市中的信息通信技术设备上有许多制造设备,车辆信息采集工作就是利用这些设备完成的。在访问时,这些已采集的数据必须是相同的数据。如果这些设备产生不同类型的非真实数据,则会将应用导向错误功能,因此对所有交易而言,都必须保持数据质量。

(2)认证:确定服务(合法用户有合法访问权)的源和目的地的过程。通过多个网络组件及其所用的若干协议,智慧城市正在大力发展物联网设备。鉴于所有数据的传输都是通过网络和设备,所以任何人都有可能侵入这一过程,对数据量进行任何类型的攻击。因此,在源和目的地两端进行用户身份验证,让任何交易都具有真实性,以避免中途相遇攻击(Meet in the Middle,MITM)。

(3)完整性:数据由不同的制造商采用不同的结构进行采集和维护,所以在与大数据相结合的智慧城市应用中,很难整合来自不同来源的数据。例如,采集车辆详情、驾照信息、事故详情和保险数据都十分艰难,因为这些数据由不同的机构采用各自的结构格式进行维护。从各种资源中采集病患的特定数据,这是一项重要进展,需从所有来源快速采集。借助完整性,可顺利完成这一操作,且不影响来自任何资源的忠实数据信息。若利用完整性推进数据采集进展,就无法进行修改。

(4)保密性:保护准确数据和资源以免未经授权的查看和其他访问的过程,许多加密功能均可用于加密流动性数据,但利用黑客工具仍可解密这些数据且不改变其独创性。鉴于保密性,交易期间会出现机密数据。智能服务安全应用协议在其头文件上应用安全功能,同时通过 RSA 加密算法、椭圆曲线加密算法(Elliptic Curve Cryptography,ECC)和密钥管理系统(Key Management System,KMS)进行数字签名,在数据交易之间准确完成保密工作[17]。

(5)访问控制:借助通信技术以及信息通信技术设备,用户需参与访问请求和响应。简单地说,任何用户均无法独占交易数据,因为这违反了以非法方式访问数据和资源的认证权,所以基于功能,每个用户均有分配角色。

(6) 数据隐私:隐私是指用户数据和资源数据的相关问题,如这些数据的使用场景、传送对象、存储位置或适用的应用类型。目前,许多应用采用加密技术保护数据,而隐私则适用于网络协议和通信媒介,因为数据交易发生在网络路径之间,安全性可能受损。在面临数据保护和安全方面的问题之前,人们不会为了隐私而去使用新技术。

(7) 数据汇集:基于物联网的智慧城市基础设施涉及网络和设备连接的复杂设计。来自城市各地的数据需流向中心服务器。通过将数据传送至许多网络模式(如网关、Ad-Hoc 网络、传感器和执行器),已从各种资源中采集了数据。对于这种分层的网络数据流,需采用具有更多安全功能的适当网络设计。

14.6 安全机制与应对措施

在满足数据保密性、完整性、真实性、可用性和不可抵赖性的前提下,通过网络确保任何功能或数据的安全性都离不开保密性、完整性和真实性(Confidentiality, Integrity, and Authenticity, CIA)三大要素。在最关键的情况下,通过网络物理监视,对所有智能基础设施的相关数据交易进行监控,并确保其安全性。许多安全功能的标准化、数字签名和具体的协议构成均基于关于访问、控制和隐私的上述三大要素(即保密性、完整性和真实性)。

14.6.1 基于帧长的协议开销

在智慧城市的所有领域中,各应用均嵌入了小型信息通信技术设备,这些设备耗电少,占用资源少,具有访问能力,如中央处理器、内存和处理机。虽然具有识别固有协议的能力,但无法提供更多存储空间来承载交易中的许多数据。从理论上来说,一个设备的协议可容纳物理层上的 127 字节。由于每个数据包都包含一个通常尺寸为 25 字节的帧开销,以满足一些必要的功能要求,因此帧包的尺寸一般限制在 102 字节。为了应用安全功能,如用于数据保密和认证的高级加密标准与带 CBC-MAC 的计数器模式(Counter with CBC-MAC,CCM),还需 128 个计算位。由于 AES-CCM 功能运用于协议,所以帧的尺寸在 102 字节的基础上减少了 21 字节,只用 81 字节即可。在使用 AES-CCM 32 的情况下,仅消耗 9 字节,为数据交易留出 93 字节位置[18]。

14.6.2　认证管理

在一般情况下,为了提供认证和保密性,所有用户都分配有用户名和密码,用以访问数据或资源,但这个过程不安全,因为对手也是合法分配。他们可查看、删除、更新或修改其原始的流动性数据。为了给数据交易提供保密性、完整性和真实性功能,需采用密钥管理功能,并在公钥管理基础设施中维护密钥。有时,仅仅是文本授权(如用户名和密码)失效。为了提高安全水平,可采用共享密钥管理、数字签名或生物特征识别技术。数字签名包含三个主要组成部分,即任意长度的私钥(Privatekey,PRK)和公钥(Publickey,PUK)的全局参数(Global Parameter,GP)、签名参数(Signing Parameter,SP)以及验证参数(Verification Parameter,VK)。如果签名参数等于根据全局参数推算出来的验证参数,则表示签名已通过验证。如果签名参数不等于验证参数,则表示签名无效,消息被拒绝[19]。

14.6.3　访问控制管理

如今,所有智能设备均采用先进的安全机制进行功能认证,甚至还开发了使用巩膜的人体生物识别技术,以认证合法用户[20]。一旦认证在边缘网络的设备(如网关、传感器网络)或本地访问控制网络上得到确认,用户便会认定为具有访问任何功能的指定角色。在普适网络结构中,每个功能都分配有角色。为了访问这些特定的应用,需通过基于角色的访问控制对每个用户进行验证。根据活动,访问控制分为三大类,具体如下[21]。

(1)自主访问控制:角色由管理员分配给用户,以便用户访问资源。

(2)基于角色的访问控制:分配角色的目的是执行基于特定任务的角色活动。

(3)基于属性的访问控制:认可相关权利,以评估用户权利属性,处理所请求的资源,并确定请求来源。

14.6.4　网络数字签名管理

CoRE 是智能设备和物联网设备的网络模型。每个设备均作为网络中的一个节点,通过限制性应用协议(Constrained Application Protocol,CoAP)功能进行激活。由于 CoAP 的功耗和内存消耗均较低,所以适用于 CoRE 设备的网络模型。基于IPv6的低功耗无线个人局域网是物联网网络的另一个限制因素,该网络包含能源管理、火灾传感器、家居楼宇自动化等智能设备。CoAP协议模型可用于连接同一受限网络上或由互联网连接的不同受限网络上的智能设备,适用于传统的IP网络模型[22]。CoAP和客户端到身份验证器协议(Client to Authentication Protocol,CTAP)与域传输层安全性协议(Domain Transport Layer Security,DTLS)和传输层安全性协议(Transport Layer Security,TLS)共同执行,为通信提供认证和保密性等安全功能。CTAP安全功能采用受限对象签名和加密(Constrained Object Signing and Encryption,COSE)与JSON对象签名和加密(JSON Object Signing and Encryption,JOSE)算法,用于加密网络交易中的Web文件和JSON文件信息。互联网号码分配局(Internet Assigned Number Authority,IANA)属于CTAP,将其与保护算法(RSA加密算法、椭圆曲线加密算法或JSON Web密钥椭圆曲线算法)绑定,用于安全认证操作。

COSE和JOSE采用了一套符号和约定,以解释安全算法的功能。这组功能关键词采用大写字母表示,以确定其重要性以及在安全算法方面需给予的优先权级别。例如,"必须"(MUST)、"禁止"(MUST NOT)、"应该"(SHOULD)、"不应"(SHOULD NOT)、"建议"(RECOMMENDED)、"不建议"(NOT RECOMMENDED)和"可选"(OPTIONAL),是一些与JSON加密方法有关的关键字[23]。RSASSA – PKCS1 – V1 – 5签名算法采用2048位的密钥,以签署算法。RSA加密算法与安全散列算法(Secure Hash Algorithm,SHA)配套使用,可检查两端的密钥格式,以确保在创建签名和验证时采用RSA密钥[24]。SecP256K1算法实现了高效密码学标准组(Standards for Efficient Cryptography Group,SECG),以及椭圆曲线算法,该算法可用于面向Web的JSON数据签名和验证。ECDSA签名算法与采用256位密钥的JSON Web密钥(JSON Web Key,JWK)配套使用,实现了椭圆曲线加密算法,与其他安全算法相比,这种算法的密钥长度更小,但安全性更高。这样可确保通信协议在传输方面的最佳性能,超出优化后的数据帧限制。

14.6.5 对抗拒绝服务攻击/分布式拒绝服务攻击

拒绝服务攻击是一种攻击方法,借助这种方法,黑客可向服务器发送连续请求,并通过获取全部处理和电力资源,致使服务器无法运作。由于这种无条件的请求流数量无限,所以目标服务器无法正常响应。从各个地方向目标系统传送连续请求,致使服务器繁忙或暂时无法响应,这种现象称为分布式拒绝服务攻击。在低功耗的通信网络中,当断电时,设备均处于故障模式,这时设备无法接收或响应请求,这种情况会导致分布式拒绝服务攻击,进而造成在要求的时间内无法执行目标操作。当请求处于等待队列中时,黑客可在该时间段内轻松访问信息。如果设备无法接收数据包,当队列中的数据包带有有意义的信息时,网络犯罪分子就有可能重选路由。主机标识协议(Host Identity Protocol,HIP)可用于避免智能设备网络上的拒绝服务攻击或分布式拒绝服务攻击。作为 IP 地址和域名服务器(Domain Name Server,DNS)的基础,主机标识协议可将一个指定 IP 地址的端到端标识符和定位符两个作用分开。该协议在公钥管理系统中引入了主机标识(Host Identity,HI)名字空间,以维护源和目的地的真实性。

14.6.6　数据库认证的安全性

数据流管理系统(Data Stream Management System,DSMS)和数据流连续认证(Continuous Authentication on Data Stream,CADS)机制可用于安全架构中,为数据库或大数据表格中的连续数据流提供认证系统。在这个过程中,服务提供商从一个或多个交易所有者那里获取连续数据,同时检查整个用户所有传输数据的认证情况。数据流管理系统的架构重点是数据流,以及基于命名系统的相关数据保密性、寻址方法和其架构中的特定结构。关于数据库外包框架模型,请参见图 14.5。

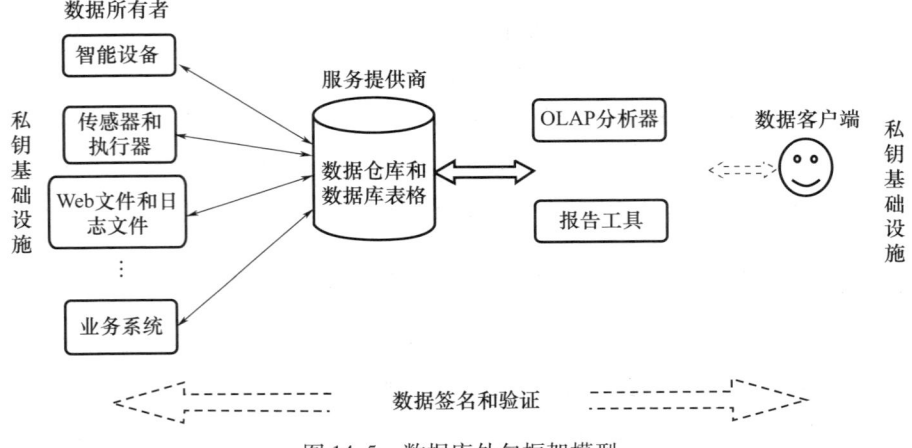

图 14.5　数据库外包框架模型

数据库外包有三个基本的关键组成部分,即服务提供商、数据所有者(Data Owner,DO)和数据客户端(Data Client,DC)。外包的好处是为上述三个制约因素分配角色和职责。数据库框架模型的外包情况如图14.5所示。数据所有者不希望向客户端或服务提供商申请或提供数据库,而服务提供商则负责向客户端和所有者分配灵活且可扩展的数据库,并指定多个所有者,以提供最佳性能。这三个制约因素主要是保护数据免受中间人攻击。自适应版数据流连续认证(Adaptive Version of CADS,A-CADS)可更新分区方案,以采用分布式数据库访问[24]。通过A-CADS,可获得个别查询处理报告,以避免缺失值,并验证连续数据交易的数据处理是否完整,以避免产生错误传输。通过阐述索引和虚拟缓存机制,最大限度地减少了处理和传输开销。

14.6.7 动态分布式密钥管理系统

智慧城市计划中的整个网络模型分布在城市各地,这些模型包含许多智能设备,用于定期通信和不间断通信。在每个网络中,需根据源和目的地 IP 地址,通过有线或无线网络媒介,与中心服务器之间收发机密数据。根据数据库路由表中的现有系统信息,新建网络和 IP 的信息需进行更新。为了确保路由表的所有 IP 地址具有真实性,公钥基础设施需定期维护和更新[25]。有时,当在源和目的地交易之间发现用户是罪犯或发现黑客活动时,公钥基础设施便会出问题。在公钥基础设施环境中,遵循非对称密钥的概念,由此每个数据用户均需拥有两种不同的密钥,称为私钥和公钥。一般来说,公钥用于加密,私钥用于解密和签名验证进度。公钥基础设施的功能和认证在网络框架模型中的分布,请参见图14.6。

图14.6中不同阶段的功能过程如下:

第1阶段:证书申请。

(1)通信初始化。

(2)验证发起人的详细信息。

(3)与会话 ID 一起创建证书。

(4)将证书连同确认请求一起发送给发起人。

第2阶段:传送确认函。

(1)对已收到的请求发送确认函。

(2)创建证书和会话 ID,用于服务器端验证。

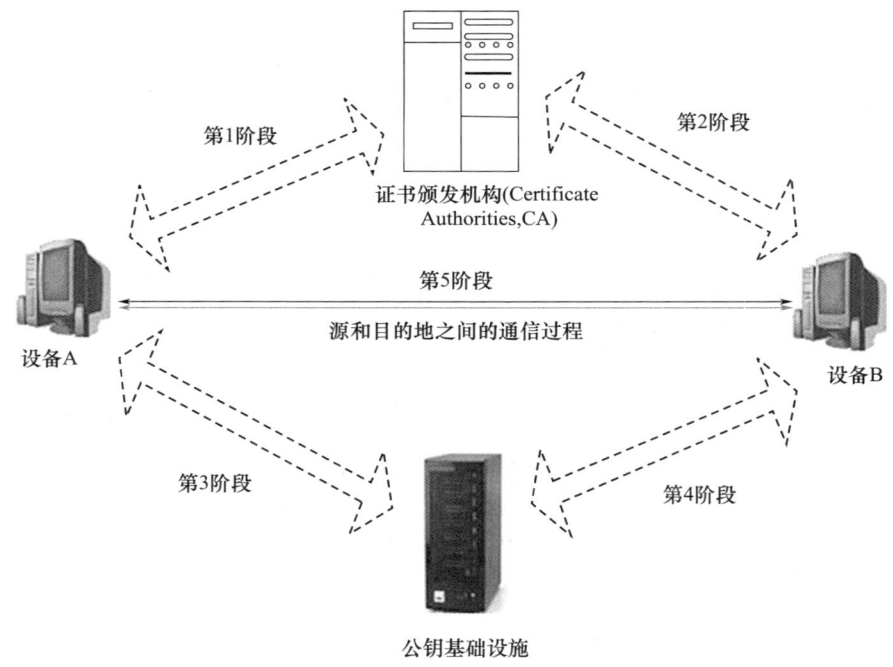

图 14.6 网络通信中的证书颁发机构和公钥基础设施功能活动

(3)设置生存期(Time to Live,TTL)和端口 ID,用于通信设备,确保耐久性。

(4)发送授权证书和副本给服务器端。

第 3 阶段:密钥的生成和分发。

(1)向密钥分发机构(Key Distributing Authority,KDA)申请密钥。

(2)在密钥分发机构验证证书和会话 ID。

(3)生成密钥,用于加密和解密。

(4)从公钥基础设施数据库中签发公钥,用于加密和数字签名。

(5)签发私钥,用于双方解密和签名验证。

第 4 阶段:签名验证和回复。

(1)从已收到的消息中提取数字签名。

(2)验证源 ID 和签名。

(3)验证证书和会话 ID。

(4)确认已收到的消息并进行回复。

密钥分发机构中心负责维护和管理公钥基础设施中的两套密钥,用于认证目的。在开始任何交易之前,每个用户均需通过证书颁发机构进行注册,以获得用于通信初始化的证书,并访问密钥分发机构,以利用其私钥和公钥。在签发证书之前,证书颁发机构会检查用户的法律条款、独创性和可信度。一旦用户的身份经核实和验证,就将获得一套密钥,用以完成加密和解密。证书颁发机构可验证用户的详细信息,这些信息将生成会话日志,然后申请一种会话 ID,用于终端通信设备。交易的发起者应在其 IP 包头中携带有效载荷信息,以便对方验证发起者的现有信息、生存期、有效性、用于签名和验证的安全算法以及私钥和公钥。如图 14.6 中提到的阶段,两种设备需根据其限制和功能要求以及相关证书和拟用协议规范进行交易。

14.7 基于网络层的安全管理系统

由于智慧城市应用中所用的信息通信技术设备通过连接媒介(如有线或无线连接)进行数据交换,所以这些设备极其容易受到网络攻击。ISO/OSI 模型中,将操作拆分为物理层、数据链路层、网络层、传输层、会话层、表示层和应用层 7 层,以规范每个协议功能。表 14.3 列出了 ISO/OSI 层列表、网络攻击概率以及建议安全机制。

表 14.3 层模型、应用、潜在攻击和预防措施

序号	ISO/OSI 层	特性	漏洞	安全机制
1	物理层	用于连接物理和电气设备,进行数据传输,如同终端设备之间的通信媒介	蓄意暴力:拔掉电线、切断连接、断电、自然灾害以及拒绝服务攻击或分布式拒绝服务攻击	生物特征识别机制、先进的锁定系统、电磁屏蔽等
2	数据链路层	将一个数据帧由物理层传向上级层	欺骗、MAC 识别、利用虚拟网(Virtual Local Area Network,VLAN)和 MAC 地址	MAC 过滤、认证验证和防火墙设置,用于加密
3	网络层	维护和管理数据流量,对数据包进行路由、控制和寻址	IP 地址欺骗、数据包欺骗和恶意攻击	配置齐全的防火墙设置、反欺骗机制和认证验证

续表

序号	ISO/OSI 层	特性	漏洞	安全机制
4	传输层	数据流平滑化、错误检测和纠正、分片和分片整理	传输协议的访问	为安全机制设置的高配置防火墙
5	会话层	本地和远程区域应用的互动	蛮力攻击	密码加密过程
6	表示层	将标准化的数据格式转换为可读的其他格式	注入攻击、编码部分的恶意输入	传送至网络前的清洗
7	应用层	终端用户数据	窃取信息、拒绝服务攻击、入侵	恶意活动检测、入侵检测和预防机制、恶意软件检测

14.7.1 协议分析

在 ISO/OSI 模型中,通过一套称为协议的管制法令,7 层架构可配置和控制所有网络和数据流功能。这些协议是一些特定功能,包含源和目的地识别、加密和解密算法、路由信息以及基于层级的有效载荷开销。部分协议和功能符号如表 14.4 所列。

表 14.4 ISO/OSI 层的协议套件

序号	类别	网络层	协议	协议组成部分	各类应用
1	应用集和功能	物理层	CAN、ISDN、PON、OTN、数字用户线路(Digital Subscriber Line, DSL)、IEEE 802.03、IEEE 802.11、蓝牙等	(1)版本; (2)协议; (3)路由器 ID; (4)源和目的地 IP 地址; (5)会话 ID; (6)源和目的地端口 IP; (7)数据长度; (8)数据类型; (9)校验和值; (10)肯定确认(ACK)和否定确认(NACK); (11)优先级 ID; (12)标记; (13)生存期; (14)等待时间; (15)停止; (16)结束	激活、停用和维护物理连接、数据编码以及数据转换为电压和脉冲信号等
2	应用集和功能	数据链路层	CSLIP、PLIP、SDLS、PPP、X-25、ARP、HDLC 等		帧同步化、LLC、MAC 功能
3		网络层	TCP/IPv4 和 v6、ICMP、IGMP、IPX、EGP、EIGRP、NAT、IPSEC、HSRP、VRRP 等		节点到节点式数据传输
4	传输集和功能	传输层	DCCP、NBF、SCTP、SPX、NBP、TCP、UDP、TUP、Net-BIOS 等		确认终端设备之间的可靠通信媒介

续表

序号	类别	网络层	协议	协议组成部分	各类应用
5	传输集和功能	会话层	NCP、PAP、RPC、RTCP、SDP、SMB、SMPP、ZIP、SOCKS、iSNS、	(1)版本； (2)协议； (3)路由器 ID； (4)源和目的地 IP 地址； (5)会话 ID；	会话管理、关键操作管理、对话控制
6		表示层	NetBEUI 等 FTP、SSH、Tel-net、TLS、IMAP 等	(6)源和目的地端口 IP； (7)数据长度； (8)数据类型； (9)校验和值； (10)肯定确认(ACK)和否定确认(NACK)；	数据格式翻译、加密和解密
7		应用层	HTTP、HTTPS、POP3、PGP、NFS、FTP、IRC、SSH、AMQP、SNMP、SMTP、DHCP、SOAP 等	(11)优先级 ID； (12)标记； (13)生存期； (14)等待时间； (15)停止； (16)结束	终端用户应用，如浏览网页和电子邮件交易等

14.7.2 协议安全机制

协议是实现完美通信的主要工具，如同数据交易的媒介。通过这种连接媒介，任何来自非法用户的不必要干扰都会干扰通信或窃听敏感数据。为了避免这种干扰，网络设备需实施入侵检测系统机制[26]。互联网协议（IPv4/IPv6）通过认证头（Authentication Header，AH）和封装安全载荷（Encapsulation Security Payload，ESP）确保安全性。在传输模式和隧道模式下，运用这些安全参数有所区别。在传输模式下，将认证头或封装安全载荷插入 IP 头和数据包有效载荷之间，而在隧道模式下，用认证头或封装安全载荷封装整个 IP 数据包。另外，一个 IP 数据包被另一个 IP 数据包覆盖。IP 数据包的相同字段如下[27]：

(1) 差分服务代码点（Differentiated Service Code Point，DSCP）：该字段是关于中介路由器的特征，可控制和管理简化或可扩展的网络组信息。通过优先级取值，该字段在现代网络中的第 3 层 IP 网络上提供服务质量。

(2) 显式拥塞通知（Explicit Congestion Notification，ECN）：可在端到端通信之间保持无损的数据包传输。鉴于网络路径上出现的拥塞，有时 TCP/IP

在将数据包传送到目标系统之前就会丢弃数据包。为了避免这种数据包丢失,显式拥塞通知在传输时间内会检查终端设备的堵塞情况。

(3)数据分片(Data Fragment,DF):当较大数据交易发生时,可进行数据分片。数据分片只适用于隧道模式,而在传输模式下,只封装了另一个 IP 的头部信息,而非整个数据包。该位字段设置用于进行数据分片。

(4)分片偏移(Fragment Offset,FO):无论在哪里发生数据分片,在这些地方根据头信息设置分片偏移值,以识别分片数据,确保数据完整性。否则,为了非分片数据包通知,只需将偏移值设为"0"(ZERO)。

(5)生存期:在智慧城市应用或任何其他网络模型中,数据包需穿过许多中介路由器,以提高通信质量和速度。在此情况下,当数据穿过任何中介时,路由器会默认从其计数中减 1。

(6)校验和:用于重新计算已收信息和完整性的值。如果有任何值变更或删除,则该校验和的结果就会与原始校验和值不匹配。

14.7.3　轻量级加密机制

智慧城市网络所容纳的物联网设备增多,构成一个网络,这些设备包含少量资源,如内存、功率管理、计算过程和硬件资源,因为大多数资源管理人员都使用较复杂的算法来实现安全功能。功率较小的处理器无法处理许多复杂的计算。与其增加资源,不如在网络设备中实现轻量级计算安全功能。例如,使用椭圆曲线加密算法就无法实现安全功能,因为其中涉及多方面计算。作为椭圆曲线加密算法的替代,相关设备可嵌入高级加密标准和数据加密标准(Data Encryption Standard,DES)安全算法,以减轻计算负担[28]。微型加密算法(Tiny Encryption Algorithm,TEA)采用国际数据加密算法(International Data Encryption Algorithm,IDEA)原则,以便运用加密功能,确保数据安全。国际数据加密算法使用加法、异或(XOR)加法和乘法以及移位运算,所以非常容易在微型处理器设备中实现。为了确保数据安全,许多智能设备网络上都在运行这种微型加密算法。微型加密算法对中央处理器中的 8 位值进行演算,这在任何智能设备的处理器上均可轻松处理。当设备想进行稍复杂的计算时,需使用一个可扩展的参数。对可扩展加密算法(Scalable Encryption Algorithm,SEA)进行参数化,以便根据明文和密钥的大小分配处理器。

AVR 和 8051 等单片机对椭圆曲线加密算法的函数 $GF(p)$ 进行点乘运算

需要 0.81s，而为实现同样的安全功能，使用 RSA 加密算法进行 1024 位大数运算则需要 11s。

吴文玲（Wu Wenling）及其同事在降低智能设备上区块密码的计算复杂性方面进行了研究[29]。他们在应用密码与网络安全大会（Applied Cryptography and Network Security, ACNS）上展示了对轻量级区块密码的想法和实践。关于其研究实践结果，请参见表 14.5。

表 14.5 面积优化和轻量级加密实现对比

模块	速度优化	面积优化	算法	区块容量	密钥大小	面积（GE）	速度（kb/s@100kHz）	逻辑过程/μm
64 位数据寄存器	384	192	XTEA	64	128	3490	57.1	0.13
密钥添加	87	87	HIGHT	64	128	3048	188.2	0.25
S 盒层	174.8	174.8	mCrypton	64	128	2500	492.3	0.13
P 层	0	0	DES	64	56	2300	44.4	0.18
32 位异或运算	87	87	DESXL	64	184	2168	44.4	0.18
80 位密钥寄存器	480	212	KATAN	64	80	1054	25.1	0.13
S 盒（密钥调度）	43.7	30	TANTAN	64	80	688	25.1	0.13
5 位常数异或运算	13.5	13.5	PRESENT	64	80	1570	200	0.18
控制逻辑	50	70	LBlock	64	80	1320	200	0.18
求和	1320 GE	866.3 GE（含内存）	—					

在智能设备上实现轻量级区块密码和流密码，有助于降低电力资源、内存、中央处理器、处理器的利用率，以同时进行简单计算和复杂计算。在处理器中，每个计算操作都需要一个与时钟周期相关的周期。这些机制都是简单地根据对称密钥（加密和解密共用一个密钥）和非对称密钥（加密和解密使用多个密钥）方法，来执行加密和解密操作的。

14.7.4 渗透测试分析

在两个终端设备间进行传输时，这几种机制均可确保数据安全。除此以外，还需要对网络进行人工测试，以发现其中的漏洞。网络漏洞很容易导致系统内部的黑客对设备、机器或网络进行控制。渗透测试需由道德黑客手动完成，以找到任何漏洞的漏洞。一旦发现系统的薄弱之处，便会对系统的相关部分采取必要的行动。以下是易出现漏洞的薄弱之处：

(1) 网络上的设备。

(2) 连接网关。

(3) 云数据中心。

渗透分析的侦查区包括：

(1) 硬件层。

(2) 网络层。

(3) 固件层。

(4) Web 应用层。

(5) 云存储层。

渗透测试人员在这 5 层进行测试，分析网络和设备的弱点。渗透测试人员的侦察对象是硬件、网络、固件工具、Web 应用和云数据访问。一旦渗透测试结束，渗透测试人员便会在黑客工具的帮助下，对指定地点的系统和设备进行攻击，以便针对攻击采取补救措施。大多数黑客尝试对网络进行中间人攻击和蛮力攻击，以利用资源或数据。大多数熟知 Windows 和 Linux 操作系统的渗透测试人员都基于 TCP、UDP 和 FTP 协议在进行普通分析，而 MIPS 架构中的智能应用则基于蓝牙、ZigBee 和 NFC 协议运行。大多数渗透测试人员的缺点是不了解基于智能设备的架构和协议。

14.8 未来方向

正如前几节所述，在所有互联网通信过程中都发现了许多安全问题。人工智能是一个重要概念，系统可了解来自不同来源的攻击方法，并保护用户及其系统，防止黑客攻击。机器学习是人工智能的一个分支，让系统了解实时情况的方法有监督学习和无监督学习两种。根据对所有攻击方法的要素分析，将这些要素馈送给机器，作为输入，以针对网络路径上发现的攻击方法采取必要措施。入侵检测和预防(IDS 和 IPS)工具的工作原理是分析攻击要素和预测攻击方法。区块链以一种安全的方式，维护所有用户交易的数字账本。哈希函数可运用于安全功能，一旦任何用户的哈希代码生成，则所有连接用户的哈希值都会基于区块链概念自动更新。由于区块链使用哈希函数，所以改变区块链中任意数据的一个位值都会导致输出的多位出现变化。通过人工智能的方法,区块链可在网络上使用安全功能。在如今的数字时代,物联网、人工智能和区块链技术均通过网络发挥作用,以期响应各种请求,因此,需借助所有已更新的安全功能和软件补丁,增强安全性,保护数据和系统资源。

14.9 本章小结

除了许多安全问题,智能网络必须在所有关键情况(如系统故障、停电和自然灾害)下保持活跃,即使是设备或系统中的一个小故障,也可能导致网络通信故障或执行故障。在某种关键情况下,智能应用框架和基础设施必须具有恢复通信链路以及系统故障的能力。在发生故障的情况下,必须对传感器和执行器进行管理,以维持数据传输。通过智能网络上的数据安全和加密功能,可确保三大特性(保密性、完整性和真实性),同时优化进度,提高交易能力,改善交易性能。在未来的智慧城市中,应用网络及其基础设施将通过机器学习自动化过程进行配置和控制,以确保服务连续性,实现无事故运行。

参考文献

[1] https://www.indiatoday.in/india-today-insight/story/why-the-smart-cities-mission-will-miss-its-deadline-1574728-2019-07-29.

[2] http://smartcities.gov.in/upload/uploadfiles/files/Appbased%20Projects_60%20cities.pdf.

[3] http://smartcities.gov.in/upload/smart_solution/58df96e1ac038Pan_Solutions_Components_1 3Fasttrackcities.pdf.

[4] https://www.softwaretestinghelp.com/iot-devices/.

[5] Fatmasari Rahmana, Leila, et al. 2018. "Understanding IoT Systems, Procedia Computer Science." *Procedia Computer Science* 130: 1057–1062. doi: 10.1016/j.procs.2018.04.148.

[6] https://www.leanix.net/en/blog/iot-devices-sensors-and-actuators-explained.

[7] Strohbach, Martin, Holger Ziekow, Vangelis Gazis, and Navot Akiva. 2014. *Towards a Big Data Analytics Framework for IoT and Smart City Applications*, edited by Fatos Xhafa, Leonard Barolli, Admir Barolli, and Petraq Papajorgji. 2196–7326. Springer.

[8] Stonebraker, M. 2012. "What Does 'Big Data' Mean? (Part 3)." *BLOG @ ACM*. http://cacm.acm.org/blogs/blog-cacm/157589-what-does-big-data-mean-part-3/fulltext.

[9] Manjunatha, and B. Annappa. 2018. "*Real Time Big Data Analytics in Smart City Applications.*" *International Conference on Communication, Computing and Internet of Things (IC3IoT)*. doi: 10.1109/ic3iot.2018.8668106.

[10] Waqas, Ahmad, Abdul Waheed Mahessar, and Nadeem Mahmood. 2015. "Transaction Management Techniques and Practices in Current Cloud Computing Environments: A Survey." *IJDMS* 7 (1): 41–59.

[11] https://www.guru99.com/dbms-concurrency-control.html.

[12] Fataniya, B. 2017. "A Survey of Database Security Challenges, Issues and Solution." *IJARIIE-ISSN(O)* 3 (5): 2395–4396.

[13] Zou, G., J. Wang, D. Huang, and L. Jiang. 2010. "Model Design of Role-Based Access Control and Methods of Data Security." *International Conference on Web Information Systems and Mining*. doi: 10.1109/wism.2010.100.

[14] Lima, Chiehyeon, Kwang-Jae Kimb, and Paul P. Maglioc. 2018. "Smart Cities with Big Data: Reference Models, Challenges, and Considerations." *Cities* 82: 86–99.

[15] Atlam, Hany F., et al. 2018. "Developing an Adaptive Risk-Based Access Control Model for the Internet of Things." *IEEE Xplore*. doi: 10.1109/iThings-GreenCom-CPSCom-SmartData.2017.103.

[16] Liu, Jing, Yang Xiao, and C. L. Philip Chen. 2012. "Authentication and Access Control in the Internet of Things." *IEEE Xplore*. doi: 10.1109/ICDCSW.2012.23.

[17] Abdukhalilov, S. G. 2017. "*Problems of Security Networks Internet Things.*" *2017 International Conference on Information Science and Communications Technologies (ICISCT)*. doi: 10.1109/icisct.2017.8188588.

[18] Maple, Carsten. 2017. "Security and Privacy in the Internet of Things." *Journal of Cyber Policy* (2)2: *The Internet of Things*. 155–184.

[19] Kittur, A. S., A. Jain, and A. R. Pais. 2017. "Fast Verification of Digital Signatures in IoT." *Security in Computing and Communications*. 16–27. doi: 10.1007/978-981-10-6898-0_2.

[20] Vijayalakshmi, S., and V. Gokul Rajan. 2018. "A Novel Approach for Human Identification Using Sclera Recognition." *International Journal of Computer Sciences and Engineering* 6 (4): 228–235.

[21] Heer, T., O. Garcia-Morchon, R. Hummen, S. L. Keoh, S. S. Kumar, and K. Wehrle. 2011. "Security Challenges in the IP-Based Internet of Things." *Wireless Personal Communications* 61 (3): 527–542. doi: 10.1007/s11277-011-0385-5.

[22] Jones, Michael B. 2019. http://self-issued.info/docs/draft-jones-cose-additional-

algorithms – 00. html.

[23] Jones, M. 2017. "Using RSA Algorithms With CBOR Object Signing and Encryption (COSE) Messages." *RFC 8230*. doi: 10. 17487/RFC8230.

[24] Papadopoulos, Stavros, Yin Yang, and Dimitris Papadias. 2010. "Continuous Authentication on Relational Streams." *The VLDB Journal* 19: 161 – 180. doi: 10. 1007/s00778 – 009 – 0145 – 2.

[25] Laurence Boren, Stephen, et al. 2015. "Dynamic Distributed Key System and Method for Identity Management, Authentication Servers, Data Security and Preventing Man – in – the – Middle – Attacks." Patent No.: US 9,166,782 B2.

[26] Rashmi, R., et al. 2018. "*IDS Based Network Security Architecture with TCP/IP Parameters Using Machine Learning.*" In *2018 International Conference on Computing, Power and Communication Technologies (GUCON 2018)*. IEEE.

[27] Perez, André. 2017. *Implementing IP and Ethernet on the 4G Mobile Network*. Imprint ISTE Press. Elsevier.

[28] Eisenbarth, T., S. Kumar, C. Paar, A. Poschmann, and L. Uhsadel. 2007. "A Survey of Lightweight – Cryptography Implementations." *IEEE Design & Test of Computers* 24 (6): 522 – 533. doi: 10. 1109/mdt. 2007. 178.

[29] Wu, Wenling, and Lei Zhang. 2011. "LBlock: A Lightweight Block Cipher." *ACNS LNCS* 6715: 327 – 344.

第 15 章

医疗健康领域的物联网安全性

塞博利亚·海坦
拉希·阿加瓦尔
T. 普恩戈迪
R. 因德拉库马里
A. 伊拉文丹

区块链、物联网和人工智能

15.1　前言

　　物联网是一种相互交织的设备网络,用于在无须与人或计算机交互的情况下发送信息。物联网设备包括可穿戴的或不可穿戴的设备。物联网是一个蓬勃发展的领域,许多人正朝着这个领域发展。随着互联网使用量的增加,人们对健身手环和在线健康应用程序的需求很高,主要用于跟踪活动和健康状况。在医疗健康领域,物联网可快速提供即时的信息流,有助于及时妥善处理慢性疾病,包括远程处理。

　　独居的老年人和患者可利用这些设备持续捕获数据。在紧急情况下,这些设备还可联系患者的家属和护理人员。

　　物联网设备可帮助医生更好地及时了解患者的健康状况,以便在任何紧急情况下采取积极的医疗措施[1]。对医院而言,借助轮椅、氧气瓶和雾化器等医疗设备上的传感器,可更好地检测用于医疗设备的状况。物联网设备还有助于以高效的方式部署医疗人员。图 15.1 显示了医院物联网的用途。图 15.2介绍了物联网使用的各种技术。卫生维护物联网设备也越来越多地用于预防感染传播。保险公司可受益于健康监测系统所捕获的数据。由于

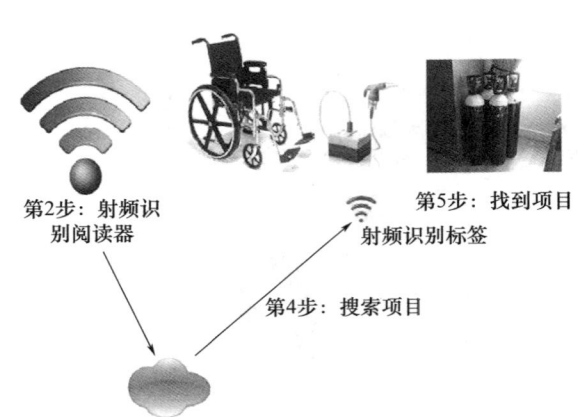

图 15.1　医院物联网

所有数据都是实时的,更易发现欺诈行为以及提出索赔申请。物联网设备可实时传输数百万患者的数据,并且所有数据都存储在云端。因此,需要保护这些数据的安全。此外,提供数据的完整性、准确性、保密性、可用性和授权也很重要[2]。经典的安全方法并不适用于上述场景。物联网使用的协议栈与这些传统方法不同。Gartner的报告预测,物联网市场将在1年内增长至58亿个终端,其中48亿个终端将投入使用。2020年,这一数字将比2019年增长21%。

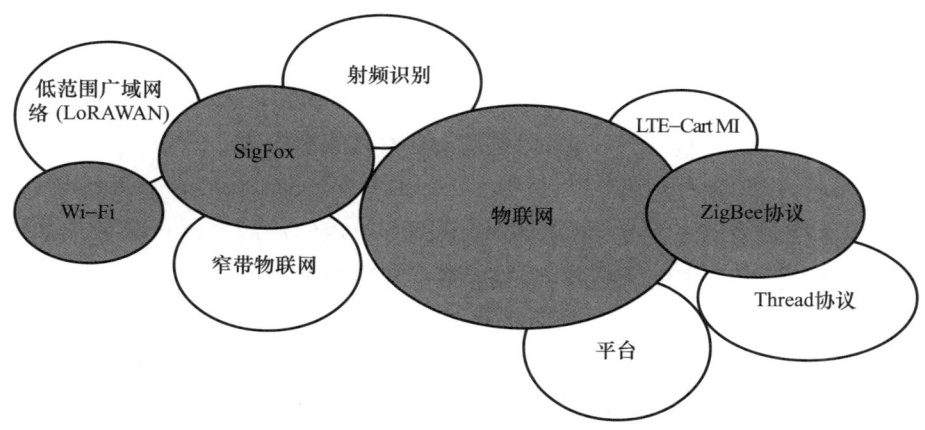

图15.2　物联网使用的技术

15.1.1　物联网的优点

(1)实时、同步检查患者健康数据,以挽救生命。

(2)借助下一代技术,以有效方式实现数据的端到端关联和可用性。

(3)基于物联网的医疗健康服务能更好、更方便地开展人力服务调查,并提供信息驱动的体验,以加快基本的领导工作,而且更不容易出错。

(4)物联网小工具可积累时间关键信息,并将其传输给专家,通过多功能应用程序和其他联网的小工具进行持续的后续处理。

(5)在危机和紧急情况下,患者可联系遥远的精通多功能应用程序的专家。

15.1.2　物联网的缺点

物联网在医疗健康行业中的大规模应用也带来了一些负面影响,例如:

（1）隐私可能遭到破坏：基于物联网的医疗健康系统中使用的所有设备，只能通过互联网进行相互通信。就安全性而言，这些设备易遭受黑客攻击。因此，在使用这种系统时，需要采取大量安全措施，做好防范工作。

（2）未经授权而访问中心化系统：系统内部可能存在问题，即一些不诚实的入侵者不怀好意地访问数据，并伤害人类社会。

（3）全球医疗健康法规：国际卫生管理机构已发布了一些与物联网集成设备工作原理相关的指南。这些指南可能会在一定程度上限制新技术的能力。

15.2 物联网的关键特点

用户可在物联网嵌入式技术系统中，实现更深层次的自动化分析。由于现代社会对技术的态度、硬件设备的价格下降以及软件的进步，产品的服务、开发和交付发生了重大变化。图 15.3 介绍了 2016—2020 年物联网设备的销售情况。物联网嵌入式系统中技术的主要贡献是面向人工智能和联通性的发展，通过积极投入和使用智能设备，改善生活的方方面面[3]，使生活变得"智能"（如让冰箱通过传感器了解牛奶量）。

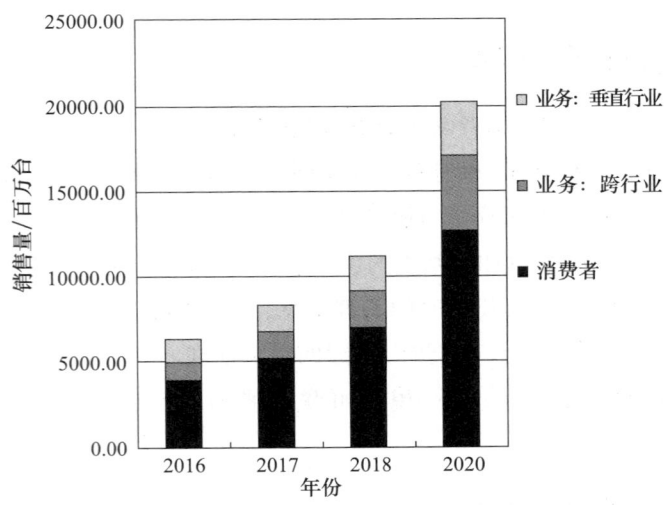

图 15.3　全球物联网设备销售量

(1)人工智能:物联网或橱柜可为用户提供关于谷物量的信息,并可为用户下订单。

(2)联通性:不仅指在主网络中创建连接,还涉及在系统之间创建小型、低成本的网络。

(3)传感器:将物联网集成系统中的被动对象转换为主动对象的设备,从而在系统中实现与真实世界的融合。

(4)积极投入:物联网技术的引入使用户能与主动对象进行交互,如内容、产品和服务投入。

(5)小型设备:随着时间的推移,设备的尺寸将越来越小。此外,还将专门设计成本更低的设备用于向用户提供服务。

15.3 物联网的应用范畴

物联网是一种技术嵌入式对象网络,使对象与对象以及对象与外部环境进行通信和交互。这样一来,所有对象都变得智能,让生活更加舒适。物联网使用最新的专业技术和设备将对象转化为更智能的对象,使其具备机器人的功能。正因如此,物联网在医疗健康领域中得到广泛应用。

其中一些应用如图15.4所示。随着应用范围的扩大,基于物联网的医疗健康系统也面临许多挑战和安全问题。物联网的优点包括:

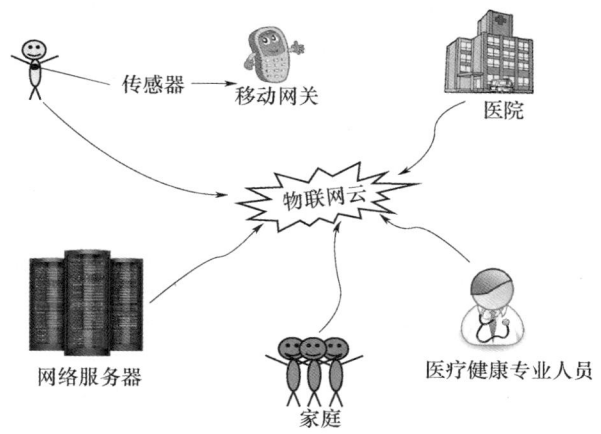

图15.4 物联网在医疗健康领域中的应用

(1)更好地了解患者的情况。

(2)以现代医疗健康服务设计为基础的先进医疗健康系统。

(3)基于临床信息的决策支持系统。

(4)专家组为满足患者的需求而设计的方案。

由基于物联网的设备捕获信息可用于不同利益相关者(如医院、保险公司、医生、患者和家属)的一系列流程。

(1)患者物联网:物联网在医疗设备中的应用改变了所有人的思维和生活方式。人们越来越希望了解自己的健康状况,热衷于通过各种活动过上更健康的生活。通过持续跟踪血糖、心率和葡萄糖水平,可使患者主动进行更积极的定期锻炼。健身手环等设备以及血糖仪和血压测量仪等无线设备可为患者提供个人关注的信息。因此,患者不需要再预约进行定期观察。此外,卡路里计数器和运动检查器可帮助患者选择正确的食物,并在必要时激励患者改变饮食习惯。

(2)医生物联网:现在,患者及其家属都能在网上获得足够信息,丰富自己的知识。家属都很担心患者的健康。鉴于重要问题的严重性,医疗健康专业人员需要更多地与患者进行在线联系。通过物联网设备,医生可与患者联系,并获得预期结果。在紧急情况下,医生可有效改变治疗方案,并提供即时关注。

(3)医院物联网:物联网在健康行业中的应用也改变了医院。现在,医院也在使用传感器跟踪轮椅、监测设备和雾化器等设备的位置,也可对医院里的医务人员进行跟踪。利用药品库存控制设备,可有效管理药品信息。温度和湿度控制传感器在医院也得到了广泛应用。

(4)健康保险公司物联网:健康保险公司正在使用物联网设备来检测欺诈索赔,使保险公司和客户的风险评估过程变得透明。

(5)医疗保险公司物联网:通过跟踪人们的日常活动、预防性健康措施和治疗方案,保险公司可使用物联网数据提供一些产品或激励措施。此外,保险公司还可利用数据对索赔进行验证。

15.4 物联网的设备类型

基于物联网的医疗健康设备可分为三种类型:

（1）性命攸关设备：这种设备的作用非常关键，因为其用于监测患者状况并传输所需的数据，在生命关怀或殡葬服务中必不可少。如果此类设备（如心脏起搏器和呼吸机设备）的功能不能满足需求，将危及患者的生命。

（2）非关键监测设备：这种设备的作用是仅在需要时记录和传输数据。

（3）物联网健康设备：这种设备的作用通常与医疗问题并无任何关系（如使用智能手表和 Fitbit 公司产品）。人们越来越关注个人健康和健康数据，想要跟踪自己的活动水平、脉搏率、饮食习惯、睡眠模式，并对个人健康状况进行自我监测。

15.5 物联网集成医疗健康设备

物联网的发展已改变了所有人的生活方式，因为现在人人都意识到自己的医疗健康问题，希望更好地生活。鉴于人们对自身健康状况的关注，现在所有医疗设备都推陈出新或与技术相结合，以提高设备功能。这些设备正在效率、成本节约和生活质量方面改变医疗设备的时代。

（1）效率：医生能远程、定期跟踪患者。这些设备可减少对长排队队列的管理时间，可有效管理患者和医生的时间。

（2）成本节约：及早发现问题可减少与医生进行预约所需的时间和成本。此外，保险公司可根据在线健康记录为患者提供最好的保险产品，也可根据需要对患者进行远程监测，减少住院费用。

（3）生活质量：睡眠跟踪记录、心率记录和其他健康统计数据可促使人们改变饮食习惯，有助于养成定期锻炼的习惯，进而提高生活质量。

现有的基于物联网的设备示例

1. 脉搏血氧测定仪

脉搏血氧测定仪是一种无痛测试仪，用于测量血液中的氧饱和度和脉搏率。根据网站 www.nonin.com/company-history，诺宁（Nonin）是第一家为个人和专业目的开发血氧测定设备的公司。利用这种监测装置，医生可在糟糕的情况下提高疗效。以下是血氧测定仪的一些常用应用：

（1）测量肺功能。

（2）评估呼吸过程。

(3)检查戴呼吸机的患者的身体机能。

(4)检查手术前后患者体内的含氧量。

(5)了解任何新补氧疗法的效果。

(6)测量身体运动时的耐受能力。

(7)研究睡眠呼吸暂停病例。

血氧测定仪是一种小巧、轻便、易于使用且无创的工具,可安装在指尖、脚趾或耳垂上测量含氧量。血氧测定仪会发出一小束光穿过血液,因吸收而产生的光束变化表示体内的含氧量[4]。因此,血氧测定仪的使用非常方便,如图15.5所示。

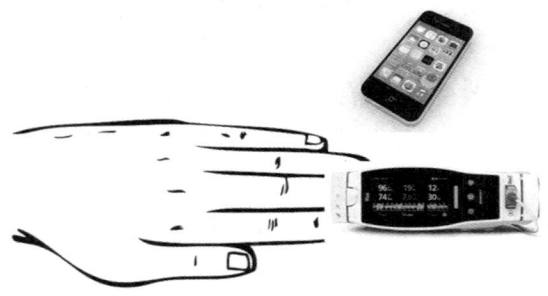

图15.5 脉搏血氧测定仪

提供准确的脉搏率和 SpO_2 读数,对具有心脏和呼吸问题的患者至关重要。在医生指导下,患者可轻松地监测含氧量的频繁下降情况。

SpO_2 用于衡量血液中的含氧量,其读数为95%或以上均视为正常。如果氧含量为92%或更低,则意味着血液饱和度不足,可能导致胸痛、心跳加快和呼吸急促之类的问题。

2. 癌症治疗仪

目前,对于头颈部癌症患者,利用传感器和移动技术对其进行远程监测,并且这些患者需接受放射治疗。还采用了用于比较效果研究的网络基础设施(Cyberinfrastructure for Comparative Effectiveness Research,CYCORE)技术。CYCORE使用了用于跟踪的传感器和端口。对357名患者进行的一项研究表明,使用CYCORE技术的患者病情明显好转[5]。在研究过程中遇到的问题包括患者参与度低、环境影响、对患者生活方式的认识不足,以及处理和评估大量变量的能力有限。

由医生实时监测传感器生成的所有数据,可为患者提供良好的及时护理。图 15.6 提供了 CYCORE 的示意图。图中展示了所有协作者与系统进行交互的方式。利益相关者包括医生、研究人员、家庭成员或任何社区成员。CYCORE 的主要目标是为网络基础设施的研究人员和其他利益相关者提供质量保证和及时数据。CYCORE 主要关注如何确保系统的安全和隐私,因为冒名顶替者会对系统生成的数据进行不当处理。

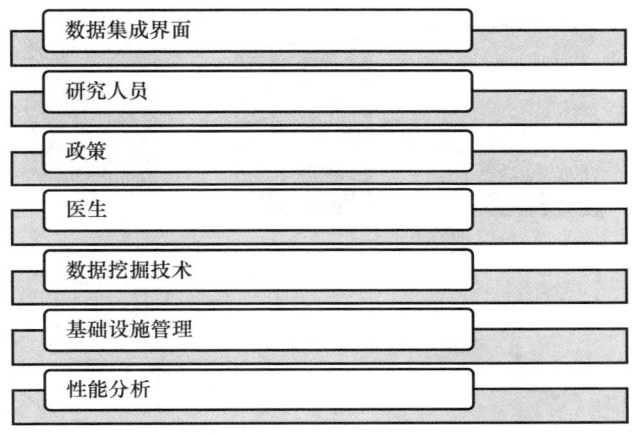

图 15.6　CYCORE 组成部分

3. 情绪增强仪

情绪增强仪是一种可改变人的情绪、让人感到快乐的设备。神经系统科学家正在研究和使用这种设备。情绪增强仪使用传感器来测量情绪,并使用各种生物标记物,如心率、脉搏率的突然变化、睡眠减少和出汗增多[6]。也可使用一种头戴式设备在大脑中传递低强度的电流,以提高人的情绪。根据上述数据来确定电流大小。还可使用一种应用程序,即在患者未进行日常活动时,系统可提醒患者给家人或朋友打电话。如果患者长时间不运动,系统也可能要求患者去散散步。所有这些信息都会发送给医生,但是,如果这些信息遭到黑客攻击,就可能导致某些人利用这些信息为自己谋利。

4. 动态血糖监测系统

动态血糖监测系统是一种安装在腹部或手臂上的带微型传感器的设备。传感器每隔几分钟就会读取一次血糖水平。这种设备包含用于将信号发送至监测仪的发射器,而监测仪可能是胰岛素泵或远程设备,有助于定期监测血糖水平。如果发现血糖水平过高或过低,设备就会发出警报。这种设备也有助于发现血糖趋势;如果也将饮食纳入监测范围,这种设备将有助于预测高或低血糖水平背后的原因。但是,血糖监测系统(Glucose Monitoring System,GMS)并不是一种完全可靠的系统,需要使用其他方法检测血糖水平之后,才可改变胰岛素剂量。图15.7 显示了血糖监测系统的工作原理。这种系统会为低血糖患者带来更多益处[7]。

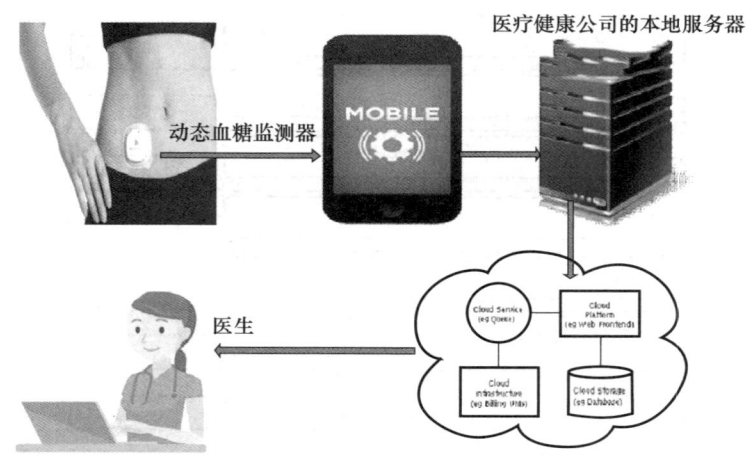

图 15.7　医疗健康系统中的物联网

5. 智能绷带

塔夫茨大学设计了一种绷带,用于监测慢性、较深的伤口、裂伤和烧伤等皮肤相关创伤。这种绷带使用传感器监测皮肤的 pH 值,使用温度传感器检查任何类型的感染和炎症。该绷带可感知皮肤发生的任何变化,并能释放药物为皮肤补氧。可使用可拆卸的电缆对贴片充电[8]。如图15.8 所示,绷带中嵌入的传感器和微处理器与手持设备进行通信。

6. 智能病床

市场上有各种各样的智能病床出售。这些病床配有专用传感器,用于执行各种操作。需长时间卧床的患者可受益于这些智能病床。对于无法移动的患者,智能病床可提供持续的旋转治疗(即每隔几分钟移动患者一次)。对于那些因出现运动相关问题或肺部问题而需长期卧床的患者而言,智能病床也有助于他们恢复。智能病床具有报警系统,如果患者并未在特定位置休

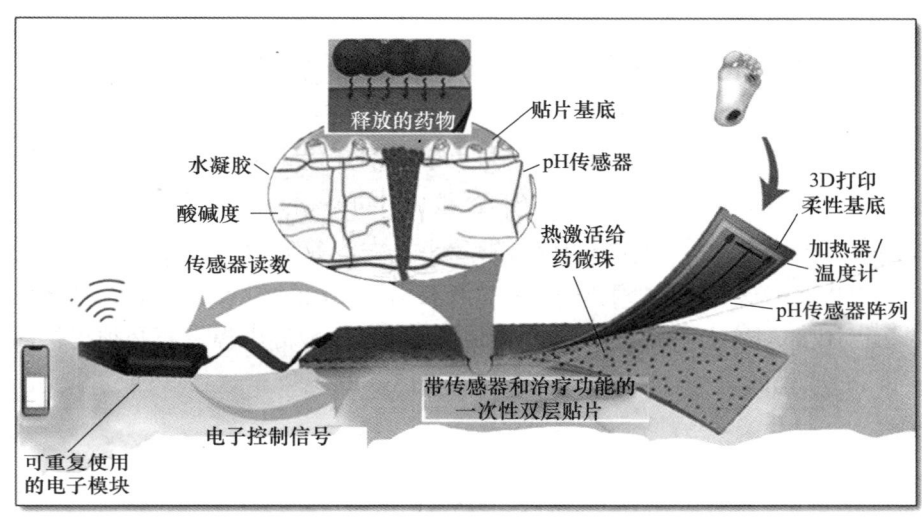

图 15.8 智能绷带

息,或需要某种运动,报警系统就会发出警报。智能病床还具有内置冷却系统,可防止患者出现褥疮,还可轻松地将智能病床从一个地方转移到另一个地方,在紧急情况下也可很容易地定位智能病床,如图 15.9 所示。

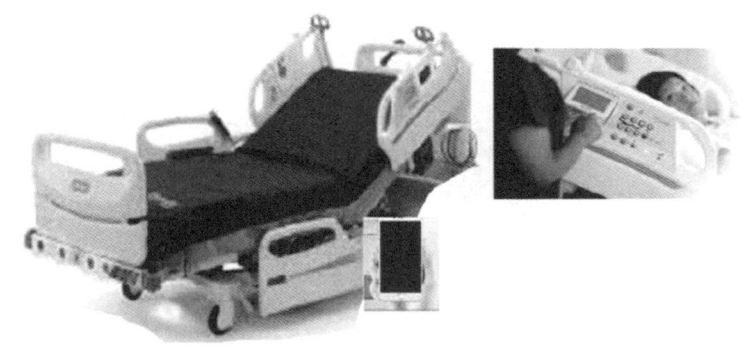

图 15.9 智能病床

7. 医疗健康记录仪

Audemix 是一种语音驱动的物联网设备,可通过更舒适简单的方式存储患者的记录,而不像人工系统那样复杂。利用该设备,可方便地访问和检查患者数据,更好地进行数据管理。

15.6 物联网安全

重要的一点是,需采用强密码、防火墙和安全文化来确保系统安全。物联网的一些安全特性如图15.10所示。根据Gartner的调查,近20%的公司至少遭受过一次针对基于物联网设备的攻击。大多数公司正在花费数十亿美元来防止此类攻击,预计到2021年,市场支出可能超过31亿美元,比2019年的两倍还多。面对医疗健康行业的需求和挑战,医疗健康提供商必须提供高质量、标准化的服务。图15.11提供了2016—2021年全球物联网安全支出预测。

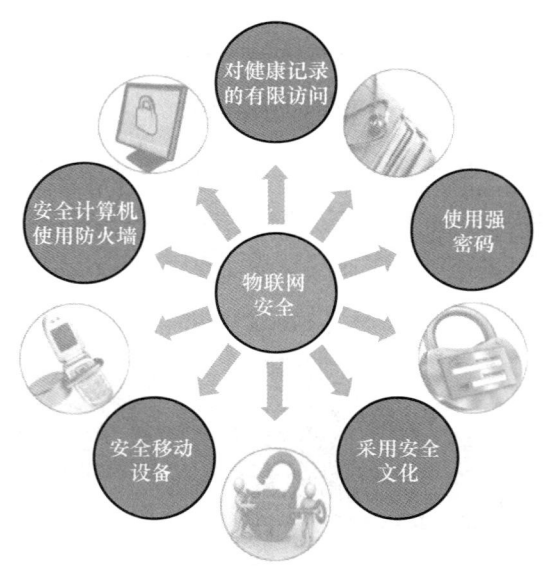

图 15.10 物联网安全特性

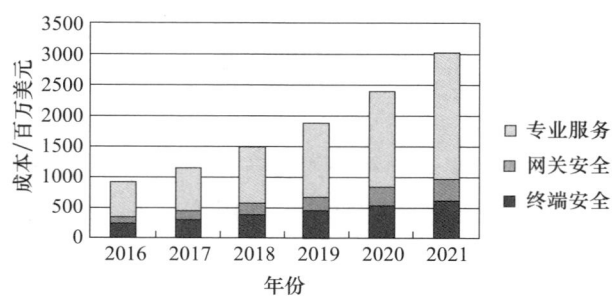

图 15.11 物联网安全支出

据观察,只有30%的人具备物联网的知识,仅44%的人了解各种相关政策。

15.7 物联网设备面临的安全挑战

(1)保密性:保护患者记录的保密性非常重要。任何未经授权而访问健康记录的行为均可能导致敏感信息泄露。

(2)认证:每台设备都具有唯一的识别码,用于在互联网中识别设备。在接入任何网络之前,必须对设备进行识别和验证。认证是识别设备的过程。

(3)容错:即使在设备和系统发生故障的情况下,系统仍可提供支持。即使出现任何类型的故障,物联网中的所有节点也必须提供所需的最低安全性。同样重要的是,数据应具有弹性,以抵抗任何攻击。

(4)更新数据:在远程监测患者的情况下,使用的数据必须是最近更新的最新数据。例如,在监测血糖时,为了提供准确的诊断和治疗,需了解最新的血糖水平。

(5)内存限制:大多数物联网设备的尺寸都很小,并且嵌入系统中。因此,物联网设备的内存是有限的,必须依靠云来存储数据。

(6)速度:物联网设备包含低功耗的处理器和小型设备,因此计算速度较低。处理器的任务是使用有限的功率和内存进行管理、感知、分析和通信,进而大大降低了速度。

(7)功耗:大多数物联网设备都具有内置纳米传感器,所以其电池容量很低。一般情况下,这些设备将进入节电模式,无法持续执行安全协议。

(8)通信:基于物联网的设备主要在无线网络中运行,而无线网络并不安全。因此,寻找一种安全的通信协议是一项重要而艰巨的任务。

(9)频繁更新:需要频繁地进行安全更新,以监测任何类型的安全漏洞。

15.8 安全架构

如果系统实现了保密性、完整性和可用性三个安全目标,则系统是安全的。由于物联网涉及许多关键领域,对安全的需求很高。物联网安全架构的最底层是感知层;在感知层,通过射频识别阅读器、传感器和全球定位系统等设备共同组装所有信息。接下来是网络层,其主要工作是借助无线网络进行跨网络数据传输[9-10]。应用层是最顶层,其根据用户需求说明设备用途。每一层都具有重要性,如图15.12所示。

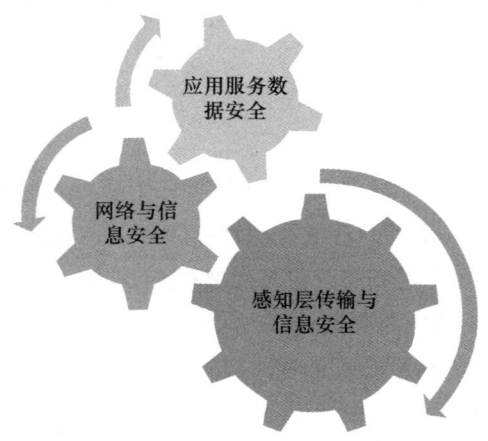

图 15.12　物联网安全架构

(1)感知层:由传感器组成,其中大部分传感器尺寸较小,在功率和存储容量方面存在缺点。因此,安全算法的应用具有挑战性。重要的是对设备的访问进行认证,以避免设备遭受任何未经授权的访问,任何两个节点之间的数据传输都需要保密。由于低功耗的缺点,需要采用轻量级加密技术来保护数据。感知层安全的详情如表15.1所列。

表 15.1　感知层安全

感知层安全			
射频识别安全	无线传感网安全	RSN 安全	
协议安全	路由协议安全	融合安全	GPS 技术安全
基站安全	加密算法	传感器和射频识别安全阅读器;射频识别和无线传感网安全	
阅读器安全	密钥管理	传感器与标签安全	
标签防伪	节点信任管理		
标签编码安全			

(2)网络层:使跨网络通信成为可能。网络层负责确保从初步处理数据的感知层进行数据传输的安全,包括网络访问安全、核心网络安全和局域网

安全,详情请参考表 15.2。虽然在网络层应用现有的安全机制具有挑战性,但应用机密性和完整性是非常重要的。此外,可用性受到的威胁和分布式拒绝服务攻击是值得关注的问题,因为这种威胁和攻击会给物联网带来严重影响。网络层负责解决脆弱节点面临的分布式拒绝服务攻击。

表 15.2 网络层安全

网络层安全		
接入网	核心网	局域网
Ad – Hoc 网络安全	互联网安全	局域网安全
通用分组无线业务 (General Packet Radio Service, GPRS) 安全	3G 安全	
Wi – Fi 安全		

(3)应用层:在应用层之上和网络层之下为支持层。支持层的目的是提供适当的平台,以支持应用层提供的各种应用程序。云安全、中间件安全和信息开发安全均由该子层负责处理[11]。

应用层的目的是提供表 15.3 中所述的个性化服务。应用层需要使用所有强大的加密算法和杀毒软件,跨各种异构网络的密钥认证概念是确保应用层安全的关键。另一个重要概念是密码管理。

表 15.3 应用层安全

应用层安全	
物联网应用	应用支持层
智能物流安全	中间件安全
智能家居安全	云安全
智能电网安全	服务支持安全
智能医疗健康设备安全	信息开发安全
环境监测	

15.9 物联网设备的漏洞

随着物联网医疗设备使用量的增加,出现了更多的安全问题。研究人员发现,在起搏器和胰岛素泵等许多设备中因存在漏洞而遭到密钥重装攻击

(Key Reinstallation Attack,KRACK),在这种攻击中,攻击者可修改患者记录。存在很多与物联网设备的制造和安全相关的问题。下面和图 15.13 介绍了其中的一些漏洞。

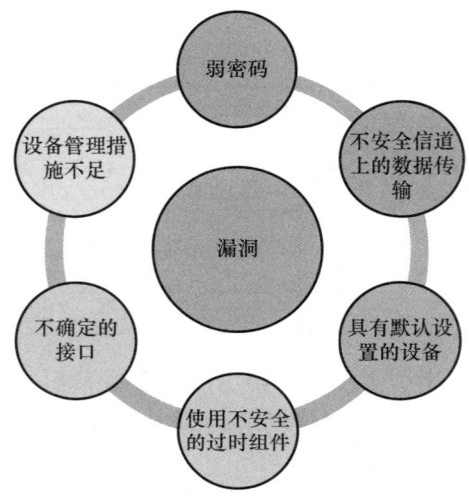

图 15.13　物联网网络的漏洞

15.9.1　低强度密码

大多数用户在选择密码时依靠常见的字典单词、相对名称、叠词等。这些密码很容易被破解,也容易被盗用。只需进行穷举搜索就能轻易破解系统。精通高科技和 IT 技术的人可利用软件后门来破解这些设备。任何私密信息均需以安全方式进行处理,其中的关键字为权限。只有经过授权的人员,才能访问敏感信息。

15.9.2　不安全信道

如今,互联网是发送数据的媒介,但这种媒介信道非常不安全。因此,重要的是,不仅需要安全存储数据,还需要以安全方式传输数据,以保持数据的保密性和完整性。许多研究人员正致力于实现这一目标。

15.9.3　设备管理措施欠缺

目前,缺乏设备管理支持,包括资产管理、更新管理、安全退役、系统监测和响应能力。虽然可批量生产小型物联网设备，但最重要的是妥善管理这些设备，即使是最小的物联网设备。

15.9.4 无法修改默认设置

许多设备都具有默认设置，即使是供应商也无法修改，因此这些设备变得更加不安全。

15.9.5 不确定的接口

API 接口是物联网的动力来源，而物联网解决方案是所有技术（无论是大数据、云还是移动性）的动力来源。API 是将互联网与万物结合起来的互联器，创建用于处理临界质量的 API 非常具有挑战性。为设备创建 API 需要具备协议和需求方面的知识，并且获取此类信息和知识本身就是一项挑战。表 15.4 介绍了各种特性的威胁－挑战－机会。

表 15.4 各种特性的威胁－挑战－机会

特性	威胁	挑战	机会
相互依赖性	绕过静态防御，获得过度特权	访问控制、特权、距离限制	基于上下文的权限，下一代分组优化平台
多样性	不安全的协议	分片	入侵检测系统
限制性	不安全的系统	轻量级防御协议、容量限制	物理与生物特性的结合、相干光学
数量庞大	物联网僵尸网络、分布式拒绝服务攻击	入侵、检测与预防	入侵检测系统
受忽视	远程攻击	远程验证	轻量级、可信的轻量级、可信的执行
保密性	保密性攻击	隐私保护	匿名协议、对应加密
移动性	恶意软件传播	跨域识别	动态配置
普遍性	不安全的配置	—	安全意识

研究发现，下列医疗设备最容易受到攻击：

（1）胰岛素泵：这是最常用的医疗物联网设备之一，攻击者可以利用它对连接给药系统与患者记录的资源进行攻击。

（2）智能笔：存储的数据很容易被利用。然而，目前很多研究人员利用智能笔存储患者的医疗记录。

（3）心脏设备：许多心脏设备是可植入的，如心脏起搏器。拒绝服务攻击可导致可怕的后果，甚至可能导致死亡。

（4）无线生命体征监测器：这种设备可通过蓝牙或其他无线设备，传输患者的心率、胰岛素水平和其他生命体征信息。因此，必须以安全、保密的方式连接这种监测器。

（5）温度传感器：2018年，一家赌场受到黑客利用鱼缸智能温度计发起攻击。如今，相关技术已经变得十分普及，但随之而来的是许多风险。如果将温度传感器用在患者身上，可能会导致患者的健康记录泄露。

15.10 针对物联网和无线传感网的安全攻击

对物联网安全架构的不同层级发起的攻击如表15.5所列。干扰拒绝服务是一种拒绝服务攻击，其中，恶意节点可通过在相同频率下进行传输来中断信号。这种攻击可在一个区域内连续发送信号，使载波中产生噪声，从而削弱或阻碍所有节点之间的通信过程。也可以在一定时间间隔实施这种干扰，同样会影响传输过程。

表15.5 对物联网安全架构的不同层级发起的攻击

层级	射频识别攻击	无线传感网攻击
认知	重放攻击、干扰攻击、女巫攻击、选择性转发攻击、同步攻击	干扰攻击、重放攻击、破坏射频识别阅读器
网络	虚假路由攻击、选择性路由攻击、会话泛滥攻击、窥探攻击	克隆攻击、欺骗攻击、伪装攻击、网络协议攻击
应用	注入攻击、缓冲区溢出攻击	注入攻击、缓冲区溢出攻击、标签修改攻击
多层	重放攻击、侧信道攻击、流量分析攻击	重放攻击、侧信道攻击、流量分析攻击

利用欺骗手段，入侵者节点可识别受害者节点的地址，并在网络中的任何位置利用这些身份。攻击者通过欺骗地址开始在网络中传输消息。这种欺骗攻击的目的是将欺骗身份与其他原始地址相关联，并将本应发送给合法

节点的流量转而发送给入侵者。

在流量分析中,可通过分析流量模式获得网络拓扑信息。在无线传感网中,靠近基站的节点比远离基站的节点发送更多的数据包。特别是与网络中的其他正常节点相比,簇节点要繁忙得多。为了防御攻击,检测簇头是非常可行的,因为拒绝服务攻击将对这些节点产生巨大影响。此外,如果正常流量突然增加,则表明有人发起了蓄意攻击。

在女巫攻击中,单一节点可提供多重身份,在网络中的所有剩余节点之间造成混乱。这将导致网络路由路径发生冲突,自动降低容错方法的影响,并对路由协议带来一些潜在威胁[12]。此外,这些服务还会影响数据聚合、异常检测和分布式存储等许多方案的性能。

在黑洞攻击中,可疑节点会丢弃所有向其转发的数据包。当节点充当槽洞时,黑洞攻击会更加有效。在槽洞攻击中,对手节点向相邻节点传播:自己是将数据包发送至目的地的最佳路径。一旦节点成为接收所有发送至基站的数据包的槽洞节点,就不会丢弃数据包,而是将数据流量发送至网络中的单一节点。此外,攻击者节点的主要目标是保持不被发现,最终将接收到的数据隐藏起来。

灰洞攻击是一种选择性转发攻击,灰洞不会转发其收到的所有数据包,而是选择性地丢弃数据包。攻击者节点只丢弃少量数据包,并转发所有剩余的数据包,进而保持不被发现。传感器网络中的参与节点一般在收到消息后,就会转发消息。选择性转发攻击中的对手节点会丢弃(而不是转发)某些数据包。

在虫洞攻击中,为了快速传输数据包,将在节点之间创建特殊信道。处于不同位置的对手将公布自己的位置以吸引数据流量[13]。第一个入侵者节点将获取数据包,并将其传输至另一个入侵者节点进行重放。参与传输过程的节点均认为数据包直接来自第一个入侵者节点。虫洞攻击一般通过更快的信道发起;这种攻击很难识别,并会对各种网络服务产生影响,如本地化、时间同步和数据融合。

节点复制攻击也称为克隆攻击,其中,攻击者故意将被俘节点的副本放在网络上的不同位置,以保持不一致性。攻击者可利用以前受攻击节点的一些副本来改变网络特点。

6LoWPAN 是一种作为 IPv6 的扩展版本引入的互联网协议,用于在无线传感网中作为智能对象路由数据包。

片段复制攻击是一种 6LoWPAN 攻击,入侵者可在链中放置自己的片段。这种片段复制攻击的显著特点是,目的节点无法识别来源于同一源节点的片段。目的节点上没有特定的身份验证机制来验证所接收的片段是欺骗性的还是原始性的。接收者也无法区分合法片段和欺骗片段。相反,通过对数据报标签和源节点 MAC 地址进行验证的方式处理所接收的片段后,这些片段就像从同一来源接收的一样。此外,遭受后续攻击(如拒绝服务攻击)的机会也更大[14-15]。

会话劫持攻击通常是指"篡改"和"利用"合法通信会话(称为会话密钥),以实现未经授权而访问特定系统的可用资源或服务的目的。更具体地说,一组 TCP 消息的会话劫持攻击会给物联网网络带来显著影响和更多的麻烦。

在同步泛滥攻击中,恶意节点试图通过泛滥多余的消息,耗尽特定节点的内存和能量。恶意节点会发送多重建立连接的请求,而不会通过获取连接而最终淹没缓冲区,从而导致节点的能量耗尽[16]。此外,在 TCP 同步泛滥攻击中,攻击者会发送多重建立连接的 TCP 请求,但并未任何建立连接意图。最后,目标将被自动淹没或耗尽能量[17]。

受限制的应用协议漏洞是一种发生在应用层协议中的攻击,其中,将限制性应用协议作为 HTTP 的副本引入微型物联网设备中,以促进设备之间的通信。在使用该协议的物联网应用中,多播消息面临一些安全挑战[18-19]。

虚假数据注入攻击主要利用整体的读取或测量性能,其中入侵者节点故意在网络中注入虚假数据。因此,可得出的结论是,虚假数据注入攻击发生在语义层级,而不是逻辑层级。在传感器压制攻击中,攻击者会修改传感器节点的测量值,导致目标传感器节点被虚假消息压制,从而通过虚假刺激对传感器进行重新定向。

针对物联网和无线传感网所受各种攻击的对策

以适当方式设计路由协议,使对手无法通过破坏节点而使系统发生故障。针对已知威胁所采取的一些预防措施可能对未知威胁无效。在设计威胁检测方案时,应采用通用方式来处理发生故障或行为不当的节点。下面将讨论防范物联网和无线传感网所受攻击的策略和技术:

(1) 链路层加密可防止外部攻击,如窃听攻击和信息欺骗攻击;因此,利用基于全球共享密钥的链路层对称密钥技术,可避免无线传感网遭到攻击。安全网络加密协议(Secure Network Encryption Protocol,SNEP)是一种常用的专为无线传感网设计的加密协议[20-22],可防止欺骗活动。

(2) 提出了一种利用 RC6 算法实现链路层加密的 SensorWare 通信组播模型。由于选择了轮数参数,RC6 算法具有较强的鲁棒性。以伪随机方式执行密钥选择过程;每个节点均利用随机函数的相同种子[23]。

(3) 参考文献[24]提出了两种协议用于防御女巫攻击。第一种协议采用"无线电资源测试"方法,即每个传感器节点与其每个邻居节点共享唯一信道,然后测试是否能通过预先确定的信道进行通信。通过传感器节点的可用无线电电路,同时完成数据的发送和接收。第二种协议采用"基于 ID 的对称密钥"来防止恶意活动。需维护密钥池,每个传感器节点都需加载一个链接到其 ID 的密钥。见证人节点通过比较见证人传感器节点与可疑传感器节点之间共享的密钥,来调查恶意传感器节点的 ID。

(4) 为了监测和识别传感器网络中发生的女巫攻击,参考文献[25]提出了一种基于规则的异常检测系统(Rule-Based Anomaly Detection System, RADS)。这种系统采用超宽带测距检测算法,并以分布式方式执行算法,使每个节点在发现可疑活动时均能触发警报。参考文献[26]提出的一种方案利用冗余机制,检测无线传感网中的槽洞攻击。为了识别槽洞,通过多条路径将信息发送至恶意节点。检查来自恶意节点的响应消息,有助于确认攻击者节点。

(5) 参考文献[27]提出了一种跨层安全方案,作为"群体智能"来减轻和检测针对无线传感网的干扰拒绝服务攻击。该方案提供了一种映射协议,用于识别无线传感网中的干扰区域。可通过重新路由数据包来避开已识别的干扰区域[28]。

(6) 参考文献[29]提出了一种虫洞技术,可有效处理干扰拒绝服务攻击,为针对无线传感网的威胁提供了有效的解决方案。

(7) 针对无线传感网所受的黑洞和灰洞攻击,引入了用于异常检测的入侵检测系统,这种系统适用于在各种节点,并且在网络层中更有效[30]。

(8) 参考文献[31]通过引入路由算法,提出了一种在无线传感网中检测和避免黑洞攻击的 REWARD 方案;该方案可使无线传感网恢复正常运行。

(9)参考文献[32]的研究结果表明,与星形和树形拓扑结构相比,网格拓扑结构对无线传感网中的黑洞攻击具有更强的弹性。

(10)提出了一种基于阈值的动态防御方案,通过分析操作网络场景的上下文特点,来检测节点的不当行为。通过研究,识别节点的异常行为并减轻其影响[33]。

(11)提出了一种检测黑洞和灰洞(选择性转发)攻击的监视机制。每个簇中的传感器节点均监视自己的邻居,如果检测到任何不当行为,就会通知簇头[34]。

(12)提出了一种MANET本地化安全架构的(Localized Secure Architecture for MANET,LSAM)协议,用于检测黑洞攻击。只有在超过固定阈值时,才会激活安全监测节点,并触发这些节点清除邻近区域中的恶意节点[27]。

(13)利用ActiveTrust[35]方法创建了多重检测路径;因此,不会将检测路径泄露给对手。ActiveTrust方法有助于避免黑洞攻击,可利用该方法检测攻击者的行为和位置。

(14)参考文献[36]提出了一种在簇状无线传感网中检测和防范黑洞攻击的技术;各节点将根据定义的选举标准选出中心化协调者节点,以作为簇头。一旦在簇中检测到攻击者,簇头将负责清除恶意节点并终止与恶意节点的通信。

(15)提出了一种抵抗方法,作为轻量级RADS协议[37],用于检测试图发起选择性丢包攻击的恶意节点。该方法使用椭圆曲线数字签名算法,对节点进行认证并使链路失效,从而提供了可靠性。

(16)提出了一种算法,即通过维护由可疑节点组成的列表来检测槽洞攻击,并从邻居节点收集关于可疑节点的意见,以帮助制定决策[38]。

15.11 物联网中针对射频识别的安全攻击

物联网设备的安全性较低,可能导致对联网设备进行未经授权的访问,从而影响用户的保密性。射频识别是物联网中最常见的技术,由标签、射频识别阅读器和数据库服务器组成。这些组件的成本很高,并经标记或嵌入设备中[39]。射频识别标签分为两种类型:

(1)有源标签:成本很高,需要由外部电源供电。与无源标签相比,有源标签的存储和广播能力都高得多。

（2）无源标签：使用阅读器传输的能量；无源标签的范围更小，消耗的能量更少[40]。无源标签的工作范围为30cm～1.5m，分为低频标签、高频标签和超高频标签三种。

15.11.1 射频识别技术的局限性

（1）不够安全。

（2）射频识别技术采用的安全协议很少。

（3）存储空间有限，因此很难采用安全协议。

15.11.2 射频识别技术的安全问题

（1）干扰：终止标签与射频识别阅读器之间协调的过程，导致标签与阅读器之间的通信终止。在射频识别技术所使用的频率中产生的无线电噪声可阻止通信[41]。

（2）窃听：由于射频识别文本并未加密，攻击者利用假阅读器很容易获取信息[42]。

（3）重放攻击：攻击者记录详细信息，然后在射频识别系统上复制相同的详细信息。

（4）失效：攻击者使射频识别标签失效，使其对攻击者没有利用价值。

（5）欺骗：攻击者使用射频识别安全协议将相同格式的数据写入射频识别攻击。

（6）中间人攻击：攻击者在标签与射频识别阅读器之间设置假阅读器。在阅读器与标签之间传输的所有信息都由假阅读器接收，并可操纵这些信息。

15.12 本章小结

在不久的将来，随着对物联网需求的增加及其在危急情况中的应用，人们可能会认为，物联网小工具的安全程度与普通系统服务器相似；但事实并非如此。物联网小工具已表现出本章所提到的一些重大安全问题。物联网小工具一般为特定用途而设计，其功率和速度较低，硬件也很脆弱，因而导致了攻击者可利用的许多漏洞。因此，保护这些设备生成的数据变得至关重要。制造商和用户必须共同采取更好的做法,以避免未来受到损害。

参考文献

[1] Meinert, Edward, Michelle Van Velthoven, David Brindley, Abrar Alturkistani, Kimberley Foley, Sian Rees, Glenn Wells, and Nick Pennington. 2018. "The Internet of Things in Health Care in Oxford." *Protocol for Proof – of – Concept Projects* 20. doi:10.2196/12077.

[2] Musonda, Chalwe. 2019. "Security, Privacy and Integrity in Internet of Things – A Review." *Proceedings of the ICTSZ International Conference in ICTs*, Lusaka, Zambia, pp. 148 – 152.

[3] Patel, Keyur, Sunil Patel, P. Scholar, and Carlos Salazar. 2016. "Internet of Things – IOT: Definition, Characteristics, Architecture, Enabling Technologies, Application & Future Challenges." doi:10.4010/2016.1482.

[4] Van de Louw, A., C. Cracco, C. Cerf, A. Harf, P. Duvaldestin, and F. Lemaire. 2001. "Accuracy of Pulse Oximetry in the Intensive Care Unit." *Intensive Care Medicine* 27: 1606 – 1613.

[5] Patrick, K., L. Wolszon, K. M. Basen – Engquist, et al. 2011. "CYberinfrastructure for COmparative effectiveness REsearch (CYCORE): Improving Data from Cancer Clinical Trials." *Translational Behavioral Medicine*: 83 – 88. doi:10.1007/s13142 – 010 – 0005 – z.

[6] Young, Simon N. 2007. "How to Increase Serotonin in the Human Brain Without Srugs." *Journal of Psychiatry & Neuroscience* 32 (6): 394 – 399.

[7] Nguyen gia, Tuan, Mai Ali, Imed Ben Dhaou, Amir M. Rahmani, Tomi Westerlund, Pasi Liljeberg, and Hannu Tenhunen. 2017. "An IoT – Based Continuous Glucose Monitoring System: A feasibility Study." *Procedia Computer Science* 109: 327 – 334. doi:10.1016/j.procs.2017.05.359.

[8] Mostafalu, Pooria, Ali Tamayol, Rahim Rahimi, Manuel Ochoa, Akbar Khalilpour, Gita Kiaee, Iman K. Yazdi, et al. 2018. "Smart Bandage for Monitoring and Treatment of Chronic Wounds." *Nano Micro Small* 13 (33): 1 – 9.

[9] Ngai, E. C., J. Liu, and M. R. Lyu. 2006. "*On the Intruder Detection for Sinkhole Attack in Wireless Sensor Networks.*" In *Communications. ICC' 06. IEEE International Conference on*. IEEE, Vol. 8, pp. 3383 – 3389.

[10] Dewangan, Kiran, and Mina Mishra. 2018. "Internet of Things for Healthcare: A Review."

[11] Borgohain, Tuhin, Uday Kumar, and Sugata Sanyal. 2015. "Survey of Security and Privacy Issues of Internet of Things."

[12] Gupta, H. P., S. Rao, A. K. Yadav, and T. Dutta. 2015. "Geographic Routing in Clustered Wireless Sensor Networks Among Obstacles." *IEEE Sensors Journal* 15 (5): 2984 – 2992.

[13] Hu, Y. - C., A. Perrig, and D. B. Johnson. 2003. "*Packet Leashes: A Defense Against Wormhole Attacks in Wireless Networks.*" In *INFOCOM 2003. Twenty - Second Annual Joint Conference of the IEEE Computer and Communications.* IEEE Societies, Vol. 3, pp. 1976 - 1986.

[14] Pongle, P., and G. Chavan. 2015. "*A Survey: Attacks on RPL and 6LoWPAN in IoT.*" In *Pervasive Computing (ICPC) International Conference on.* IEEE, pp. 1 - 6.

[15] Hummen, R., J. Hiller, H. Wirtz, M. Henze, H. Shafagh, and K. Wehrle. 2013. "*6LoWPAN Fragmentation Attacks and Mitigation Mechanisms.*" In *Proceedings of the Sixth ACM Conference on Security and Privacy in Wireless and Mobile Networks.* ACM, pp. 55 - 66.

[16] Wood, A. D., and J. A. Stankovic. 2002. "Denial of Service in Sensor Networks." *Computer* 35(10): 54 - 62.

[17] Raymond, D. R., and S. F. Midkiff. 2008. "Denial - of - Service in Wireless Sensor Networks: Attacks and Defenses." *IEEE Pervasive Computing* 7 (1): 74 - 81.

[18] Frank, B., Z. Shelby, K. Hartke, and C. Bormann. 2001. "Constrained Application Potocol (coap)." In IETF - Draft. *IETF*.

[19] Rahman, R. A., and B. Shah. 2016. "*Security Analysis of IoT Protocols: A Focus in COAP.*" In *Big Data and Smart City (ICBDSC), 2016 3rd MEC International Conference on.* IEEE, pp. 1 - 7.

[20] Karlof, C., and D. Wagner. 2003. "Secure Routing in Wireless Sensor Networks: Attacks and Countermeasures." *Ad Hoc Networks* 1 (2): 293 - 315.

[21] Perrig, A., R. Szewczyk, J. D. Tygar, V. Wen, and D. E. Culler. 2002. "Spins: Security Protocols for Sensor Networks." *Wireless Networks* 8 (5): 521 - 534.

[22] Deng, J., R. Han, and S. Mishra. 2003. "A Performance Evaluation of Intrusion - Tolerant Routing in Wireless Sensor Networks." In *Information Processing in Sensor Networks.* Springer, pp. 552 - 552.

[23] Slijepcevic, S., M. Potkonjak, V. Tsiatsis, S. Zimbeck, and M. B. Srivastava. 2002. "On Communication Security in Wireless Ad - Hoc Sensor Networks." In *Enabling Technologies: Infrastructure for Collaborative Enterprises.* IEEE, pp. 139 - 144.

[24] Newsome, J., E. Shi, D. Song, and A. Perrig, 2004. "*The Sybil Attack in Sensor Networks: Analysis and Defenses.*" In *Proceedings of the 3rd International Symposium on Information Processing in Sensor Networks.* ACM, pp. 259 - 268.

[25] Sarigiannidis, P., E. Karapistoli, and A. A. Economides. 2015. "Detecting Sybil Attacks in Wireless Sensor Networks Using Information." *Expert Systems with Applications* 42 (21): 7560 - 7572.

[26] Zhang, F. - J., L. - D. Zhai, J. - C. Yang, and X. Cui. 2014. "Sinkhole Attack Detection Based on Redundancy Mechanism in Wireless Sensor Networks." *Procedia Computer Science* 31: 711 - 720.

[27] Muraleedharan, R., and L. A. Osadciw. 2006. "*Cross Layer Denial of Service Attacks in Wireless Sensor Network Using Swarm Intelligence.*" In *Information Sciences and Systems, 2006 40th Annual Conference on.* IEEE, pp. 1653 - 1658.

[28] Wood, A. D., J. A. Stankovic, and S. H. Son. 2003. "*Jam: A Jammed Area Mapping Service for Sensor Networks.*" In *Real - Time Systems Symposium. RTSS 2003. 24th IEEE.* IEEE, pp. 286 - 297.

[29] Cagalj, M., S. Capkun, and J. - P. Hubaux. 2007. "Wormhole - Based Antijamming Techniques in Sensor Networks." *IEEE Transactions on Mobile Computing* 6 (1): 100 - 114. doi:10.1109/TMC.2007.250674.

[30] Liu, Y., Y. Li, and H. Man. 2005. "*Mac Layer Anomaly Detection in Adhoc Networks.*" In *Information Assurance Workshop. IAW' 05. Proceedings from the Sixth Annual IEEE SMC.* IEEE, pp. 402 - 409.

[31] Karakehayov, Z. 2005. "Using Reward to Detect Team Black - Hole Attacks in Wireless Sensor Networks." *Wksp. Real - World Wireless Sensor Networks*, pp. 20 - 21.

[32] Krishnan, S. N., and P. Srinivasan. 2016. "A QOS Parameter Based Solution for Black Hole Denial of Service Attack in Wireless Sensor Networks." *Indian Journal of Science and Technology* 9(38).

[33] Poongodi, T., M. Karthikeyan, and D. Sumathi. 2016. "Mitigating Cooperative Black Hole Attack by Dynamic Defense Intrusion Detection Scheme in Mobile Ad Hoc Network." 15 (23):4890 - 4899.

[34] Tiwari, M., K. V. Arya, R. Choudhari, and K. S. Choudhary. 2009. "*Designing Intrusion Detection to Detect Black Hole and Selective Forwarding Attack in WSN Based on Local Information.*" In *Computer Sciences and Convergence Information Technology. ICCIT' 09. Fourth International Conference on.* IEEE, pp. 824 - 828.

[35] Poongodi, T., and M. Karthikeyan. 2016. "Localized Secure Routing Architecture Against Cooperative Black Hole Attack in Mobile Ad Hoc Networks." *Wireless Personal Communications* 90 (2): 1039 - 1050.

[36] Liu, Y., M. Dong, K. Ota, and A. Liu. 2016. "Activetrust: Secure and TrusTable 15. Routing in Wireless Sensor Networks." *IEEE Transactions on Information Forensics and Security* 11 (9):2013 - 2027.

[37] Wazid, M., A. Katal, R. S. Sachan, R. Goudar, and D. Singh. 2013. "*Detection and Prevention Mechanism for Blackhole Attack in Wireless Sensor Network.*" In *Communications and Signal Processing (ICCSP), 2013 International Conference on.* IEEE, pp. 576–581.

[38] Poongodi, T., Mohammed S. Khan, Rizwan Patan, Amir H. Gandomi, and Balamurugan Balusamy. 2019. "Robust Defense Scheme Against Selective Drop Attack in Wireless Ad Hoc Networks." (7): 18409–18419.

[39] Dass, Prajnamaya, and Hari Om. 2016. "A Secure Authentication Scheme for RFID Systems." *Science Direct* 78 (1): 100–106.

[40] Mohite, Sangita, Gurudatt Kulkarni, and Ramesh Sutar. 2013. "RFID Security Issues." *International Journal of Engineering Research & Technology (IJERT)* 2 (9): 746–748.

[41] Desai, Nidhi, and Manik Lal Das. 2015. "On the Security of RFID Authentication Protocols, Electronics, Computing and Communication Technologies (CONECCT)."

[42] Li, Tieyan, and Guilin Wang. 2007. "Security Analysis of Two Ultra–Lightweight RFID Authentication Protocols." *IFIP International Federation for Information Processing* 232: 109–120.

第 16 章

医疗健康物联网
——通信工具及技术的作用

K. 拉利塔
D. 拉杰什·库马尔
C. 普恩戈迪
基万南瑟姆·阿鲁姆甘

区块链、物联网和人工智能

16.1 前言

在21世纪的市场中,与互联网相连的设备数量呈指数级增长;随着设备数量的日益增加,利用机器对机器通信实现设备间交互的需求也越来越高。无人能预测,物联网或联网设备对我们日常生活有何影响。物联网正以一种可量化且可衡量的方式创造一个新世界,在这个新世界中,人们可以更好地管理自己的生活和业务。互联网和物联网的出现,给我们的日常生活带来了重大的理论和实践方面的改进,帮助我们在遇到任何必要情况或紧急情况时做出明智、及时的决策。

物联网技术将位于各处的设备彼此连接起来,并帮助设备在无须任何人为干预的情况下彼此交互,如图16.1所示。物联网通过互联网扩展了联通性,使各种设备相互连接,共享数据,设备本身也可根据分析结果,针对外部刺激采取行动。除了互联网联通性,物联网设备还与电子设备和传感器等其他硬件相连。简单来说,"可随时随地访问任何连接的事物"[1-2]。在没有人为干预的情况下,物联网设备可收集数据或创建与人类行为相关的信息,并对其进行分析,还可自行采取行动。

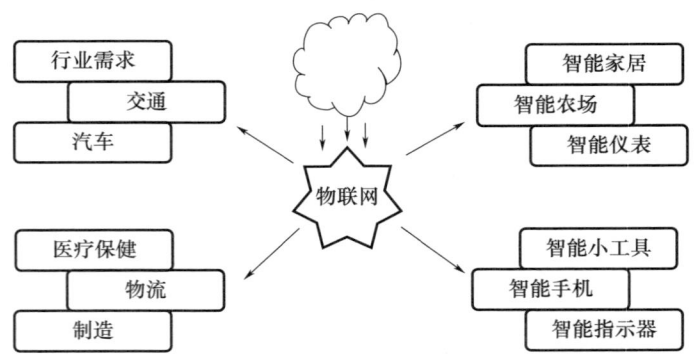

图16.1 物联网将彻底改变世界

医疗健康物联网

大多数人普遍认为,物联网是减轻医疗健康系统负担的关键因素,而最近也有很多以物联网为重点的研究。随着现实世界中物联网的出现,任何事物都将与虚拟世界相连并在虚拟世界中管理。从字面上看,应将物联网视为一种相互交互的网络设备的集合,无须人为干预。

现在,如果没有物联网,医疗健康监测系统将无法想象。几年前,医疗健康系统可依赖计算机来保存患者数据,也就是将从患者身上收集的数据记录下来,标记 ID 并保存在计算机数据库中。一般来说,印度的医疗健康系统是被动的;只有在发现患者出现问题时,才提供解决方案。可能在最后阶段才能发现问题,并且可能是在最坏的情况下。从可访问性的观点来看,所有地点的医疗健康设施都可能不具有统一可访问性。如果需要任何治疗,并不是所有地点都具有合格的医生。随着物联网在医疗健康监测系统中的潜在应用,这种现象发生了快速变化,但此类应用仍处于萌芽阶段,如图 16.1 所示。物联网是数字化转型的核心。农业、智能家居、智慧城市和医疗设备领域都获得了改进,各种疾病的治疗方法(特别是基因治疗和身体部位移植)都建立在强有力的物联网基础之上。

16.2 物联网工具与技术

技术已融入人们日常生活的方方面面,从早上起床到晚上睡觉,都有技术的身影,包括向家庭供水及供应蔬菜和杂货、做饭、驾车、人员或位置定位,或订购食品。根据目前的情况,如果没有谷歌的帮助,可能无法完成工作。物联网是智能世界的本质需求,因此物联网设备中使用的技术受到了社区的广泛关注。

物联网需要更广泛的新技术,尤其是医疗健康领域的技术。物联网将处理与许多人的健康问题相关的预测,因此技术必须带来适当的决策系统。如果技术和软件/服务不成熟,可能会给所有部门带来重大挑战和风险[1]。组织应从正面去影响诸如物联网架构、网络设计和安全等方面的技术,也可期望覆盖更广泛的范围,如风险管理。

从驱动力的角度来看,物联网的 8 个主要组成部分给世界带来了翻天覆地的变化。这些组成部分包括:

(1)定义医疗健康物联网系统的目的和要求。

(2)设计系统交互。

(3)探索域模型规范。

(4)确定微控制器。

(5)定义物联网的通信选项。

(6)物联网设备管理。

(7)物联网数据存储与分析。

(8)物联网安全。

本章将重点探讨医疗健康物联网系统的 5 个主要组成部分,如图 16.2 所示(编号为 4、5、6、7 和 8)。

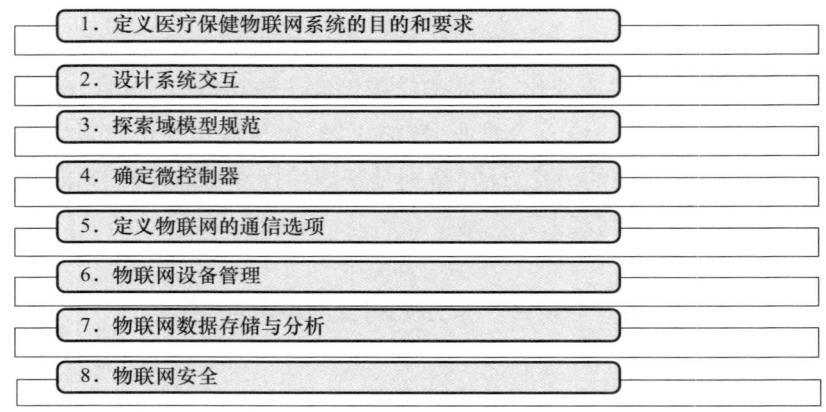

图 16.2　医疗健康物联网系统的组成部分示意图

微控制器和操作系统

1. 树莓派

树莓派是一种微型计算机,由基于片上系统(System on Chip, SoC)的 ARM11 驱动,标识为博通 BCM 2835。由于树莓派内置了图形处理单元(GPU)和视听功能,可毫不费力地连接到显示器上。树莓派的服务得到了扩展,可用于上网、使用文字处理器编写信件以及发送电子邮件等。对于渴望学习的人和领域科学家,树莓派非常适用,因为其价格实惠,不易损坏,还可根据需要进行控制。这种微型设备可支持强大的功能,如支持高质量音频流,可播放高清视频和音频(带回放功能),还支持游戏[2]。

其中使用了 RASPBMC、RASPBIAN、OPENELEC、PIDORA、ARCH LINUX 和 RISC OS 受限软件,这些软件来自属于 NOOBS 类别的官方论坛。在编写设

备的功能和编码时,选用 Python 编程语言作为主要的编程语言。除了 Python,设备也支持 C、BASIC、C++、Perl 以及 JAVA 和 Ruby 语言。图 16.3 显示了各种类型的微控制器。

图 16.3　微控制器树莓派、Arduino 和 ESP 2866

树莓派部分应用包括:

(1)功能应用:由于树莓派可处理图形和多媒体应用,可支持 3D 游戏和高清视频等功能。

(2)Pi in the sky:这种设备专为跟踪气球飞行的高度而设计,配备了 GPS 接收器和无线电发射机。

(3)由树莓派驱动的 R2D2:R2D2 可跟踪表情和手势,可机动地识别物体的移动,并能对语音指示做出反应。

(4)设备上的动画效果:一种类似于 Otto 的照相机产品,可从不同的视角和角度捕捉图像。通过翻转所捕捉的图像,可创建效果很强的动画 GIF。

(5)现场机器人:这种方案允许用户通过互联网,对以树莓派为中心的各种机器人进行监控。

(6)医疗应用:Heartfelt Technologies 公司和 NuGenius 公司正在利用树莓派驱动的产品,改变医疗和健康领域。

2. Arduino

Arduino 板是一种开源、免费的开发微控制器,可用于管理各种通信协议,以适用于各种类型的物联网设备。Arduino 板的成本较低,但功能丰富。一系列具有丰富功能的子板,其可访问性使主板具有神奇的组装功能。为了完成快速原型设计,并以更简单的方式使用设备进行编程,低功耗 Arduino 屏蔽系统促进了以太网和 Wi-Fi 通信选项的可用性。

Arduino 的典型应用如下：

(1) 机器人使用 Arduino 进行避障操作。

(2) 通过红外线控制基于 Arduino 的电器。

(3) 使用 Arduino 板进行地下电缆故障识别。

(4) 以 Arduino 为中心的家居自动化。

3. ESP-8266

ESP-8266 是一种基于 Wi-Fi 的片上系统固件，主要用于物联网应用。这种 Wi-Fi 板集成了完整的堆栈，可访问网络中的任何微控制器，并且还支持任何应用程序，具备各种 Wi-Fi 网络功能。此外，也可将其用作适用的传感器节点，通过无线连接的任何对象收集数据，然后将收集的数据传输至主服务器。

ESP-8266 广泛应用于许多项目，如在 Wi-Fi 功能的支持下应用于参考文献[3]所述的项目，但其主要应用如下：

(1) 无线网络服务器。

(2) 使用 ESP-8266 进行地理定位。

(3) 铁路轨道上的压力传感器。

(4) 温度测井系统。

(5) Wi-Fi 控制的机器人。

(6) 基于 ESP-8266 的机对机。

4. 实时操作系统

操作系统由一组用于处理计算机硬件操作的软件构成。实时操作系统是一种专用于支持实时操作的操作系统，在嵌入式系统中实现（图 16.4）。目前使用的嵌入式系统是软件和硬件的复杂组合。实时操作系统是多任务操作系统，不仅依赖于逻辑正确性，也依赖于应用交付时间。整体系统性能测量以及执行任何任务用的工具和方法集，都高度依赖于实时操作系统。

实时操作系统的主要任务分为进程间通信、进程管理、内存管理、同步和输入/输出(I/O)管理。对一些流行的实时操作系统进行了定量和定性分析。实时操作系统大致可分为硬类、软类和固类。

在任何实时操作系统中，都将发出关于在给定时限内完成任务的请求，

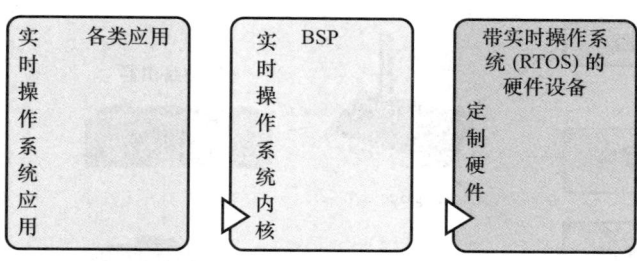

图 16.4　实时操作系统结构

而只有在少数固类实时操作系统中才允许未在截止日期前满足请求。在软类实时操作系统中，情况完全不同，软类实时操作系统虽然要求适当满足截止日期要求，但并无严格的时间限制。实时操作系统的性能取决于应用程序集和合适的参数选择[4]。

16.3　低功耗嵌入式系统

电子系统的设计对设备性能起着非常重要的决定作用，如在电子设备的操作视图中实现低能耗或高性能。因此，嵌入式系统应采用适当模式，将电池消耗量降到最低。通过物联网设备从现场收集的数据量很大，而且必须在存储位置可靠地存储这些数据，因此云计算可发挥重要作用。云计算可处理大量数据，进而可帮助用户了解和确定指定系统中发生故障的位置。

为了执行任何流程或监视某系统，物理设备应进行相互交互，如图 16.5 所示，并且互联网连接是进行相互通信的基本要求。每台设备由一个 IP 地址表示，但遗憾的是，命名注册表中可用的地址非常有限。随着涉及的设备数量不断增加，用于命名的 IP 地址将不足，因此需要采用另一种系统来命名物理设备。几乎每个领域中都使用了数量巨大的电子设备，这种大规模的使用将产生海量数据。由于物联网在很大程度上依赖于传感器来收集数据，尤其是实时数据，因此必须以有意义的方式，对数据进行存储和检索。利用基于物联网开发的技术，可处理所提供的具有更先进水平的服务，进而完全改变人们的生活方式。

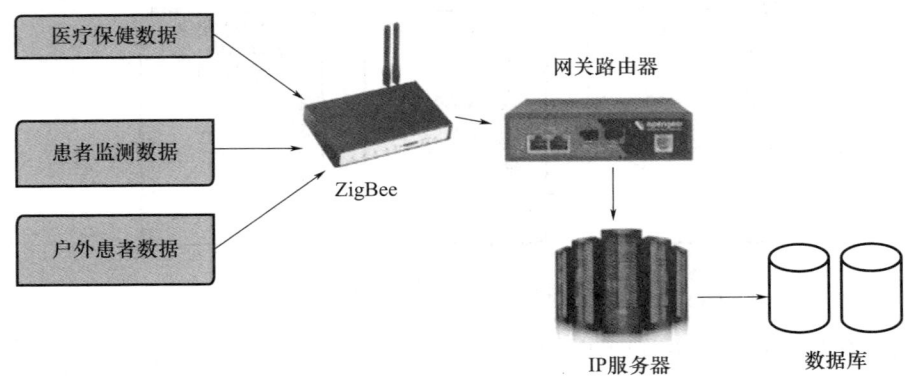

图 16.5 通过物联网存储和监控数据

16.4 通信协议选择

16.4.1 ZigBee

ZigBee 在无线个人局域网络(Wireless Personal Area Network,WPAN)中发挥着重要作用,其中,ZigBee 在计算机和相关系统之间实现了数字无线电连接。ZigBee 也称为低速率无线个人局域网络,适用于具有某种规格的设备,如低功耗、低数据速率,以及长寿命的电池。借助 ZigBee 技术,可使家居完全受控并联网,其中所有设备都与单一单元通信。ZigBee 是由名为 ZigBee 联盟的标准组织定义的,该组织发布应用程序,并允许原始设备制造商(Original Equipment Manufacture,OEM)的很多供应商开发可互操作的产品。配备了 ZigBee 技术的设备具备标准参数,如 2.4GHz,这是全球认可的工业、科学和医疗(Industry,Science and Medicine,ISM)频段,传输速率为 250kb/s,而蓝牙的传输速率为 1Mb/s。

已在许多控制系统中对 ZigBee 进行了探索,包括烟雾报警器等小功率家用设备、集中控制单元等[5]。

对于网络应用,ZigBee 标准主要关注的是密集网络、低功耗、易于实现和低成本等特点。与现有的无线技术相比,ZigBee 的协议栈容量为 32kb,是其他无线技术的 1/3。ZigBee 的潜在优势包括数据完整性和安全性。ZigBee 会影响 IEEE 802.15.4 MAC 子层安全模型[6]。

16.4.2　LoRa

LoRa 是一种用于在物理层建立远程通信链路的无线调制方案。其他应用于物理层的无线技术包括宽带码分多址(Wideband Code Division Multiple Access,WCDMA)和正交频分多址(Orthogonal Frequency – Division Multiple Access,OFDMA),这些无线技术也可用于 LTE 和通用移动通信系统(Universal Mobile Telecommunication System,UMTS)(3G)网络。LoRaWAN 是低功率有耗无线广域网的简称,用于连接传感器和物联网设备,以实现大量部署。LoRa 可提供一些关键优势,如延长电池的使用寿命(延长数年),以及因扩大范围而带来的部署方面的成本效益。LoRa 采用啁啾扩频调制方案,极大地扩展了通信范围。与其他无线技术相比,LoRa 更受欢迎的主要原因是其远程通信能力。利用 LoRa,一个基站或单一网关即可将服务范围扩展数百千米或覆盖整个城市[7-8]。

16.4.3　Wi – Fi

Wi – Fi 是无线保真的缩写,属于 IEEE 802.11 标准家族,主要是一种在建筑结构内提供宽带覆盖的局域网技术。目前的 Wi – Fi 系统使用 54Mb/s 的物理层数据速率,并提供大约 100 英尺(1 英尺≈0.3048m)的室内覆盖范围。值得注意的是,与 3G 系统相比,Wi – Fi 可提供峰值数据速率,并在 20MHz 的更大带宽上运行,但它并非专用于提供高移动速度。

根据 Wi – Fi 指南:

Wi – Fi 已成为家庭、办公室和公共热点场所的最后一英里宽带联通性的事实标准。Wi – Fi 系统通常只能覆盖距离接入点约 1000 英尺的范围。Wi – Fi 标准为 802.11b 定义了 25MHz 的固定信道带宽,为 802.11a 或 g 网络定义了 20MHz 的固定信道带宽[9]。

相比 WiMAX 和 3G 技术,Wi – Fi 的一项显著优势是终端设备的广泛可访问性。现在市面上的大多数笔记本电脑都具有内置的 Wi – Fi 接口。各种设备也有内置的 Wi – Fi 接口,包括手机、个人数据助理(Personal Data Assistant,PDA)、相机、无绳电话和媒体播放器。

16.4.4 低功耗短距离物联网

本节将探讨需要在短距离或远距离无线连接中建立的网络和通信。目前的无线社区利用物联网和互联网提供了更远距离的联通性。短距离联通性可将可穿戴设备与智能手机相连,从而控制家居环境。物联网设备的基本且主要的需求之一是低功耗的高级电池。

对于通过蓝牙、ZigBee、传感器和执行器、网关等设备建立的短距离通信,根据发送和接收功率进行监测,资源可用性决定了对数据的大量并发访问。许多物联网应用需要利用良好的电池寿命、极少的硬件、极低的运营成本和低带宽来实现广泛的覆盖范围,但传统的蜂窝网络可能无法很好地提供这些技术特性[10]。新兴的物联网标准可提供高连接密度,并有望主导蜂窝网络。

图 16.6 是高德纳公司副总裁兼杰出分析师尼克·琼斯(Nick Jones)确定的新兴物联网技术的构成要素。

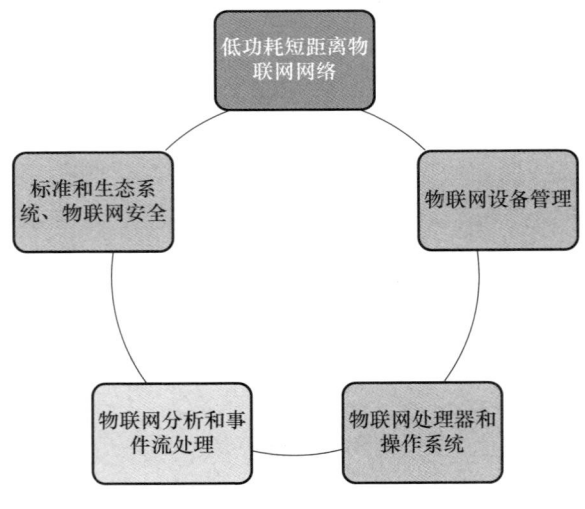

图 16.6 物联网技术的构成要素

16.5 物联网设备管理

物联网应用中所涉及的工具应能管理和监控成千上万的设备。部署的物联网设备每天都在显著增加,因此必须对这些联网的设备进行监控和跟踪[11]。应通过检测问题、解决问题和管理软件更新等措施,确保部署的设备正常运行。

如今,由于人口老龄化,慢性疾病的数量每天都在呈指数级增长,医疗健康服务的成本不断攀升。技术也许无法减少人口或根除慢性疾病,但有助于提供更加便捷的医疗健康服务。对于任何疾病,均需进行正确诊断,因而消耗了大量的临床费用。应将技术的常规应用从以医院为中心转移到以家庭为中心。这样一来,医疗中心将有能力提供更好的治疗。基于技术的医疗健康系统具有很多优势,可提高咨询和治疗服务的效率与质量,确保患者的健康[12-13]。

物联网中的可穿戴设备和传感器发挥着重要作用。以下是医疗健康领域中使用的各种设备:

16.5.1 室内空气质量检测仪

利用室内空气质量检测仪,用户不仅可评估室内空气质量,还可进行一系列测量,以验证和调整空调与通风系统。该检测仪的主要特点如下:

(1)结合某些附件(如湿度传感器、风速计、湍流度传感器、光照度测试仪),可提供广泛的测量功能。

(2)超大内存容量,最多可存储 10000 条解释。

(3)可显示露点差,如最大值、最小值和平均值。

(4)配备有用于调查和记录测量数据的系统软件。

该检测仪的优势包括:可显示二氧化碳水平、室内污染水平,配有温度传感器和湿度传感器,还可通过 Wi-Fi 获取室外空气质量数据。也可在智能手机或平板电脑上显示数据。我们可根据该检测仪提供信息,开启空气净化器,打开或关闭窗户[14]。

16.5.2 可穿戴设备

表 16.1 列出了一些可穿戴传感设备。

表 16.1 可穿戴传感设备

序号	物联网类型	说明	用途
1	生物手环	生物手环由腕带和显示窗组成,可显示血氧水平,监测心率、睡眠时的身体运动。无线充电,电池可续航 5 天	功能包含健康图表、运动跟踪、活动记录、计时器

区块链、物联网和人工智能

续表

序号	物联网类型	说明	用途
2	医疗报警系统	该系统配有两个医疗报警挂件,可触发预先设定的手机呼叫。移动基站也设有报警按钮	最多可拨打三个手机号码,适用于残障人士、老年人或独居者
3	带心率显示和GPS的智能手表	带有 Spark Cardio 系统,可上传音乐,支持作为 GPS 健身手表、心率监视器,还配有 3 GB 音乐存储器(小型,黑色)	上传健康数据后,最多三周才需充电。无须使用智能手机,可通过蓝牙提供音频[15]

16.5.3 传感器

传感器用于收集数据,可完成各种组织分配的各种任务。根据需获取的数据类型,有各种各样的传感器可供使用。物联网的出现使传感器又上了一个台阶。将收集的数据积累起来,然后与所有相关设备共享。利用积累的数据,设备可发挥功能,自动获取决策,进而日益变得"更智能和高效"[16]。设备之间通过通信网络和一组传感器实现数据共享,提高数据的效率和功能。图 16.7 显示了物联网世界中使用的一些主要传感器。

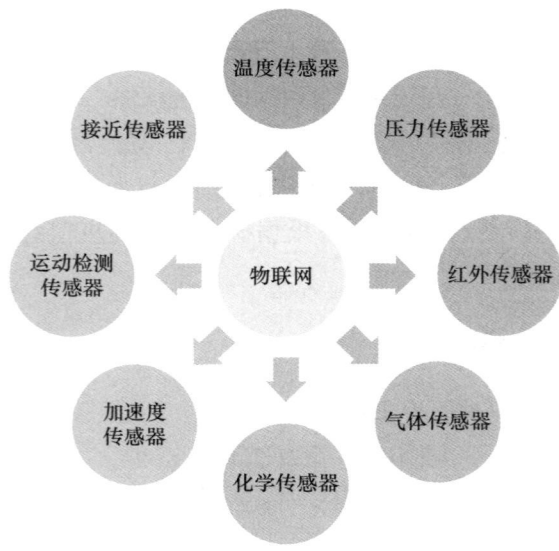

图 16.7 物联网医疗健康系统中使用的各种传感器

1. 温度传感器

温度传感器用于检测由特定原因引起的温度的显著物理变化。温度传感器可测量热量,并将热量数据转换为用户或任何设备适用的格式。温度传感器应用于全球大多数物联网项目,用于组织数据收集过程,并为患者提供更健康、更完善的护理服务。

随着慢性疾病的增加,所使用的医疗小工具也变得越来越复杂。由于需要更低价、更低使用频率的设备,且这些设备应可通过蒸汽或化学品来消毒。电子器件、塑料和设备的使用变得更加复杂[17]。

2. 接近传感器

可使用接近传感器识别附近的物体。接近传感器的主要目的是发现物体的存在及其属性,并将这种信息转换为信号。任何使用电子设备的人都可轻松读取这种信号,以避免与物体接触。

接近传感器可分为以下几个子类:

(1)电感式接近传感器:与机械开关相比,电感式接近传感器可在更高的速度下运行,还可通过电磁辐射射线或电磁场发现金属物体。

(2)电容式传感器:在很大的目标中,电容式传感器可感知微小物体的存在。因此,电容式传感器通常用于难度很高且非常复杂的应用。

(3)光电传感器:由感光部件组成,利用光束识别是否存在物体,是电感式传感器的合适替代品,主要关注的是远距离传感。

3. 运动检测传感器

运动检测传感器用于感知特定位置的物理运动,并将获得的检测信息进行转换,生成电信号。这种设备采用的是称为运动检测器的运动方法。借助该设备,可轻松检测到人的运动或任何物体的运动。

安保行业对运动检测传感器的需求越来越高。运动检测传感器主要应用于实验室的医疗健康部门,也用于在特殊时间识别医院内陌生人员的运动。医院数据部门也可利用运动检测传感器开发入侵检测系统、可识别/捕捉物体运动或对物体运动进行视频录制的智能摄像头、自动门禁系统等。

以下是一些广泛应用的运动传感器:

(1)超声波传感器:将超声波作为脉冲接收,可跟踪声波的速度,并测量来自运动物体的反射波。

(2)被动红外传感器:在数据收集中心发挥重要作用,用于检测物体温度,因为这种传感器只对红外能做出反应。

(3) 微波传感器:可发射无线电波脉冲,并检测物体移动时的反射波。这种传感器覆盖的范围比超声波传感器和被动红外传感器更广。但是,微波传感器成本较高,且容易受到电干扰。

4. 压力传感器

压力传感器可感知现象中的压力并将其转换为电信号。根据施加的压力大小,产生相应的电信号量。压力传感器可用于监测实验室中的水加热系统,如果指示的水平发生任何波动或下降,压力传感器将立即通知物联网系统。

5. 红外传感器

红外传感器是在物联网领域中应用最广泛的传感器,主要通过感知或释放红外辐射来感知大气的某些具体特性。红外传感器主要用于确定物体产生的温度。

红外传感器不仅广泛应用于智能手机、智能手表等各种智能设备,也非常适用于监测人体的血压和血流量。其他应用包括可穿戴健康设备、身体血流量、呼吸分析、基于温度的测量和光学技术。

6. 加速度传感器

加速度传感器的工作原理是"速度随时间的转换速率"。其主要用于检测由于物体施加的任何外力而产生的可量化加速度,并将这种加速度转换为电输出。

加速度传感器广泛应用于振动检测。配备这种传感器的医疗设备将具有足够智能,可监测患者并在患者受到任何外力干扰时发出警报/警告信号。

7. 化学和气体传感器

化学和气体传感器用于识别各种气体的存在,其传感数据的性质类似于化学传感器。这种传感器在医疗健康和制药部门发挥着重要作用。可通过物联网设备显示某些气体的成分信息,并为相关人员提供此类信息。常见的气体传感器包括氢传感器、呼吸分析仪、一氧化碳和二氧化碳检测仪、氧传感器[18]。

16.5.4 物联网的存储

当今时代,要想在域应用中有效地利用物联网,数据扮演着重要的角色,而如何收集、组织和存储数据充满了挑战。为实现数据存储以及数据、资源与物联网的动态结合,云计算是更健康的选择。云环境非常有益于物联网利用大量可用资源。

云计算技术可彻底改变对技术和数据进行访问、处理和修改的方式。人们普遍认为,云计算可用作未来域应用的实用服务。目前的实际情况是,云计算已涉及各种技术,如虚拟化、联网遗留软件系统、网格计算。云计算通过互联网在全球范围内共享服务和计算资源。物联网通常涉及大量具有很低存储容量和处理容量的对象,这些对象的高效运行高度依赖于云提供的服务。有争议的一点是,云具有高度互操作性,而物联网更专注于多样性而不是互操作性[19-20]。

根据从云中获得的资源,云部署模型可分类为:

(1)公有云。

(2)私有云。

(3)混合云。

(4)基于服务的公共云:

①软件即服务(Software as a Service,SaaS)。

②平台即服务(Platform as a Service,PaaS)。

③基础设施即服务。

一般来说,云计算提供的部署模型属于公共类别,客户可提供互联网访问其中的所有资源。这类模型大部分由诸如亚马逊之类的营利组织拥有。相反,如果任何单一组织提供基础设施来满足特定客户的需求,则称为私有云。私有云可确保更高的安全性,对服务进行更高级别的控制。为克服公有云和私有云的缺陷,混合云应运而生。为相同目的而与不同关注点共享的基础设施称为公共云。

大多数设备使用物联网进行智能通信,因此将产生大量信息,通常称为数据。一般而言,这些数据可能是非结构化或半结构化数据。大数据具有显著的数据特征,如数据类型、数据生成频率、数据量。为了在没有存储位置的情况下,以经济、及时、安全的方式处理海量数据,云计算是理想的解决方案。利用云计算技术,可以一种简洁的方式将经组织的数据进行聚合、集成,并与客户共享[21-23]。

图16.8显示了基于云的物联网架构,这种架构由应用层、视图层和云层

三层组成。应用层为不同的服务集提供集合点,视图层检测对象以从邻近的环境中收集数据,而云层负责传输所收集的数据并为云中的每个人提供此类数据。这种架构对医疗健康领域的贡献非常巨大,如智能药物管理、药物控制和监测,以及设备监测系统。

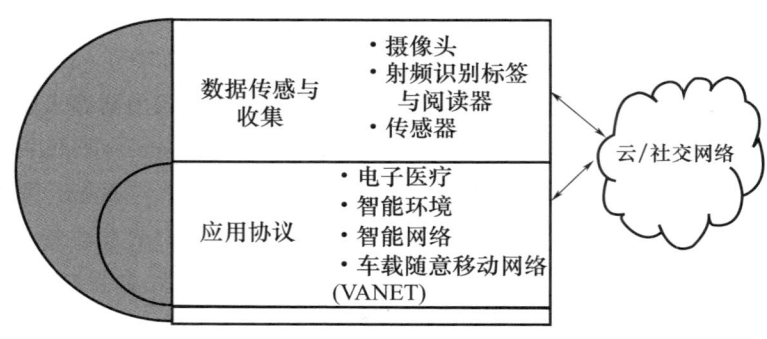

图 16.8 基于云的物联网架构

16.6 物联网分析技术

由"事物"收集的信息或数据是系统中任何决策的主要依据。物联网商业模式在解决任何问题方面都发挥着重要作用,随着过去几年内数据量的指数级增长,需要新的算法和分析工具。

在生活的各个方面,虽然我们做出的许多决策本质上可能并不具体,但决策是解决任何复杂问题的基本要求。对于日常生活中收集的关于大众的数据,将使用模糊集和各种算法进行适当梳理,因此物联网有助于收集数据并加强设备、流程和公众的协同作用。健康监测设备(如 CYCORE、葡萄糖监测仪、联网的吸入器和胰岛素笔)的准确性,完全取决于是否对数据进行了正确分析并将其传输到了云端。

根据 Daniel Harris[24] 介绍,尽管新的传感器、无线和移动技术是物联网发展的驱动力,但数据分析(而不是所用的软件和硬件)创造了物联网的重要价值。

分析功能来源于物联网数据集,可通过各种传感器收集数据集,并以较低的成本通过用例清晰地表示这些数据集。除了通过传感器不断收集的数据,物联网项目还涉及其他类型的数据,包括某些传感器的潜在使用数据,这些传感器能够从物理现象中收集数据,然后对这些数据进行评估或与不同类型的数据合并,以感知模式。先进分析实验室的负责人兼高级研究副总裁约阿希姆·斯哈珀(Joachim Schaper)博士简要介绍了可用于理解公众和事物的传感器数据。这说明了从医疗健康领域获得数据的重要性。

除了通过传感器不断收集的数据,物联网项目还涉及其他类型的数据,包括:

(1)来自视频的数据。
(2)来自手机的地理位置数据。
(3)从传感器以外的各种来源收集的任何产品使用数据。
(4)来自社交媒体的数据。
(5)日志记录(已执行并存储在计算机生成的记录中的操作、网络和软件应用程序中的事件)。

摄像头是与传感器相结合的丰富数据源,摄像头可从不同角度频繁捕获图像,以便人们从不同视角分析相同的数据。因此,物联网大大扩展了摄像头的应用范围。

医疗健康行业面临着与运营的各个方面相关的压力和挑战,包括管理设备、库存、时间、患者跟踪等方面,并且问责制非常严格。医疗库存就是很好的例子,许多医院积压了某些库存以备紧急情况下使用[24]。

在将大量复杂的设备组合在一起时,涉及多个方面的问题,其中一个问题涉及标准。物联网未来将更加依赖通信协议的标准化。目前,正在为谨慎共享数据的监测设备制定无线通信指南[20,25]。

但是,仍有一些问题需要解决,因此可能会减缓采用指南的速度。这些问题包括:

(1)垂直竖井之间的互操作性有限。
(2)利用可互操作的架构很难保证提供确定的服务。
(3)硬实时服务模式和相关物联网部署的灵活性与适应性有限。
(4)对于固有的以数据为中心的物联网应用,缺乏明确的以信息为中心的联网方法。
(5)与每个应用域紧密相关是指南和定义比较零碎。
(6)缺乏发现高效且可扩展服务的方法。

(7)对智能对象和移动设备的移动性支持及其自配置[26-27]。

物联网与移动计算和工业系统的适当融合所带来的挑战和机遇,开创了一个有意义且值得深入研究的领域。一方面,移动设备有望成为连接智能对象、网络和终端用户的纽带。另一方面,物联网技术将在操作管理系统(Operational Management System,OMS)与分布式 ICT 传感和驱动平台之间的快速融合中发挥重要作用[28]。

16.7 本章小结

根据对工具和技术进行的积极研究,很明显,物联网为医疗健康行业作出了重大贡献。在从传统方法过渡到现代化方法,以实现任务自动化并在早期阶段识别健康问题的过程中,物联网工具发挥着重要作用。物联网可穿戴设备可简化医生的任务,而传感器是这些可穿戴设备能感知数据的必要条件。物联网设备的核心是微控制器。树莓派、ARM 处理器和 Arduino 板是物联网的基本构建模块,足以管理任何通信协议。这些设备采用了实时操作系统,借助 LORA、Wi-Fi 和 ZigBee 进行相互通信。物联网设备主要利用低功耗短距离无线网络,将数据从一个位置发送到另一个位置。

在运行环境中,物联网设备会产生大量数据,因此需要在有限的存储能力下对数据进行处理、组织和存储。云计算适用于满足这种需求。将物联网和云计算这两大技术结合起来,能以有限的设备利用率,最大限度地利用云服务和基础设施,进而带来有意义的数据。数据分析技术有助于处理大量数据。在分析特定疾病的病因时,需要进行数据分析。为了让医疗健康领域完全接受物联网,必须从医疗健康的角度,认识和审视物联网在安全和隐私方面的独特特征,包括漏洞、安全需求和对策。

虽然使用了各种技术和分析工具为医疗健康部门带来重大改进,但这种改进在很大程度上也取决于从医院获得这些服务所需的费用以及患者的合作。互联网提供过多的信息会使人们感到迷茫,不知如何利用这些服务。除了可用性,还应了解这些数据的用途。本章提供了医疗健康行业所用的工具和技术的路线图,并开辟了关于这些技术的研究途径。

参考文献

[1] Chakrabarty, Ankush, Stamatina Zavitsanou, Tara Sowrirajan, Francis J. Doyle, and Eyal Dassau. 2019. *Getting IoT-Ready*. Elsevier.

[2] https://www.codemag.com/Article/1607071/Introduction-to-IoT-Using-the-Raspberry-Pi/.

[3] https://www.hackster.io/PatelDarshil/things-you-should-know-before-using-esp8266-wifi-module-784001.

[4] Dewangan, Kiran, and Mina Mishra. 2018. "Internet of Things for Healthcare: A Review." *International Journal of Advanced in Management, Technology and Engineering Sciences* 8 (3): 526-534.

[5] https://zigbeealliance.org/.

[6] Waher, Peter. 2015. *Learning Internet of Things*. Packt Publishing Ltd.

[7] http://www.3glteinfo.com/LoRa/.

[8] Holler, Jan, Vlasios Tsiatsis, Catherine Mulligan, Stamatis Karnouskos, et al. 2014. *Machine-to-Machine to the Internet of Things*. Elsevier.

[9] https://www.tutorialspoint.com/wi-fi/wifi_quick_guide.htm.

[10] Uddin Ahmed, Mobyen, Shahina Begum, and Wasim Raad. 2016. *Internet of Things Technologies for HealthCare*. Springer.

[11] Illegems, Janni. 2017. "The Internet of Things In Health Care." Master's Dissertation.

[12] Miller, Lawrence. 2017. *CISSP. Internet of Things for Dummies*. Qorvo Special Edition. Wiley Publishers.

[13] https://www.networkworld.com/article/3258812/the-future-of-iot-device-management.html.

[14] https://www.testo.com/en-IN/testo-435-2/p/0563-4352.

[15] https://www.techradar.com/in/wearables.

[16] https://www.finoit.com/blog/top-15-sensor-types-used-iot/.

[17] https://enterpriseiotinsights.com/20170706/healthcare/the-role-of-temperature-sensors-in-medical-devices-tag27.

[18] https://www.digikey.com/en/articles/techzone/2014/jul/the-role-of-sensors-in-iot-medical-and-healthcare-applications.

[19] https://www.sciencedirect.com/topics/computer-science/cloud-deployment-model.

[20] Rajesh Kumar, D., and A. Shanmugam. 2017. "A Hyper Heuristic Localization Based Cloned Node Detection Technique Using GSA Based Simulated Annealing in Sensor Networks." In *Cognitive Computing for Big Data Systems Over IoT.* 307–335.

[21] Atlam, Hany F., Ahmed Alenezi, Abdulrahman Alharthi, et al. 2017. "Integration of Cloud Computing with Internet of Things: Challenges and Open Issues." In *IEEE International Conference on Internet of Things (iThings) and IEEE Green Computing and Communications. IEEE* 105: 670–675.

[22] Kumar, D. R., T. A. Krishna, and A. Wahi. 2018. "Health Monitoring Framework for in Time Recognition of Pulmonary Embolism Using Internet of Things." *Journal of Computational and Theoretical Nanoscience* 15 (5): 1598–1602.

[23] Ahmadi, Hossein, Goli Arji, Leila Shahmoradi, Reza Safdari, Mehrbakhsh Nilashi, and Mojtaba Alizadeh. 2018. "The Application of Internet of Things in Healthcare: A Systematic Literature Review and Classification." *Universal Access in the Information Society.* 1–33.

[24] https://www.sam-solutions.com/blog/internet-of-things-iot-protocols-and-connectivity-options-an-overview/.

[25] Sathish, R., and D. R. Kumar. 2013. "*Dynamic Detection of Clone Attack in Wireless Sensor Networks.*" In *2013 International Conference on Communication Systems and Network Technologies. Presented at the 2013 International Conference on Communication Systems and Network Technologies (CSNT 2013).*

[26] Al-Sarawi, Shadi, Mohammed Anbar, Kamal Alieyan, and Mahmood Alzubaidi. 2017. "*Internet of Things (IoT) Communication Protocols: Review.*" In *8th International Conference on Information Technology (ICIT).*

[27] Nikoukar, Ali, Saleem Raza, Angelina Poole, Mesut Güneş, and Behnam Dezfouli. 2018. "Low-Power Wireless for the Internet of Things: Standards and Applications." *IEEE Access* 6: 67893–67926.

[28] Zhang, Zhi-Kai, Michael Cheng Yi Cho, Chia-Wei Wang, Chia-Wei Hsu, and Chong-Kuan Chen. 2014. "*IoT Security: Ongoing Challenges and Research Opportunities.*" In *IEEE 7th International Conference on Service-Oriented Computing and Applications.*

《颠覆性技术·区块链译丛》后 记

区块链作为当下最热门、最具潜力的创新领域之一，其影响已远远超出了技术本身，触及金融、经济、社会等多个层面。因此，我们深感责任重大，希望这套丛书能帮助读者构建一个系统、全面、深入的区块链知识体系，让大家更好地理解和把握技术的发展脉络和前沿动态。

丛书编译过程中，我们遇到了许多挑战，也积累了些许经验。我们不仅仅是翻译者，更是学习者。通过翻译学习，我们更深入了解了区块链最新进展，也进一步拓展了知识面。谨此感谢所有与丛书编译有关的朋友们，包括且不限于原著作者、翻译团队、审校专家，以及编辑校对人员和艺术设计人员等。我们用"多方协同与相互信任"的区块链思维完成了这套译丛，并将其呈献给读者。多少次绵延至深夜的会议讨论，多少轮反反复复的修改订正，业已"共识"，行将"上链"，再次感谢大家的努力与付出！

未来，我们将继续关注区块链发展动态，不断更新和完善这套丛书，让更多人了解区块链的魅力和潜力，助力区块链技术在各个领域应用发展，共同迎接区块链的美好未来！

丛书编译委员会
2024 年 3 月于北京